R
T. 1771.
©

LE VRAY

ET METHODIQVE COVRS

DE LA PHYSIQVE RESOLVTIVE,

VVLGAIREMENT DITE

CHYMIE.

Reprefenté par Figures generales & particulieres.

POVR CONNOISTRE

LA THEOTECHNIE ERGOCOSMIQVE,

C'eft à dire,

L'ART DE DIEV,

EN L'OVVRAGE

DE L'VNIVERS.

Par ANNIBAL BARLET,
D. Med. & Demonftrateur d'icelle.

A PARIS,

Chez N. CHARLES, proche fainct Hilaire, & fe diftribuë
par l'Autheur, au College des trois Euefques.

M. DC. LIII.

AVEC PRIVILEGE DV ROY.

La.
Theotechnie.
Ergocosmique.
c'esta dire.
L'Art de Dieu.
En l'Ouurage.
de l'Vniuers.

AV LECTEVR.

✦.V.✦V.✦
✦S.✦

VIE , VERTV , SALVT.

EVX qui écriuent des choses Politiques, &
Humaines, recherchent le plus souuent des
hommes, qui les protegent, fondez sur l'in-
constance d'icelles, l'enuie des ignorants, &
quelquefois leur interest particulier ; mais en
vain, ou tout au moins auec peu de satisfaction : Car pour
le premier, il n'y a rien de permanent, tout est muable &
subiet au temps, les moments passent aux heures, icelles
aux iours, qui composent les années, les Siecles & consecu-
tiuement ; Et comme l'Onde pousse l'Onde: Ce qui fut hier,
n'est plus auiourd'huy, par le droict du mouuement.

Quant au second, l'imparfait aspire tousiours à la per-
fection, & comme il ne peut l'obtenir, il la deteste, &
voudroit bien qu'elle ne fust point, deuenant supplice à soy-
mesme ; Touchant le troisiesme nous deuons à l'Ambition,
mere de l'inegalité toutes les miseres, qui nous accablent;
Et partant de demander à autruy, ce qu'il n'a pas ; de sou-
haitter de la peine à celuy qui la souffre ; Et de vouloir tirer
de l'Auare ce qu'il cherit, sont trois choses fort éloignées du

à i-

Poßible, du Raiſonnable, & de la Iuſtice.

Or il n'y a que les choſes naturelles, & le Bon auec l'honneſte, qui ſubſiſtent en leurs eſpeces; Les premieres ſont maintenuës par l'Autheur meſme, ſans dedicace, ou autrement, comme leur Maiſtre & Seigneur, auquel on ne peut offrir ce qui eſt ſien, & qui ne nous appartient point; Et les ſecondes ſont conſeruées par leur propre vertu; Aux vnes nous voyons l'Ordre inuiolable, qui nous monſtre vne ſuperiorité abſoluë, Et aux autres vn repos parfait, iouyſſants d'vne veritable cognoiſſance de nous-meſmes, ſous la dependance d'icelles; De ſorte qu'il n'eſt pas beſoin d'autre protection, & perſeuerance, que des meſmes pour demonſtrer cette fabrique naturelle, & perſuader l'entrepriſe des belles actions.

Ainſi noſtre Phyſique independante de toute autre, voire leur Mere tres-Opulente, poſſede tout, & fournit tout pour la felicité humaine; Son Autheur immortel la protege, & tous ceux qui la profeſſent par eſcrit, ou non; Les hommes periſſent, & toutes ſortes d'indiuidus, qualifiez, ou non: Elle ſeule ne change iamais dans ſon eſtabliſſement, non plus que la vertu qui l'a produit & la conſerue; Et pour exprimer en peu de mots ce qu'elle contient

Si premierement vous demandez l'ordre, ſa Methode qui conſtitue tout cét Art, en depend: Si vous deſirez les Raiſonnements; Ils en procedent: Auez-vous enuie d'y voir l'vne & l'autre Iuſtice? Sa Reſolution repreſente la diſtributiue; Et les degrez diuers, au meſlange de ſes operations, manifeſtent la Commutatiue: Souhaittez-vous la Politique, ou la Milice? la confuſion en eſt bannie, Eſt-ce que l'Occonomie n'y eſt pas? Regardez qu'elle n'a rien d'inutile, Peut-eſtre que la propreté en eſt excluſe? la iuſteſſe, qu'elle pratique, témoigne le contraire.

Direz-vous point, que l'Art de parler, de bien dire, &
d'inferer n'en prouiennent pas ? Remarquez qu'elle appelle
toutes les choses par leur propre nom ; Que ce qui est superieur est toufiours tel, & l'inferieur de mefme ; Et que par
les parties, elle conclud du tout. Ou bien trouuerez-vous que
les Mathematiques n'y font point logées? Le Nombre, le
poids, & la mefure ; le temps, les faifons, les Aftres, &
femblables rigoureufement obferués nous le declarent fort
bien : Doutez-vous fi la Medecine y eft comprife ? Les premieres & fecondes qualitez qu'elle découure nous en affeurent ; Et fi vous repliquez que les Meftiers font à part,
vous accorderez que l'Art imite la Nature.

Bref, l'vne & l'autre fin d'icelle : dont cy-apres expriment, & la Metaphyfique, & la Theologie; La premiere cognoift le fpirituel par le corporel, Et la derniere l'Inuifible
par le fenfible: Pour toutes lefquelles chofes elle a efté tres bien
nommée THEOTECHNIE ERGOCOSMIQVE,
c'eft à dire, la cognoiffance de l'Art de Dieu en l'Ouurage
de l'Vniuers ; Mais il eft neceffaire d'éleuer fa penfée fur
le commun, qui ne la prife, que comme Cuifiniere, pour luy
adminiftrer des potages & des boiffons. Crime qui n'a point
de chaftiment affez grand! Parce qu'il choque l'intention du
Createur, & peruertit la creature, fa fonction eftant toute
autre, comme il apert.

Et par ainfi s'elle refoud ce bel Ouurage en fes parties les
plus petites, c'eft pour en découurir l'artifice, & nous in-
ftruire par icelles, de fon ouurier, de ce que nous fommes, &
pourquoy ; reiettans le furplus comme inutile à fon but ; Ce
que les ignorants eftiment tant feulement ; Et que pis eft par
ce moyen luy caufent de l'Enuie mal à propos & fans fubiet ;
Surquoy ie n'infifte pas dauantage, pour étouffer à l'aduenir
cette mauuaife couftume, & remettre la mefme cognoiffance

dans son lustre & credit, N'empéchant aucunement que
le vray Medecin & Enfant de l'Art mette en practique
ses Operations, Puis qu'elles le regardent, particulierement,
quant à la santé corporelle, se reseruans celle de l'Esprit seulement.

Si donc elle est de si grand merite, & pouuoir, que depuis le plus petit, iusques au plus grand, chacun y trouue ce
qu'il luy faut, Pourquoy ne la cherirons-nous? Et si elle nous
fait estre vrays hommes par l'intelligence des choses qui nous
touchent, de nous-mesmes & de Celles qui sont sur nous,
qu'est-ce qui nous empeschera de l'embrasser estroittement,
& de l'aymer sans fin. Et pour ces causes nous deuons mépriser tout ce qui est au delà d'elle, & principalement toutes ces qualitez fastueuses, qui ne sont que purs accidents,
introduits par l'ambitieux Demon, & détruits comme
l'Ombre à mesure que les autres passions se presentent, ou
s'absentent; Les Ennieux aussi ne sont point à considerer,
qu'auec pitié, & compassion, à moins que de faire mieux,
estans assez punis par eux-mesmes, & que la Loy ne leur
prescript aucune peine; Pour lesbiens de fortune, laissons le
reste de nostre besoin aux auares, qui les idolatrent, pour
perir auec eux.

Le Sage n'ambitionne que le repos d'esprit, & qu'il acquiert par cette Philosophie tres-veritable, que nos Ancestres
ont appellé la Medecine de nostre Ame, contre les mesmes
passions qui la maistrisent; Enfin pour coupper court de toutes ces merueilles, il nous demeure par icelles de viure pour
l'Eternité glorieux, & laisser mourir ceux qui la negligent,
par le mépris de cette belle cognoissance Resolutiue, qui est
l'vnique moyen de l'entiere perfection, & le seul Port du
vray contentement & bon-heur.

OVIS PAR LA GRACE DE DIEV Roy de France & de Nauarre : A nos amez & feaux Conseillers les Gens tenans nos Cours de Parlement de Paris, Roüen, Tholoze, Bordeaux, Rennes, Aix, Dijon & Grenoble, Preuost de Paris, Seneschaux de Lyon, Poictou, Anjou, Baillifs & Preuosts, Et à tous nos autres Iusticiers & Officiers qu'il appartiendra, Salut. Nostre cher & bien-amé ANNIBAL BARLET, Docteur en Medecine, Nous a fait dire & remonstrer qu'il a composé vn Liure intitulé, *Le vray & methodique Cours de la Physique Resolutiue : vulgairement dite Chymie, &c.* Lequel Liure il desireroit faire imprimer pour la plus grande commodité des Curieux d'icelle ; Mais il craint qu'apres les grandes dépenses qu'il a faites, & qu'il luy conuien encores faire pour l'impression dudit Liure : Autres que luy, ou ceux qu'il auroit donné charge de ce faire, se voulussent ingerer de l'imprimer, qui tourneroit à son grand dommage ; Nous requerant sur ce luy pouruoir de nos Lettres. A CES CAVSES desirant fauorablement traitter l'Exposant, & principalement en consideration du seruice qu'il a rendu depuis long-temps, & rend au public, en la demonstration qu'il fait annuellement de ladite Physique Resolutiue, non seulement en plusieurs lieux de France ; mais encore en nostre College Royal, dit de Cambray, ou des trois Euesques de nostre bonne Ville de Paris : Nous luy auons permis & octroyé, permettrons & octroyons de grace speciale par ces presentes, de faire imprimer par tels Imprimeurs que bon luy semblera ledit Liure, en telle marge, charactere & volume qu'il aduisera, & tant de fois qu'il voudra ; Iceux mettre & exposer en vente & distribuer pendant le temps & espace de dix ans, à commencer du iour qu'il sera acheué d'imprimer : Faisant tres-expresses inhibitions & deffences à tous Imprimeurs & Libraires de nostre Royaume, Estrangers, & Trafiquans, & autres personnes de quelque estat & condition qu'ils soient, de ne troubler ny empescher aucunement ledit BARLET en la iouyssance de cette

noftre permiffion : Comme auffi de n'imprimer, ou faire imprimer ledit Liure en quelque forte & maniere que ce foit, ny diftribuer aucuns Exemplaires, que de ceux qui auront efté imprimez par ledit Expofant, ou de fon confentement, fur peine aux contreuenans de deux mil liures d'amande, vn tiers appliquable à Nous, l'autre tiers à l'Hoftel-Dieu de noftre Ville de Paris, & l'autre tiers à l'Expofant, & de confifcation de tous lefdits Exemplaires qui fe trouueront auoir efté faits : à la charge par ledit Expofant de mettre deux Exemplaires en noftre Bibliotheque, & vn autre Exemplaire és mains de noftre trescher & feal Chancelier le fieur de Laubefpine, Marquis de Chafteauneuf, Garde des Sceaux de France, auant que de les expofer en vente, à peine de nullité des prefentes. SI VOVS MANDONS, que du contenu en cefdites prefentes vous faffiez, fouffriez, & laiffiez iouyr plainement & paifiblement ledit BARLET, & ceux qui auront droit de luy, fans fouffrir luy eftre mis ou donné aucun trouble ou empefchement au contraire; Voulons qu'aux extraits d'icelle collationnez par l'vn de nosamez & feaux Confeillers & Secretaires foy foit adiouftée comme au prefent Original, & qu'en mettant au commencement, ou à la fin dudit Liure ces prefentes, ou vn bref extrait d'icelles, elles foient tenuës pour deuëment fignifiées. MANDONS au premier Huiffier ou Sergent fur ce requis, faire pour l'execution des prefentes tous exploicts & faifies requifes & neceffaires, De ce faire te donnons pouuoir; CAR tel eft noftre plaifir, nonobftant clameur de Haro, Chartre Normande, prife à partie, & Lettres à ce contraires. DONNE' à Paris le vingt-fixiefme iour d'Aouft, l'an de grace mil fix cens cinquante, Et de noftre regne le huictiefme, Et plus bas eft efcrit, Par le Roy en fon Confeil,
  Signé, VICTON.

Les Exemplaires ont efté fournis.

Acheué d'imprimer pour la premiere fois le quinziefme Ianuier mil fix cens cinquante-trois,

AVANT-PROPOS
EXPOSITIF DE
TOVT L'OVVRAGE.

I. 'E S T vne verité cogneuë dans la Morale, que le bien de soy mesme est diffusif, ou extensible: Mais l'Auarice iournaliere des hómes s'y oppose, le ramaſſant de toutes parts, & en quelque façon que ce ſoit, pour de cómun le rendre particulier & propre à vn seul, ce qu'elle ne peut, Cruauté plus que brutale & felónie tres criminele! qui nous a attiré, apres la hayne des bons, le courroux extreme de la Diuinité, l'effet duquel icy bas, ſont les guerres populaires, les diſſentions domeſtiques, le vol, viol & homicide; Et toutefois cette pratique n'eſt pas nouuelle, Caïn en eſt l'autheur, d'Enuie ſa mere, & le Demon l'inſtigateur.

Nature du biê.

Auarice du ſiecle.

Effet du courroux de Dieu.

A

I I. Partant nous pouuons librement dire,
que cette generation temporele seroit entierement miserable & pernitieuse, s'il n'y auoit autre chose de meilleur, que ce qui est presenté à
nos sens, qui nous peut estre raui à tout momét;
Celuy que ie veux dire regarde le seul Entendement, qui fait connoistre à la volonté la raison, & de là naistre la Charité mere de la vertu,
qui le rend communicable pour la societé humaine en l'adorationde son Autheur, Et le tout
fondé sur les effets de Dieu en l'ouurage de l'v-
niuers.

I I I. Ce bien est nostre vray objet permanent & immuable, l'Auare & les meschans ne le
connoissent point; En lui tant seulement consiste la vie & le repos ; Ces malheureux n'en ont
que l'apparence, & plustost le contraire, comme
l'experience nous fait voir : En luy est proposé
ce qu'il faut reuerer. Ces aueugles sont idolatres: bref de l'vn suit la recompense, & de l'autre
le chastiment.

IV. Vray est neanmoins que plusieurs l'ont
recherché, mais peu acquis : Car sa possession est
esleuée, & sa iouyssance difficile pour les mondains, qui ne s'attachent qu'à la terre, son origine tenant le haut, Il faut de necessité quitter cette affection mauuaise & porter nostre pensée à
ce que nous sommes, & pourquoi: Laquelle chose nous ne pouuons effectuer, que par l'entiere
connoissance de nous mesmes, prouenant de

Nature des biens tempo-rels.

Bien de l'es-prit, & son ef-fet.

Nature des A-uares & leur a-ueuglement.

Source du vray bien.

celle qui nous touche, c'eſt à dire le Mixte en la *Connoiſſance de ſoy-meſme.*
Reſolution de ſes parties; D'où vient le mot de
PHYSIQVE RESOLVTIVE.

V. Sur laquelle ayant depuis long temps appliqué noſtre ſoin, tant pour noſtre ſatisfaction
particuliere, que pour celle de nos amis , & de *Soin & fin de l'Autheur.*
ceux qui s'y plairont , tout ce que nous auons
pu obtenir par nos trauaux (n'empruntans que
de la nature meſme) c'eſt d'auoir fait comme
vne planche, attendans qu'vn meilleur eſprit faſſe le pont, quant à noſtre methode & ſens Phyſiques, & que de plus en plus cet Art admirable
ſoit manifeſté auec perfection , ſeparans le vray
du faux, n'ayant rien de commun auec la Charlaterie, comme porte ſön vray nom , que nous
auons excité de l'aſſoupiſſement du ſiecle: Car ſa
ſource eſt diuine, puiſqu'elle a pour ſujet le ſeul
ouurage du Createur. Sa dignité non-pareille,
puiſqu'elle eſt la mere de toute autre intelligé- *Vertus de la Phyſique reſo-lutiue.*
ce & faculté, comme il eſt aiſé à ſpecifier, & ſon
effet tres admirable , puiſque d'elle procede la
connoiſſance, qui fait l'homme, la ſcience qui le
rend bon, & l'amour de ſon Dieu, qui le comble
de bon-heur.

VI.   Doncques pour paruenir à ce but nous
auons premierement intitulé ce Traité , *le vray*
& methodique Cours de la Phyſique Reſolutiue,
vulgairement dite Chymie, & proprement THEO-
TECHNIE ERGO COSMIQVE, c'eſt à dire, *Inſcription & le nom de cet Art.*
Art de Dieu, en l'ouurage de l'Vniuers. Par le

mot de *vray*, nous banniſſons les trompeurs &
charlatans. Par le mot de *methodique*, nous faiſons difference des meſchans & ignorans d'a-
uec les bons & ſçauans: car les meſchans con-
fondent volontairement les choſes, pour les rédre, ou plus difficiles, ou plus grandes qu'elles
ne ſont, afin de faire durer leur marchandiſe, &
attirer d'autant plus les bourſes des curieux, &
les ignorans, qui tendent auſſi à meſme but, ne
peuuent eſtre que Charlatans, n'ayans que quelques experiences ſans aucun raiſonnement,
qu'vn babil couure, auec vn peu de mine ou apparence.

VII. Par le mot de *Cours*, eſt entendu vn
Traicté abſolu, qui parcourt tout ce qui eſt dans
l'Art, non ſuccinctement ou en courant; mais
amplement & auec circonſpection. Par le mot
de la *Phyſique*, n'eſt compris que ce qui eſt naturel ſuiuant le mot auſſi, à l'excluſion de ce qui
eſt inſtitué & fait par l'homme, de ſoy, ou à ſon
imitation. Par le mot *Reſolutiue*, eſt encore donné la diſtinction d'auec l'ordinaire, qui ne s'occupe qu'à des diſcours en general & à des que-
ſtions plus ſubtiles que natureles. Et que d'ailleurs, pour ce qui regarde la gueriſon des maladies du corps humain, elle ne compoſe rien, ſi
ce n'eſt par accident, En quoy la faculté de Medecine n'eſt aucunement intereſſée.

VIII. Par ces mots *vulgairement dite Chymie*, on peut aiſement comprendre, que ce n'eſt

point fon propre nom, bié que ie l'vfurpe maintenant, iufqu'à ce que le mefme foit conneu de
tous. Dót enfin par ces mots THEOTECHNIE
ERGOCOSMIQVE, eft marqué auec fa veritable denomination fon excellence non pareille pour ce fuiet , nous faifant voir l'artifice du
Createur en la compofition de fes creatures , a-
fin de le connoiftre luy-mefme & luy rendre
nos deuoirs, qui eft fa fin derniere & principale.

IX.   En fecond lieu i'ay diuifé cette Methode en Theorie & Practique, & vne chacune en
Sections , Chapitres, Defcriptions, Sens Phyfiques & Articles, cóme portent leurs Arguméts
en particulier. La theorie comprend les generalitez de l'Art , tant pour le Type Cofmique, ou
Modele du monde, que pour la Refolution du
compofé qui fuppofe le fimple ; & la Practique
les operations pour la méme Refolution. La premiere partie demande l'attention, dautát qu'elle eft deduite fuiuant le ftyle des Hermetiques,
qui ne veulét aucune parole fuperfluë, ou moins
fignificatiue, comme font les Philofophes Scholaftiques. La feconde eft entierement fenfible,
tát en fes Defcriptiós, qu'en fes Sens Phyfiques.

X.   L'vne contient fommairement ce qu'il
faut fçauoir pour en parler affeuremét; & l'autre comprend ce qui eft neceffaire pour le repos de l'entendemét, Et toutes deux n'ont qu'v-
ne fin , qui eft la connoiffance des ouurages de
Dieu, & de l'amour que nous luy deuons, com

A iij

me dit eſt. En vn mot, pour deſcouurir entierement noſtre deſſein nous auós borné nos courts
raiſonnemens, ſous vn certain nombre de titres,
pour n'eſtre trop longs & donner lieu à ceux qui
les amplifieront.

XI. Et parce que l'vſage maintenant, & la
curioſité de pluſieurs, ſe porte pluſtoſt aux facultez du compoſé, quant aux receptes de Medecine, qui procedent de nos reſolutions (bien
que par accidét, Et deſquelles tous les Autheurs
ſót pleins) ou bien à la ſeule recherche de la Phyſique Hermetique, ſeconde difference de la Reſolution, nous auons adiouſté, pour la ſatisfaction des premiers, deux Sections à part; & pour
contenter les derniers (outre ce qui eſt compris
dans les meſmes Sens Phyſiques) nous auons
fait vn traité particulier pour la Section ſuiuan-
te, touchant la doctrine des vrays Philoſophes
Hermetiques & noſtre ſentiment auec eux, ſauf
la liberté commune. Et pour la derniere & concluſion de cette Methode, ayant parlé ſi ſouuent de la fin principale de la meſme Reſolution, qui eſt ſon Autheur ſouuerain & l'adoration que nous luy deuons, nous dirons par Abbregé tout ce qui luy appartient quant à noſtre deuoir particulier, conformement à la
croyance & determination de tous les fideles
Romains, pour faire ceſſer la mauuaiſe opinion
qu'on pourroit auoir de ceux, qui profeſſent
cette belle connoiſſance Reſolutiue.

XII.

'XII. Le tout compris dans vn fecond　&
dernier volume, enfemble les figures que nous
auons iugé neceffaires pour la plus grande intelligence & fatisfaction des lecteurs, & ce auec
la mefme briefueté,qui a efté toufiours obferuée,pour ne leur eftre point ennuyeux, lefquels
ie fupplie d'accepter auec autant defranchi-
fe & bienueillance, que ie le leur donne de
bon gré, fauf à eux d'excufer les de-
fauts qui s'y rencontrent, &
de corriger fraternelle -
ment ce que nous n'a-
uons pas bien dige-
ré,pour n'auoir eu
dauátage de loi-
fir, comme ie
fuis tres-af-
affeuré &
que i'at-
tens,

PREMIERE PARTIE
DES
GENERALITEZ
OV THEORIE DE LA PHYSIQVE
RESOLVTIVE.

ARGVMENT.

POVR LA SVITTE DES MATIERES, Sections & Chapitres de cette Partie en Abregé.

I. CE Traicté de Theorie est diuisé en cinq Sections, les deux premiers contiennent trois chapitres chacune, la troisiéme deux, & les dernieres quatre, Et iceux leurs mêbres, articles, ou periodes, Ensem-ble cinq figures & vne Table Astronomi-que. En la premiere, comme aux suiuantes, nous commencerons par la figure, Et de là

Circonstances de la connoissance.

B

nous raiſonnerons ſur la varieté des opiniõs
le traité diuers & la ſource des erreurs en
terme de ſcience, diſans que toute connoiſſance a ſon objet, ſa maniere, & ſes degrez,
ſuiuie de ſa fin.

I I. En apres nous monſtrerons les cauſes, fins, effets & repreſentation de la fabrique vniuerſele, l’Autheur ayant tout fait
auec poids, nombre, meſure & accord mutuel, pourquoy, quand & comment elle a
eſté faite corporele, la ſimplicité eſtant propre de l’vnité, & l’inſtant du temps, auec
rapport & diſtinction des premieres qualitez, & pourquoy.

III. Puis ayant propoſé les principes du
corps, ſon eſtre, ſa conſiſtance, ſa vie,
progrez & durée, leur deriuation & celle
de Nature, nous expoſerons la production
& repreſentation du nombre binaire, ou de
deux, comment l’eſſence eſt produite & deſignée auec ſon exiſtence : enſemble la difference & ſignification des nombres qui
parfont le tout : Et en ſuite nous ferons voir
de quelle façon le ſpirituel, tant ſpecifique,
qu’indiuidué peut eſtre repreſenté ; dont le
cercle eſtant quarré, ſuccede le regrés naturel de toutes choſes corporeles.

I V. Et comme nous aurons deduit le
contenu de la feconde figure, nous viendɾõs
à la generatiõ du Cube, pour exprimer plus
aifément par iceluy celle du compofé, fon   Similitude pour
croiffant & décroiffant, que le poinct, quoy expliquer le
que diuifible à autruy, ne laiffe d'eftre indi- compofé.
uifible en foy-mefme, que c'eft que cercle,
quelle eft la nature du Cube, &c. que deno-
tẽt les poincts qui le terminent. Il fera marqué encore l'eftat du corporel en general.
En apres la creation, reprefentation, excellence & appellation de l'Ame & de l'Intelligence, auec l'ordre des chofes, la grande
& premiere diuifion & foubs-diuifion de
l'Enonciable, ou de tout ce qui peut tomber en la penfée, leur production particuliere & defcription.

V. De toutes lefquelles chofes par reprefentation auffi nous tirerons la cohnoif-
fance de la fimplicité, immutabilité & eter-   Attributs du
nité du Createur, de fa Puiffance, Entende-   Createur & de
ment & Volonté, de fa fageffe & de fes ef-   fon nom.
fets quant à l'vnion des chofes diuerfes; du
mot de Dieu & de fes fignifications. Ch. 2.

VI. La troifiéme figure eftant expliquée,
nous traicterons pareillement des quatre
qualitez premieres, fignifiées par lefdits

poincts indiuifibles du Centre, le premier
affemblage defquelles a decouuert le nombre des fubftances elementaires , tant premieres que dernieres (c'eft à dire fuiuant
leur habitude diuerfe d'affociation) comme leurs accidens, & caufes des fecondes,
& autres, fymboliques feulement, leurs cõ-
traires eftans reprefentées & notées par lignes diagonales, ou trauerfes, s'entrecoup-
pants.

VII. Et ayant defcript l'accident generalement, nous les particulariferons, mon-
ftrans quant aux Elemens derniers, ou modifiez nommez Hermetiques , Pourquoy
l'Armoniac n'eft point fufible ; Comment
l'Argent vif eft dommageable; Pourquoy
le Souffre fondu au chaud ne demeure tel
à froid ; D'où eft tirée la connoiffance de
la froideur du Sel fixe, Enfemble l'effect du
mefme froid & du fec.

VIII. Ainfi nous pafferons aux diuifions
& aux effects des mefmes combinations
pour donner leurs defcriptions & proprietez ; Et ayant diftingué pour vne feconde
fois, le cree en general , Nous diuiferons
l'efprit & le fel ; le fouffre & le Mercure; en
apres le fec & l'humide , puis expofans les

mots de Mercure & de soulphre, nous les soufdiuiferons, pour refpondre à l'obiectiõ, qu'on peut faire fur le nombredes Elemens Hermetiques, appellez vulgairement principes. *Chap.3.*

IX. Sur la quatriefme figure & Section feconde venant à la diuifion & à l'ordre des Elemens & qualitez internes, fera diftingué auffi, pourquoy il fe trouue vne troifiefme en eux, quelle eft leur naiffance, leur mutuel rapport & inégalité, la difference d'exterieur & interieur, comment & pourquoy, puis le nombre total des Elemens, leur refpect entr'eux & vers leurs principes & iceux en l'vnité, qui reprefente en quelque maniere l'exiftence de l'Autheur, eftant le but, & le retour de toutes chofes. *Chap.1.*

X. Et par vne recapitulation en abbregé derechef de tout ce que deffus fuiuant la cinquiefme figure, nous ferons voir le deffein du Createur faifant le Monde, dequoy & Comment, & auec la premiere diftinction de la fubftance vniuerfele, tant en Effence, qu'en Exiftence felon leur ordre, il fera parlé des circonftances neceffaires pour la generation du compofé, comme auffi diuifans le mouuement, nous dirons

B　iij

en quoy cõsiste l'espece, l'indiuidu perissãt.

XI. Pareillement pourquoy la terre est découuerte des eaux en quelques parties de sa surface, & immobile, au contraire du Ciel : Si la terre & l'eau peuuent estre repre-sentées par diuers globes, & comment, l'origine des vents, pluyes, fontaines & riuieres, & pourquoy, les causes du flux & reflux de la mer, ou amas total des eaux; si chaque Element vulgaire a ses corps mixtes pour habitans, & d'où prouient la grande force des Mineraux & Metaux. Dont ayãt declaré, que le monde sensible, n'est quasi que pour les hommes, & le tout pour la gloire du Createur, nous diuiserons encore l'ordre du Creé, & confronterons ceux, qui premiers en ont parlé, pour descrire le total, qui est le mesme monde, vnique & sans aucun vuide.

XII. Cela fait nous proposerons vne Table Astronomique, contenãt par Abregé les mesmes Elemens, qualitez, Planetes, Conformitez, Heures, Signes, Influences, & mois. De là nous rapporterons la deriuation du mot de Planete & de Signe, leur appropriation aux Elemens & conbination de qualitez. Et en suitte, pourquoi

Representatiõ de l'eau & dela terre.

l'vn & l'autre Luminaire n'ont qu'vn Signe chacun: A quoy est attribué le nom de conformité & Influence, par qui sont represen-tez les trois premiers degrez de feu; comment est monstré la difference de l'Armoniac & des autres Elemens, les aages diuers de Saturne, le temps de sa domination, celuy de Mercure & autres. Et pour la fin de cette Section, nous déduirons la Sympathie & Antipathie des mesmes corps superieurs & inferieurs,

XIII. En la Troisiesme Section, apres auoir rapporté les diuerses appellations de la Physique Resolutiue; & baillé son vray nom, sa description, auec son explication, nous la déduirons generalement, & son sujet; En suitte duquel nous diuiserons & soubsdiuiserons les Mineraux & Metaux, laissans la Physique des Animaux & Vegetaux à ses Autheurs. Chap. 1. Et ayant traité des matieres, productions & descriptions des operations Resolutiues. Chap. 2.

XIV. Nous passerons en la Quatriesme Section des instrumens de la mesme Resolution; Et premierement du nombre, de la difference & autres conditions des vaisseaux, Chap. 1. Puis des fourneaux, de leur matie-

re,maniere & formes diuerſes, mobiles, ou
non, d'vne piece, ou de pluſieurs & à diuers
eſtages. Chap.2. Tous compris par vn ſeul,
nommé Coſmique, duquel ſera fait le de-
nombrement & l'explication. Chap.3. Et
pour troiſieſme lieu nous monſtrerons les
cauſes & differences de la chaleur, communement parlant, quant aux meſmes vaiſſeaux, fourneaux, matieres & degrez d'icelles, & autres circonſtãces neceſſaires. Ch.4.

　　X V. En la Cinquieſme & derniere ſection, nous baillerons les maximes, ou re-
gles principales pour bien reſoudre, ſuiuant
le meſme nombre & methode, ſçauoir des
Animaux, Vegetaux, Mineraux & Metaux.
Ch.1. Et enfin apres auoir décript vne partie
des caracteres de l'Art, particulieremẽt des
Metaux, Chap 2. Nous donnerons le proiet
des meſmes reſolutions par vn nombre d'o-
perations, Chap.3. Et pour conclurre ceſte
Theorie, nous propoſerons comme vn Abbregé des mémes ſuiuãt leur matiere, moyẽs
vaiſſeaux, procedé diuers, fourneaux & chaleur diuerſe, Et ce pour entrer dans la plaine
& entiere Practique, Chap. 4. C'eſt pourquoy.

Ceſte

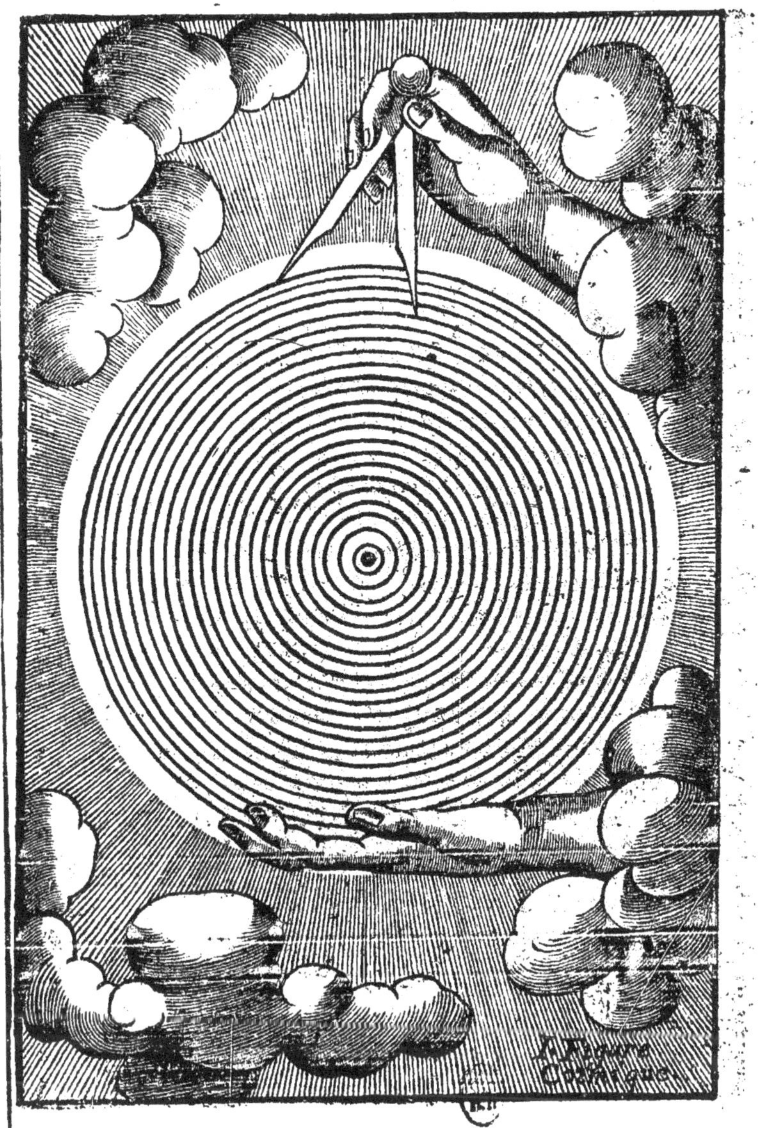

PREMIERE FIGVRE COSMIQVE.

ARGVMENT.

CETTE premiere Figure Cosmique nous represente le Monde vnique, clos, & à nous inconnu exterieurement, comme estans dans luy & auec luy compris; Ce que nous tesmoigne la pluralité des Cercles, qui la composent, les vns dans les autres, depuis sa Circonference jusqu'à son Centre: Elle est Spherique, comme la plus capable & la plus parfaite des autres; Elle est appuyée sur vne main gauche, qui l'empoigne, & vne autre droicte sur icelle, tenant vn compas entr'ouuert qui la dispose & ordonne; Les deux sortans d'vne nuée suiuies d'infinis rayõs lumineux, pour designer son Autheur & Conseruateur incomprehensible, donnant iour à tout ce qu'il luy plaist; Et partant à la façon de celuy qui est nay dans vn beau & grand Palais, portes clauses, & fenestres barrées, n'en estant iamais sorty. Nous considererons le mesme monde seulement en ses parties du dedans, pour inserer celles du dehors, & conclurrons le total s'il se peut; En cette sorte pour commencer l'explication,

C ij

DV TYPE COSMIQVE OV
Modele du Monde vniuerfel.

SECTION PREMIERE.

Nous proposerons en premier lieu,

DE LA CONSTITVTION DV
Composé en general.

CHAPITRE PREMIER.

Doncques,

I. Oute la difficulté de la Phyſique Reſolutiue, pour la THEOTECHNIE, ERGOCOSMIQVE, c'eſt à dire L'Art de Dieu en l'ouurage de l'Vniuers, ne conſiſtant qu'en la vraye cõnoiſſance de ſes principes & Elemens, quant à la Theorie (car le reſte ne ſouffre point de controuerſe) il nous faut dire que, comme perſonne n'ignore, ſuiuant l'experience, qu'il eſt de certains draps entretiſſus de laine, ou de ſoye de diuerſes couleurs, leſquels ſelon qu'on les re

Propoſition ſur la diſpute des Principes.

garde dans la grande clarté , ne paroissent que
d'vne , & tantost d'vn autre seulement ; Parce
que c'est leur iour, comme l'on dit, à la façon
des Peintures; Mais plustost l'endroit que la tis-
sure de l'vn est releuée par dessus celle de l'autre, & reciproquemée, d'où procede leur enuers
qui a tousiours moins de lustre , voire fort mauuaise grace, quant aux Tapisseries & Broderies,
quoy que ce ne soit qu'vn mesme corps.

Diuers regards
d'vne mesme
chose & pour-
quoy.

II. Le mesme se peut dire de la Science temporele & de son object pour nostre esgard ; Car
plusieurs considerent la nature Creée, & ses effects : Mais peu se rencontrent conformes en
leurs pensées & opinions , & neantmoins tous
croyent auoir touché le but , & seroient bien
faschez de vouloir en démordre. La varieté d'i-
celle nature en estant la cause, nous fournissant
des endroits & des enuers mutuels presque innombrables.

Source des opi-
nions diuerses
quant à la
science.

III. De maniere que comme le Cube chan-
ge de face , le dessus estant fait le dessous, le deuant, le derriere , & les costez, quelqu'vn d'i-
ceux, à proportion qu'on le remuë, demeurant
tousiours Cube; Ainsi les vns traittans les choses naturelles d'vne façon , & les autres d'vne
autre ; & les ayant jugé conformes à leur entendement , ou luy à icelles, s'il semble , suiuant leurs sens ou leur methode, pour les conceuoir, ont pris sujet d'establir dans vn temps
pour semblable, ce que dans vn autre s'est trou-

Traicté des
choses natu-
relles, different
& pourquoy.

ué different, les mefmes chofes perfiftants.

IV. N'eftant permis à aucun d'icy bas de con-
templer la verité creée toute nuë, mais feulemét
reueftuë d'vne tres-variable tiffure d'accidens,
qui trompent nos fens, & de-là noftre Entendement, vnique fource de l'erreur, ou de
l'imperfection de nos recherches pour l'eftabliffement de l'entiere fcience : Toutesfois il
nous fera permis de tenter auffi cette voye,
pour n'eftre eftimés inutils ou oyfifs, & qu'il
eft commandé à chacun de nous de lire à ce
grand Liure du Monde les merueilles de fon
Autheur, pour l'aymer & adorer, reconnoiffans
noftre propre foibleffe & dépendance, comme
fera dict en fon lieu.

V. A cefte caufe Ariftote apres fes deuanciers
Philofophes ordinaires & Scholaftiques, au
commencement de fa Metaphyfique a bien efcrit, que tous les hommes font naturellement
curieux de fçauoir ; Mais il en a laiffé le moyen
& le raifonnement aux Hermetiques, veritables
fçauans & demonftrateurs de la nature, par l'entiere refolutió de leurs parties en leurs Principes
& Elemens, fans autre tradition, que bien long-
temps apres, & encore myfterieufe ; Ce qu'ils
n'ont point reconnu, que par la feule Theorie ;
& qui nous conuie de dire maintenant, que

VI. Tout finy eftant imparfait, en tant que
tel, le repos de l'Entendement ne confifte qu'en
la connoiffance de ce qui eft fimplement, &

par icelle en la jouïssance du parfait; Dont comme l'ouurage tesmoigne l'Ouvrier & la fabrique d'iceluy, l'excellence du mesme; Ainsi ce
grand Vniuers nous monstre vne souueraineté
tres-grande, & la beauté de ses parties, vne perfection tres absolue; De là nous pouuons inferer, que le tout n'a paru que pour l'indication
de l'insensible par le sens, qui se porte à l'Entendement, puis au desir qui procede de la volonté, & que pour l'accomplissement d'iceluy
cest Art a esté inuenté, tendant de la connoissance des creatures au Createur seulement.

    VII. C'est pourquoy ayant pour nostre pre-
sent sujet le Mixte, ou Composé sensible, afin
de l'exprimer Hermetiquement par sa resolution vers son idée premiere & son Autheur, &
auec autant de clarté permise, que les vrays Se-
ctateurs d'Hermes, ou vrays Phylosophes naturels (à qui seuls nous nous addressons) pourront souhaitter en ce style mystique: Nous nous
contenterons en general, pour toute autre raison de cette fabrique tres-admirable d'aduoüer sincerement quant à ce traitté, que,

    VIII. Nous ne sçauons point d'autre Fa-
cteur, d'autre matiere & d'autre lieu de ce beau
monde, & de toutes ses parties les plus petites,
que les mains du Tout-puissant qui l'ont formé,
le soustiennent & le conseruent, pour se manifester soy mesme, nous ayant laissé dans son ou-
vrage la maniere qu'il l'a fait; & dans nostre En-

L'ouurier com-
ment reconnu.

Obiet, manie-
re & degré de
connoissance.

Suiet ou matie-
re de ce Trait-
té.

Causes, fin
& lieu de l'v-
niuers.

tendement la faculté de le conceuoir. Pour ces
causes nous y voyons le nombre, quant au tout
& ses parties ; le poids, quant à sa profondeur &
hauteur ; & la mesure, quant à son estenduë ou
largeur determinée : De plus nous y admirons
l'accord inuiolable du Superieur auec l'Inferieur, du Spirituel auec le Corporel, & du Finy
auec l'Infiny.

IX. Et comme de la connoissance de l'vn
on va à celle de l'autre, & qu'il n'y a point d'extremitez sans milieu. Nous descouurons pareillement, que pour estre sensible, & vny mutuellement en ses parties, comme il est, il deuoit
estre corps subsistant, & iceluy tel, c'est à dire
qualifié & distingué par ses degrez de perfection, Tous lesquels ne constituent, ou ne sont
compris, que sous le nombre entier & finy de
dix, par lequel est representé la mesme perfection, ou l'vnité, c'est à dire l'Estre, ou l'Essence de substance demeurant tousiours simple,
quoy que principe du nombre ou de la composition pour son Existence, ou production externe accidentaire, signifiée par le nombre de
deux.

X. Par ce mesme ordre nous trouuons, que
l'instant qui a paru auec le corps est celuy de la
matiere & de la forme, c'est à dire, de l'Esprit
& Sel ; ou subtil & solide vniuersels, & le mesme de tous leurs accidens ; Puis que le composé, ou son action, n'est point d'vn seul, & que
de

de l'vne & de l'autre de ses parties, les qualitez
sensibles ont rapport necessairement à leurs
contraires , & se découurent mutuellement,
comme sera dict en son lieu.

Rapport des qualitez premieres.

X I. Tellement que ne pouuant estre ou paroistre toutes ensemble en quelque degré que
ce soit, tant au dehors qu'au dedans : Deux d'icelles ont esté supposées aux autres, comme la
matiere l'est à la forme, parlans communément
auec superiorité ou diminution de leurs actiós
entr'elles par leurs propres contraires , qu'on
nóme *Refraction*, c'est à dire cóuersion d'action
Elementaire, suiuant les Hermetiques premiers
Philosophes naturels, pour produire leurs variables & tres-constans effects, & tout autant
que durera leur sympathie , & le bon plaisir de
celuy qui les a fait, cela estant, nous dirons par
forme de These, ou proposition generale de ce
Chapitre, que,

Distinction des qualitez premieres.

Refraction que c'est.

X II. Tout composé quant à l'ordre naturel, procedant du premier Estre crée , par le
moyen de l'esprit & sel vniuersels fondemens
de Nature , tire son estre , ou essence de l'vnion
premiere & particuliere d'iceux en elle: Sa consistence sensible , ou existence des quatre premieres qualitez moyennent leurs Elemens &
quantité.Sa vie de leur forme determinée: Son
progrez de leur vertu specifique, ou mouuemét
inné; Et sa durée de son inuiolable & tres-constante reuolution naturelle du mesme: Apres la

Essence, existence, vie, progrez & durée du composé.

D

quelle, comme fini, il reuient & ſe retrouue dans
ſes principes ; Et iceux dans l'vnité de leur ſubſtance premiere en eux diſtinguée, & par conſequent determinée.

XIII. A cette cauſe ils ſont nommez vniuerſels, comme eſtans vers elle placez, ou de l'vn
ſe portans vers l'autre, c'eſt à dire de la ſimplicité à la compoſitió, pour faire & refaire ce qu'ils
ont fait, touchant leur eſtabliſſemét inuiolable ;
D'où eſt venuë la pierre de Syſiphe des Anciés,
& l'appellation de Nature, c'eſt à dire naiſſance
ou reaction nouuelle, qu'on peut expliquer naï-
uement par la generation du nombre, de la ligne & de la ſuperficie, du Cube, du Cercle, & autres. Car icelle vnité, qui eſt le poinct indiuiſible
en ſoy-meſme, pouſſée & comme eſtenduë exterieurement par celuy qu'elle repreſente, ou
ſon autheur, pour lors elle a paru ſous le diuiſible, c'eſt à dire le deux, ou la diuerſité premiere
des parties du compoſé, que l'eſprit & ſel vniuerſels repreſentent ſous la ligne ſenſible.

XIV. De là ayant paſſé au produit de leur
meſlange ſous le trois & le moyen interne de
ladite ligne fait externe & triangle pour la ſuperficie, il diſtingue l'Eſſence particuliere de
chaque choſe, qui de ſoy eſt imperceptible, cóme la ſuperficie en ſa profondeur, ou hauteur
eſt indiuiſible. Et ſe repoſant au quatre, qui eſt
le Centre d'iceluy trois, ou triangle, & de ſes lignes, mis au dehors en eſgale diſtance de leurs

Principes pour
quoy appellez
vniuerſels.

Deriuation du
mot de Nature.

Nombre bi-
naire.

Eſſence & exi-
ſtence commét
produites.

poincts, ou limites, & autres aſpects ſous le nom
de Cube, il rend ſuiuant iceluy nombre, & ce
qu'il repreſente la meſme eſſence ſenſible ayāt
corps, ou profondeur par ſes accidens entiere-
mens connus , qu'on nomme exiſtence.

X V. Bref l'vnité tirée au dehors deuient nō-
bre & ſe multiplie par aſſociation de pair, ou
impair: Le premier deſquels eſt le deux & pair,
qui par ſa combination propre fait le quatre: Le
ſecond eſt le trois, ou le cinq & impair formez
l'vn du deux auec l'vnité, & l'autre du deux auec
le trois, ou du Centre du quatre, qui derechef
doublé produit l'entier, le dix & le dernier, qui
deformais ſans autre forme ſe multiplie, & ſe
repete à l'infini, quant à nous, que le Cercle fait
voir, & la generation des troiſieſmes eſpeces,
dont cy-apres.

X V I.   Leſquelles trois differences de nombre, pair, impair, pairement impair , & impairement pair, monſtrent le commencement, le milieu & la fin de toutes choſes creées : Le deux
& pair, denote les parties de la generation, qui
ne peuuent eſtre moins. Le trois & le premier
impair teſmoigne l'eſſence particuliere de chaque choſe ; Le cinq & dernier impair pour ce
ſujet manifeſte ce qui eſt engendré par leur
vnion, & combination dans ſon indiuidu corporel, dict Exiſtence ; Et ledit pairement impair, & au contraire nous fait voir ſa conſtitution derniere en degrez & parties diuerſes.

Mouuement
que c'eſt &
par qui.

XVII. Et pour perfectionner daũtant plus le tout, il le fait capable de mouuement qu'on appelle Vie ou Action, tant interne, qu'externe, d'accroiſſement, ou de lieu, par la meſme for-

Cauſe moũuã-
te & ſa manie-
re.

me & ſubſtance ſpirituele particuliere, qui fait les deux, & autrement que cy apres. S'eſten-dant & agiſſant dans iceluy ſelon ſes organes & ſous le nombre, qui reſulte tacitement du meſme quatre, ou cinq par combination, qui eſt le dix, qu'on peut repreſenter par vn Cercle comme la Figure plus parfaite & la reuolution de tout nombre.

Eſprit ſpecifi-
que & ſa fou-
ction.

XVIII. Finalement pour ſon entier & der-nier progrez d'action, il luy aſſocie derechef ceſt eſprit moins vniuerſel ou ſpecifique, qu'il faut ſemblablement repreſenter par vn ſecond & dernier Cercle contenant le tout, les deux tendans à la Sphere particuliere & indiuiduele, en laquelle ſorte la Quadrature du Cercle eſt parfaite, C'eſt à dire le corporel eſt vny tout à fait au ſpirituel, ce que le nombre de Douze ſi-gnifié contenant le deux, qui compoſe & le dix qui parfait.

Régres na-
turel de toutes
choſes corpo-
reles.

XIX. Mais à l'inſtant que le meſme compo-ſé eſt paruenu au poinct de cette perfection, ou fin de plus grand mouuement accidentaire, ou externe, comme eſtant borné de toutes parts; Dés auſſi toſt il rebrouſſe ſon cours, ſort de la compoſition, ou Exiſtence, preſque en meſme forme & meſme nombre ſe rapetiſſant ſoy-meſ-

me en la maniere que nous dirons, agit & se repose tousiours en son poinct, ou vnité premiere,
qui nous represente le centre de ce grand Cercle vniuersel qu'on ne peut s'imaginer.

XX.   Et le tout suiuant l'idée & prototype
du mesme Autheur son comprehenseur, c'est à
dire le modele de ce grand ordre en la fabrique
du monde, qu'il nous enseigne par son ouvra-
ge mesme, comme nous auons commencé de
dire, & par lequel il se faict connoistre aux creatures Intelligentes, premierement par les choses sensibles & corporelles, comme plus basses
& prochaines. En apres par celles qui sont plus
releuées , & qui fuyent nos sens, c'est à dire,
l'Esprit & autres circonstances ; Et pour faire
voir le rapport qu'il y a du Cube auec le Mixte,
& le raisonnement de ce sujet.

Figura
Coelestis

SECONDE FIGVRE
COSMIQVE.
ARGVMENT.

L A féconde Figure Cofmique, ou premiere ouuerture du monde, monſtre amplement la compoſition interieure, c'eſt à dire l'Eſſence, de l'ouurage ſenſible, comme le plus proche de nous, ſçauoir le corps mixte repreſenté par la nature du Cube ou quarré, duquel l'eſtenduë ou petiteſſe eſt ſignifiée par les diuers quarrez, les vns dans les autres; & ſa perfection entiere par les deux Cercles & le poinct ou l'vnité qui l'enferment. Sa ſituation platte fait voir ſon repos; Les lignes Diagonales ou tranſverſes telles que cy apres, & qu'il faut s'imaginer pour les faire droictes & ſenſibles, nous font connoiſtre ſon augment interne & determiné, & les droictes externes qu'il faut auſſi conceuoir deuenir internes & tranſverſes, manifeſtent ſa diminution; Tant y a que le dedans paſſe au dehors, & le dehors au dedans, & le tout venant du poinct recouure ſon vnité comme ſon centre & ſon repos, parquoy.

Ses Angles ou poincts repreſentent l'vn & l'autre mouuement droict & circulaire, deſquels le premier deuient le second, pour imiter l'infinité dans le recours de la mesme vnité ; Ainsi de droict qu'il est il deuient rond, ou demy circulaire pour ne desister en soy mesme que par le neant, comme les nœuds & les ramifications des corps nous demonstrent pour leur extension droicte, ou laterale : Et la mesme Figure sans aucunes inscriptions tres-simple, blanche & vuide donne à connoistre l'insensibilité, pureté & subtilité de l'essence pour sa legere composition ; Par lesquelles trois choses, le Cube, le Cercle & l'Vnité, ou le poinct, les grandeurs ou attributs de l'ouvrier incomprehensible, sont aussi admirablement demonstrées. Cela estant pour continuer l'esclaircissement de ce discours, il faut dire en second lieu.

DE L'ESSENCE DV CORPS
Naturel.

CHAPITRE SECOND.

Et premierement que ,

I. LE Cube, suiuant ce que desia nous
auons sommairement deduit, &
qu'il faut mediter, tire son estre du
premier poinct indiuisible par vne
extension premiere de soy-mesme, qui le met au
dehors, & le fait diuisible en lógueur & largeur,
cóme la ligne & la superficie; Et par vne reïterée
combination se rend sensible, constant & limité par toute son estenduë, profondeur & existé-
ce, qui ne perit iamais que par le retour en son
principe, comme dit est.

II. De sorte que le mesme poinct y estant
tousiours interieurement, ou par moyé il croist,
& s'augmente à l'exterieur selon ses lignes diagonales, ou transuerses interieures faites externes, couchées ou droites, comme les bornes de
son mouuement, & au contraire, quant à son
appetissement & regrez, le moyen ou interieur

Generation du Cube.

Crement & diminution du Cube.

E

ceſſant d'eſtre tel , & l'exterieur de meſme , la
deſcente eſtant d'autant plus ſubite, que la mó-
téc a eſté lente ; s'approchant, ou s'eſloignant
de ſon centre,comme la figure fait voir.

1. I I. Dont iceluy Cube ſortant de l'vnité
s'approche du Cercle,c'eſt à dire de l'vnion circulaire de pluſieurs vnitez faites externes, qu'il
taſche d'imiter en ſon immenſité : mais tenant
le milieu entre le ſimple & l'indeterminé, il ne
le touche que par ſes angles, ou poinǎs limi-
tez,quoi qu'ils ſoiét autant d'indiuiſibles, comme il ne regarde l'vnité, ou le poinǎ,que par le
triangle,ou ſuperficie,& la ligne,qui le procreét

I V.   Et pour cette cauſe, à meſure qu'il s'é-
loigne d'iceux ou qu'il s'en approche , il deuiét
plus vaſte , ou plus ſimple , touſiours conſtant
dans l'inconſtance, c'eſt à dire touſiours quarré,
ou fini dans ſa grandeur, ou petiteſſe, ou dans
ſes changemens , bornés par leurs degrez de
mouuement & repos, auec aptitude toutefois
vnitiue,pour ſe porter au meſme poinǎ indiuiſible,ce que l'indifference de ſes faces premieres , ou dernieres , à la façon de celles du commencement ,milieu & fin du Cercle , nous fait
voir par le progrez admirable & l'ordre naturel,qui ne peut varier.

V.   Pareillement le corps,pour exprimer vn
peu plus au long ce qui a eſté deſia auancé,c'eſt
à dire ſon eſſence ou perfection interieure,préd
ſon origine de cette vnité premiere creéc par

la diſtinction naturele d'icelle en plus & moins
ſubtil : Et par vne ſeconde difference des meſmes en rare , & compacte, & autres accidens
ſenſibles, ſa compoſition eſt acheuée & ne ſe
reſout qu'en la meſme vnité, moiennât laquelle
faite ſenſible, il ſe multiplie à l'exterieur par ſoy-
meſme, & ſe deſtruit au contraire, ceſſant d'eſtre
ce qu'il eſtoit, croiſſant & decroiſſant en meſme
forme & degrez determinez , comme nous a-
uons dit, logé entre le diuiſible & le vaſte, que
l'vnité & le cercle repreſentent.

V I.   Or cette vnité premiere n'eſt pas bien
aiſée à diſcerner, & conſequemment à deſcrire,
bien qu'elle ſoit creée, & partant finie ; Et ce à
cauſe de ſa trop grande ſimplicité , par laquelle
elle eſt encore toute en ſoy-meſme, ſans difference externe, ou de ſon tout, ou de ſes parties:
C'eſt pourquoy afin de deuenir ſenſible elle a
paſſé degré par degré, de la ſimplicité à la compoſition, moyennant vne reïterée diſtinction
& reünion, laquelle enfin a conſtitué le meſme
corps, comme nous auons expliqué, & que le
meſme ordre naturel nous apprend.

V I I.   Mais parce qu'auec ces choſes ſeulement il ne pouuoit pas auoir pleine force, ou
beaucoup de vigueur ſans action propre de ſoy,
ou d'autruy, ainſi que deſia a eſté propoſé, il eſt
d'ailleurs informé par vne autre ſubſtáce creée
à part, quant à l'homme ſeulement ; outre le
mouuement que deſſus: Et ce ſuiuant le meſme

Connoiſſance de l'vnité dif-ficile.

Subſtance in-formante creée

nombre premier entier compris sous celuy de
quatre, qui fait le sensible, & qui contient le
trois, le deux & l'vnité. Par laquelle substance,
il agit, voit & connoist au dessus de tout autre
sensible animé ou non: Et iugeant de leur estat
& perfection, il s'esleue spirituellement au
Createur.

VIII. Estant à remarquer par le mesme
nombre sous-entendu, l'aptitude que les choses corporeles peuuent auoir auec les spirituelles, pour leur plus facile alliance, ou prompte
determination d'action; Semblablement l'excellence de cette mesme substance nommée
Ame, & representée en ce lieu-cy par vn Cercle, qui enuironne & comprend en soy le Cube immediatement, comme la figure tesmoigne, de laquelle nous connoissons la perfection
estre beaucoup plus grande, que celle du corps,
puisqu'elle a par effet, ce qu'il ne contient que
par puissance, Et que superieure à luy, comme
le cercle au cube, elle a son commencement &
sa fin, par tout ce qu'elle est, luy estant entiere-
mẽt determiné.

IX. Et comme icelle Ame (outre l'inclination qu'elle a vers son idée & son Autheur)
se trouue en quelque façon pareillement affoiblie ou empeschée par l'vnion auec le corps, Et
le mesme non encore absolu pour mieux, &
plus aisement agir, ils sont enfin tous deux tant
exterieurement, qu'interieurement, & dans le

temps, allegez & fortifiez, principalement quãt
au mesme homme, sçauoir par vne derniere &
plus haute substance incorporele, creée aussi,
qui leur influë ses vertus, & s'appelle Intelligence, ou interieure Allegeance, representée
pareillement par vn second cercle contenant le
premier; Le nombre de laquelle multiplié par
soy-mesme est tres-parfait, & hors duquel il n'y
a plus rien d'imaginable selon nous, quant à la
constitution du creé corporel, c'est à dire, des
mixtes elementaires, si ce n'est pour faire voir
leur durée essentiele, changeans d'appellation
numeraire, comme differente de la chose, qui
dure, & se multipliant par soy-mesme, c'est à dire cent fois cent.

Allegeance, ou force du corps humain.

Intelligence comment for-mée & repre-sentée.

X. Pour les autres mixtes soy mouuans, ou
non, les mesmes principes, comme nous auons
dit specifiez & indiuidualisez sous telles & autres qualitez, selon leurs degrez, & comme esleuez à cette dignité par leur Autheur, produisent
telle perfection d'action necessaire à leur espece, generation & conseruation de leurs indiuidus, que pour cela on dit cesser auec la chose
mesme, supposez au pouuoir & vouloir de
l'homme.

Animation des irraisonnables.

XI. En vn mot, de l'vnion premiere des
principes vniuersels procede l'essence, le germe & la semence de tout ce qui est corporel,
tant superieur, qu'inferieur designée par le
triangle, Et laquelle grossie, imbuë, & reuestuë

Briefue recapi-tulation de l'es-sence & exi-stence.

de sa quantité, & qualitez exterieures entierement escloses. suiuant leur appropriation aussi,
est faite l'Existence, ou sensibilité d'accidens;
demonstrée par le quarré, Cube, ou profondeur
determinée du composé, qui vit & se meut par
le mesme Esprit, l'Ame & l'Intelligence, selon
leursdits nombres mysterieux.

XII.   Quant au rang de ces substances, touchant la figure suiuante, proche la mesme vnité representée par le poinct haut & bas sont
placés immediatemét l'Esprit & Sel, c'est à dire
le subtil & le solide vniuersels, comme seuls prin
cipes, ou substances premieres, & symboliques
creées de toutes choses sensibles par leur mesme quantité, & qualitez inneés, ou proprietez
particulieres, tant internes qu'externes, demó-
strées sous les noms de forme & de matiere par
les Philosophes Scholastiques & ordinaires; Et
iceux denotez par la ligne, comme nous auons
dit ailleurs, nommez derechef en cette sorte,
l'vn par sa subtilité & rareté, proprement chaud
& humide, suiuant le mot Grec πῦρ, signifiant
feu, & σπεῖρα, c'est à dire reuolution ou tour-
noyement, tel que fait la flamme: Et l'autre par
sa consistence, ou solidité du mot Grec ὅλος, qui
signifie ferme, froid & sec, Et ce du moins apti-
tudinalement.

XIII.   Vn peu plus bas est logée l'Essence,
qui respond au triangle : Et apres le corps, ou
l'Existence, que le Cube fait voir, accompagné

de toutes ses conditions & circonstances accidentaires & cathegoriques ; De l'vnion des
quelles choses resulte la forme specifique, que
nous pouuons faire connoistre par vne demy
Sphere sous le nombre de cinq, second impair,
qui repeté par soy-mesme produit le pair , &
le parfait, constituant toute la Sphere, quant à
l'indiuidu , comme nous auons marqué cy-
dessus.

XIV.   Pour la substance spirituelle, elle est
la derniere & plus haute: En suitte de laquelle
nous dirons en general que, L'Enonciable est,
ou du nó Estre, ou de l'Estre; Le non Estre, n'est
qu'vne pure negation indeterminée: L'Estre est
ou increé, ou creé, l'increé est le tout du tout, sás
dimension & limite tres-parfait: Le creé est la
fluxion du non estre à l'estre par l'increé mesme, tendant, ou au simple mouuement, ou à la
sensibilité, c'est à dire, ou au spirituel, ou au corporel, & iceux, ou superieurs, ou inferieurs, ou
les deux.

X V.   Le premier est infatigable , & le dernier presque suiet à se reposer : L'vn sans obstacle dure tousiours & L'autre chargé d'accidens
continue, ou cesse auec eux . Le premier accompagne l'Essence, ou simplicité de finité : Et le
dernier l'Existence, ou la sensibilité ; Le premier
a son estenduë toute à son tout, & le dernier par
succession de ses parties seulement; Le premier
a patu sans distinction de soy en soy; Et le der-

[marginalia:]
Existence.
Espece.
Indiuidu &
leur lieu.

Generale diui-
sion de l'estre,
leurs differen-
ces & descri-
ptions.

Distinction du
spirituel par
antitheses auec
le corporel.

nier par addition graduele d'accidens; Le premier opere tout, & cognoit tout naturellement
hors & ſans organes , n'ayant, ou receuant contentement ou deſplaiſir, qu'en ſoy ; Le dernier
nullement, Le premier n'eſt point ſenſible, que
ſous le bon plaiſir de ſon Autheur, Le dernier au
contraire : Et l'vn & l'autre eſt tel par oppoſition mutuelle de ce, qui eſt ſans aucun reſpect.

XVI. En cette ſorte le non eſtre rendu
ſenſible peu à peu a paru, au contraire du ſpirituel, & ſelon la meſme nature; Et les deux pour
nous faire connoiſtre l'Increé , qui de ſoy ne ſe
peut manifeſter ainſi qu'il eſt, c'eſt à dire en ſa
propre nature; mais par ſa creature, Et ce encore
degré par degré, ou ordre; Car le tout eſtant ou
ſpirituel, ou corporel; Et la connoiſſáce, ne procedant, que de la capacité qui eſt ſuperieure au
iugement, l'Intelligence ou l'Ange diſcerne ſon
ſemblable , & au deſſous, & le iugement, ou
l'homme infere par ſes Sens ; Et les deux enſemble rendent teſmoignage de leur Autheur.

XVII.   Partant Dieu pour ſe faire connoiſtre ſoy-meſme, conſtitue & met au dehors ſon
oppoſé, qui eſt le monde corporel , & comme
tel; eſtant incapable meſmement de le conceuoir , il tire de ſa toute-puiſſance les deux ſubſtances que deſſus, moyennes entre ces deux, &
ſubalternes entre'elles pour ce ſuiet ; Et parce-
que les meſmes encore n'ont aucune proportion auec l'Increé pour le comprendre, qu'en

ſe

fe connoiffant ; Et que cette connoiffance ne
peut prouenir, que de leurs inferieurs , & habitude auec eux. L'Ange qui eft le premier connoiffant l'homme, & toute la nature corporele,
infere neceffairement fon fuperieur: Et l'homme, qui eft le fecond, vni auec elle pour la connoiftre fenfiblement, & dans le temps, s'efleue
à l'Ange, & fe repofe au Createur.

XVIII. Et comme les oppofez degré par
degré, plus, ou moins proportionnement à leur
nature, peuuent conuenir enfemble pour paffer à l'vnité ; Qu'vn femblable demonftre
l'autre, & que le corporel encline plus à la fin,
que le fpirituel , d'où vient fa fucceffiue generation , l'Intelligence eftant plus proche de
l'Increé, imitans fon eternité, & toute en nombre , ne communique point auec le corporel:
Au contraire l'Ame fuiuant le corps, ne connoift, & n'agit fenfiblement que par fes organes corporels, defquels eftant defpoüillée, elle
eft prefque efgale à l'Intelligence.

XIX. C'eft pourquoy auant que de defcrire
ces termes Hermetiques, que le vulgaire ne có-
noift pas beaucoup , nous expliquerons derechef ces paroles fi fouuent repetées, pour ofter
toute difficulté, fçauoir Efprit , & Sel vniuerfels,
premiers principes du Compofé, en cette maniere, *Efprit , ou fubtil,* c'eft à dire rare, ou extenfible; *Sel , ou folide,* c'eft à dire ferré, ou compa-
&ible; *Vniuerfels ,* c'eft à dire indeterminez à la

mixtion. *Premiers*, c'est à dire, emanez immediatement de l'vnité mobile contenant interieurement le tout. *Principes*, c'est à dire parties generales, constitutiues. Du *Composé*, c'est à dire du
corporel; Cela fait nous pourrons dire que

XX. L'esprit vniuersel est vne substance
subtile, & rare distinguée de son total premier
creé, dont cy dessus, qui diuersement reüni à
son solide, qu'on nomme Sel, constitue auec luy
toute la varieté specifique, & indiuiduele de la
nature, la regit & la viuifie, moyennant leurs accidens qui les font paroistre au dehors.

Le Sel vniuersel est vne substance solide, &
compacte, distinguée de son total aussi, qui diuersement reüni à son subtil, nommé Esprit,
constitue auec luy toute la mesme varieté, causant l'extension sensible & la constance solide
de la mesme nature en ses compositions.

XXI. L'Essence est l'vnion particuliere premiere de l'Esprit & Sel vniuersels, sous le plus,
ou le moins interieur d'iceux, dans son indiuidu
qui les determine, & qui la font imperceptible
pour ce respect.

L'Existence est l'vnion derniere des mesmes faite externe & sujete à nos sens, c'est à dire quant à leurs accidens. Et les Accidens ne
sont que les emanations externes produites des
mesmes formes substantieles, comme les feüilles aux plantes, les qualitez aux Elemens ; la varieté desquels ne procede que des parties di-

uerses du Composé, en la façon que nous auós
expliqué; Et ce quant au mesme ordre de Nature seulement.

XXII. Que si à ce propos le Curieux demande comment different ces deux principes des
autres Philosophiques tant renommez, qu'on
appelle séblablemét vniuersels; Il faut dire que
ce sont les mesmes indiuidués elementairemét
& rendus par l'Art vniuersels; En quoy ils sont
differens, pour purifier & conduire en peu de
temps tout mixte dans son estat parfait, & plus
facilement les corps insensibles, plus solides &
moins animez.

XXIII. En cette maniere l'element froid
de l'Eau par diuerses distillations, & euaporations chaudes, deuient Air & puis Feu; Et la Terre seiche, & friable par diuerses calcinations,
& depurations, se change en Sel fusible & continu, ce qui est exprimé dans la disposition de nostre cinquiesme figure Cosmique cy-apres, en
laquelle le mesme esprit vniuersel placé en ligne diagonale, ou transuerse, du haut tendant au
bas, regarde premierement le Feu, & puis l'Air
pour se rendre au solide; Et le Sel reciproquement du bas au haut se porte à la terre, passe
en l'Eeau : Et de là au subtil; Puisque la nature ne va point d'vne extremité en l'autre sans
moien ou appropriation.

XXIV. Raison pour laquelle ils crient tout
d'vn Commun accord, qu'il faut conuertir le^s

*Difference des
principes mix-
tes d'auec les
Philosophi-
ques.*

*Conuersion
des Elemens
reciproque.*

Elements sçauoir les vns aux autres. Cache
ce qui se voit, & manifester l'occulte, desquels
le premier, ou l'humide fait chaud est le dissoluant de leur Medecine, & le second, ou le sec,
rendu fusible concourt à sa generation; Et l'vn
& l'autre se trouue par tout, & en toute creature, appellez vils pour cette cause, surquoy ie le
renuoye à mes sens Physiques & ailleurs.

XXV. Estant encore requis pour enten-
dre le tout, de faire difference entre la puissance & l'acte, le genre, l'espece & l'Indiuidu, &
autres circonstances; En cette maniere l'Indiuidu monstre l'existence corporele, la forme particuliere descouure l'essence spirituele : Et leur
vertu, commune à plusieurs fait voir l'espece, &
icelle le genre, comme l'Acte la puissance, qui
dit le Cahos ou total vniuersel sans distinction
aucune externe de soy, qu'on peut fort bien representer par autant de Cercles, l'vn dans l'autre, rendu peu à peu, sensible, descendant du
moins de la simplicité au plus de la composition, qui seront huict, sçauoir, puissance, genre, espece, spiritualité & leurs opposez: Ce qu'é-
tant expedié.

XXVI. Par ces trois choses, Vnité, Cube, &
Cercle, où suiuant icelles nous pouuons representer par auance de plus long discours la triple source de tous les plus grands Attributs, ou
proprietez inexplicables de l'Autheur, sçauoir
par l'Vnité indiuisible, sa simplicité. Par le Cu-

be,ou quarré toufiours conftant fon immuta- Immutabilité.
bilité. Et par le Cercle,qui eft fans commencement & fans fin determinée, fa durée, ou eter- Eternité.
nité, lefquelles trois chofes, ne font qu'vne Effence interne à foy mefme, toute-puiffante,tou-
te fage, & toute bonne fans mefure.

XXVII.   Semblablement par l'Vnité fim
ple & indiuifible, nous reconnoiffons fa puif- Parquí eft de-
fance abfoluë, & incommunicable ; Par le Cer n.ôftée la puif-
cle vafte fans limite, ou determination de fes fance, entende-
parties,fon Entendement tres-fecond fans fôds, ment & volon-
ou bornes de connoiffance; Et par le Cube fer- té de Dieu.
me & immobile, fon inuiolable & determinée
volonté;De façon que, comme l'Vnité qui precede le Cube,eftant fa bafe; Et les deux affem-
blez ou compris par le Cercle,ne font qu'vn
tout fuiuant la fufdite figure: De mefme fa puiffance,qui propofe,fon iugement, qui ordonne;
& fa volonté qui execute, ne procedent, & ne
font qu'vn feul fujet.

XXVIII. Dauantage par ces mefmes nous
apprenons les merueilles de cette fageffe tres- Comment eft
parfaite,qui fçait vnir les chofes entierement connue la fa-
efloignées fans aucun rapport d'elles; & les efle- geffe Diuine.
uer à des degrez auparauant incompatibles ;
Ainfi le fimple deuient compofé par Exiftence, ou fenfibilité de foy mefme,le Corps eft
joinct à l'Ame par l'Efprit moyen, démonftré
pareillement par les poincts indiuifibles du cube ;l'Ame eft affociee à l'Effence, ou Idee pre-

F iij

miere par l'intelligence, l'exterieur à l'interieur
par vne habitude respectiue, & autres Circonstances.

XXIX. Et le tout dans cet abysme de
science absoluë, qu'on ne peut s'imaginer, pour
estre finis, & qu'on appelle Dieu, en nostre lan-
gage, c'est à dire Immense, Infiny, tres-parfait,
tres-puissant, tout au dedans, tout au dehors, &
tout en toutes choses, & particuliers d'icelles,
seul & vnique sans nom, seul simple sans demonstration, & seul bon sans passion, grand
Createur, grand Seigneur, grand Maistre, grand
Sauueur, & Conseruateur de l'Vniuers. Mais
pour reuenir à nostre matiere.

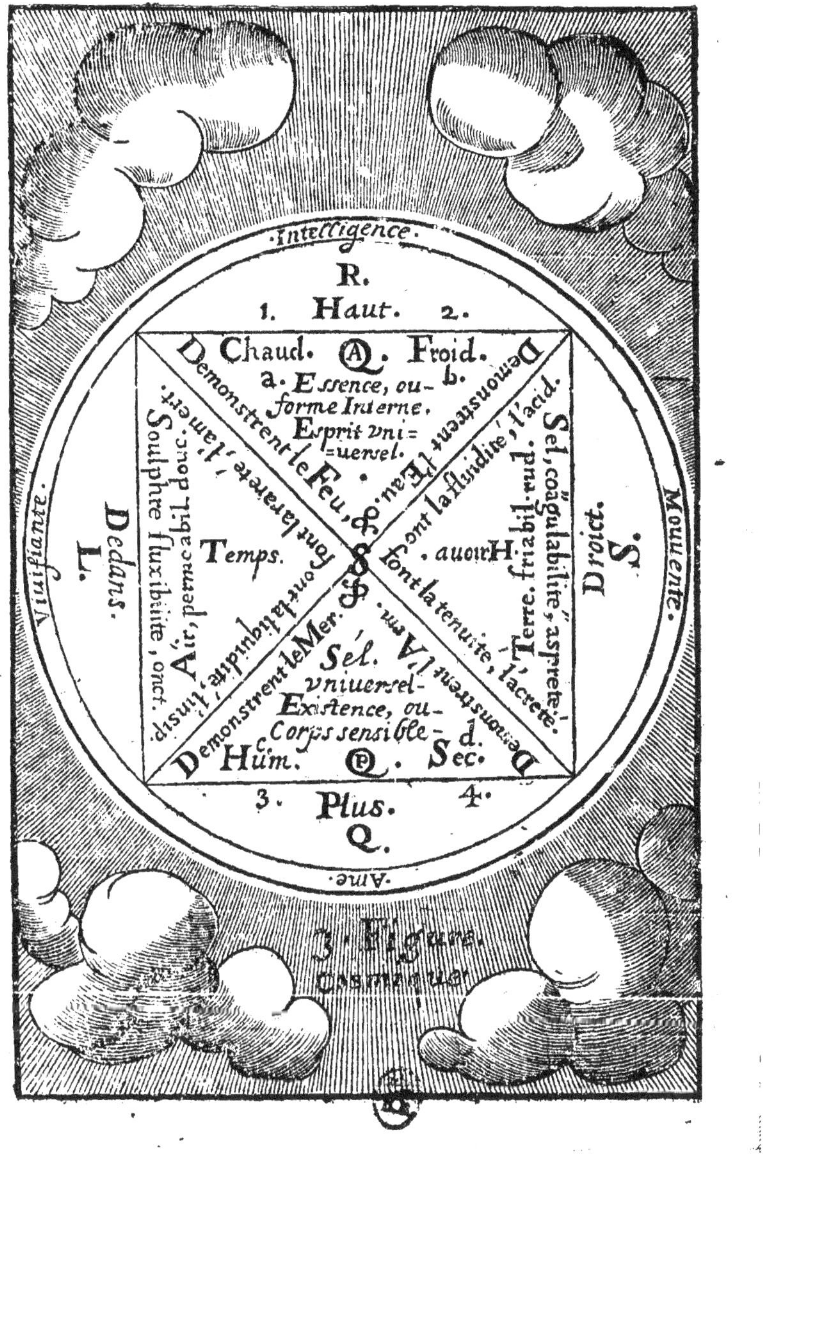

Intelligence.
R.
1. Haut. 2.
Chaud. A. Froid.
a. Essence, ou forme Interne.
Esprit uni=uersel.
Demonstrent le Feu.
Demonstrent l'Eau.
Temps.
Dedans. L.
Vivifiante.
Mouuente.
Droict. S.
Soulphre fluxibilite, onct.
font la liquidité, l'insip.
Air,
Sel, coagulabilite, aspreté.
Terre, friabil. rud. l'acid.
font la tenuité, l'acreté.
auoir H
Demonstrent le Mer.
Demonstrent l'Air.
Sel uniuersel
Existence, ou Corps sensible.
Hum. P. Sec. d.
3. Plus. 4.
Q.
Ame.
3. Figura
Cosmologica

III. FIGVRE
COSMIQVE.
ARGVMENT.

CEtte troifiefme Figure Cofmique com̃mence à faire voir l'ordre exterieur, ou l'Exiftence du mefme Ouurage fenfible, & de fes qualitez Elementaires en particulier auec le mefme Cube diuifé en triangles par les deux lignes qui le conftituent, comme a efté dit, lefquelles faites tranfuerfes, & s'entrecouppans interieurement, demonftrent le poinct, ou vnité, qui les a procreez auec leur difference, enfemble les Cercles ou les chofes qui l'ont perfectionné, defquelles qualitez, toutes les combinations poffibles y font exprimées par leurs propres mots ou noms de leurs Elemens, tant premiers, que derniers ou Hermetiques, les fuperieurs eftant placez fur la ligne, & les inferieurs au deffous.

Dont les paroles, qui occupent le milieu de la partie fuperieure, & inferieure font connoiftre en l'vnité la fubftance denotée par la lettre S. Et d'icelle les principes, l'Eſſence, & l'Exiftence fuiuant leur ordre, que deffus. A cofté droit du haut tendant au gauche, & du bas reciproquement, font marquées les

G

qualitez contraires, tant actiues que passiues. Aux costez perpendiculaires & aux lignes diagonales, on voit les symboliques, lesquelles vnies ensemble demonstrent la substance elementaire, & constituent les secondes & autres qualitez. Ainsi du nombre de leurs combinations resulte celuy des Elemens, & leur difference en premiers & derniers, ceux-là sont designez par chiffres d'Arithmetique, & ceux-cy par lettres Alphabetiques.

Sur le milieu de chaque ligne exterieurement, & au dedans les mesmes costez, est apposé vn mot & vne lettre, pour signifier leurs circonstances accidentaires, Categoriques & autres; De façon que la substance pour estre sensible, est premierement reuestue de la quantité, suiuie de la qualité, qui dit rapport à sa contraire, l'action & la passion. Et toutes icelles le lieu, la situation, le temps & ce qui est possedé independemment, de l'estre du possesseur, comme les caracteres a, h, l, q, r, s, t, manifestent; Pour l'Expression dequoy, il faut commencer par les superieures, d'vn & d'autre costé, & puis par les inferieures, tant diagonales, que perpendiculaires; semblablement du reste, pour lequel exposer entierement, & briefuement, il suit à parler,

DE L'EXISTENCE, OV SEN-
fibilité corporele.

CHAPITRE TROISIESME.

Et dire pour troifiefme lieu que,

I. PAr le mefme Cube pris en fa racine, ou fes poincts, outre l'aptitude
que deffus, font reprefentées les
quatre premieres qualitez accidé-
taires de la fubftance corporele, & en fuitte leurs
Elemens, chacune defquelles eftant prife à part
eft efgalement puiffante à l'autre, & par toutes
leurs affociations poffibles & mutuelles, tant exterieurement, qu'interieurement font manife-
ftées autant de fubftances diuerfes, nommées E-
lemens, Alimés ou Effeuemés generaux de toutes chofes mixtes, tant premiers que derniers,
ou fubalternes, veu que les mefmes fubftances,
ne font fenfibles que par leurs accidens, qui les
demonftrent diuerfement, & fuiuant leur nature particuliere, dans le plus oule moins du méla-
ge reciproque de leurs principes, leSubril eftanr

Reprefentatió des quatre premieres qualités.

Deriuation du nom Element, fon nombre.

G ij

reconnu par les qualitez aɕiues & le Solide par
les paſſiues.

Origine des ſe·condes qualités I I. Dauantage par icelles ſont conſtituées
autant de ſecondes & autres qualitez, c'eſt à di-
re par autant de combinations ou meſlanges
premiers de deux ſeulement entr'elles, ſelon
Circonſtances du corps. ces circonſtances, ſçauoir, le plus & le moins, le
haut & bas, le dedans & le dehors ; le droit & le
gauche ; le deſſus & le deſſous ; le deuant & le
derriere ; le premier & le dernier, & ſemblables
qui repreſentent les autres accidens, & ce ſans
Comment ſont exprimées les qualitez con-traires. contrarieté , qui gaſte tout ; A cauſe dequoy
nous l'auons demonſtré par deux lignes diago-
nales, ou tranſuerſes, s'entre-couppans par le
milieu, ſuiuant ſa figure, pour faire voir la diſtin-
ɕtion mutuele des contraires, & leur retour dás
l'vnité premiere, qu'ils deſignent par ce moyé,
& ſuiuant l'ordre des Elemens, que les Hermetiques ou Philoſophes premiers , ont expliqué
ſous le mot de Planete & de Signe, ainſi que cy-
aprés ſera monſtré ; Et nous exprimé, comme
s'enſuit.

III. Le plus de chaud & le moins de ſec,
nous font connoiſtre le Feu , ou ſon Element,
Element du feu comment de. monſtré. & conſtituent la tenuité , l'acreté, &c. Et tout
de meſme de ſon oppoſé , en remontant, ou re-
ciproquement, n'y ayant qu'vne raiſon pour
l'vne, & l'autre combination, bien que la compoſition en ſoit plus, ou moins forte, ou perceptible. Cóme le plus de ſec, & le moins de chaud

demonſtrent l'Armoniac, & font la rareté , l'a- Armoniac.
mertume, &c. la qualité ſuperieure, ou eſleuée,
ſe trouuant touſiours placée ſur la ligne, & l'inferieure, ou abbaiſſée, au deſſous, comme porte
la meſme figure.

IV. Le plus de froid & moins d'humide,
teſmoignent l'Eau , & produiſent la liquidité, Eau.
l'inſipidité,&c.& au cótraire; Le plus d'humide,
& le moins de froid, manifeſtent le Mercure, & Mercure.
procreent la fluidité , l'acidité, &c. Le plus d'humide,& moins de chaud denotent l'Air,& font Air.
la permeabilité, la douceur , &c. & reciproquement. Le plus de chaud & moins d'humide font
voir le ſoulphre, la fluxibilité, l'onctuoſité , &c. Soulphre.
Le plus de ſec , & moins de froid nous deſcou-
urét la Terre, la friabilité, la rudeſſe,&c. & au có- Terre.
traire. Le plus de froid& moins de ſec font paroiſtre le ſel, ou ſolide, la coagulabilité, l'aſpreté. Sel.

V. Pour preuue dequoy , quant aux Elemens derniers, ou Hermetiques, On voit par
experience , que l'Armoniac naturel, ou factif,
& ſemblables volatils, pris en particulier, ou indiuidualiſez (car tous ces mots ſont premierement vſurpez pour le genre, ou l'eſpece , & en Pourquoy l'Ar
apres pour l'indiuidu) ne ſont point fuſibles moniac n'eſt
d'eux-meſmes, faute d'humidité , & qu'ils ne pas fuſible.
nuiſent, que par leur ſeichereſſe auec leur chaleur.

VI. De meſme nous eſpreuuons que l'Argent vif pris crud interieurement, n'eſt domma-

ble, que par son poids, sa vertu, ou qualité specifique, ou indiuiduele estant esmoussée, ou té-
peree par l'humide , & le moins de froid, qui
n'est tel, que par la presence de son contraire,
comme aux autres qualitez abaissees, ou amoindries, lesquelles chassées en la calcination des
corps acres & mordants, auec lesquels on le su-
blime pour l'arrester, est fait bruslant, corrosif,
& mortel.

VII. Pareillement il appert qu'à faute d'humidité aqueuse, ou aëriene, le soulphre vulgaire
fondu, par trop longue fusion, ne s'esleue qu'en
fleurs , & ne demeure aucunement liquide à
froid: Ainsi l'humide doux, les extraicts & semblables sucs ; deuiennent onctueux, par la longue cuitte & diminution des mesmes humidi-
tez, ce que la Nature nous enseigne parfaictement encore aux plantes soulphreuses, & leurs
fruicts, qui dans leur commencement ne sont
qu'Eau, & sur la fin, ou dans leur maturité, ne
sont qu'huyle.

VIII. En fin nous trouuons que le sel marin & tout autre fixe sont de tres-dure fusion,
à cause de leur froideur qui faict la consistence,
& estreicissement des mixtes, iointe à leur humidité interne & ineuaporable, & consequemment fixe, comme l'vn & l'autre sec vni au mesme humide constitue le corporel ; Que s'il est
sapide contre la nature du froid, c'est moyennant la chaleur & le meslange des autres mix-

tes, que l'Experience fait voir dans le Nitre qui
est bruslant à cause du soulphre, auec aigreur &
amertume : Et au mesme sel marin, qui est tel
par l'Armoniac & de là incombustible, outre
qu'il y a difference, du principe & de l'elementaire, du general, & du particulier, du propre &
de l'accidentaire, du mineral & du metallique;　Difference des
C'est pourquoy　choses.

IX.　Ayant parlé assez suffisamment du
corps, de sa nature, & de ses accidents ; maintenant quant à leurs diuisions nous dirons en
suitte que; Des qualitez les vnes sont actiues, &
comme spiritueles non perceptibles, que par
l'attouchement dans leurs subjets; Et les autres
sont passiues plus materieles, & communes à
tous les sens par leurs actiues, & quasi formeles;　Premiere diui-
Dauantage les vnes sont motrices & effectrices;　sion des quali-
Et des autres comme matrices & nourrices, les　tez.
vnes internes, & les autres externes, superieures　Seconde diui-
& inferieures, symboliques & contraires, & le　sion des mêmes
tout moyennant leurs principes & Elemens;
Partant

X.　Le mesme Armoniac pris en particulier
aussi est rarefié par le chaud, & soustenu par le
sec; L'Argent vif est condensé par le froid, &
coulant par l'humide ; Le Soulphre tient sa for-　Effet des con-
ce du chaud, & se loge au fluide aërien : & le Sel　traires touchât
est regi par le froid, & compris au sec; Quoy de-　les mesmes E-
duit & expliqué, par exemples conformes & par-　lemens Herme-
ticuliers, que la nature a establi, pour l'intelli-　tiques.

gence des ſubſtances generiques approchan-
tes beaucoup plus de la ſimplicité, nous pouuós
definir, ou deſcrire les meſmes Elemens , tant
premiers, que derniers par l'vnion proportionnée des principes,auec l'vne,ou l'autre des qualitez agiſſantes, dans l'vne , ou l'autre des qualitez patientes ,ſelon le plus & le moins d'icelles,qui teſmoignent la maniere de leur meſlange , & effet, en cette ſorte.

Deſcription du feu. X I. Le feu eſt l'vnion ſpecifique du ſubtil &
ſolide vniuerſels,auec le plus de chaud , dans le
moins de ſec,faiſant vn corps fort ſimple, &
clair ,ayant faculté de ſubtiliſer toute matiere,
la penetrant ſucceſſiuement ; Et reciproquement par oppoſition des meſmes qualitez ,ſui-
uant ce que deſſus.

Deſcription de l'Armoniac. L'Armoniac eſt l'vnion d'iceux principes a-
uec le moins de chaud,dans le plus de ſec,con-
ſtituant vn corps entierement ſenſible , & obſcur;Mais auec pouuoir de ſe diuiſer , & eſleuer
tres-ſubtilement en ſon ſujet.

Que c'eſt que l'Element de l'Eau. L'Eau eſt l'vnion particuliere de l'Eſprit , &
Sel vniuerſels auec le plus de froid,dás le moins
d'humide ; d'où reſulte vn corps fort ſimple penetrant auſſi , ayant puiſſance de condenſer ſa
matiere,la reſſerrant toute à ſon tour ſenſiblement: Et au contraire.

Que c'eſt que Mercure Element. Le Mercure eſt l'vnion des meſmes principes auec le moins de froid dans le plus d'hu-
mide, qui fait vn corps quelque peu compoſé,
touſiours

toufiours coulant, & eftendu en fon fujet vni-
tiuement.

XII.   L'Air eft l'vnion fpecifique de l'Efprit & Sel vniuerfels auec le moins de chaud, dás
le plus d'humide, de laquelle vnion procede vn
corps, prefque fimple & toufiours permeable
en fa matiere exterieurement; Et au contraire.

Le Soulphre eft la mefme vnion auec le plus
de chaud dans le moins d'humide, & action,
produifant vn corps affez compofé, moins coulant, ou fluide, auec force extenfible dans fon
fujet.

La Terre eft l'vnion particuliere du mefme
Subtil & Solide vniuerfels, auec le moins de
froid dans le plus de fec, formant vn corps du
tout opaque & contigu en fes parties, toufiours
fixe & fec en fa matiere; Et reciproquement.

Le Sel eft l'vnion des mefmes principes auec
le plus de froid, dans le moins de fec, qui reprefente vn corps, quelque peu tranfparent, continu en foy mefme, & toufiours coagulable en
fon fujet. Et partant.

XIII.   Au Feu conuient l'attenuation ; A
l'Armoniac la rarefaction ; A l'Eau la congelation ; Au Mercure la fermentation ; A l'Air la
permeation; Au Soulphre l'extenfion; A la Terre la difcontinuation, & au Sel la coagulation.
Le Feu anime le mixte; l'Armoniac l'efleue;
l'Eau le nourrit; le Mercure le regit; l'Air le viuifie, le Soulphre le rend flexible ; la Terre le

Que c'eft qu'
Air.

Defcription du
Soulphre.

Defcription de
la Terre.

Que c'eft que
Sel Element.

Proprietez des
Elemens.

Effets des Ele-
mens.

H

groſſit, & le Sel le fait ſolide. De façon qu'il ſera
encore loiſible de dire , que tout creé ſe diuiſe
en Corps & Ame, Eſprit, & mouuemẽt. Que l'A-
me eſt reſſerrée dans le corps , & le mouuement
dans l'Eſprit. Que ſous l'Eſprit eſt compris le
Soulphre & le Mercure; Et ſous le Sel , ou Solide le fixe & le volatil. Que le Soulphre eſt combuſtible, ou incombuſtible; Que le Mercure eſt
vaporable, ou non vaporable; Et que le fixe & le
volatil ſont tant humides que ſecs, deſquels le
meſme corps, que nous traitons ſeulement prẽd
ſa conſiſtence plus ſenſible , & qui peuuent indifferemment eſtre vnis au chaud , ou au froid
qualitez virtueles & actiues d'iceluy, ſe diuiſans
derechef, comme s'enſuit,

XIV. Le ſec eſt ou compacte , ou rare ; Et
l'humide eſt ou aqueux , ou aërien , ou ſoulphreux , ou metallique ; Le compacte deuient
rare , & l'aqueux aërien : Le rare s'approche de
l'indiuiſible, & l'aërien du ſoulphreux ; L'indiuiſible tend au ſpirituel , & le ſoulphre au feu;
Et l'eſprit & le feu, c'eſt à dire, & l'humide, & la
chaleur innée de chaque choſe , repoſent interieurement en la conſtance, qu'ils ont dans leurs
principes, Et iceux en leur vnité, de laquelle ſi
ſouuent a eſté parlé.

XV.   Le ſec vni au froid deuient compacte, & en ſuitte de ce fixe, peſant & bas , & ioint
au chaud, eſt fait rare, & conſequemment leger,
tendant au haut ; Et tous deux ſont appellez du

mot de sel, sol , ou solide, c'est à dire fermes, &
permanents ne perissans iamais , comme a esté
dit cy-dessus ; Et lesquels toutefois nous auons
separé de nom, comme d'effet , gardans le mot
d'Armoniac pour le volatil ; Et le mot de Sel
proprement dit pour le fixe, afin de les entendre plus aisement.

XVI. L'humide ioint au froid est aqueux,
qui ne mouille qu'exterieurement incombustible , & s'appelle en general Mercure , c'est à
dire Element, ou substance purement couran
te, ou coulante, bien que cette appellation soit
particuliere pour le Metallique ; Et ioint au
chaud est aërien mollifiant interieurement &
exterieurement, combustible, & non combustible, & s'appelle aussi generalement soulphre,
c'est à dire sujet au feu, ou souffrant, c'est à dire
perseuerant au feu, auec la difference tousiours
du plus & du moins entr'eux, qui non seulemét
les specifie comme tout mixte ; Mais qui les separe de nom, selon qu'a esté expliqué ; A cause
dequoy ledit humide est tantost aigre , tantost
doux, & tantost insipide, appellé phlegme.

XVII. Que si vulgairement on ne conte
que trois principes, ou Elemens derniers sensibles, sçauoir Sel, Soulphre & Mercure ; C'est, ou
parce que sous le mot de sel en sont compris
deux, comme cy dessus, ou autrement à la mode
des Hermetiques, premiers introducteurs de la
Physique Resolutiue. qui ne veulent rien que

H   ij

de fixe, & inéuaporable, quant à la parfaite metallique, Entendants par le Sel, ce qui donne
la ſolidité, & la conſtance corporele; Par le Soulphre, ce qui baille l'extenſion, ou allongement
du Sel corporel ſans diuiſion d'iceluy ; Et par le
Mercure, ce qui le fait fondre ſans moüiller
exterieurement, & le rarefie ſans aucune alteration de ſa nature.

XVIII.   En façon que ledit Sel eſt la baſe
du metal, Le Souiphre, ſa chaleur naturelle ; Et
le Mercure proprement dit ſon humide radical
Tranſmutation tellement vnis enſemble dans l'Eſprit & Sels v-
des vrays Her- niuerſels, qu'ils ſont inſeparables, à moins que
metiques. de paſſer au neant, Et intranſmuables proprement parlans auſſi, à moins que d'eſtre refaits,
ou graduez d'autre façon, & reduits en leur premiere & plus proche matiere, comme il appert
aux trois familles de ce bas monde, & que nous
declarerons en noſtre Traicté, intitulé ſcience
de la voix dite Cabale, l'Art manquant, où la nature n'eſt pas, ce que les Hermetiques ſçauent
fort bien, ne profeſſans qu'vne Medecine, ou
purification, & vraye teinture, ou manifeſtation
d'icelle, ſelon qu'elle eſt pour les metaux imparfaits, voire pour le reſte des corps quels qu'ils
ſoient.

XIX. En quoy nous trompent grandement
Charlatans du ceux qui ſe vantent de tirer des propres corps
ſiecle paſſé. metalliques, ſans addition particulierement des
parfaits, du Sel qui ſoit ſapide, du Mercure qui

mouille, ou non, & du Soulphre qui brusle,
Puisque s'il est croyable, qu'ils concourent,
ou comme Alimens, ou comme parties, la nourriture conuertie en la chose, qui est nourrie, n'est
plus ce qu'elle estoit, & ne le sçauroit redeue-
nir, comme il se voit aux plantes & Animaux;
Et que les parties vnies au tout ne sont plus qu'
vn seul indiuidu, ne se trouuans tels que dans
leur mine.

XX. Et pour ce qui est de la raison qu'on
peut demander de la diuision des mesmes Elemens en premiers & derniers, bien qu'on la puis
se tirer de ce que nous auons exprimé, neantmoins par repetition, qui est fort commune en
cet Art pour le faire comprendre, sans estre
compris, que par les vrays Curieux d'iceluy,
nous esclaircirons encore le tout vn peu plus au
long. C'est pourquoy.

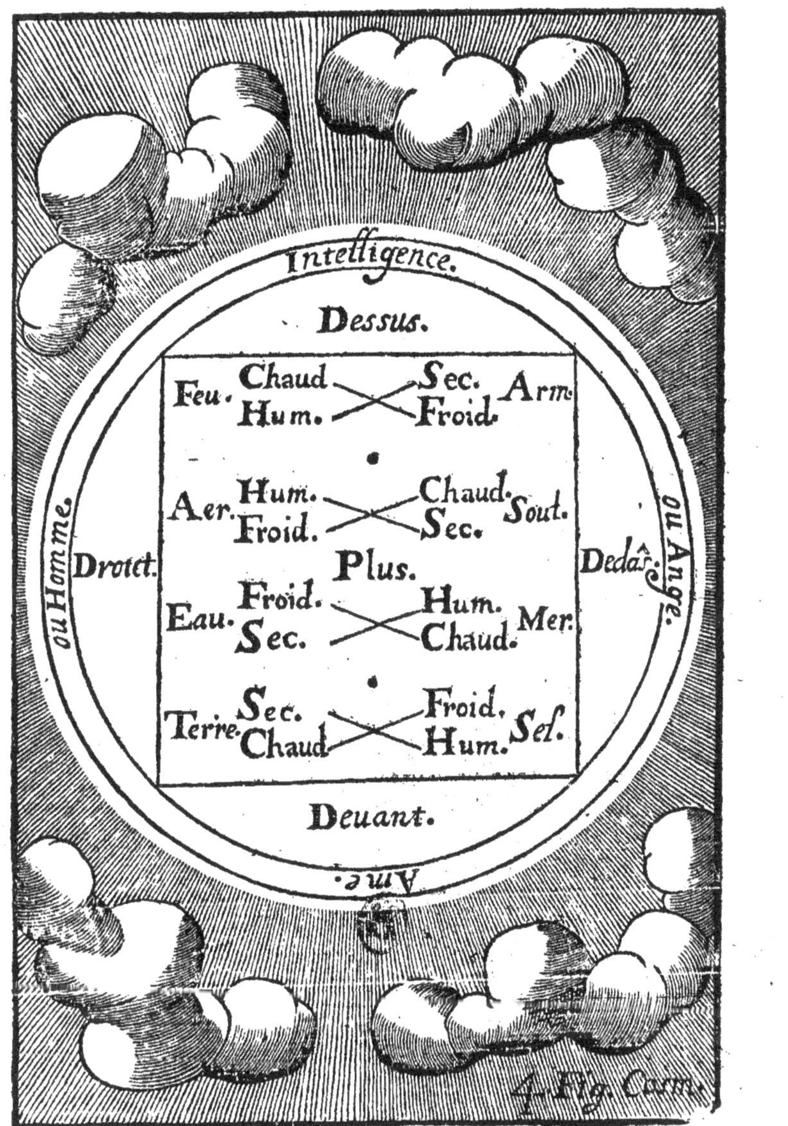

Intelligence.
Dessus.
ou Homme
Droit.
ou Ange
Dedãs.
Feu. Chaud Hum. Sec. Froid. Arm.
Aer. Hum. Froid. Chaud. Sec. Sout.
Plus.
Eau. Froid. Sec. Hum. Chaud. Mer.
Terre. Sec. Chaud Froid. Hum. Sel.
Deuant.
Ame.
4. Fig. Com.

IV. FIGVRE
COSMIQVE.
ARGVMENT.

L A quatriefme Figure Cofmique contient plus vifiblement l'entiere, & naturele difpofition des mefmes Elemens, & de toutes les combinations poffibles defdites qualitez tant externes, qu'internes; Et principalement les interne, 'es exprimans du droit à ganche, & reciproquement, changeans le plus en moins ; & le moins en plus feulement pour l'exterieur de la premiere ligne; Et prenans le plus du moins, & le moins du plus de leurs contraires pour l'interieur, & la feconde ligne (car le plus eft toufiours premier en la difpofition collaterale, ou de mefme ligne) & les deux fymboliques & fubalternes ; Les contraires demeurans feparez tranfuerfalement, ainfi qu'a efté dit Partant cette mefme figure eft compofée des deux Cercles ordinaires, & du fimple Cube, ou quarré fans les precedentes lignes tranfuerfes, contenant dãs foy par vn nouuel ordre les mefmes Elemens rangez felon leur propre fituation, & oppofez tant fimplement, que par contrarieté demonftree par deux petites lignes fe croifans entr'elles, & par ce nombre quaternaire auffi, enfemble les mefmes circonftances que deffus. En cette maniere pour auoir la connoiffance,

DV TYPE, COSMIQVE OV
Modele du Monde en particulier.

SECTION SECONDE.

Il faut traitter

DE *LA* DIFFERENCE ET RAI-
sonnement des Elemens.

CHAPITRE PREMIER.

L E Createur donc for-
mant cet Vniuers de l'in-
diuisible, voire du rien,
ou du non Estre, Et s'ac-
cómodant, s'il faut ainsi
dire à l'ordre qui seroit
de la nature, ou le diuisible son opposé. Il a pro-
cedé degré par degré, & par vne reïterée, ou é-
tenduë production externe, sans toutefois aucune difference d'instant, ou de temps, quant à sa
parole (ne regardans qu'iceluy ordre) Il a fait
le composé, appellé Mixte pour ce sujet; Et par-

Maniere de la composition.

ce

ce que la diuerſité de ſes parties contient toûjours quelque contrarieté cauſée par l'inclination qu'elles ont en leur principe, qui le deſtruit
& le ramene à ſon premier poinct, ſuiuant qu'-
elles ſe diminuent; Il falloit pour entretenir leur
lien continuer leur ſubſiſtence; par quelqu'autre conforme, ce qu'il a fait, & qu'on appelle
Element, Aliment, ou Eleuement, comme nous
auons dit cy deſſus, vſant touſiours de meſme
ordre, c'eſt à dire rendans peu à peu le ſimple
compoſé, pour les vnir enſemble; Et partant.

En marge : Contrarieté & ſes effects. — Neceſſité de nourriture pour les mixtes

I I. Les premiers Elemens ſont appellez
tels, en tant qu'ils ſont moins qualifiez paſſible-
ment, c'eſt à dire capables d'vnion entr'eux,
pour ſeruir à l'entretenement des corps mixtes,
leurs qualitez y repugnants comme leurs in-
ſtrumens. Et les derniers ſont ainſi appellez, à
cauſe qu'ils ſont deuenus entierement ſenſibles
habiles & modifiez, par la conuerſion reciproque de leurs qualitez ſuperieures; & l'eleuation
de leurs inferieures purement accidentaires,
qui les couurent, pour les faire paroiſtre dauantage, & deuenir vtiles à l'extenſion & conſeruation des mixtes, ce qu'on appelle communement *Refraction*, ou conuerſion d'action elementaire, comme dit eſt, ſuiuant les meſmes in-
ſtrumens auſſi.

En marge : Appellation des premiers & derniers Elemens. — Leur modification ou habitude quant aux mixtes.

I I I. Par ce moyen le chaud eſtant ſurmon-
té par le ſec, l'action totale du feu eſt ſuſpen-
due ſous le nom d'Armoniac comme l'on voit

En marge : Demőſtration d'icelle par ſes effects.

au charbon allumé, & couuert de cendres, qu'à
ce deſſein il faut ſouffler, afin qu'il eſchauffe dauantage. Le froid vaincu par l'excez de l'humide, l'Eau ne peut entierement ſe congeler, &
s'appelle Mercure en general; L'humide ab-
baiſſé par le chaud, l'Air deuient combuſtible,
& prend le nom de Soulphre; Et le Sec contigu
dompté par le froid, la Terre deuient compa-
&e & continue, qu'on nomme Sel . C'eſt pourquoy.

I V.   L'Armoniac eſt vn feu couuert; le Mercure vne Eau coulante; le Soulphre vn Air brûlant; Et le Sel vne Terre continue, Et par vn ſe-

Briefue deſcri-
ption des Ele.
mensHermeti-
ques, & leur
fonction.

cond meſlange ſymbolique, ou non, ſelon le
plus, ou le moins d'iceux, ils nourriſſent tout
mixte; En cette mode le volatil, ou l'Armoniac,
eſleue le fixe, ou le ſel proprement dit, Iceluy
l'arreſte, & le corporifie; L'incombuſtible, ou
le Mercure porte le côbuſtible, ou le Soulphre;
Le Soulphre fait l'extenſion mobile, ou non;
Et tous enſemble groſſiſſent, & entretiennent
le compoſé dans leurs communs principes.

V.   De là eſt que le feu, ou l'extreme cha-

Effet du feu &
de l'eau, ou du
chaud & du
froid ſous le
peu d'humide.

leur cachée ſous le peu d'humide ſenſible Mercuriel, ou non, comme aux Eaux fortes, huyles,
& autres, paroiſt ſous l'incombuſtible acide, ou
aigre, & ſous l'inflammable, doux, ou acre; Et ce
par le plus de ſon activité, moins empeſcheé, ou
ſuſpenduë en ſa ſimplicité dans iceluy, comme
ſon vehicule, Et penetrant le ſolide, ou le ſec, par

fa propre extenfion le diuife, ou deftruit en
toutes fes parties les plus petites rarefiées, ou feparées en leurs premiers & Athomes par la diffolution du fel, qui les vnit & corporifie, comme
on voit en la fabrique du verre, fans autre alteration, s'il eft incombuftible, ou auec putrefaction, s'il eft inflammable.

VI. Au contraire de fon oppofé, fçauoir
l'Eau, ou l'extreme froideur, qui refferre les mémes parties rarefiées, ou defvnies, tant aqueu-
fes que contigues ; D'où s'enfuit que tout infi- Difference du
pide tant humide, que fec eft froid, & que tout fapide & de
fapide eft chaud, eftant les deux, le chaud & le l'infipide.
froid, guidez de leur efprit, qui caufe ces mouuemens diuers proportionnez à leur nature, Caufe du mou-
bien qu'il encline plus à l'vn qu'à l'autre, com- uemét desqua-
me porte fon action, outre leur affinité & fimi- litez aux mix-
litude de fubftance qui peut beaucoup. Ce qui tes.
eft manifefté en tous les mixtes, & fort fenfible Vertu de l'Ayment en la pierre d'Aymant, laquelle par con- mant & fa cau-
formité de femblable vertu terreftre vniuerfe- fe.
le, ou par appetit de fexe, ou de conferuation, &
de proprieté refultante de l'affociation premiere des mefmes principes, entraifne auec foy,
eftant portée de mouuement, voire contraire
fous quelque table, l'acier, ou le fer, qui eft mis
au deffus, ce qui eft dit du fer mefme, fuiuant les
difpofitions requifes, comme l'experience fait
voir.

VII. Quant au phlegme & ce qui eft ap-

Pourquoy le phlegme & la teste morte ne sont point censez entre les Elemens Hermetiques.

pellé teste morte, qu'on pourroit adiouster auec les mesmes Elemens derniers. La responce est, qu'ils ne sont point contez absolument parlans entre les Hermeriques, estans les fondemens generaux, ou la base, cómune de tous mixtes, & de leur reuolution, Puisque du sec & de l'humi-de, c'est à dire de la terre, & de l'aïr Elemés passifs & materiels, tout est grossi & parfait moyé-nant leurs actifs, & quasi formels, sçauoir le chaud, & le froid, qui demonstrent le feu, & l'eau, auec lesquels ils symbolisent, n'estans separés effectiuement de leurs sujets; tant que les generations inferieures dureront comme leur cause de subsistence tres simple, & pres-que spirituelle. Apres laquelle separation il est croyable, que tout prendra son estat pre-mier & son repos, comme sera marqué ailleurs, & qu'il est facile à conceuoir.

VIII. Cette verité demeurant tres-constan-te, que la fin, mort, ou cessation de l'indiuidu temporel & sensible, ne procede que du corps

Comment les Principes & Elemens se continuent aux mixtes.

Et celuy-cy (quant à son estenduë determinée) que des mesmes Elemens passifs, par le retour naturel dans leur estat premier, auquel ils aspi-rent tousiours, sans toutesfois le quitter entie-rement, estans referrez & retraissis auec leurs principes, sous la semence & le germe, qu'ils esleuent derechef pour sa reuolution tempore-le, & tant qu'il plaira à leur Autheur, comme a esté dict; Et partant son organe venant à se corrompre, ou deſtruire, & en ſuitte l'vnion de ſes parties, tát ſuperieurs qu'inferieures, l'Eſprit & le ſolide indiuidualiſez par luy, & en luy, ceſſét d'agir, & paſſent derechef dans leur Sphere, ou eſtenduë indeterminée, pour refaire ce qu'ils ont fait; Et l'Ame s'ell' eſt infuſe reprend ſa liberté dans ſon eſtat de creation particuliere, & tel autre qu'il plaira au Createur, la terre ſe ioignant a la terre.

I X. Or touchant l'Interieur des meſmes Elemens, l'ordre des ſuſdites combinations dans leur diſpoſition eſt que, Le quatrieſme ſe trouue le premier, Le troiſiéme le ſecód, Le huictiéme le cinquieſme, & le reſte continuant ſelon la meſme racine: En cette maniere les qualitez externes du Feu ſont les internes du Mercure, les externes de l'Eau, ſont les internes de l'Armoniac; les externes de l'Air ſont les internes du Sel, Et les externes de la Terre ſont les internes du Soulphre, & reciproquement par la méme oppoſition & varieté du plus, & du moins d'icelles.

X. Ioint que le contraire du moins des meſmes peut conſtituer vne troiſieſme qualité tant externe qu'interne, comme lié des autres deux, Ce que les Hermetiques ont fort bien reconnu, puiſque la meſme qualité ne peut eſtre abbaiſſée ou remiſe, que par la preſence effectiue de ſon ennemie, qui l'amoindrit, ou affoiblit, & qui augmente le nombre quant aux meſmes

combinations; Bien que le plus d'icelle soit tousiours l'interieur de l'vn, estant l'exterieur de
l'autre, tant en effect, que par connotation, côme nous auons desia aduancé. Premier, &
ou subsistance tres-feconde du mon .tant
preschée & peu connu; mais premier accord
tres-admirable des creatures, qui ne manque
iamais!

Premier cahos
que c'est.

XI. Et pour exposer entierement les raisons desdites associations, & de leurs degrez,
(Outre les Planettes & les Signes qui les representent & signifient, les caracteres & Histoires
desquels appartiennent aux Hermetiques.) Il
faut se resouuenir que l'vnité indiuisible ne produisant rien qu'vnité par sa simplicité, qui est
soy-mesme, ayant passé en son contraire, qui
est le diuisible, ou la dualité, & delà au composé par vne extension, ou allongement externe semblablement de soy; En mesme temps elle
a esté reuestuë non d'vn seul, mais de plusieurs
accidens, desquels les principaux sont la quantité, qui la rend sensible, & la qualité, qui exprime sa vigueur, ou action.

Multiplication
source de la di-
uision.

Naissance des
qualitez.

XII. Dont comme vn opposé, ou contraire
dit absolument rapport à l'autre, ou le monstre
necessairement; Si tost que le chaud, ou le sec a
paru, à mesme instant le froid, & l'humide a esté
conneu, quoy qu'en diuers subjets: La premiere qualité a descouuert la seconde, & icelle agissante, ou patiante; Et par mesme droit d'oppo-

Rapport des
qualitez entre
elles.

ſition, qui eſt tres-commune en l'ordre des Elements, & preſque en tout eſtre, le nombre de
quatre a eſté produit, & non plus, ny moins encore, pour la meſme raiſon, & autre que cy-
apres, & aillieurs; ſi ce n'eſt par vn nouueau
meſlange entr'elles; Puiſque tout crée naturel,
ne dit que la meſme action, ou paſſion, qui ſuit
du mouuement, ſource du chaud & du froid;
& les deux vn ſuiet corporel, qui ne peut eſtre
qu'humide ou ſec.

XIII. Dauantage comme deux oppoſez
égalemét, ne s'alterent point, à la façon de deux
forts luitteurs, l'vn ne pouuant rien ſur l'autre,
(car la victoire ne prouient, que de la foibleſſe
& moindre action de l'vn des deux par quelque
accidét & troiſiéme cauſe;) De meſme ces qualitez, ont eſté releuées, ou abbaiſſées, augmen-
tées, ou amoindries par leur autheur, & par vne
troiſiéme, Ce qu'on nomme *Refraction*, comme
a eſté dict, pour en s'vniſſans, produire leurs effets diuers, qui ne peuuent eſtre d'vne ſeule;
Mais parce que les plus côtraires, auroient enfin
anneanty les moins contraires, s'elles euſſent
eſté toutes externes, & ſeroient reſtées ſans
action, qui ſuppoſe la paſſion : A ceſte cauſe
deux d'icelles, ont paſsé au dehors, & deux, ou
leurs oppoſees ont demeuré au dedans, (du
moins reſpectiuement, comme nous auons dict
aſſez de fois) d'où eſt venuë la difference d'exterieur, & d'Interieur repreſentée par la fable de

XIV.   Et par tous leurs assemblages & circonstances susdites, ont fait voir les huict beaux effets, ou suiets en ce que nous appellons Elemens, ou Eleuemens de toutes choses mixtes; Et les ayant suiuy inseparablement, comme l'on voit, les ont rendu sensibles & habiles à toute sorte de mouuemens, & generation des mesmes; Quatre desquels ont esté cogneus vulgairement, & de tous temps, & les autres quatre selon que nous auons declaré, des vrais Phylosophes Hermetiques seulement, que nous suiuons auiourd'huy; Et qui derechef reciproquement pour le raport, qu'ils ont ensemble selon le mesme ordre & alliance peuuent estre compris sous le nombre de quatre, & contenir le mesme nombre tant interne qu'externe, estans disposez comme par lignes paralelles & diagonales; Iceluy ne procedant que de la refraction ou modification des premieres combinations de leurs qualitez, suiuant tousiours l'establissement de leurs propres substances, qui ne peuuent estre que quatre.

XV.   Toutes lesquelles emanations, ne sont portées au dehors, que par leur esprit, & retenuës par leur solide, premiers organes du Createur, dependants immediatement de cette vnité faicte externe à soy opposée, & comme l'Existence de son essence infinie, ne perseuerant, que par sa volonté en la possibilité de son
insti-

inſtitution premiere ; Ouurage, mais ſeul ouurage du Tout-puiſſant , & la confuſion des
Athées & meſchans, qui voudroient bien qu'il
ne fut point ſi ſenſible, pour ne le pas aduoüer.
Par ce moyen le corps fait le centre du monde, ou le monde meſme, l'vnité creée & le cercle ſe regardant mutuellement comme commencement & fin tendant à l'increé.

XVI. En cette façon le point allongé, ou
eſtendu en la ligne, ne peut ſe porter à vn cube
infiny, qui eſt borné de toute part , quoy que
ſes faces ſoient indifferemment premieres, ou
dernieres, comme ailleurs eſt dit; mais bien rebrouſſe ſa carriere, ſe reüniſſant en ſoy-meſme
naturellement: De meſme cette ſubſtance premiere & vnique creée , ne pouuant eſtre eme-
nuiſée à l'infini, deſpoüillant les accidents plus
ſenſibles, qui la diuiſent, recouure ſon vnité, &
ſe repoſe dans la ſource qui la produit, pour
refaire ſuiuant la volonté de ſon Autheur , ce
qu'elle a deſia fait par vne reuolution perpetuelle, & vn changement tres-conſtant, ou pluſtoſt vne eſpece d'Eternité, qu'on ne peut trop
admirer, la baſe perſiſtant touſiours. Maintenant pour ce qui eſt du ſurplus

K

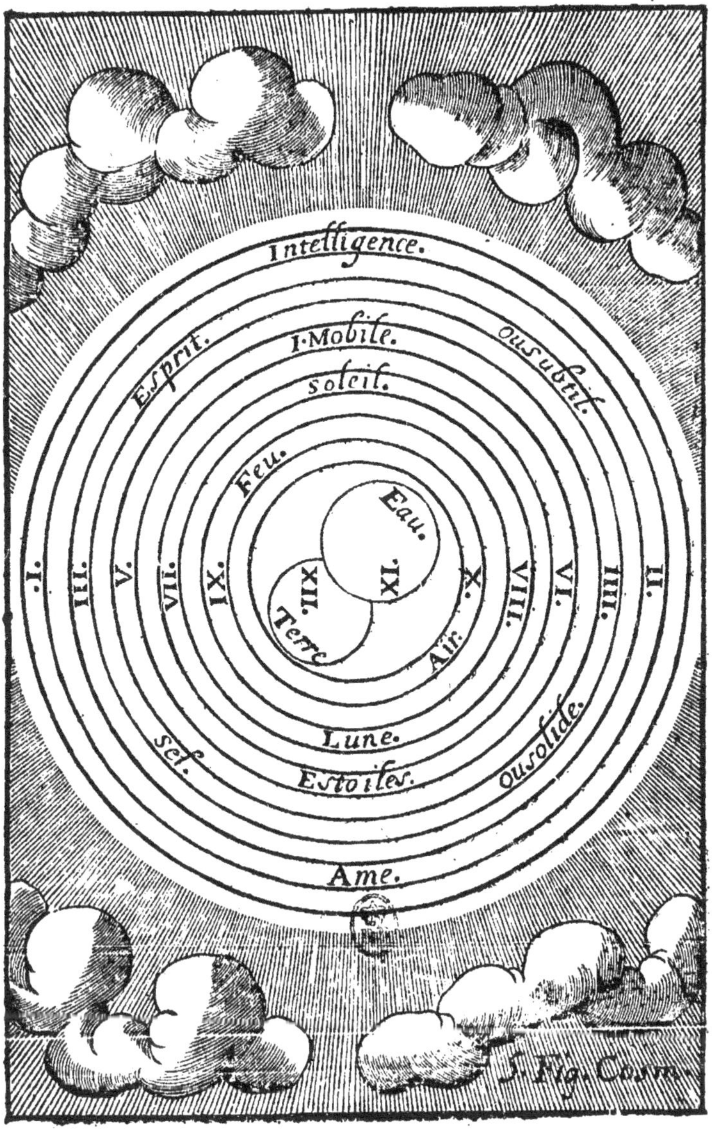

Intelligence.
Esprit.
ou subtil.
I. Mobile.
soleil.
Feu.
Eau.
I.
III.
V.
VII.
IX.
XII.
IX.
X.
VIII.
VI.
IIII.
II.
Terre
Air.
sel.
Lune.
Estoiles.
ou solide.
Ame.
S. Fig. Cosm.

V· FIGVRE
COSMIQVE·
ARGVMENT.

LA Cinquiefme Figure expofe, outre ce que deffus les corps moins fenfibles, ou materiels; Et ioignant le tout cy deffus fait voir ce qu'on appelle monde en fon ordre naturel & interne auquel on l'apperçoit, eftant icelle compofée de douze cercles, les vns compris dans les autres, pour demonftrer les douze fubftances premieres creées et faites, tant fpiritueles, que corporeles & moyennes, auec leur ordre & degré de perfeCtion; Les deux dernieres ou inferieures defquelles font reprefentées feparement, outre leur naturele fituation. Sur le milieu diuifant la figure en hemifphere, ou à plat, font marqués les nombres des cercles par chiffres romains, les impairs à droit, & les pairs à gauche fuiuant leur difpofition fuperieure & inferieure & fymbolique, montant ou defcendant. Par ce moyen l'Intelligence precede l'Ame, l'Efprit, le Sel; Le premier mobile, c'eft à dire l'Effence, va deuant les Eftoilles, & tout le refte, c'eft à dire l'Exiftence. Le Soleil eft fuperieur à la Lune; le Feu à l'Air, & l'Eau à la Terre; Dont les mots qui font pofez en ligne droite denotent les fubftances Spirituelles & Celeftes, & ceux qui fe croifent tranfuerfalement, defignent les Elementaires

& les mixtes auec leurs moyens de changement du
spirituel au solide, & du solide au spirituel. A
cette cause, pour reünir le tout pareillement, & en
forme de recapitulation quant au traicté.

DE LA DISPOSITION DES
subſtances Superieures auec le tout inferieur & des accord des premiers qui en ont écrit.

CHAPITRE. II.

Nous dirons briéuement que

I. ET ineffable tout-puiſſant., amoureux de paroiſtre au dehors ce qu'il eſt au dedans, & de ſe faire connoiſtre en quelque façon par des Eſtres differents de ſoy, & d'eux-meſmes comme il eſtoit requis, capables toutefois de ſon Amour, & Vnion de Volonté, *Cauſe creatrice du monde.* il tire du neant, ou du non eſtre, & de l'Abiſme, c'eſt à dire, de la profondeur infinie de ſa tres parfaite connoiſſance en la maniere cy-deſſus expliquée : ſçauoir. Vne ſubſtance tou-*Subſtance vniuerſelle, que c'eſt* te tout interieurement ſans diſtinction externe de genre, ou de ſexe, c'eſt à dire, groſſe, feconde, & emprainte de toutes choſes ſenſibles à l'aduenir, conformemẽt à ſon Idée eternelle, mais à ſoy oppoſée & indeterminée premie-

K. iij

rement à tout autre qu'à luy, & qu'à ce fuiet on appelle Cahos, c'eſt à dire, total vniuerſel & corporel tres-bien difpoſé, mais non encore manifeſté quant à nous auſſi, & ce.

I I. A la façon d'vn grand magafin, duquel les marchandiſes en particulier fermées dans leurs bouëtes, n'ont point encore d'Eſcriteau pour les connoiſtre au dehors, comme porte l'Ecriture, Sageſſe, ch. 11. nombre 18. en ces mots : *Car ta main toute puiſſante qui a creé l'V-niuers de matiere imperceptible n'eſtoit pas impoſſi-ble.* Et laquelle ſubſtance il diſtingue generale-ment en deux : Quant à l'ordre naturel, qu'il faut bien remarquer, ſçauoir en plus & moins ſubtil, l'vne partie moyennement ſpirituelle, & l'autre plus ſolide.

I I I. Puis les vniſſant de rechef par affe-ction mutuelle, ſuiuant leurs degrez, il fait l'eſſence, ou l'eſpece de chaque choſe com-priſe dans ſon total, (quant aux Cieux & Ele-ments,) Et dans la ſemence où le germe, quant aux mixtes Elementaires, qu'on remarquera ſous le mot de premier mobile, ou premiere diſtinction d'Eſtre en ce ſujet : Et de là il for-me l'Exiſtence ou ſenſibilité d'icelle Eſſence par ſes accidents, pour eſtre l'objet de ſa gloi-re, particulierement quant à celle de l'hom-me, pour lequel il ſemble que le tout ſoit fait, & ordonné comme a eſté dit.

I V. De maniere que pour faire nourrir &

Appellation du Cahos.

Lib. Sap. 11. n. 18. Non enim e-rat impoſſibilis omnipotens ma-nus tua, quæ creauit orbē ter-rarum ex mate-ria inuiſa.

Eſſence & Exi-ſtence, en quoy.

continuer fa partie fenfible, comme de tout
autre compofé fuiuant le mefme ordre, & noftre capacité de le conceuoir, du plus de l'vn,
& du moins de l'autre, qualifiez en puiffance,
il forme les Cieux en Exiftence premiere &
tres noble pour leur fimplicité, & moindre
mixtion de leurs parties : Apres les Elements
premiers vn peu plus compofez : De là les derniers entierement fenfibles & permanents appellez Hermetiques, pour auoir efté par eux
premierement reconneus.

V. Finalement il fait les mixtes paffagers &
corruptibles par le trop de leur matiere &
nourriture paffible feparez en leur efpece, &
bornez par vne troifiefme qui demeure infer-
tile, tant pour éuiter l'infiny, qui eft impoffible aux creatures, que parce que la fertilité
des deux premieres eft confumée en la troifiefme, eftant bien vray que l'vne des deux
efpeces eft roufiours contenuë fous le fexe qui
a donné, c'eft à dire, le mafle qui eft produit.
Puis que les Effences ne fe peuuent confondre, & que rarement la Generation fe fait
des efpeces tout à fait contraires, faute d'appetit mutuel.

V I. Et dautant qu'il n'y a point de generation externe & paffagere des mefmes mixtes fans mouüement proprement dict ; De
vie fans ame ; De force fans vertu propre, ou
autre dite influence ; D'action fans chaleur,

D'accroiſſement ſans humide, de contentẽ-
ment ſans le iour pour ſe connoiſtre , & con-
templer le tout ſenſiblement, & de conſeruation particuliere ſans vn ſemblable & en ſon
lieu: Il ordonne par toutes ces choſes, l'Intelligence qui meut , l'Ame qui viuifie , les
Aſtres qui influent, le Soleil qui eſchaufe , la
Lune qui humecte , & les trois auec clairté
pour eſclairer , ſçauoir en reſerrant leurs parties plus ſubtiles & ſpirituelles, dans le moins
de leur ſolide tres pur, ou en vn ſeul tout , ou
en parties diuerſes : D'où prouient la lumiere,
& de là le iour. Le Feu qui nourrit la chaleur
Innée , l'Eau qui entretient l'humide radical,
l'Air qui alimente l'eſprit, & la terre qui groſſit le ſel.

Produ-tion de la lumiere & du iour.

V I I. Eſtans ces deux derniers le centre &
le repos de tout animal , & de tout mixte,
comme l'eſprit & le ſel en ſont les principes
& le fondement , Et tous iceux tant interieurement , comme les cinq premiers, qu'exterieurement, quant aux quatre derniers, leſquels eſtans ioints auec les meſmes principes,
& l eurvnité premiere creée, & contenuë dans
l'indiuidu , font le nombre de douze repreſentée par autant de cercles compris les vns
dans les autres à proportion de leur eſtre , &
condition , comme porte la figure, puis que la
perfection du compoſé ne conſiſtequ'en l'vnió
& reuolution de ſes parties conformes au tout.

Nombres des ſubſtances creées & leur repreſen-tation.

VIII.

VIII. Dauantage, comme la fin du mouuement eſt le repos, celle du mixte, le neant,
apres laquelle s'il ne renaiſt n'y a plus rien: Le
meſme mouuement a eſté fait double, l'vn de
perfection accidentaire, qui va finiſſant ſans
eſpoir de retour, & l'autre de generation qui
commence touſiours, l'vn externe, & l'autre
interne : Le premier regarde l'indiuidu qui
perit naturellement comme nous auons dit,
& le ſecond appartient à l'eſpece, qui ſe conſerue ſeulement dans la ſemence, ou le germe
premier aſſemblage & determination deſdits
principes, quant aux mixtes par vn rapetiſſe-
ment de ſoy meſme ſelon la volonté de l'Autheur, ſe groſſiſſant de rechef comme auparauant, & ſe multipliant en la meſme ſorte, & au
meſme lieu, comme il a eſté dit.

IX. Que ſi la Terre eut demeuré couuerte
d'Eau, & le Ciel immobile, cóme porte le mot
dé Firmament, ſuiuant leur propre conſtitution
de ſituatió, le lieu en partie, & l'inſtrument ceſſant, nulle generation ſe ſeroit faite, & par conſequent nul deſſein, nulle maiſtriſe, & nulle
gloire de l'ouurage pour ſon Ouurier, ce qui ne
pouuoit arriuer: Pour raiſon de quoy l'vn &
l'aure mouuement a commencé, & les Eaux
reſerrées en elles meſmes, ont laiſſé la Terre
ſeiche ſans quitter leur centre, qu'en partie, ne
conſtituant qu'vn globe preſentement, c'eſt à
dire, la Terre eſtant deſcouuerte ſeulement en

L

La terre immo-
bile au côtrai-
re des Cieux,
& pourquoy.

diuers endroits de sa circonference, immobile
pluftoft que les Cieux, comme estant le poinct
ou essieu du monde, la base & le lieu principal
de toutes les generations corporelles, pour lefquelles ledit mouuement a esté institué, fuiuant le mesme ordre & dipofition naturelle
que deffus.

La terre &
l'eau peuuent
estre represen-
tez par diuers
globes.

X. Vray est que probablement parlant, eu
esgard à la plus grande estenduë de la Terre
defcouuerte, & au plus grand amas des Eaux,
comme esleuées & hors de soy, ou de leur centre: On peut reprefenter ces deux Elements
par diuers globes differents, tant en grandeur
contenante & contenuë, qu'en fituation fuperieure, inferieure & collaterale fuiuant leur in-
efgalité, eftans ioints enfemble par contre-
poids : En mefme temps tout s'eft accreu &
multiplié en fon efpece, tant fur la Terre que
fur les Eaux ; L'homme feul & dernier fait, ayant
efté conftitué le maiftre, pour auec l'intelligence, reconnoiftre, aymer & adorer fon Autheur.

Proprietez
du chaud & du
fec.

XI. Mais dautant que le propre du chaud
est de feicher la Terre, ou pluftoft d'attirer
l'humidité qui la detrampe, & que du fec tant
feulement rien n'eft produit que fort peu : Il
esleue les Eaux dans l'Air en nuées, ou vapeurs

Origine des
vents, pluyes
& autres.

par la mefme chaleur, procreant d'vne partie
d'icelles plus fubtile & aërienne: Les vents animez du mefme efprit commun qui les tranf-

portent , & les faifant pleuuoir où bon luy
plaift, pour fertilifer icelle terre , & humecter
ce qu'elle reçoit ou contient , les mefmes
s'éuanouyffent, diffipez par le trop d'humide.

XII. Puis du furplus de l'humeur qu'elle Source des
Fontaines &
riuieres.
referre dans fes pores ou cauitez comme fria-
ble pour l'eftenduë des corps qui font en foy. Il
fait reiallir de belles fources pour le breuuage
des animaux & des grandes riuieres, pour leur
receptacle, l'vfage & le contentement de l'hó-
me, lefquelles de rechef à la façon du feu &
de l'Air enclos dans la mefme terre ou dans
les eaux, retournent & tendent naturellement
en leur centre, & premier eftabliffement qui
eft leur repos , & la caufe peut eftre de leur
flux & reflux, fauf l'efleuation des efprits ter- Flux & reflux
de la mer.
reftres; la conferuation du contenu, & autres
raifons de telle inftitution.

XIII. Ce qui fe void clairement au mafcaret de la Dordogne riuiere qui vient d'Auuer-
gne, & fe ioint à la Garonne proche le bec
d'Ambés, lieu entre deux mers, Prouince de
Guyenne; où les deux enfemble font la Giron-
de, qui fe iette quinze lieuës au deffous dans
l'Ocean vers la Tour de Courdoüan: Et au deffus, laquelle pointe enuiron deux lieux , ledit
Mafcaret, c'eft à dire, cours de mer, ou flot, a-
uant-coureur de fon flux, commence à paroiftre demie heure auparauant, & finit vers Ca-
ftillon deux lieuës au delà de Libourne , en

L ij

moins de deux heures , & par l'efpace de dix
lieuës, auec telle impetuofité & murmure ,
qu'on l'entend à deux lieuës loing, particulierement l'Efté & l'Automne, dans les grandes
ardeurs , & le peu d'eau de la riuiere ; chofe
qu'on n'a point encore defcouuert arriuer à
autre part, & de laquelle les raifons font affez
naturelles.

Corps parti-
culiers des E-
lemens.

XIV. Et de la forte que le feu peut contenir
fes corps chauds, fecs & conformes à fa nature,
comme les Cometes & autres. L'Air fes oifeaux,
& l'Eau fes poiffons , pareillement la terre, outre ce qui adhere , ou repofe à fa fuperficie,
comprend dans fes entrailles fes corps auffi,
qu'on appelle Mineraux & Metaux formez
du mefme efprit, & fel , vniuerfels que les autres , mais plus alimentez de la terreftreïté, en
recompenfe de quoy ils reçoiuent le concours
de tous les autres corps fuperieurs, eftans placez immediatement dans leur centre commun,
fi nous deuons adherer aux anciens Aftrono-
mes, & fuiuant leur capacité , ils font comme

Vertus des
Mineraux &
Metaux, & la
caufe.

l'abregé de leurs vertus, n'eftant pas merueille, fi leurs effects font fi admirables , & comme prodigieux, à noftre aduis, puis que nous
n'en cherchons point les caufes, qui font tres
fenfibles & naturelles, & qui ne dependent que
de l'ordre cy-deffus, que ie laiffe à confiderer
aux curieux.

XV. Tant il eft vray que le monde n'a pas

esté fait, & ne continue que pour la gloire de
son facteur icy temporellement & à l'Eternité.
Apres que le nombre des generations sera có-
plet,& tel autre son bon plaisir, en laquelle parlans probablement, toutes choses seront cal-
mes, les Cieux en repos, & lumineux par tout   Estat futur du
esgalement, en l'esleuation & augment dernier   monde proba-
de leurs principes constructifs, pour le conten-   ble.
tement vniuersel des bien-heureux, en la grace
de leur Autheur. L'eau & la terre en leur propre situation, n'y ayant plus des generations, &
toute creature ferme en son Essence, pour
loüer incessamment sa grandeur, sa misericor-
de & sa Iustice.

XVI. En vn mot, tout ce qui a esté fait par   Ordre & sa
le Souuerain, ne consiste qu'en l'ordre qui est   diuision.
est premier, ou dernier, interne ou externe. Le
premier & interne, regarde la composition
des choses en particulier, de laquelle le grand
Hermes a tres bien parlé en ses Successeurs;
& le dernier & externe appartient à la naturelle disposition, ou rang d'icelles mises ensemble, comme Moyse a sensiblement exprimé au
commencement de sa Genese, pour s'accom-
moder au peuple moins intelligent, & le ran-
ger à son denoir; quant au Createur & le prochain, en suitte de quoy il est aisé de les vnir en
cette maniere.

XVII. Dieu a creé premierement ce total   Cahos ou to-
vniuersel, ou vnité premiere qu'on nomme Ca-   tal vniuersel

& sa demon-
stration quant
à la Creation.

hos, compris par le Ciel & la terre, & l'ayant
distingué en plus & moins subtil, comme premier nombre & fondement de la Nature, ou
corps materiel, que les Hermetiques appellent

Esprit & Sel
vniuersels.

Esprit, & Sel vniuersels, exprimez sous le nom
de Tenebres, & de Lumiere. Son Esprit ou sa
pensée estoit portée sur les eaux ou idées, comme flottantes des Estres diuers à l'aduenir esgalement estendues pour iceluy, qu'il separa en
hautes, moyennes & basses, reünissant par
poids & degré les mesmes principes pour for-

Essence.

mer les Superieurs, c'est à dire l'Essence ou
Estre, internes de toutes choses.

Existence.

XVIII. Et tirant en Existence les moyénès
comme le Ciel appellé Firmament, ou affer-
missement pour ce sujet. Il fit paroistre les Inferieurs, c'est à dire les Elemens, tant premiers
que derniers, separant l'eau d'auec la terre. En
apres il establit les Estoiles, le Soleil & la Lune

Astres.

pleins de clarté, comme dit est, qui comprennent le mouuement externe pour estre la mesure des temps & des generations comme leur
instrument, outre leur Institution particuliere.

Mixte.

En fin consecutiuement, il composa les mixtes
entierement sensibles par leur quantité, &
qualitez internes, faites externes accidentairement supposées les vnes aux autres, qu'on
peut representer par quatre cercles l'vn dans
l'autre, ou comme nous auons fait en nostre
sixiesme Figure Cosmique cy apres.

XIX. Et particulierement il fit les animaux , entre lefquels l'homme tient le premier
lieu , bien que dernier fait , & le tout perfiftant
orbiculairement pour fa plus forte vnion &
perfeuerance dans ledit ordre inuiolable fous
le nombre de fix, contenant l'vne & l'autre difference d'iceluy pour toute compofition & generation particuliere des mixtes , fçauoir pairement impair , & impairement pair , lefquels
ioints à l'vnité qui eft leur principe, font le nó-
bre de fept , qui comprend le trois & le quatre,
c'eft à dire l'Effence & l'Exiftence que cy deffus , par fa fimple & tres conftante volonté , en
laquelle il s'eft repofé , finiffant fon ouurage
tendant à fon commencement , c'eft à dire au
fpirituel , & laiffant agir les caufes fecondes
fous icelle par fon commandement.

Nombres de fix & de fept, & ce qu'ils con-tiennent.

XX. De toutes lefquelles chofes , il refulte
pour vne feconde & generale diuifion, encore
fçauoir , que tout Eftre eft , ou de foy , ou par
autruy , c'eft à dire , ou increé , ou bien creé. Le
premier eft incomprehenfible en tant que tel ,
& confequemment inconneu , fi ce n'eft par
rapport feulement du fecond , auec lequel le
temps , le nombre , & l'ordre a paru. Le creé
eft , ou fubftance , ou accident. La fubftance
creée en general eft , ou fpirituelle , ou corporelle , fuperieure , ou inferieure , ou moyenne ,
& icelle premiere , feconde & troifiefme , tant
en Effence , qu'en Exiftence. La fpirituelle &

Generale diui-fion des Crea-tures.

fuperieure , regarde l'Intelligence & l'Ame.
La Corporelle & Inferieure, les mixtes. La fub-
ſtance moyenne, premiere, comprend l'Eſprit
& Sel , principes vniuerſels , la ſeconde , les
Cieux, la troiſieſme les Elemens, le reſte appar-
tient aux accidens, deſquels a eſté dit.

XXI. Ce qu'eſtant acheué generalement &
en particulier, il eſt facile maintenant de décrire le monde, ou ce grand ouurage, vnique
moyen & ſuiet de noſtre connoiſſance. *Eſtre vn*
tout ſubſtantiel compoſé d'eſprit & de corps eſtroi-
tement vnis enſemble ſelon leurs degrez, ſes par-
ties diuerſes , & ſa fin ordonnée. En ſuite de laquelle vnion rien n'eſt de vuide effectiuement
le Compacte, ou le rare ſympatiſans mutuelle-
mēit, c'eſt à dire. l'vn deuenant l'autre, s'il eſt
beſoin , & partant comme tout Eſtre ayme ſon
centre, le peſant tendant en bas à proportion
de ſa nature, le leger , plus ou moins ſpirituel
garde le haut, & ſe rarefie, comme le ſolide ſe
reſerre pour la conſeruation du general ; ne
nous eſtant pas bien permis de comprendre les
voyes du Createur en l'Eſtabliſſement des
Creatures.

XXII. Etiaçoit que quelques experiences
ſemblent preuuer le contraire , neantmoins
icelles bien conſiderées , ne ſont aucunement
eſloignées de cette verité publique ſuiuant ce
que deſſus: Ioint qu'on ne ſçauroit deſcrire ce
vuide, eſtre autre choſe qu'vne ſubſtance ou
                                          corps

corps permeable, plus ou moins ſubtil, qui
cede facilement à vn autre plus groſſier comme l'Eau, l'Air, & ſemblables, eſtant contenu & contenant ſous diuers reſpects : autrement il faut dire, que le Neant ou le non Eſtre
eſt poſitif, & que l'Eſtre eſt au contraire, puis
que le vuide en tant que tel n'eſt rien : Et en
tant que lieu eſt quelque choſe, & reciproquement ce qu'on ne peut aiſément aduoüer.

    XXII. Quant à la pluralité des mondes, el-
le ne peut eſtre que fantaſtique dans les teſtes
moins raiſonnantes, qui meſurent toutes les
choſes eſgalement à la puiſſance de l'Autheur,
ſans conſiderer ſa volonté, qui ne fait que ce
qu'il luy plaiſt; outre la bien-ſeance, la capacité, & la neceſſité du tout, & qu'il n'en reſulte
aucune foy. Reſte preſentement à faire voir
le lieu, qui contient ce grand tout vniuerſel :
Et de peur d'aller à l'infiny, qui ne peut eſtre
que ſon Autheur meſme : Nous propoſerons
au commencement de la ſeconde partie de
cette Methode la ſixieſme Figure Coſmique
contenant les cinq precedentes, enſemble les
quatre familles baſſes ou mixtes, ſuiuant leur
ordre & dignité repreſentées par quatre cercles la chacune, qui demonſtrent leurs genres
vniuerſels; & le tout compris par vn grand &
dernier cercle blanc, accompagné de nuages,
& orné de quantité de rayons tendans à
l'infiny, pour ſignifier l'Autheur de ce total

M

tres simple, incomprehensible & sans fin, comme aussi pour faire voir de prime face son Obiect, suiet & fins dernieres : Mais par ce que
nous auons dit cy-dessus, que les Philosophes
Hermetiques auoient expliqué des premiers
les corps inferieurs par les superieurs touchant
la generation, ayant formé la Table generale des Elemens, Qualitez, Planétes, Conformitez, heures, Signes, Influences & mois. Nous
dirons briefuement suiuant l'ordre des Elemens & des mixtes.

DE L'APPROPITIATION,
Sympathie, Antipathie, & temps
des mesmes Corps.

CHAPITRE III.

C'est pourquoy

I. AVANT aux noms de Planete &
Signe, il est tres clair qu'ils ont
esté premierement appliquez ausdits Elemens, & à leurs qualitez,
& puis aux corps celestes : En cette sorte les
Planetes, comme porte le mot, denotent le
plain, où les substances Elementaires, & les
Signes signifient leurs accidens ou qualitez

d'où ils sont appellez, les vnes desquelles qualitez sont inassociables, mesmes dans leur societé pour quelque sorte de production: Et les
autres symboliques & amiables en tout degré,
suiuant le mesme nombre des Planetes &
combinations des Signes, sous lesquels ils se
trouuent comme dans leur maison esleuez ou
abaissez, & autres circonstances.

I I. De maniere que l'Assemblage du chaud
& du sec, du froid & de l'humide, n'est demonstré en particulier que par vn Signe, &
de mesme nature, puis qu'vn contraire chasse
l'autre: Ainsi ce grand Luminaire le Soleil,
qui represente le feu, n'a qu'vn signe, qui est
le Lion chaud & sec, Et la Lune qui denote l'Eau son aduersaire, n'a aussi qu'vn signe
froid & humide, sçauoir l'Escriuice: Au contraire des autres estans symboliques; De tous
lesquels le premier concours ou meslange produit les secondes plus sensibles appellées pour
ce suiet Influences, & plus corruptibles, comme plus composées: D'où est la difference des
heures, iours, semaines, mois & an pour toute leur durée ou temps, & en suite des passions
qui forment la varieté de leurs actions ou mouuemens.

I I I. Estant vray semblable, que les Astro-
nomes ne le sont point seruls de ces mots particuliers des Hermetiques, que pour nous faire entendre & prendre garde à la diuerse dif-

pofition & mouuement du Ciel, fous la conformité & rapport ordonné des chofes inferieures, Et par lefquels Dieu nous aduertit de ce qu'il veut que la nature faffe icy bas, & du temps qu'elle y procede quant à ces fubftances Elementaires pour toute forte de mixtes, fuiuant les mefmes appellations. En cette façon, du feu chaud & fec, les trois premiers degrez (car le quatriefme eft le feu mefme) font reprefentez par le Soleil, le Lion & le Sagittaire qui concourent à leur nature: L'Armoniac fec & chaud eft adherant ou non, ce que Mars & le Belier fignifient.

IV. L'Eau froide & humide eft falée, douce, amere, ce qui eft fignifié par la Lune, l'Efcriuice & les Poiffons. Le Mercure humide & froid, eft fixe & non fixe, marqué par le mefme Planete & le Scorpion. L'Air humide & chaud, eft diuifé en trois regions occupées par Venus, la Balance, & le Verfeau. Le Soulphre chaud & humide eft bruflant pour le dernier degré de feu, & non bruflant que Iupiter & les Gemeaux demonftrent. La terre feiche & froide eft infeconde ou fterile, ce que Saturne & la Vierge font voir. Et le Sel fixe, froid & fec, folide & pefant, eft manifefté par le Capricorne & le Taureau. La terre & le Sel fixe, eftans attribuez aux deux âges de Saturne conformement à fa nature, d'où eft dicte la vieilleffe verde & l'âge decrepit. En cette fa-

çon touchant les Influences , paſſions, regne,
& durée des meſmes Planetes , cauſées par leſdites combinations des qualitez qu'ils repreſentent.

V. Le Soleil chaud & ſec , comme le feu influë ſur le cœur de l'homme comme eſtant
celuy des Planetes , & ſur l'or, Il regne depuis
les neuf ou dix heures du matin , iuſques à vne
ou deux heures apres midy, laquelle durée eſt le
vray temps du trauail & progrez de toutes choſes auec allegreſſe & vigueur nouuelle par ſa
douce chaleur & moins de ſeichereſſe , ayant
ſa maiſon au ſigne du Lion chaud & ſec, nature de feu , pareillement qui regne au mois de
Iuillet figurez en cette ſorte; ☉ Soleil, ♌ Lion.

VI. Mars ſec & chaud , tel qu'eſt l'Armoniac, influë ſur le fiel & ſur les inteſtins , comme ſur le Fer ou Acier. Il regne dés les deux
ou trois heures apres midy iuſques au Soleil
couchant; D'où eſt que la chaleur pour lors à
cauſe de ſon progrez & perſeuerance du iour
eſt plus ennuyeuſe comme plus ſeiche & ardente , & que les corps deſia laſſez , eſpreu-
uent ſenſiblement vne irritation future de cét
Aſtre viuifiant, Il tient le ſigne du Belier ſec
& chaud auſſi, influant ſur la teſte & face de
l'homme , & dominant le mois de Mars, enſemble le ſigne du Scorpion humide & froid,
qui le modere , & qui regarde les parties hon-
teuſes, la veſſie & le fondement, Se trouuant le

mois d'Octobre, dont leurs marques sont cy,
♂ Mars, ♈ Belier, ♏ Scorpion.

VII. Venus chaude & humide comme
l'Air influë sur les reins & parties genitales, &
sur le Cuiure ou Airain, dominant depuis les
sept heures d'Esté, ou huict heures d'Hyuer,
iusques à neuf ou dix heures du matin, ainsi
les plus humides & moins chauds, comme les
femmes generalement parlans, ayment les veil-
les, & pour reposer se leuent tard, la chaleur
estant plus lente à esleuer les vapeurs au cerueau, qui causent le sommeil : Elle augmente
sa force dans le signe de la Balance de nature
d'Air aussi, qui domine sur le petit ventre, les
haynes, le nombril & parties sous les cuisses
en Septembre, & se tempere dans celuy du
Taureau froid & sec, comme le Sel son contraire, qui gouuerne le col & le gousier, re-
gnant en Auril, marquez comme s'ensuit, à
Venus ♎ Balance ♉ Taureau.

VIII. Iupiter chaud & humide comme le
Soulphre influë sur les poulmons & la capacité de la poictrine, & sur l'Estain. Il regne depuis la minuict, iusques à vne heure deuant
iour : Par ce moyen, apres le premier sommeil
la cuite estant faite le temps est plus propre
pour les productions animales, ou à soy semblables quant à l'homme, que celuy du Soleil ou de Mars, destiné pour les autres exer-
cices ; Et ce les qualitez estans bien propor-

tionnées , autrement non , ce qui n'est que
rarement des autres animaux estans bornez,
quant au temps de leur coït, durant lequel cef-
fans presque de manger , ils ne laissent de cou-
rir.

I X. A raison de quoy le chaud , ou Iupiter
le fec , ou Mars , appetent le grand humide,
ou Venus, n'estans point contens de leurs propres associations, comme inegales à la generation : car le mesme Iupiter plus chaud, est ioint
au moins humide, qui represente le Soulphre
Etherien, duquel n'estant point rassasié entierement, il s'adresse au plus humide aërien , &
& le moins humide Etherien , vaincu par le
plus de chaud, deuient bruslant , & tonne er-
rant s'éuanouyssant, auquel fuiet il est dit maistre du feu & du tonnerre, frere & mary de
Iunon , partie superieure de l'Air , Et fe loge
au figne du Sagitaire chaud & fec , comme le
feu qui regarde les cuisses feulement , & domine en Nouembre : Pareillement au figne
des Poissons , froid & humide fon contraire
de nature d'Eau, qui regit les pieds, & fe trouue en Fevrier, defquels les Caracteres font cy
♃ Iupiter ♐ Sagitaire ♓ Poissons.

X. La Lune froide & humide , comme
l'Eau a influence fur le Cerueau & fur l'Argent, elle domine dés l'entrée de la nuict iufqu'à minuict : En ce temps les corps rehume-
ctez , & comme engourdis entrent au filence,

Circonstan-
ces de la gene-
ration.

Iupiter mai-
stre du tonner-
re , & pour-
quoy.

Caufe & fin
du fommeil.

deuiennent sommeilleux, & de là passent au repos, sans lequel le iour & le trauail seroient trop ennuyeux, & la nuict plus desplaisante : Son signe est l'Escriuice, froid & humide de nature d'Eau, qui influe sur la poictrine, les costes, la rate, & les poulmons, & regne au mois de Iuin, desquels les figures sont telles, ☽ Lune ♋ Escriuice.

XI. Mercure humide & froid, influe sur le foy & sur l'Argent vif, & commence son action au Soleil Leuant, durant vne heure en Hyuer, & deux heures, ou plus en Esté. En ce temps le sommeil se trouue le plus doux, la cuite estant faite : Et entre autres les sanguins & temperez ayment le dormir, faciles toutefois à exciter, comme le mesme Mercure est prompt au vol à la moindre chaleur excedant la sienne particuliere, & par son humide facile à se rarefier : Il a pour rampart le signe des Gemeaux chaud & humide de nature de Soulphre qui regit les Espaules, bras & mains, & les humeurs, & domine les mois de May, comme aussi le signe de la Vierge, sec & froid nature de terre qui le tempere, influant sur le ventre & les entrailles, & regne le mois d'Aoust, leurs figures sont telles, ☿ Mercure, ♊ Gemeaux, ♍ Vierge.

XII. Saturne enfin froid & sec diuersement represente la terre & le Sel, gouuernant la ratte, les lumbes, le Mezentaire, & parties

soli-

folides , & le plomb. Sa domination eſt depuis
vne heure deuant iour, iuſques au Soleil Leuant, à cauſe de quoy les vieillards & les per-
ſonnes froides & ſeiches , & reciproquement
ſont le plus ſouuent veillans & matineux. Partant Iupiter quitte ſa Dame, Et elle , luy de
peur d'eſtre ſurpris; Il ſe place au ſigne du Verſeau, humide & chaud comme l'Air ſon contraire, qui regit les iambes iuſques aux talons,
& domine en Ianuier: Semblablement au ſigne du Capricorne, froid & ſec comme le Sel,
qui regarde les genoux ſeulement, & domine
en Decembre , auquel commence le Solſtice
d'Hyuer, & ſont marquez de la ſorte , ♄ Saturne ♒ Verſeau ♑ Capricorne. Ainſi ſelon les
heures du iour & de la nuict , le Soleil domine
le premier, Mars le ſuit, la Lune le preſente .
Iupiter eſt le quatrieſme, Saturne taſche de le
ſurprendre, Mercure l'accompagne, & Venus
eſt la derniere. Et pour ce qui appartient à la
Sympathie & Antipathie qu'ils ont entre eux,
& auec les meſmes mixtes, pour le reſpect encore des meſmes qualitez; il eſt requis finalement de dire, que

XIII. Le Soleil Planete benin, eſt amy de
Iupiter & de Venus, & ennemy des autres qui
luy contrarient, dont ſes choſes familieres entre les animaux, ſont les genereux & ioyeux,
comme le Belier, le Bouc, le Cheual, le Lion,
le Taureau , l'Aigle , le Cigne , le Cocq , le

N

Vautour, les Cantarides, l'Escarbot, &c. Entre les Vegetaux, outre toutes sortes d'Aromates, sont contez l'Oseille, mauue, guimauue, Bourrache, Buglosse, Soucy, Chelidoine, Esclaire, Melisse, Couronne Imperiale, Saffran, Dictame, Gentiane, Lierre, Elenium, Tourne-sol, Mille Pertuis, Lauande, Marjolaine, Menthe, Peoine, Rosmarin, Rossolis, Thin, Veruaine, Zedoaire, Fresne, Grenadier, Laurier, Oliuier, Palmier, Oranger, Citronnier, Vigne, Bois d'Aloës, Mastic, Encens, Myrrhe, Miel, &c. Entre les Mineraux, sont la Terre solaire, la pierre Ætithes, ou d'Aigle, le Chrisolite, Hyacinthe, Rubis, Ambre, &c.

XIV. Mars est amy de Venus, & ennemy de tous les autres : Ses animaux familiers, sont les Impetueux, Bilieux, forts Rapides, &c. comme le Chien, le Bouc, le Chevreau, le Loup, le Mulet, le Leopard, le Renard, l'Esperuier, l'Aigle, la Corneille, le Corbeau, Faucon, Milan Chahuant, Vautour Brochet, Pastinaque, Chien Marin, Perche, &c. Les Vegetaux sont comme l'Arum, l'Ail, Sarrasine, Chardon, Cameleon, Oignon, Poirreau, Ieble, Espurge, Euphorbe, Flambe, Hellebore, Laureole, Napel, Aconit, Plantin, Bassinets, Raifors, Areste beuf, Moustarde, Tormentile, Orties, &c. Cornolier, Prunier, Chesne, Euphorbe, Scamonie, & tous les veneneux. Les Mineraux sont tout ce qui est bruslant & rouge, le

Diamant, la Pierre, Ametifte, l'Aymant, l'O-
fteocole, le Sel Armoniac, l'Antimoine, &c.

XV. Venus eft benigne, amie du Soleil, de
Mars, de Mercure & de la Lune, & ennemie
de Saturne fon contraire. Les Animaux Vene- Animaux Ve-
riens font tous les delicieux, lafcifs, ioyeux, neriens.
traictables, &c. comme le petit Chien, la Chevre, le Lapin, le Bouc, le Veau, le Taureau,
l'Aigle, la Colombe, le Corbeau, le Cigne, le
Cocq, l'Hirondelle, la Bergerette, le Moi-
neau, Paon, pie, Perdrix, Tortue, Stinch, &c.
Les Vegetaux font comme l'Afphodel, les Ca- Vegetaux Ve-
pillaires, Coriandre, pain porcin, Chardon- neriens.
Rolland, Feves, Fraifes, Lyerre, Terreftre,
Iris, Lys, Melilot, Gremil Narciffe, Nenuphar,
perfil, Rofes, Satirium, Serpolet, Thin, Oeil-
lets, Veruaine, Trinitaire, Violette, &c. Figuier,
Grenadier, Poirier, Doux, Sandaux, Ladanum,
Benzoin, Mufc, Ambre, & toutes bonnes o-
deurs. Les Mineraux font la Pierre d'Aigle, Mineraux de
le Beril, Chrifolite, Coral, Corneol, Lazul, Venus.
Calamine, Saphir, Emeraude, Tutie, &c.

XVI. Iupiter debonnaire, eft ennemy de
Mars & amy de tous les autres : Ses animaux Animaux
font l'Agneau, le Cerf, l'Elephant, Brebis, Iouiaux.
Taureau, l'Aigle, Cicoigne, Colombe, Poule,
Hyrondelle, perdrix, phaifan, &c. Les Vege- Vegetaux Io-
taux font comme la Bugloffe, Bourrache, Ber- uiaux.
beris, Calamente, Cynogloffe, Endiue, Fe-
ues, Fraifes, Fumeterre, Regaliffe, Noble He-

patique, Orge, Lys-blanc, Lin, Iuroye, pourpier, Prunelle, Rubarbe, Ribes, Garan-
ce, Ioubarbe, Aspic, Consould, bled, Boüillon, Viole, Vigne, Amandier, Noisetier, Ce-
risier, Cormier, Fau, Figuier blanc, Coudre,
Fresne, Chesne, Pomier, Murier, Oliuier, Pi-
stacher, Peuplier blanc, Prunier, Poirier, Mi-
robalans, Manne, Mastic, Styrax, Sucre, & toutes choses douces. Les Mineraux sont l'Alun, le
Coral blanc, l'Hyacinthe, Tutie, &c.

Mineraux Iouiaux.

X V I I. La Lune mediocre en bonté & malice, est amie de Saturne, de Iupiter, de Venus & de Mercure, & ennemie de Mars & du
Soleil ses opposez Les Animaux Lunaires sont
le Chien, la Chevre, le Bievre, la Biche, la Foüi-
ne, le Loutre, le Sang menstruel, la Perche, le
Canard, l'Oye, l'Heron, le Plongeon, la Car-
pe, l'Aurée, l'Escriuice, Limaces, Grenoüil-
les Aragnées, Crapaux, &c. Les Vegetaux
sont l'Agnus Castus, l'Alquecange, l'Ail, Ro-
seau, Becabonde, Choux, Oignons, Pourreaux,
Camomille, Orpin, Hysop, Laictuë, Lys des
Valées, Lunaire, Mandragore, Nasitort, Nenuphar, Pauot, Plantin d'Eau, Peoine, Pourpier,
Raue, Ioubarbe, Lentisque, Noyer, Teillot,
Noix, Muscade, &c. Les Mineraux sont, la
Terre Lunaire auec ses Marcassites, & toutes
choses blanches & verdes, le Corail blanc, Cristal, Perles, Ambre gris, Camphre, Sperme
de Baleine, &c.

Animaux Lunaires.

Vegetaux Lunaires.

Mineraux de la Lune.

XVIII. Le Mercure bon auec les bons,
& au contraire, est amy à Saturne, Iupiter, Venus, Lune ; Et ennemy de Mars & du Soleil,
quant aux Animaux ses familiers, iceux sont
tous les Ingenieux, Cauteleux, Babillars, Fla-
teurs, comme le Chien, le Cerf, le Lievre, la
Mule, la Belete, le Singe, le Serpent, le Renard, l'Aloüete, le Chardonneret, Bequefi-
gue, Hirondelle, Merle, Pie, Perroquet, Rossi-
gnol, Tourtre, &c. Les Vegetaux sont, la Guimauue, l'Anis, Ancolie, Artritique, Margue-
rites, Camomille, Elenium, Feves, Fumeterre, Regalisse, Marjolaine, Marube, Nauets,
Numulaire, Pentaphile, Petazite, Persil, Pim-
pernelle, Peoine, Pulmonaire, Scabieuse, Serpentaire, Trefle, pas d'Asne, Veronique, &c.
Ses Mineraux sont, les Marcasites blancs, l'E-
meraude, &c. Enfin

XIX. Saturne mauuais extrememement est a-
my de Mars & ennemy des autres comme ses
contraires. Ses Animaux familiers sont, tous
les solitaires & nocturnes, comme l'Asne, le
Crapau, le Chameau, le Chat, les Formis, le
Lievre, le Loup, le Mulet, la Souris, la Mouche, le Scorpion, le Serpent, le Singe, le Pour-
ceau, la Taupe, l'Ours, le Cha huant, l'Hybou,
le Corbeau, Gruë, Paon, Cameleon, Hupe,
Chauuesouris, Lumbrics, &c. Les Vegetaux
sont, l'Aconit, Agnus Castus, Asphodel, A-
ster, Ache, Arroche, Bource de Pasteur, Chan-

Animaux Mercuriaux.

Vegetaux de Mercure.

Mineraux du mesme.

Animaux Saturniaux.

Vegetaux de Saturne.

vre , Capres, Ciguë , Cumin, Cufcule, Epithim , Fougere , Iufquiane , Ellebore noir, Grande bardane, mandragore, mouſſe, briere, pauot , Herbe paris , Polipode, Sauge, Scolopendre , Ioubarbe, Sené , Serpentaire, Solanum, Arbre-fetide, Ciprez, Figuier noir, murier noir , Pin, Sabine , Tamariſc , &c. Les mineraux font, l'Antimoine, l'Arſenic, l'Alun, les marcaſſites noirs, le Saphir, l'Aymant , & toutes choſes fort terreſtres & peſantes, &c.

Il eſt de meſme des Signes d'vn chacun ; que ie ne repeteray point pour eſtre court ; & que le tout eſt aſſez exprimé en diuers Autheurs qu'on peut conſulter. C'eſt pourquoy ayant parlé aſſez ſuffiſamment du corps en commun tant ſimple que compoſé, il eſt temps de traiter maintenant

Tranſition de ſujet.

Table Generale des

Elemens.	Qualitez.	Planetes.	Cóformités.	Heures.	Signes.	Influances.	Mois.
Feu.	Ch. & fec.	Soleil. ⊙	Cœur : Or.	Depuis les neuf à dix heures du matin, iufques à vne ou deux heures apres Midy.	Lion s. ♌	Eftomach.	Iuillet.
Armoniac.	Sec. Chaud.	Mars. ♂	Fiel. Fer.	Depuis les deux ou trois heures apres Midy, iufques au Soleil couchant.	Belier ♈ n. s. Scorpion. ♏	Tefte. Face. Part. hôteufes.	Mars. Octobre.
Air.	Hum. Ch.	Venus. ♀	Parties génitales. Cuiure.	Depuis les fept heures d'Efté, ou huiét heures d'Hyuer du matin, iufques à neuf ou dix heures.	Balance, ♎ s. Taureau. ♉ n.	Petit vêtre, &c Larinx. Col.	Septembre. Auril.
Soulphre.	Ch. Hum.	Iupiter. ♃	Poiétr. Eftain.	Depuis la minniét, iufques à vne heure deuant iour.	Sagit. ♐ s. Poiffons. ♓ n.	Cuiffes. Pieds.	Nouembre. Feburier.
Eau.	Froid. Hum.	Lune. ☽	Cerueau. Argent.	Depuis l'entreé de la nuiét, iufques à la minuiét.	Éfcriuice s. ♋	Poiétr. Ratte.	Iuin.
Mercure.	Hum. Fro.	Mercure. ☿	Foye. Argent vif.	Depuis le Leuant durant vne heure en Hyuer, & deux heures ou plus en Efté.	Gemé. ♊ n. Vierge. ♍	Efp. br. hum. Ventre, &c.	May. Aouft.
Terre. Sel.	Sec. Froid. Froid. Sec.	Saturne. ♄	Rate. Partie folide. Plomb.	Depuis vne heure deuant iour, iufques au Leuant.	Verfeau. ♒ Capric. ♑ n.	Iáb. iuf. aux tal. Genoux.	Ianuier. Decembre.

DE LA RESOLVTION
en general.

SECTION III.

Et dire pour ce qui est

DE LA NATVRE ET SVIET
de la Physique Resolutiue.

CHAPITRE I.

Que

L'ART de resoudre les mixtes, nommé pour ce respect Physique Resolutiue, est appellée communement *Spagyrie*, parce qu'elle separe, parlans proprement, & apres conuint, quoy qu'autrement pour s'en seruir, comme sera dit. *Alchymie*, du mot Arabe, signifiant presque

Acception diuerse de la Physique.

Le temps & la fonction d'Hermes.

le mesme. Science *Hermetique*, pour son Antiquité, c'est à dire, depuis le temps d'Abraham, *qu'Hermes* Legislateur des Egyptiens, viuoit & la professoit, & *Distillatoire* pour sa plus belle & principale fonction, quant à present, dont elle est dicte *Chymie*, ne comprenant que l'humide.

II. Mais comme toutes ces denominations n'expriment point au vray ce qu'elle est pour n'auoir esté bien conneuë, & de là mesprisée iusques au iourd'huy. Elle peut maintenant prendre fort à propos son nom tiré du Grec, comme porte son inscription, sçauoir de Dieu, ou du monde, ou de l'Ouurage mesme, qu'elle resoult en ses propres parties sensibles & naturelles, comme la *Pharmacie* le prend du medicament, & la *Chirurgie* de la main, trois sœurs (si vous voulez) d'vne mesme mere qui ne conspirent qu'à mesme fin quant à leur vsage seulement, & laquelle se descrit en cette sorte.

III. *La Physique Resolutiue, vulgairement dicte Chymie, est la connoissance sensible de la maniere inimitable, suiuant laquelle toutes choses ont esté faites, sçauoir par la resolution seule de leurs parties en leurs proches principes & Elemens derniers sensibles & conuertibles de nutrition, en la reproduction ou extension nouuelle, quant à la Metallique: Afin d'esleuer nostre entendement aux insensibles, & d'icelles nous en seruans, nous repo-*
ser

fer à leur Autheur seulement L'explication en
estant telle : Car

IV. Par le mot de **Connoissance**, est mon- *Circonstan-*
stré la façon de nostre Science, dautant que *ce pour sça-*
pour sçauoir, il faut premier connoistre : Par *uoir,*
le mot de *Sensible*, est declaré l'Object de cet *Rapport de l'Object & de*
Art qui doit estre conforme à sa puissance, *la puissance.*
c'est à dire, qu'estant resserrez dans vn corps,
nous ne pouuons agir que par ses sens : Par le
mot *de la Maniere*, est exprimé que rien n'est
fait par hazard, mais le tout en nombre, poids
& mesure : Par le mot *Inimitable*, nous con- *Le procedé*
fessons vn Souuerain, & son Oeuure à luy *de Dieu à nous inconneu.*
particulier, & lequel nous ne pouuons qu'ad-
mirer, ce qui nous fait dire en aduoüart nostre ignorance, que le Maistre qui l'a fait, s'est
retenu le secret.

V. Par ces mots, *suiuant laquelle toutes cho-* *L'Idée Di-*
ses ont esté faites, est reconneu le Prototype v- *uine que c'est, & son conte-*
niuersel, qu'on appelle Monde Exemplaire, *nu.*
c'est à dire, l'idée ou pensée eternelle de son
Autheur, contenant le tout essentiellement &
tres parfaitement, comme nous voyons par son
existence : Par le mot de *Resolution*, est marqué *Necessité de*
nostre possibilité : Car les choses estans pro- *la Resolution.*
duites en nostre absence, ou sans nous, il a
fallu necessairement les des-vnir pour connoistre leur structure ou composition : Par le
mot *Seule*, est signifiée la difference qui est *Difference des*
entre les choses naturelles que nous ne pou- *choses.*

O

uons reſtablir, & les choſes Artificielles que
nous faiſons.

VI. Par le mot *de leurs parties*, appert ſemblablement la difference des meſmes choſes
compoſées d'auec le Createur, qui eſt Eternel,
tres ſimple & Independant : Par ces mots, *en
leurs proches principes* eſt donné à entendre la
determination particuliere des vniuerſels en la
fabrique du mixte, qui ne ſont perceptibles en
eux-meſmes que fort obſcurement, & durant
l'action reſolutiue de leur vnion, à cauſe de
leur moindre compoſition, l'inexiſtence ou le
denieſment de leurs accidens plus ſenſibles,
qui les remet en leur premier eſtat, où ſe void
le progrez des Actions diuines, quant à l'imperceptible, qui degré par degré eſt ſouſmis à
nos ſens.

VII. Par ces mots *& Elemens derniers ſenſibles* eſt deſignée l'habilité ou modification
accidentaire des premiers, que les Philoſophes ordinaires appellent *Refraction*, de laquelle nous auons parlé aſſez amplement en
leur lieu, & ailleurs ; En quoy paroit auſſi le
grand amour de Dieu enuers l'homme, ayant
pour ſa generation temporelle aſſuietty meſme les Cieux auec les Elemens à vne diſpoſition
extraordinaire, comme on void quant à l'eſleuation & conſeruation des mixtes, & de luy
particulierement.

VIII. Par ces mots, & conuertibles de

Nutrition, est exprimé dauantage la mesme
modification contre l'opinion vulgaire , qui
veut que les mixtes soient tirez essentiellement
des Elemens plustost que des Cieux , ou des
communs principes, comme nous auons dit si
souuent, & à quoy leur dignité & la perfectió
de l'Ouurier repugne. Par ces mots, *en la re-*
production ou extension nouuelle quant à la me-
tallique , nous est manifesté plus particulierement l'excez du mesme amour diuin enuers
l'homme, pour lequel il est dit auoir esté fait
semblable à Dieu, faisant luy seul ce qu'il a
fait, c'est à dire, disposant les Elemens mesmes pour produire ou effectuer ce que la generation ordinaire ne peut , à sçauoir le metal
parfait.

   IX. Par ces mots , *afin d'esleuer nostre en-*
tendement aux Insensibles , est demonstré encore l'imperfection de nostre connoissance presente , qui ne va que par degrez & à taston ,
montant des choses inferieures , sensibles &
creez aux choses hautes , spirituelles & in-
creées. Finalement par ces mots , *Et d'icelles*
nous en seruant nous reposer à leur Autheur seu-
lement. Nous apprenons l'intention du Tout-
puissant, qui n'a fait ce total vniuersel que
pour l'homme en partie, & pour se manifester
soy-mesme , se faisant connoistre l'vnique
Seigneur, le seul object & sujet de nostre bien.

   X. Raison pour laquelle il a ioinct à no-

O ij

Excellence & necessité de la resolution. stre Entendement & à nostre volonté le desir de sçauoir qu'on accomplit par cét Art, tant il est excellent & esloigné de la commune charlaterie, & iusques là, que sans icelle connoissance, nul peut se dire vray homme & vray Chrestien, c'est à dire, se reconnoissant soy-mesme, & le deuoir qui l'oblige à son facteur.

La generale diuision de la Physique resolutiue. XI. Or la mesme Physique Resolutiue est speculatiue & prattique, comme toute autre science. La Speculatiue s'occupe à descouurir ou discerner en general les principes de toutes choses creées, tant inferieures que superieures, comme nous auons dit cy-dessus. La **Fin de la prattique Physique.** practique n'ayme que l'exercice, & n'ambitionne que de voir les parties qui composent les mixtes par l'ouuerture qu'elle en fait, afin de borner son desir, & se reposer dans l'vnique volonté de celuy qui les a produit outre son vsage particulier.

Son sujet & objet. XII. Partant son sujet en general est le composé ou mixte naturel, & son objet la resolution qui est de deux sortes, l'vne simple ou ordinaire, & l'autre Hermetique ou particuliere. **Especes de la resolution.** La resolution ordinaire ne regarde que les trois familles inferieures, sçauoir Animaux, Vegetaux & Mineraux, & l'Hermetique la quatriesme, ou les metaux. L'ordinaire ne tend qu'à la separation des parties constitutiues du mixte, qui s'vnissent elles mesmes dans la semence, pour leur generation sensible ; Et l'Hermetique ne professe que l'ouuerture des mesmes parties, pour les estendre insensiblement dans leur tout presque à l'infiny, de quoy ces paroles nous asseurent, *Tu separeras la Terre du Feu & le subtil de l'espoix, pour effectuer les merueilles d'vne chose admirable.*

XIII. La premiere met à part les Elemens derniers, & la seconde les conuertit reciproquement en les resoluant. *Ainsi il monte de la terre au Ciel, & derechef il descend en terre, & reçoit la force des choses superieures & inferieures; Car ce qui est bas ou inferieur, est comme ce qui est haut, ou superieur, & reciproquement.* L'vne destruit le mixte pour sçauoir seulement, & l'autre l'accomplit pour le posseder, puisque, *sa vertu est entiere, si elle est tournée en terre.* Et le tout pour loüer d'autant plus son premier Autheur, & derniere fin, comme si loüuent nous auons dit.

XIV. Quant à la partition de ces familles, ou suiet, le raisonnement en est tel ; Car iceluy mixte est, ou viuant, ou non; soy mouuent exterieurement, ou non; separé de la terre commune, ou non ; Et y adherant au dehors ou au dedans. Celuy qui vit, se meut soy-mesme exterieurement, & est separé de la terre, s'appelle proprement Animal. Celuy qui est attaché à la superficie d'icelle est nommé Vegetal; Et celuy qui ne vit point, que fort obscurement, qu'on

Resolution Hermetique.

Resolution Conuersiue.

Fin des deux resolutions.

Raison de la partition generale des mixtes.

O iij

dit en Essence , & qui est enfermé dans ses entrailles, est appellé mineral de la mine , ou matrice qui le contient ; Et Metal du foüissement
qu'on fait pour l'auoir, constituans en tout trois
genres diuers , le dernier desquels nous auons
diuisé en deux, à cause de la malleabilité & facilité de connoissance.

XV. Pour les Animaux & Vegetaux, é-
stants amplement deduits en leur lieu , & par
leurs Autheurs, reste seulement à proposer des
Mineraux & Metaux. Parquoy la matiere des
Mineraux pour la pluspart est vne terre salineuse iointe à vne aquosité simple, ou spiritueuse,
& bien souuent auec quelqu'vn des Metaux ;
& celle des Metaux, est vne substance onctueu-
se & salineuse , contenant en soy les proprietez
& vertus de l'Argent vif & d'vn soulphre vitriolique qui le descuit dans leurs principes , &
par iceux. Estant entendu par les Mineraux
tout ce qui se tire de la terre , communement
parlans ; Et par les Metaux tout ce qui est fusible & malleable seulement. En cette maniere.

XVI. Touchant leurs differences & proprietez, les vns alterent en conseruant, & les
autres en corrompant. Ceux qui alterent en
conseruant, le font par leur qualité manifeste,
premiere ou seconde : Par la premiere, les vns
sont temperez selon les degrez chauds , secs,
humides , froids , & les autres non, comme
sera dit en leur lieu : Par la seconde qualité, les

Vitre en Es-
sence que c'est.

Matiere des
Mineraux &
Metaux, & l'in
telligence de
leurs mots.

Generale di-
stinction des
Mineraux &
Metaux quant
à leurs proprie
tez.

vns sont adstringentes , comme la Cadmie ,
Tutie , Pompholix , & les autres sont aggluti-
nans & & cicatrisans, comme le Plastre , l'Airain bruslé. Ceux qui alterent en conseruant
par leur qualité non manifeste ou specifique ,
qu'on ne reconnoit que par l'experience sont
comme l'Alum. Et enfin ceux qui alterent en
corrompant , sont les Venins ou les mesmes
Mineraux & metaux intemperez ou mal pré-
parez. Mais parce que la Physique d'iceux est
assez vaste & curieuse , nous l'auons transferé
auec leurs descriptions dans nos sens Physiques, en la practique, pour esuiter les redites,
& traicter subsectiuement.

DES MATIERES, PRODVCTIONS,
& defcriptions des Operations.
Refolutiues.

CHAPITRE II.

Doncques

I. **E**N tout Art & Science, on peut rechercher quatre chofes, par qui, de
quoy, comment, & pourquoy. La
premiere regarde l'Autheur, ou la
caufe efficiente. La feconde demonftre la matiere, fujet & objet d'icelle. La troifiefme tefmoigne la forme & maniere qu'elle eft faite.
La quatriefme & derniere fait voir la fin, l'effect, ou la connoiffance des mefmes: En cette forte

Circonftan-
ces de la con-
noiffance.

I I. La Phyfique Refolutiue, qui a pour
Autheur le Souuerain feul, a quatre matieres
generales; fçauoir, Animaux, Vegetaux, Mineraux & Metaux, fuiuant fon fujet, ou le compofé en tant que refoluble, des parties duquel
les vnes font internes, & les autres externes,
& icelles, ou Homogenes ou Heterogenes,
c'eft à dire, ou femblables ou diffembla-
bles.

Matiere ge-
nerale de la
Phyfique Re-
folutiue.

I II.

III. Les internes sont tousiours differentes, parce qu'autrement le mixte ne seroit pas tel, & les externes peuuent estre les deux. Les premieres internes regardent l'Estre ou Essence determinée d'vn chacun, qui n'a deu proceder d'autre façon pour estre ce qu'elle est : Et les dernieres ou externes appartiennent à son Existence ou sensibilité, qui ne requiert point cette varieté pour estre conneuë.

Diuision des parties du mixte.

IV. Ainsi des Animaux & Vegetaux, les parties externes sont differentes, tant pour leur propre mouuement, conseruation & propagation particuliere, que pour la beauté de l'Vniuers, le seruice & le contentement de l'homme: Mais des Mineraux & metaux, cette distinction externe ne se trouue point, leur mouuement sensible manquant, & ne reside qu'en leur espece.

Difference des mesmes, & pourquoy.

V. Dauantage, les mesmes quatre matieres sont distinguées en autant de Chefs Generaux, que nous auós represété par quatre cercles dás nostre type Cosmique, ou modelle du monde cy-apres au commencement de la practique; sçauoir les Animaux ; En Oiseaux, Poissons, Gresils & reptils: Les Vegetaux, en Arbres, Herbes, Plantes & Semences. Les mineraux, en Soulphre, Sel, Terre & Pierre, & les Metaux en Plomb, qui comprend l'Estain, En Cuiure, auec lequel est entendu le Fer, En Argent & Or.

Chefs Generaux de chaque sujet de la resolution.

P

Matieres en
ſpecial des A-
nimaux.

VI. Pareillement auſſi, les Animaux peuuent eſtre conſiderez ſelon treize parties naturelles, ou matieres vniuerſelles ſur iceux, qui
ſont le Sang, le Laiƈt, le Beurre, la Chair, Graiſſe, Os, Cornes, Poils, Plumes, Oeufs, Conques, Fiente & Vrine, leſquels ne regardent
en general que trois poinƈts ; ſçauoir ce qui les
conſtitue, ce qui deſcoule d'iceux appellé Excrement, propre ou Impropre, Adherant ou
non, & ce qui procede par les meſmes, comme
le Miel par l'Abeille.

Matieres des
Vegetaux pour
la reſolution.

VII. Les Vegetaux ſont compris ſous douze chefs, parties naturelles, & matieres pour
ce ſujet, qui ſont les racines tendres & charnuës, l'Eſcorce, le Bois, les Feüilles, Fleurs,
Fruiƈts, Sucs eſpoiſſis, Liqueurs, Tartre, Semence, Gommes & Reſines, auec la meſme
conſideration que cy-deſſus.

Eſpeces des
Mineraux.

Les Mineraux, ſuiuant ce que nous auons dit,
ſont conſiderez en particulier, ſçauoir, Sel
Nitre ou Salpetre, Sel Marin, Sel Armoniac,
Vitriol, Alum, Soulphre, Arſenic, Carabé,
Bol, Corail, Emeril, Biſmut, ou Eſtain de
glace, &c.

Nombre des
Metaux.

VIII. Les metaux auec leur Terre & leur
Eau ſont huiƈt, Antimoine, Terre Metallique,
Argent vif, Eau Metallique, Plomb, Eſtain,
Fer, Cuiure, Argent & Or : Deſquels mine-
raux & metaux, les parties externes, n'eſtans
point diuerſes, comme plus dures & obſcures

en eux-mémes:Les internes feules ou principes particuliers nous feruent d'object pour operer.

IX. Quant aux productions ou effets gene-raux des mefmes matieres ou fujets, il y en a treize ; fçauoir , Phlegme , Efprit , Effence , Huyle, Extraict, Sels, pour les Animaux & Ve getaux : Chaux,Fleurs,Sublimés,Cryftaux, Ver-res: Pour les Mineraux & Metaux ; Baulmes & Magifteres , pour tous les quatre, defquels le vray huyle,ou foulphre inflammable, n'eft pro-pre qu'aux Animaux & Vegetaux. Le Verre aux Mineraux & Metaux, & le Magiftere aux feuls Metaux , leurs defcriptions eftans telles. Productions en general de la refolution.

X. *Le Phlegme* eft l'Eau infipide , extraite par le feu, comme les fuiuans. *L'Efprit* eft l'hu-midité aride qu'on nomme Mercure, & les deux incombuftibles. *L'Effence* eft la liqueur foulphreufe , plus fubtile. *L'Extraict* eft le corps moins terreftre. *Le Sel* eft le folide, la bafe & le domicile de l'efprit. *L'Huyle* eft la liqueur foulphreufe,moins attenuée. *La Chaux* eft le corps entierement deffeiché de l'humi-dité qui lioit fes parties, ou bien diuifé en icel-les tres petites par l'vne & l'autre chaleur, tant feiche qu'humide. Defcriptió des mefmes.

XI. *Les Fleurs* font vn corps fec efleué en parties indiuifibles , dites Athomes, fçauoir par le chaud,&reünies derechef en iceluy lege-rement. *Le Sublimé* eft vn corps pareillemét fec, efleué en mefmes Atomes & façon, mais reünis Que ceft quä Verre.

plus fortement. *Les Cryftaux* font vn corps liquefié premieremēt à chaud, & puis reuny à foy
par le froid tranfparant & peu folide. *Le Verre*
eft vn corps auffi tranfparanr & moins folide,
fait tel par vne longue fufion & deftruction de
fon Soulphre obfcur & combuftible. *Le Baume* eft vne liqueur foulphreufe, & quelque peu
plus efpoiffe, que l'Huyle par foy oū par autruy. *Le Magiftere* eft la correction & melioration du mefme folide fans aucune feparation
de fes parties, que bien peu.

XII. Mais comme tout effet fuppofe fa
caufe, toute matiere fa forme, tout accident
fa fubftance, tout objet fa fin, & toute fon a-
ction, comme a efté defia dit. Ce mefme Art
n'a que cinq operations en general, fçauoir,
Digeftion, Diftillation, Sublimation, Calcination & Coagulation. Sous la Digeftion font
comprifes neuf autres, fçauoir Depuration, Infufion, Maceration, Infolation, Diffolution,
Fufion, Fermentation, Putrefaction & Circulation. La Diffolution en contient cinq, qui
font, la Rectification, la Cohobation, Philtration, Inclination & Défaillance. La Sublimation ne comprend que la fimple Eleuation ou
Exaltation feiche & adherante. La Calcination, dit la Dephlegmation, la Decrepitation,
l'Euaporation, Ignition, Incineration, Precipitation, Fumigation, Reuerberation, Stratification, Cementation, & Amalgamation, auf-

quelles on peut adiouster la Vegetation, & la
Reuiuification, qui font le nombre de treize.
La Coagulation en a quatre, Coction, Congelation, Vitrification & Fixation, qu'on peut
deſcrire comme s'enſuit.

XIII. *La Digeſtion* eſt vne preparation premiere faite des corps reſſerrez par vne douce
chaleur, & conuenable pour en faciliter la reſolution. *La Diſtillation* eſt vn decoulement
humide par l'Eleuation vaporeuſe à chaud des
mixtes aqueux ou ſoulphreux. *La Sublimatiõ* eſt
l'Eleuation ſeulement à chaud du corps ſec en
Atomes tres ſubtils. *La Calcination* eſt la ſeparation à fort fait de l'humeur euaporable ou combuſtible, qui lie les parties du mixte. *La Coa-*
gulation eſt l'eſpoiſiſſement vaporeux, & à feu
lent des corps rarefiez par l'humide.

XIV. *La Depuration* eſt la ſimple ſeparation
des ordures eſtrangeres, humide ou non. *L'In-*
fuſion eſt le trampement du mixte ſec, ou trop
dur dans quelque menſtrueuſe liqueur qui le
ramollit ou le diſſoult. *La Maceration* eſt l'attenuation ſimple du mixte dans quelque menſtruë auſſi. *L'Inſolation* eſt l'eſchauffement ſo-
laire des mixtes pour la Digeſtion, Infuſion,
Maceration, & ſemblables. *La diſſolution* eſt
la ſeparation ou deſ-vnion des parties du mixte par corroſion humide, ou non.

XV. *La Fuſion* eſt la liquefaction proprement du ſolide plus ou moins, & à chaud. *La*

Deſcription
des Operatiõs
generales.

Coagulatiõ.

Deſcriptions
des Operatiõs
particulieres.

Maceration.

P iij

Fermentation. *Fermentation* est l'vnion interne & spiritueuse de diuerses substances en vn seul corps
pour plusieurs effets. *La Putrefaction* est la corruption d'vne forme tendant à vne autre par
vne chaleur accidentaire, la naturelle man-
Circulation. quant. *La Circulation* est le recours chaleureux
du mesme menstruë ou liqueur sur quelque
mixte haut & bas alternatiuement, iusques à
son entiere extraction ou exaltation.

XVI. *La Rectification* est la depuration reïterée de l'humeur distillée par vne seconde &
Cohobation. autre chaude distillation. *La Cohobation* est la
Reïnfusion de l'humeur distillée sur son pro-
pre mot ou matiere. *La Phyltration* est la purification de quelque liqueur, par moyen ou intermede sec, & le plus souuent à froid. L'*Inclination* est la separation simple de l'humide
Defaillance. d'auec ses feces ou marc estant rassis. *La Defaillance* est la resolution humide & aërienne
des Sels faite insensiblement & decoulant par
soy-mesme.

XVII. *L'Euaporation* est la separation externe de tout humide superflu en quelque mixte esleué par vne chaleur lente & à descouuert.
Dephlegma- *La Dephlegmation* est la desiccation de l'humi-
tion. dité externe, aussi superflue & non contraire,
faite, ou par euaporation ou par distillation.
La Decrepitation est le desseichement au feu
de l'humidité accidentaire des Sels fixes, &
particulierement du marin, ainsi dicte par la

contraire action des mefmes corps. *L'Igni-*
tion eft la confomption de l'humide par feu
nud & ouuert. *L'Incineration* eft la redu-
&tion en cendres de combuftible par le mefme
feu. *La Precipitation* eft la feparation du corps   Precipita-
folide corrodé d'auec fon diffoluant tendant   tion.
en bas, & par fon contraire qui l'affoiblit. *La*
Fumigation eft la corrofion du metal par fumée
de plomb ou de mercure, ou par vapeur acre.

XVIII. *La Reuerberation* eft vne chaleur à
feu de flame, tournoyant de toute part le vafe,
où eft la matiere qu'il efchauffe fans moyen.
La Stratification eft l'adjancement de diuerfes   Stratifica-
matieres, couche, ou lict fur lict, dont la prin-   tion.
cipale doit eftre calcinée ou purifiée par les
autres, moyennant la chaleur, leurs efprits,
ou leurs vapeurs. *La Cementation* eft vne calcination feiche ou purification du metal par
poudres corrofiues, lict fur lict auffi, & par le
feu proprement. *L'Amalgamation* eft vne cor-   Amalgama-
rofion du metail par le meflange, ou addition   tion.
de l'argent vif auec iceluy. *La Vegetation* eft   Vegetation.
l'extenfion artificiale de quelque mixte, procedant du dedans au dehors par vne menftrue
& chaleur conuenable, pour demonftrer comment le compofé s'augmente naturellement
& par degrez. *La Reuinification* eft le reftablif-   Reuiuifica-
fement du mixte alteré & metallique principa-   iton.
lement, fçauoir en fon premier eftat par intermede & chaleur neceffaire.

XVIII. *La Coction* eft la confomption oũ attenuation chaude des parties fuperflues du mixte trop humide ou crud, ou moins digeré par foy ou par moyen. *La Congelation* eft l'vnion du fec & de l'humide externe par le froid en corps tranfparant & peu folide appellé Vitriol ou Chryftaux. *La Vitrification* eft l'vnion du fec & de l'humide interne par le grand chaud en corps tranfparant & fort fragile. *La Fixation* en fin eft le changement du corps volatil en fixe, c'eft à dire, perfeuerant aux flames. Entre lefquelles operations quant aux Mineraux & Metaux, ces feize-cy font les principales, Depuration, Euaporation, Decrepitation, Fufion, Dephlegmation, Calcination, Diftillation, Sublimation, Fixation, Diffolution, Precipitation, Vegetation, Vitrification, Cementation, Amalgamation & Reuiuification, comme porte noftre Methode au commencement de noftre practique: Et dautant que toutes ces mefmes operations ne peuuent eftre exercées fans l'Inftruction: Des moyens de la Refolution.

CETTE

Congelation.

Vitrification.

Operations principales des Mineraux & Metaux.

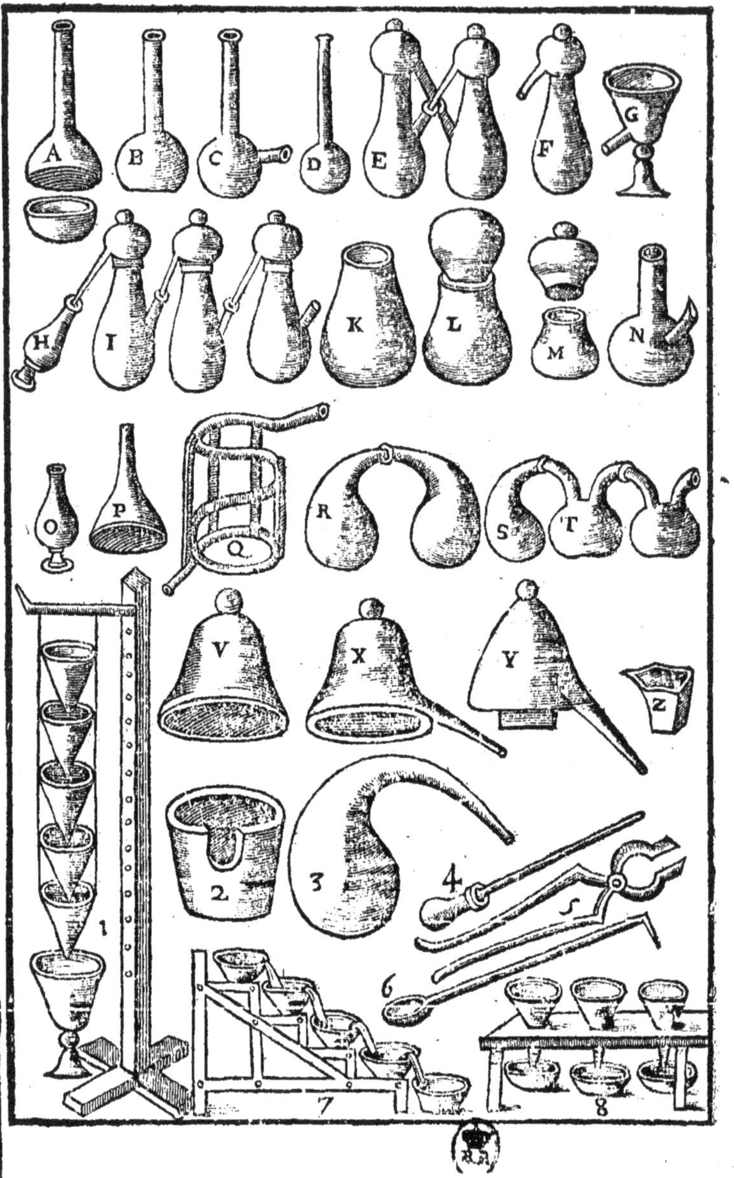

FIGVRE
DES VAISSEAVX.
ARGVMENT.

CETTE *Figure nous fait voir les vaisses principaux qui luy sont appropriez, denotez par Lettres Alphabetiques & Chiffres numeraires, qu'on appelle en cette sorte, Et premierement vn Matras diuisé en son ventre ou capacité s'emboittans reciproquement marqué par la Lettre A. Vn Matras non diuisé & à cul plat B recipiant, ou vase receuant separatoire, c'est à dire, ayant sur le milieu de son ventre vn petit bec creux, tuyau ou tetine, seruant à separer les diuerses liqueurs, C, Fiole à long col, D, Alambics s'entrereceuans pour la circulation E simple Alambic, F, Verre separatoire ayant vn petit tuyau à son bas. G Alambics entrans les vns dans les autres pour diuerses rectifications en mesme temps, I Vase auec son pied pour seruir de recipiant, H Grande Courge, K Courge de rencontre, la superieure s'emboittant dans l'inferieure pour les Digestions, Macerations, & Infusions, L Ventouses auec, & sans boutton, M Cucurbite, ou Courge à long col en forme de recipiant auec son tuyau droict sur le milieu de son ventre pour les reaffusions, comme au vin aigre. N Autre Vase auec son pied aussi pour receuoir les Phyltratiōs,*

Q ij

Precipitations, & autres liqueurs, Q Antonnoir pour les mefmes , P Serpent à tonneau pour le refrigeratoire , quant aux Effences, Q Simples Cornuës s'entrereceuans. R Cornuës à deux goulets ou Cols, les vns entrans dans les autres pour les rectifications huyleufes. S T Cloche à fimple rebord interne pour la fublimation des fleurs du Soulphre, Benzoin, & autres. V Cloche à rebord & bec pour l'efprit de Soulphre. X Alambic ou Chappe commune. Y Creufet en triangle. Z Diuerfes manches, ou chauffe, d'Hypocras mifes enfemble, l'vne diftillant dans l'autre auec fon vafe receuant pour les Phyltrations diuerfes & communes, marquées par le chiffre. 1. Capfule pour mettre les cornuës fans lut touchant le Reuerbere. 2. Cornuë ou retorte fimple. 3. Verge de fer auec fou manche. 4. Tenailles de fer. 5. Cuilliers de fer à fondre & à calciner 6. Diuerfes terrines rangées par degrez l'vne fur l'autre pour les Phyltrations & Purifications par la languette. 7. Petit banc percé en diuers endroicts pour les Rectifications & Phyltrations par l'Antonnoir & papier gris auec fes Efcuelles receuantes au deffous. 8. Et femblables, defquels tous les Autheurs font pleins. Ainfi pour traicter.

DES INSTRVMENS DE LA
Physique Resolutiue.

SECTION IV.

Apres quelques generalitez, nous parlerons en pre-
mier lieu.

DES VAISSEAVX.
CHAPITRE I.

Partant.

I. IL y a trois moyens de la Resolution Physique, sçauoir les Vaisseaux, les Fourneaux & le Feu,
ou la Chaleur. Les deux premiers sont propres,
ou impropres: Les propres sont les vrays, naturels & legitimes, que chaque matiere a suggeré
& l'Art approuué : Les impropres sont ceux
que la necessité presente de l'Artiste a inuenté,
& adiusté à l'imitation des propres & naturels,
suiuant la connoissance qu'il a de la mesme

Difference des instruments de la Resolution.

Q iij

matiere, fans lefquels il n'eft pas poffible, qu'il y eut iamais penſé, ou tres-difficilement, puiſque le moins ne donne point le plus, & que l'imparfait ne peut aucunement produire le parfait , fi ce n'eft par accident & fort rarement.

I I.   Quant au feu,ou la chaleur,inftrument vniuerfel de cette recherche : Ou il agit immediatement,ou par moyen,comme auſſi,ou il eft plus fort,ou moins fort: La premiere difference cóftitue la varieté des Vaiſſeaux & Fourneaux: Et la feconde monftre les diuers degrez de la chaleur , de laquelle cy apres : Et partant toute operation refolutiue des mixtes fe fait,ou par le haut , ou par le bas,ou par le cofté , c'eft à dire, ou par l'Alambic, ou par le Matras, ou par la Cornue, qui font les trois generales & principales differences des Vaiſſeaux.

III.   Par le haut,ou Alambic, le plus fubtil s'eſleue le premier , & puis le refte à proportion de l'humide,du volatil & du fixe: Au contraire par le bas,ou matras : car la matiere efchauffée, & rarefiée,l'humide, ou fon efprit tombe efgalement fur fa fortie, n'y trouuant point fon repos : Et l'vn & l'autre fe pratique par le cofté, ou par la cornue,le fubtil,& l'efpoix circulant eufemble , qui enfin pouſſez par la chaleur s'étendent & fortent par le vuide , qu'ils peuuent rencontrer : Defquelles façons l'Alambic eft la plus douce & naturelle , le propre de la chaleur eftant de rarefier , & porter les corps en haut,

quand elle peut ou autrement , ſelon qu'il ſe
preſente.

I V. Les meſmes operations ſe font par, ou
ſans moyen , auec , ou ſans preparation : Le
moyen eſt ou ſec , ou humide , le ſec garde le
nom d'intermede : Et l'humide tient celuy de
menſtruë : L'intermede empeſche l'eſleuation **Diſtinction**
flatueuſe, & la fuſion de la matiere, deſvniſſant **desmoyens des**
& ouurant ſon corps à la chaleur & aux eſprits. **operations.**
Le menſtrue penetre la meſme matiere, ſe char-
ge, & s'impregne de ſa teinture, ou qualité particuliere, laiſſant l'inutile apres ſoy.

 V. La preparation regarde la meſme reſolution des parties du mixte , & ſe fait ou par le
fer , ou par le feu , ou par l'humide. La pre- **Preparatió di-**
miere façon ſepare les parties externes & ſen- **uerſe des mix-**
ſibles ſous le mot Grec d'Anathomie ou Diſ- **tes.**
ſection principalement quant à l'homme : Les
deux derniers deſcouurent les plus internes, ou
moins perceptibles , c'eſt à dire les principes &
elemens du mixte , ſous le nom de Phyſique
Reſolutiue : La premiere tend aux deux , & les
trois enſemble à l'entiere connoiſſance du méme mixte , & de là à leur Autheur.

 V I. Or la qualité des Vaiſſeaux en general
ſuit celle de la matiere, ainſi les vns ſont fragiles,
comme de verre, de terre, &c. Et les autres plus
ſolides, comme d'airain, de cuyure, d'eſtain, &c. **Nature du**
Et iceux preſque tous compris au nombre que **plomb.**
deſſus: La nature deſquels , leurs circonſtances,

& ſemblables eſt premierement, qu'ils ne doiuent point eſtre de plomb, tant qu'il ſe peut:
Car ils impriment par leur ceruſe vne qualité
maligne aux liqueurs les rendans vomitiues.

*Effect de l'E-
ſtameure & de
l'Eſtain.*

VII. Pareillemét il n'eſt point beſoin d'étamer
Cuyure par dedans, parce que l'Eſtain attire
aucunement à ſoy les Eaux & les Huyles, les
arreſte & les conſume dauantage que ne fait le
Cuyure, & par cette raiſon auſſi, l'Eſtain n'eſt
point bien propre pour en faire des Vaiſſeaux.

*Longueur du
bec des Alam-
bics.*

De meſme le bec de l'Alambic ne doit point
eſtre plus long que dix à quinze poulces, s'il
ſe peut auant que de toucher l'Eau de ſon refrigerant, autrement tant les Eaux que les
Huyles ſe peuuent conſumer & deſſeicher.

*Col des Cor-
nuës.*

VIII. Pource qui eſt du Reuerbere touchant les Eſprits Acides, ſi le bec des Cornuës
n'eſt aſſez court, ils ſe renferment au dedans,

*Hauteur des
Cucurbites.*

au contraire, les Courges, Pots ou Cucurbites, doiuent eſtre le plus ſouuent fort longues
particulierement, quand on deſire vne liqueur
tres pure, & que les Eſprits plus ſubtils montent ſeulement. Les Matras & vaſes receuans,

*Grandeur des
recipians.*

doiuent eſtre grands & amples, principalement en la diſtillation des Acides, Eſprits forts
& autres: parce qu'autrement ils ſe caſſeroient,
ou ſe reconcentreroient, & partant

*De combien
ſe doiuent ré-
plir les vaiſ-
ſeaux.*

IX. En quelque diſtillation que ce ſoit,
quant à la quantité de la matiere, il ne faut
point trop remplir les vaiſſeaux pour donner
                                          lieu

lieu à l'esleuation des Esprits vaporeux. A cette cause pour le plus seur & le mieux, les mesmes Cucurbites ou Courges, doiuent auoir de trois parties, deux vuides; Les Cornuës enuiron la moitié ou vn poulce franc sous le panchant. Le refrigeratoire en conque vne quatriesme sans conter le tuyau, & le Serpentin comme les Courges.

X. De plus les choses flatueuses, comme le Miel, Cire, Resine, &c. ou celles qui se rarefient facilement, doiuent estre mises en plus grands vaisseaux, ou en moindre quantité, y adioustant quelqu'Intermede, comme le Sel commun decrepité ou desseiché, Sable net, Bol, Ocre, Filasse, Coutton, & autres, tant pour reprimer leur flatuosité, que pour les separer & des-vnir, afin que la chaleur penetrât mieux, comme nous auons dit ailleurs, l'esleuation spiritueuse se fasse plus aisément.

Addition d'Intermede, & pourquoy.

XI. Que si les verres mis au feu, viennent à se casser ou feler, vous empescherez que les Esprits ne se dissipent, en y appliquant par dessus des linges trampez dans vn blanc-dœuf agité, & vn petit chauffé auparauant (de peur qu'ils ne se rompent entierement.) C'est pourquoy il faut bien prendre garde de ne les exposer trop hastiuement au feu estans froids: Et au froid estans chauds pour la mesme raison, c'est à dire, par le droict de contrarieté: Mais s'il est besoin de les couper estans trop longs,

Remede aux verres felez, & leur precautiõ.

R

ayans marqué premierement l'endroict auec
vne pierre d'Efmeril, ou vn Diamant, qui eſt
meilleur, faut l'efchauffer peu à peu auec vn
fer ardant, ou auec vne mefche allumée, vn
fillet enfoulphré, ſçauoir ſur la flamme d'vne
chandelle, & femblables, puis toucher le méme
endroict s'il eſt bien chaud auec vn fil moüillé d'Eau froide, ou bien les roigner auec vne
clef en forme d'Efgrugeoir, & femblables.

XII. Dauantage, ſi l'Operation requiert
de fermer le vafe auec le verre mefne, appellé
 Seau d'Hermes, ou Hermetique, il faut l'approcher tout doucement du feu, & peu à peu,
le mettre dans les charbons ardans, où eſtant
reduit comme en paſte par la violance du feu,
il le faut foudainement ioindre, & tordre auec
des pincettes à ce preparées & efchauffées
pour le fujet que deffus, ou autrement, comme on iugera plus à propos : Et principalement ſi le vaiſſeau contient quelque matiere,
qui oblige à le figiller tout droict, il faudra
l'affeoir ſur vn valet ou rouleau expres, & faire
paffer le col dans quelque terrine percée à ſon
fonds, ou pareil inſtrument, & puis appliquer
le feu proche l'endroict qu'on le voudra fermer,
premierement de rouë, c'eſt à dire tout le tour
d'iceluy vafe fans le toucher, puis d'approche,
& fur la fin de fonte, faifant comme dit eſt.

 XIII. Pour la fublimation, on ſe fert de
l'Aludel, qui eſt vn vafe long & creux, ou-

uert en ses deux bouts ou extremitez comme
vn tuyau, auec l'assemblage de plusieurs pots
percez au fonds, & adiustez les vns sur les autres, ou aux costez dudit Aludel pour le meilleur, & le tout bien lutté aux ouuertures.
La fusion demande des bons Creusets trian-
gulaires ou ronds, ou pots qui souffrent le feu,
Poislons, Cueïllieres de fer, & pareilles vtensi-
les. Enfin pour calciner, exhaler, bouïllir, &
semblables operations, faut des Terrines, Escuelles, Plats de terre & autres, que l'vsage a-
uec la necessité font assez voir, sans oublier
l'industrie de l'Artiste, qui est vne des pieces
fondamentales de tout l'Oeuure. Mais comme
la matiere regarde les Vaisseaux, & les deux
les Fourneaux; les quatre Figures suiuantes representent vne partie de ceux que nous auons
inuenté, & fait de nostre propre main au commencement de nos demonstrations iusques
icy, & suiuant nostre methode, desquels

R ij

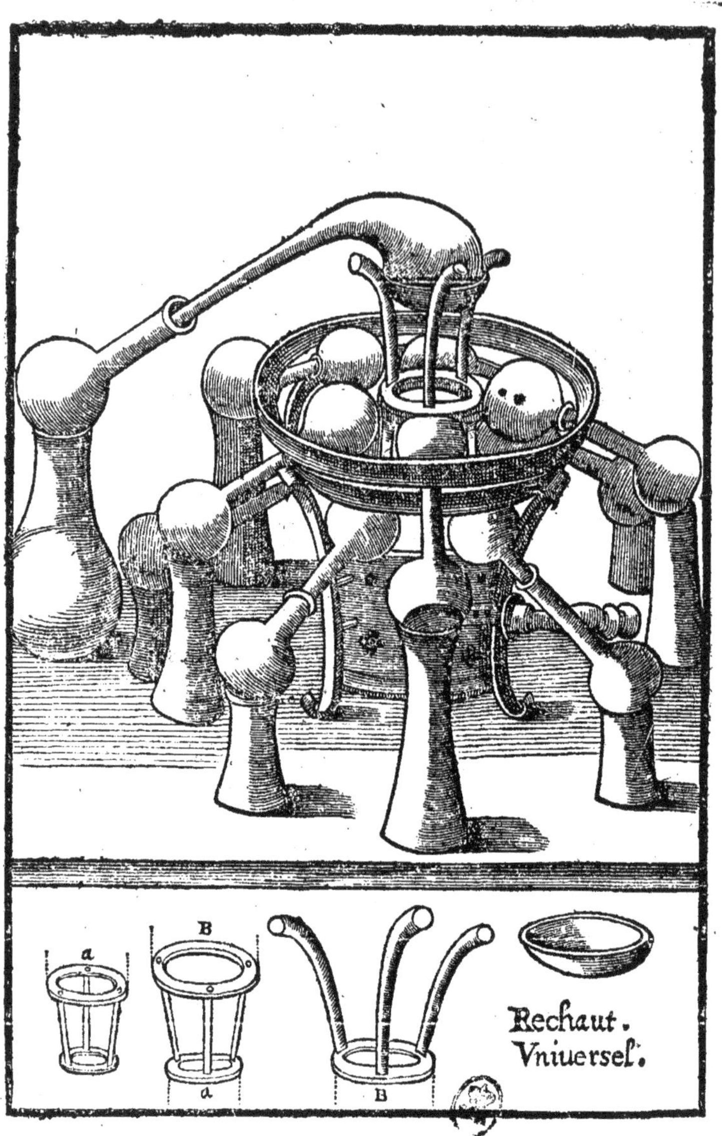

a
B
a
B
Rechaut.
Vniuersel.

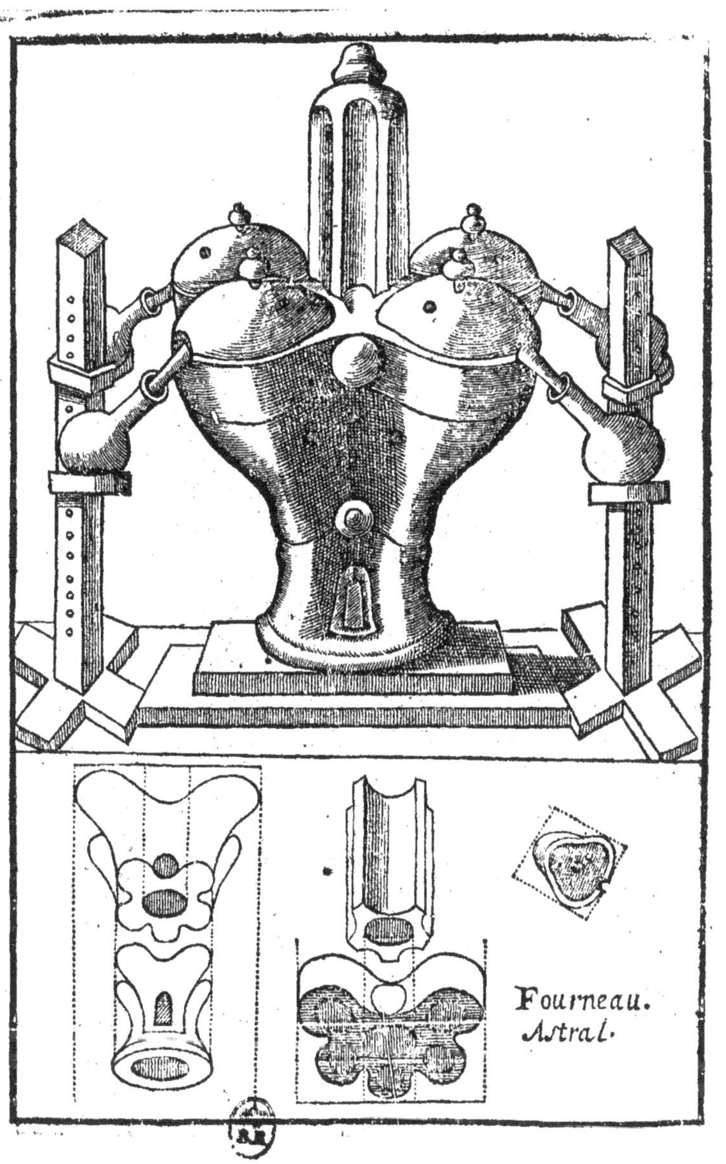

Fourneau.
Astral.

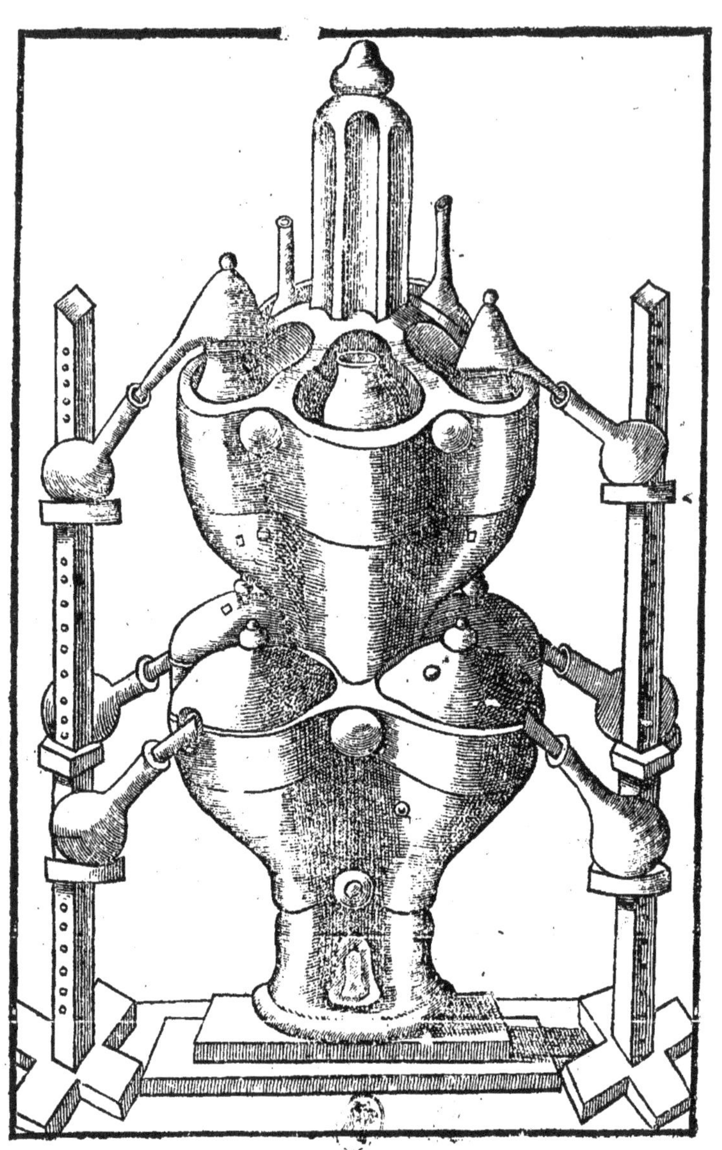

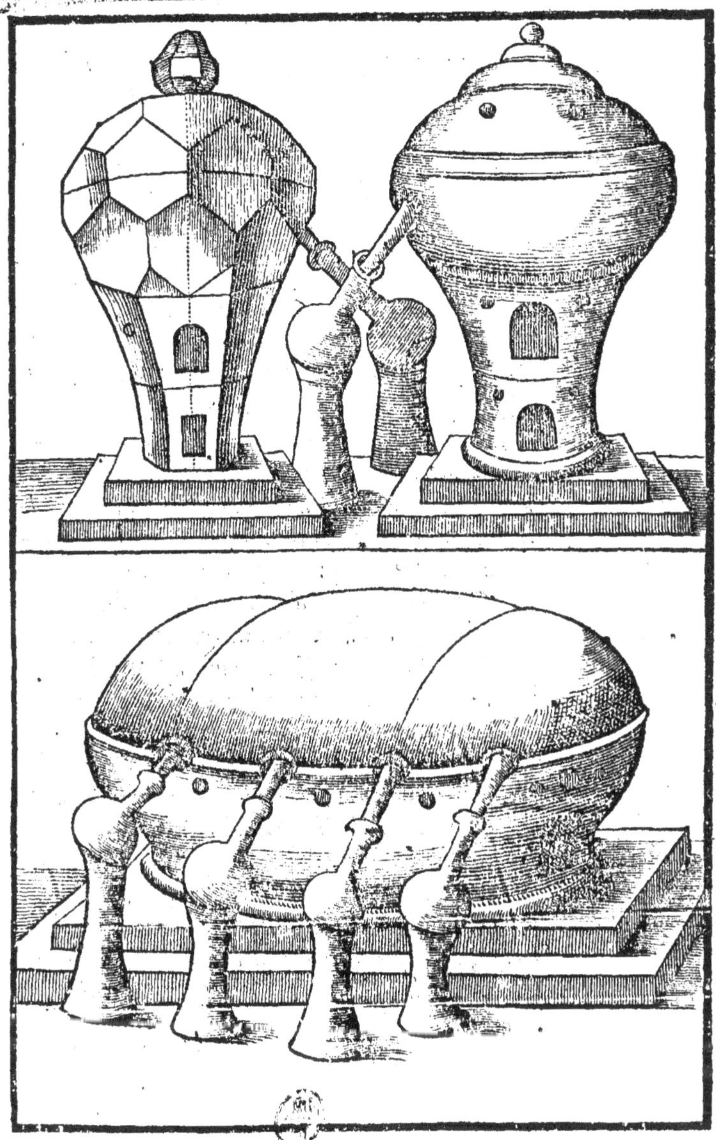

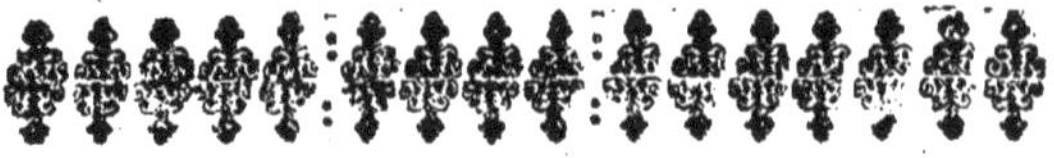

FOVRNEAVX
DIVERS.

ARGVMENT.

LA premiere Figure eſt vn Rechaut vulgaire de fer ou de Cuiure, ſur lequel
moyennant deux ou trois Cercles, deux
Trepieds fermez, & vn ouuert auec vne
petite Eſcuelle de meſme matiere, appliquez ou adiuſtez les vns ſur les autres, ſuiuant leur repré-
ſentation & lettres: On peut faire ſur vne table
deux ou trois rangées d'operations auec des petites
fioles communes, les vnes entrans dans les autres,
comme vaſes donnans & receuans en forme de Cornuës. Et au plus haut d'iceluy vne diſtillation par
Alambic, Sublimation, Euaporation, & ſemblables en nombre de dix-huict, ou vingt, l'vne n'empeſchant aucunement l'autre. Ainſi les Trepieds
mis au milieu dudit Rechaut les vns ſur les autres,
font comme vne ſorte de tour, ou Athanor pour adminiſtrer le feu, ſeruans d'appuy auſdites fiolles, &
les cercles ioints enſemble à la diſtance d'vn bon
poulce, & appoſez ſur les pieds du meſme Rechaut,
conſtituent la capacité du tout, pour contenir pa-
reille-

reillement le charbon, & empefcher que les fiolles
ne tombent, auec liberté toufiours de pouuoir regir
& difpofer le feu de toutes parts, & à leur entre-
deux, ce qui eft admirable, à caufe de quoy nous l'a-
uons appellé petit volume, ou ordinaire pour la commodité d'vn chacun, & Rechaut vniuerfel, parce
qu'on y peut practiquer tout ce qu'on fçauroit faire
au grand volume, Vaiffeaux & Fourneaux ordinaires.

La feconde & troifiefme figure font voir en
deux parties noftre Fourneau, dit Aftral, ou Lam-
padaire, trauaillant premierement à vn eftage, &
puis à deux, chacun defquels compofé de quatre parties mobiles contient cinq Laboratoires, & vne
tour au milieu diuifée en deux parties, l'vn n'empefchant point l'autre, le tout auec leurs domes &
le bouchon du haut faifant douze parties, qu'on
peut appeller vray Athanor, pour la durée de fon
feu. Le premier Eftage comprend le Cendrier commun auec fa porte, le fouyer (bafe de la tour) ayant
vne petite ouuerture pour allumer le charbon, cinq
Reuerberes, ou particuliers Laboratoires, & la tour
fermée de fon bouchon ; Les Regiftres font compris
dans la partie qui fait le fouyer, & iceux de deux
façons, dont les premiers en nombre de cinq appartiennent à la tour feulement, pour le regime & la
vie du feu, & les derniers font appropriez à chaque laboratoire, & en mefme nombre, fçauoir deux
inferieurs qui attirent la chaleur, moyennant la communication du feu qui fe trouue dans le fouyer mef-

me , & trois superieurs qui sont au dosme pourles
degrez de la chaleur : Le dernier & plus haut se
seruant au feu de chasse ; Estant permis suiuant le
nombre des operations qu'on voudra faire, de fermer & ouurir les mesmes communications , desquelles parties la distinction est marquée par vne ligne
noire, facile à discerner , & leur dedans est manifesté par la representation du dessous d'vne chacune
d'icelles mise à part , & au bas de la Figure. La capacité des Laboratoires commence dans la partie du
fouyer ayant deux petits rebords ou degrez , l'vn
pour appuyer les Barreaux de fer à soustenir la Cornuë, & l'autre pour porter le dome. Le premier est
dans le corps dudit fouyer , & le dernier dans celuy
de la partie du dessus.

Le second estage contient autant de parties, excepté le Cendrier, & autant de laboratoires pour
des Alambics, Sublimations, Calcinations, & semblables, auec les mesmes circonstances, sinon qu'il n'y
a po int de rebord superieur, n'y ayant point de domes , & se repose sur le premier, les deux ne constituans qu'vn Fourneau trauaillant, comme porte la
Figure , n'estant representé en icelle qu'vne piece
de la tour pour ne l'estandre, ou appetisser dauantage les proportions & parties superieures internes ,
de laquelle smarquées par chiffres , se verront au
chapitre cy-apres.

La quatrieme Figure comprend trois Fourneaux
composez de leur Cendrier , fouyer, & lieu d'Ope-
peration, Registres, Griller, Barreaux de fer ; &

autres, defquelles les fuperieurs fent deux Reuerberes, l'vn à gauche pour le feul entier, & l'autre
à droiét pour l'entier, & pour le demy, en oftant
la dernicre piece & le bouchon pour la fortie de la
Courge, & l'application de fa Chappe ou Alambic,
leurs pieces diuerfes eftans diftinguées par les lignes
noires qui les feparent, & lefquelles encore peuuent feruir à toutes fortes d'operations, moyennant
l'entre-deux, ou platine ordinaire, auquel fujet ils
font appellez Catholiques ou Vniuerfels. Le troifiefme inferieur eft fait en Ouuale, composé femblablement de fon Cendrier, fouyer, & lieu d'operation auec fon Dome ou Couuercle en trois pieces,
comme les Figures noires tefmoignent, ayant fes
portes de cofté & d'autre auec fes Regiftres, faifant vn Reuerbere entier à quatre Cornuës par
rang eftant fermé, & vn Cendrier ou Sable auec fa
platine eftant ouuert, pour laquelle raifon, & fuiuant fa forme auffi, nous l'auons nommé la Cuuette vniuerfelle, feruant pareillement à toutes fortes d'operations; ce qu'eftant expliqué pour aller à
ce fecond moyen de la Refolution: Nous traicterons plus particulierement

DE LA DIVERSITE' DES FOVRNEAVX.

CHAPITRE II.

Et dirons que

I. TOVCHANT la Fabrique des Fourneaux, il faut premierement auoir de bonne terre graſſe, dite Argille, ce qui fera beſoin, la mettre en petites pieces ou morceaux plats & deliez, puis la deſtramper dans vne cuuette de bois, ou autre vaſe, auec eau douce ou ſalée, qui eſt le grand & general diſſoluant, dit Menſtruë, la paiſtrir auec ſon double de ſable à Potier de terre, ou à Fondeur de metal, poudre de verre, de bricque, pots de grez, pouſſiere de macheſer, qui font le ſolide : tondeures de draps, ventre, ou fiante de cheual, ſuye de cheminée, qui ſont les liens du tout, de peur qu'en ſe ſeichant, le lut ou mortier ne ſe creuaſſe, comme il arriue bien ſouuent, en façon qu'il ſoit bien & eſgalement incorporé, & de conſiſtance vn peu molle pour l'employer particulierement aux lutations des Cornues, Matrats, & autres vaſes à diſtiler, comme s'enſuit.

Materiaux du Lut Phyſique.

I I. Faites d'iceluy lut, ou mortier des platines de l'espoisseur d'vn trauers de doigt, plus
ou moins : En apres, appliquez-les tout le tour
du Vase, ou comme il conuiendra, commençans par l'endroit qui se chauffe le plus, c'est à
dire, le fonds, ou le ventre du mesme, sur lequel
il est assis dans le Fourneau, & ainsi continuant,
l'applatissans legerement auec les mains &
bouts des doigts pour mieux les vnir, & faire
esuanoüir les ioinctures.

Maniere de lu-
ter les Cor-
nues & autres
vases de verre.

III. Auquel cas il faut bié subtiliser les bords
de chaque platine, auparauant que d'y en adiouster d'autres, reseruás à ces fins aussi la partie
superieure vers le col de la Cornue vuide, pour
voir au dedans à trauers le verre, si le Lut, ou
platines d'iceluy seront bien vnies entr'elles
auec le vase : Et couurant enfin ledit espace, le
col & extremité requise, vnissez le Lut exterieurement, le ramenant du col au fonds du vase,
appuyé droit sur quelque table, l'adioustans,
ou diminuans, s'il deffaut, ou surabonde, comme on verra en le fondant auec vne espingle,
& semblable par tout le tour d'iceluy Vaisseau
s'il est esgal: Enfin le dehors bien poli, ou vni,
& frotté auec du crottin du mesme ventre, ou
fiante de cheual, laissez-le seicher peu à peu,
s'il se peut, & à mesure qu'il s'escartera (si tant
est) vnissez-le auec les mains, en le pressant, ou
applatissant doucement : ou bien enseuelissez-
le dans les cendres seiches, afin d'en faire éboire

Partie qu'il
faut reseruer
vuide en lutant
les Cornues.

Moyens de les
seicher.

le plus de l'humidité, continuans cóme deſſus.

IV. Pour ce qui regarde la conſtruction des Fourneaux à diſtiller: Où ils ſont faits dudit Lut, & de la brique, ou bien du Lut ſeulement: Pour les premiers, le Lut doit eſtre mollet, cóme le mortier ordinaire à baſtir : Et pour les derniers, il ſera le plus dur qu'on pourra : En cette ſorte quant aux premiers, vous prendrez le lut mollet, & bien preparé, briques, lamines, ou verges de fer, pour former les barreaux, ou grilles, platines, terrines bien cuittes, ou autres, ſelon la proportion requiſe, & l'eſpace du Fourneau, ou la volonté de l'Artiſte, compaſſans le tout, autant qu'il faudra, & moüillans vn peu les briques, auparauant que de les employer, afin que ledit Lut s'attache mieux.

V. Ainſi vous ferez vn ſimple Fourneau de noſtre inuention, comme les ſuiuans, commun à vn eſtage de peu de deſpence & longue durée en ſon action ou chaleur, auec vne grille, à feu ouuert, on non, & le baſtirez exterieuremét comme le lieu & le ſuiet le requerra, mais interieurement touſiours rond, pour la meilleure circulation de la flamme, laiſſans ſur le deuant, & au bas du meſme Fourneau vne mediocre ouuerture, pour ſeruir de porte à l'adminiſtration du feu ; Enſemble quatre trous appellez regiſtres, degrez, ou ſouſpiraux aux quatre coins ſuperieurs, & en quarré de la capacité d'vn doigt, ſçauoir entre la grille, terrine, ou

platine, & les paroirs du Fourneau, commençans assez haut , sur & dans le fouyer, afin
qu'ils ne se bouchent par la quantité des charbons.

V I. Et ce pour regir semblablement le feu, *Façon de mo-*
ou la chaleur, & l'entretenir selon l'art, l'au- *derer le feu.*
gmentans ou diminuans, en les fermant auec
bouchons du mesme Lut, ou les ouurant : le
tout bien enduit & vni premierement dedans,
& puis dehors,comme il est requis:Estant à no- *Remarques*
ter qu'il est meilleur de ne point engager , ny *pour les Gril-*
les grilles,ny les barreaux, afin de pouuoir plus *les & Barreaux*
aisement reparer le Fourneau,quand il sera be- *de Fer.*
soin,ausquelles fins il faudra laisser interieurement vn petit degré ou bord au mesme endroit pour leur seruir d'appuy.

V I I. Et si vous ne voulez pas que le feu
touche la terre, ou le plancher pour quelque
suiet, ou pour auoir plus d'air , vous ferez le *Le Cendrier*
premier estage,qui sera le Cendrier, ou le lieu *est le premier*
qui reçoit la cendre , appliquans les barreaux, *Estage.*
ou grilles à contenir les charbons sur ledit rebord,ou degré interne du Fourneau laissé pour
ce dessein. En apres faites le fouyer sur iceluy, *Le fouyer est*
puis le Laboratoire,ou lieu de l'operation, qui *le second Esta-*
fera le troisiesme estage, ou espace,sçauoir, ou *ge, & le Labo-*
par vne terrine , ou par des barreaux de fer ap- *ratoire , & le*
puyez sur leur degré, constituans les portes du *troisiesme.*
cendrier & fouyer opposement,ou à costé,pour
n'affoiblir les estages diuers , auec reserue aussi

d'vne petite ouuerture fur le bord du Laboratoire, pour le paffage du col de la retorte, ou cornue fortant fur le recipiant, ou à cofté de la porte du fouyer le plus commode.

Et s'il eft neceffaire de couurir le Laboratoire, ou lieu de l'operation, vous le ferez, ou par vn couuercle de terre fait exprez, qu'on appelle Dome, ayant les mefmes trous ou regiftres (fi vous voulez) & vn cinquiefme à fon fonds, qui feruira de regiftre, ou bien auec du fimple lut, ou de la cendre moüillée pour cette fois feulement.

VIII. Quant aux derniers qui ne font que de lut, on peut auffi faire le mefme Fourneau en plufieurs pieces diuerfes & mobiles, pour feruir feparement à tout rencontre & operations, adiouftans ou diminuans quelque partie ou piece, comme rouleaux du mefme lut, colets diuifez ou non, & femblables, felon que l'Artifte connoift, & que l'vfage demande, à caufe dequoy il s'appelle Catholique, ou vniuerfel, comme le noftre, duquel nous nous feruós, pour faire voir toutes fortes de Fourneaux, toutes fortes de Vaiffeaux, toutes fortes d'Operations, & toutes fortes de Chaleur, ou degré de feu, & lequel nous auons appellé Cofmique, parce qu'il reprefente tout ce qui eft contenu dans ce monde, par fes parties, & autres circonftances, defquels cy-apres.

IX. Mais il faut garder foigneufement
les

les dimenfions & formes nèceffaires, tant pour
tout le Fourneau en general, que pour les pieces particulieres, & principalemét pour les grilles, barreaux & regiftres qu'il faut faire bien à
propos, les mefurans, ou par vne croix prife fur
la largeur des bords de chaque piece , ou auec
vne fiffelle fur le tour d'icelle pliée en quatre,
fans oublier de mettre des entre-deux fecs à
chaque piece du mefme Fourneau quand on
les fait mobiles , afin qu'elles n'adherent enfemble (fi mieux vous n'aymez les faire à part)
& puis les adiufter en dеuë forme , obferuant
toufiours de les percer pendant qu'il eft encor
mol, & de coupper les portes & ouuerture du
col de la Cornuë lors qu'il fera prefque fec.

Conditions requifes pour la Fabrique desFourneaux

X. Pour le Fourneau qui fert au refrigeratoire, le cendrier & le foyer eftans faits , vous
appliquerez au lieu du laboratoire la courge,
ou le vaiffeau qui contient la matiere à diftiller
proportionnement à fon efpace auec fes degrez
ou regiftres , & vn petit colet ou cercle mobile
de mefme lut, ioignant ladite courge, afin que
la flamme ne forte , que par les regiftres ou par
fa cheminée , appliquans à icelle courge fon A-
lambic & refrigeratoire, comme nous auons dit
ailleurs. Le Bain Marin s'adiufte en cette forte,
le mefme Fourneau feruant, affermiffez le vafe contenant la matiere, s'il eft de verre , auec
foin, paille & femblables , fi la mefme Courge,
ou matrice (comme parlent les Chauderon-

Maniere du Fourneau pour le refrigeratoi-
re.

Application du Bain Ma-
rin la Courge
eftât de verre.

T

niers) n'eſt diuiſée, auquel cas, il ſuffit appliquer la partie ſuperieure renuerſée dans l'inferieure, & ſur icelle le vaiſſeau, qui contient la matiere auec vn linge au deſſous & entre deux ſeulement: Enſemble ſon couuercle percé au milieu en forme de Colet, pour donner paſſage au col du meſme vaſe, & le tout bien attaché & arreſté auec reſerue d'vn trou au coſté d'iceluy pour y refondre de l'eau, s'il eſt beſoin, & de meſme chaleur que celle de la Courge, de peur que le verre ne ſe caſſe.

Courge de cuiure pour le Bain marin.

XI. Que ſi la cucurbité eſt de cuiure, elle doit auoir ſon colet qui ſe ioinct, & s'arreſte auec çeluy du Chauderon, ce qui ſuffit; Et ayant appliqué en dernier lieu ſa chappe de verre, qu'il faut tenir fraiche auec drapeaux moüillez s'elle n'eſt double, c'eſt à dire, contenant auec ſoy ſon refrigeratoire, vous approprierez ſon vaſe receuant de moyenne grandeur. Eſtant à remarquer que le meſme Chauderó ou Courge de cuiure peut ſeruir de Bain vaporeux ou de bain ſec, n'y mettant que peu, ou point de liqueur, & y poſant la matiere au dedans ſur vn Trepied de bois fait expres, le meſme eſtant de pluſieurs vaiſſeaux.

Bain Vaporeux.
† *Bain ſec, & leurs trepieds.*

Cendrier, ſable, &c.

XII. Pour ce qui eſt du Fourneau, qu'on nóme Cendrier, ſable & autres, la forme en eſt facile, appliquans ſur le fouyer vne plaque ou platine de fer, & gardans les meſmes circonſtá-

ces que deſſus , ſur laquelle vous mettrez vo-
ſtre cendre bien ſacée , ſable deſlié , limaille
de fer, & autres. Et ſi vous voulez y adiouſter
vne, ou pluſieurs tours, ſçauoir aux extremitez,
ou au milieu , pour y bruſler du charbon , &
faire ce qu'on appelle vulgairement, Athanor, Athanor que
c'eſt à dire , immortel, ou durant touſiours en c'eſt
ſon feu, & meſme degré de chaleur, vous pourrez le faire aiſément , prenant garde , que le
deſſus d'icelle tour ſoit exactement bouché,
de peur que tout le charbon ne s'enflamme.

XIII. De plus s'il eſt beſoin de diſtiller Fourneau de
par deſcente (outre qu'on le peut faire par les deſcente, & ſa
meſmes Fourneaux que deſſus) vous applique- maniere.
rez ſans autre grand artifice , ſur vne chaire à
quatre pieds renuerſée, d'hauteur & largeur
conuenable, ou entre deux bancs, ſuiuant l'occaſion qui ſe preſentera , ou ſur vn haut Trepied de fer fait expres , ſçauoir vne terrine percée au fonds pour y paſſer le col du vaſe ou matras, qui contient la matiere, iceluy renuerſé:
Quoy fait, vous adminiſtrerez peu à peu en forme de rouë, c'eſt à dire , vn peu loin du vaſe le
charbon allumé continuát de l'approcher, pour
laquelle cauſe le feu eſt appellé d'Approche,& Adminiſtra-
l'augmenter iuſques à ce qu'il ne diſtille plus, tion du feu en
ſi mieux vous n'aymez , ayant tout couuert le la deſcente.
vaſe de charbons noirs, l'allumer tout doucement par le haut, qu'on nomme Feu de Sup-
preſſion. Et ainſi continuans , appliquez ſon

recipiant, qui ſe puiſſe mettre & oſter facilement : Sur quoy i'aduertis , que la diſtillation
faite par la Cornuë , eſt plus facile & de moindre deſpence.

Remarque pour la meſme.

XIV. Quant aux Eſprits Acides, Eaux fortes , & ſemblables : Il faut que ce ſoit vn Reuerbere entier, c'eſt à dire, où ſa flamme va circulant , le feu ſur terre ou non , de deux , ou
pluſieurs eſtages, & pour pluſieurs cornuës lutées, les adiuſtans ſelon l'art , & les couurans
non d'vn dome , ſi vous voulez : mais premierement de pluſieurs pieces de briques , ou pots
de terre caſſez , & par deſſus, ou de ſimple lur ,
ou de la cendre moüillée facile à oſter, comme
nous auons dit , & ce pour mieux contenir &
conſeruer la chaleur , ſans oublier les regiſtres ,
ou degrez , & ſa cheminée propre, ou particuliere comme à tout autre fourneau lors qu'on
veut bruſler du bois, & de là ſous vne cheminée
commune pour le paſſage de la fumée.

Fourneau de Reuerbere, & ſes circonſtan-ces.

XV. En vn mot , autant d'Artiſtes , autant
de Fourneaux, entre leſquels ſont contez pour
principaux. *Le Reuerbere entier,* c'eſt à dire, dans
lequel tout le vaiſſeau qui contient la matiere
eſt enclos. *Le demy Reuerbere,* qui n'enferme
en ſoy que la moitié dudit vaſe. Le Fourneau
en forme de cul de Lampe , d'vn , ou de pluſieurs eſtages, & laboratoires, mobile ou non,
que i'ay nommé *Aſtral,* à cauſe des diuers feux
ou flammes qui ſortent par les regiſtres, repre-

Nombre des principaux fourneaux.

ſentans tout autant d'Aſtres brillans quand il
trauaille, ainſi qu'on void par les figures le fourneau pour *le Refrigeratoire*, le *Bain Vaporeux*,
Bain Marin, & *Bain ſec.* Le fourneau de *Cen-*
dres, *Sable*, & *Limaille*, ou *Eſcaille* de fer. Le
fourneau à *Vent*, c'eſt à dire, ouuert de toute
part en ſon fouyer, & *Cendrier.* Le Fourneau
en *Ouale*, ou longue *Cuuette*, qui les peut toutes contenir, moyennant vne platine de fer ou
de fonte, & vn Dome à diuerſes pieces, comme porte ſa figure cy deſſus auſſi. Le fourneau
à *Tour*, ou Athanor vulgaire. Le Fourneau de
Lampe à deux pieces ſeulement, & ſon couuercle. Le *Sublimatoire* clos ou non : Le *Calci-*
natoire, & celuy de *Deſcente*, leſquels nous a-
uons compris comme vn Chef-d'œuure, & huictieſme merueille du monde par vn ſeul nommé Coſmique, pour les raiſons que deſſus, &
duquel ſans autre Argument nous deſduirons
par le menu, ſes parties, leurs appropriations,
ſa meſure ou maniere pour le conſtruire, & celle encore de noſtre Aſtral, dont pour l'intelligence.

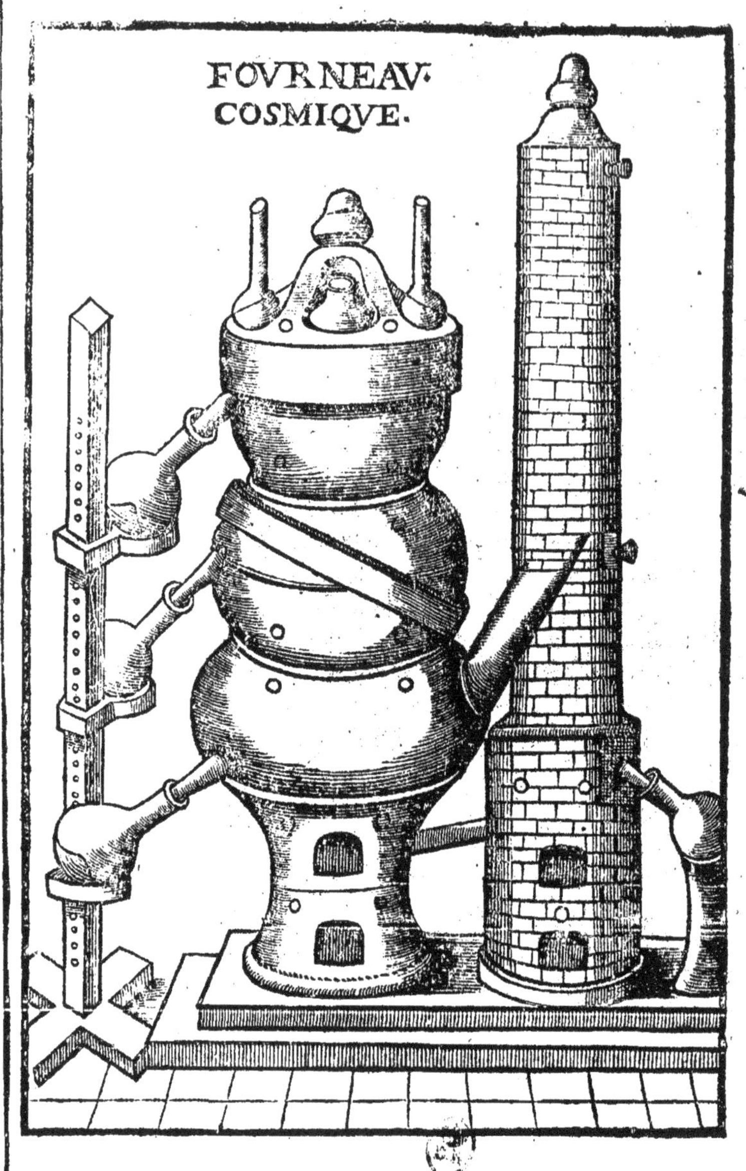

FOVRNEAV.
COSMIQVE.

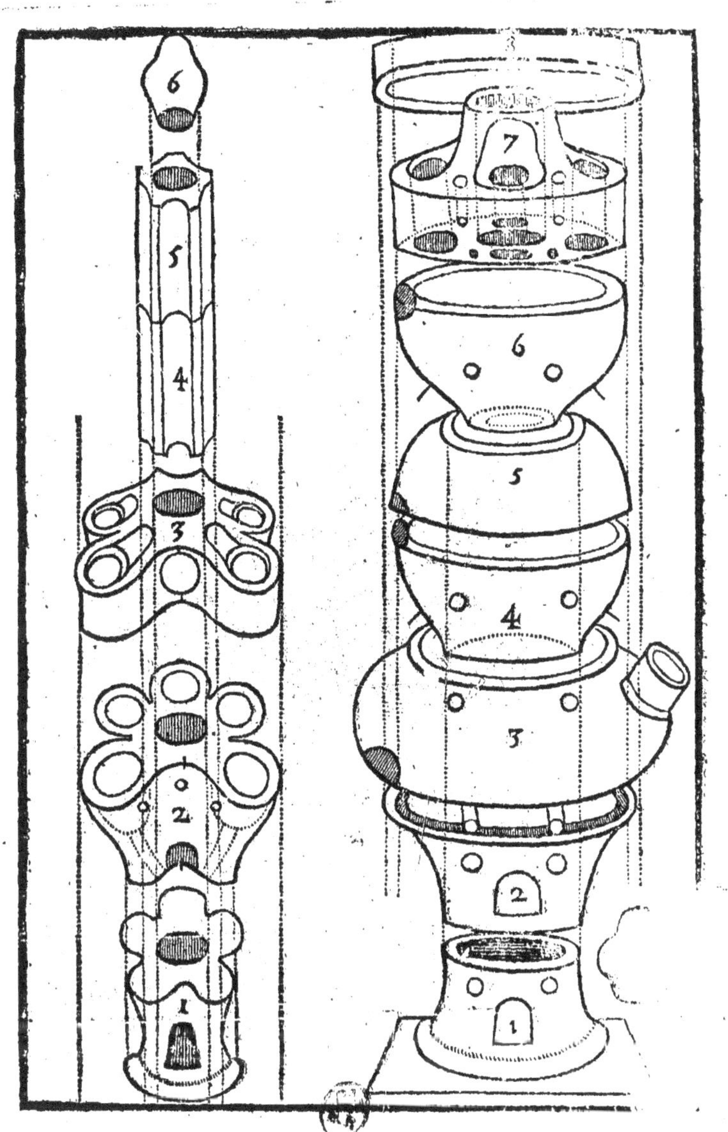

DV DENOMBREMENT ET
Adaptation des parties de noſtre
Fourneau Coſmique.

CHAPITRE III.

Parties du
fourneau Coſ-
mique.

I.

E Fourneau, ou pre-
miere Figure eſt com-
poſée de huict pieces,
ſçauoir , Cendrier,
fouyer, premier, La-
boratoire , deux He-
miſpheres percez à
iour, qui font le ſe-
cond, deux domes à iour auſſi, l'vn plus percé,
& l'autre moins , qui forment le dernier, & vn
grand cercle proportionné à l'exterieur du ſecond Laboratoire, formant la Sphere, appellé
Zodiaque pour ce ſujet , & ſeruant de colet ou
rebord, tant ſur vne portion, que ſur le tout,
leſquelles huict pieces ioinctes enſemble auec
leur grille , platine & barreaux de fer, ne faiſant qu'vn fourneau, eſtans appliquez ſeparément , forment toutes ſortes de fourneaux
ima-

imaginables pour quelques operations, que ce
foit, mais en petit nombre, & moins grand volume.

I I. Eſtant loiſible d'adiouſter à coſté de
tout le meſme fourneau, comme nous auons
fait, vne tour conforme pour contenir le charbon, le lacher par vn Canal entrant ſur le haut
dans le premier Laboratoire , & deſcendant
droict ſur le milieu du fouyer cõmun, auec vne
petite ouuerture vis à vis, pour deſgager & faire
deſcendre les charbõ auec vne verge de fer faite expres, & ce pour faire l'Athanor vulgaire,
mieux on n'ayme le conſtruire à part, ce qui
eſt plus à propos, comme de tous autres, quant
à la pluralité des operations : En la baſe de laquelle tour on peut faire vn Reuerbere ſimple
à la façon ordinaire, duquel le Laboratoire aura vne grande ouuerture auec ſa porte, pour
faire entrer le vaiſſeau, & du coſté le plus commode, puis que le deſſus eſt fermé auec vne
communication de la chaleur, par l'vn & l'autre fouyer, comme auſſi auec les trois Reuerberes enſemble, qui repreſentent la diſtillation par le coſté. On peut encore appliquer
au dernier Laboratoire ſon cercle proportionné, & faire vn cendrier ſublimatoire, & autres
pour l'eſleuation des vapeurs , tant humides
que ſeiches, & le tout par vn ſeul feu.

I I I. Quant aux fourneaux particuliers qui
ſe forment de ces huict pieces exactement pro-

V

portionnées , ie les ay exprimé en cette forte.
attendans de les reprefenter dans fon temps :
Premierement faifans feruir le Cendrier commun pour vn fouyer , le premier ou le fecond
Laboratoire à part , auec leurs barreaux & platines de fer , enfemble leur dome , font formez deux Laboratoires , ou Reuerberes entiers & feparez , ayant vn chacun au deffus vn
Calcinatoire , Sublimatoire , Bullitoire , &c.
Ainfi du Cendrier commun , de l'Hemyfphere
fuperieur du fecond Laboratoire renuerfé , &
d'vne platine au milieu , ou barreau de fer , fe
fait vn petit fourneau à part de cendres , fable ,
limaille , &c. Plus du mefme cendrier & Hemyfphere renuerfé , du dome moins percé auec
fes barreaux de fer , eft formé le Reuerbere fimple & entier. Pareillement du fouyer & mefme
Hemyfphere auec fes barreaux auffi , eft fait le
demy Reuerbere , Calcinatoire , Refrigerant ,
&c.

I V. En cette forte , du fouyer , d'vne platine , ou barreaux de fer , & du mefme dome
moins percé , eft fait vn autre fourneau couuert , pour infufer , digerer , pourrir , fermenter ,
&c. Comme du cendrier commun , du fouyer
aueugle , c'eft à dire la porte bouchée , d'vne
platine entre deux , & du dome moins percé ,
eft conftruict le fourneau de Lampe , Maceration , Fermentation , &c. Dauantage du fouyer
auec le cendrier fi on veut , comme en tous au-

Deux Re-
uerberes en-
tiers & fepa-
rez.

Fourneau de
cendre , fable ,
limaille , &c.

Simple Re-
uerbere.

Demy Re-
uerbere Calci-
natoire , &c.

Fourneau
couuert.

Fourneau
de Lampe.

tres pourle mieux , & d'vne platine au deſſous
auec ſon cercle eſt fait le commun cendrier,
Fourneau de ſable, limaille , &c. à part pour la
diſtillation par le haut & par le coſté, faiſant la
ſeconde difference des fourneaux en general ,
ou pluſtoſt du feu agiſſant immediatement ,
ou par moyen.

V. Item du Fouyer Laboratoire premier, &
ſon cercle auec ſa platine , ſe compoſe vn autre
Reuerbere entier, & ſur iceluy vn cendrier, ſable, &c. Semblablement du meſme fouyer &
Laboratoire premier, vne Courge, vn Chauderon de cuiure auec ſon cercle percé au milieu eſt fait le refrigeratoire, Bain marin, bain
vaporeux , bain ſec, baſſine, poiſſon, &c. pour
les decoctions, &c. Plus du Fouyer, d'vne grille , & meſme cercle proportionné, eſt formé le
fourneau pour le feu de roüe & de ſuppreſſion. De meſme du dome entr'ouuert ou percé de grands trous renuerſé ſur vn Trepied de
fer, vne grille par deſſus & ſon cercle , ou autre conuenable eſt fait le fourneau à vent, de
fonte, & autres.

VI. Et pour eſtre court, du dome plein &
moins troüé ſes regiſtres bouchez, renuerſé ſur
vne ſcabelle percée & aſſez haute, pour mettre
au deſſous, & oſter aiſemét le recipiant. Ou en
ſa place vn haut Trepied de fer qui ſera meilleur, & de l'Hemyſphere inferieur du ſecond
Laboratoire, ou autre approprié , eſt conſti-

V ij

Vn grand
Fourneau de
cendre , ſable,
limaille, &c.

Autre Reuer-
bere entier &
cendrier.

Refrigeratoire
Bain marin,
& c.

Four de roüe.

Four à vent.

Fourneau de
deſcente.

tué le fourneau de defcente, pour reprefenter
la derniere efpece de diftiller, & ainfi des autres
felon les occurrences qu'on peut augmenter &
diminuer, changer & rechanger moyennant
quelques pieces differentes, conformement au
fujet, comme font collets diuifez ou non, rouleaux ou cercles de terre, trepieds ronds à deux
cercles, efcuelles de fer, & autres que l'Artifto
connoift: Et qu'on peut facilement conceuoir.

VII. Pour ce qui regarde l'Adaptation. Ce
fourneau en premier lieu eft appellé *Cofmique*,
parce qu'il eft appliqué à tout le monde, & à
fes parties, baffes, moyennes & hautes, Elemens, Planetes & Signes : C'eft pourquoy,
comme on a conftitué trois mondes en vn, fçauoir Elementaire, Celefte, & Exemplaire. Ce
fourneau eft vnique en trois Laboratoires, ou

lieux differens d'operation, defquels le premier
contient le Cendrier, ou le lieu bas qui reçoit la
cendre: Le fouyer où eft allumé le charbon ou
le bois, qui font communs au tout; Et le lieu,
où plus vigoureufement agit la chaleur, qui de
là s'eftend aux autres Laboratoires.

VIII. Le Cendrier, premiere partie, commun auec l'eau & la terre (qui ne font qu'vn
globe) reprefente la Lune froide & humide.
Le Fouyer marqué par vn 2. de chiffre, comme
la figure & fa mefure font voir, denote l'Air
chaud & humide, & eft attribué à Mercure
mobile & complaifant. La troifiefme partie

qui porte le nom du premier Laboratoire nullement diuifée, eſt adaptée au feu, ou à la chaleur extreme, & donnée à Mars chaud & ſec,
ſans compagnon, vn contraire chaſſant l'autre.

I X. En cette maniere, du coſté que Mercure regarde la Lune, il eſt froid & humide, & de
la part qu'il touche Mars, il eſt chaud & ſec,
eſtant bon auec les bons, & mauuais auec les
mauuais, comme teſmoignent les Aſtrologues.
Ainſi l'argent vif, qui eſt de pareille nature ſe- *Argent vif,*
lon diuers reſpects, pris interieurement ſans *pourquoy nui-*
alteration, ne nuiſt que par ſon poids, ſi la *ſible.*
quantité en eſt trop grande : Au contraire, s'il
eſt calciné & bruſlé particulierement quant aux
Sels ſes aſſociez : Car le feu deſſeichant ſon humidité externe, qui le fait fluer, ou pluſtoſt
empeſchant ſans la liquidité, le reſerrant auec
ſes Sels imperceptiblement, luy oſte ſa froideur,
& le rend comme vn feu cuiſant, puis qu'il en
a les effets, n'eſtant pas de meruieille, ſi pris de la
ſorte il tuë, adherant extremement aux inteſtins par ſa ſeichereſſe, & bruſlant tout ce qu'il
touche par ſa chaleur, & ſes Sels.

X. Le ſecond Laboratoire eſt diuiſé en deux *Diuiſion du*
Hemyſpheres, deſquels l'inferieur, & la qua- *ſecond Labo-*
trieſme partie du meſme fourneau tendant en *ratoire, & ſon*
haut, demonſtre le Soleil : Et le ſuperieur, ou la *explication.*
cinquieſme partie repreſente *Iupiter* ; Et tous
deux gardent le centre, ou le milieu du monde, & d'iceluy fourneau ; dont comme le Soleil

est seul , Iupiter l'est pareillement ; & l'vn &
l'autre sont maistres de toutes les generations
inferieures & sublunaires : Iupiter comme l'autheur d'icelles , qui nous represente la chaleur
innée , ou naturelle : Et le Soleil , comme son
vnique & principal instrument , qui eschauffe
accidentairement , & pour ces fins soubmis à
luy : mais toutesfois symbolisans ensemble.

X I.   Le troisiesme & dernier Laboratoire est diuisé semblablement en deux hemys-
pheres : Le bas sous le nombre de six , est baillé
à *Venus* , & le haut sous le sept à *Saturne* , c'est
à dire le premier à la faculté generatrice , ou la
Nature qui regarde l'humide radical , & le dernier au *Temps* , ou au mouuement qui y est requis , & qui domine par sa froideur & seicheresse , sans lesquels la determination des corps
periroit. L'inferieur est placé sur Iupiter , pour
faire voir , que de toutes les passions humaines , *Dieu* , ou l'Autheur de ce grand tout , n'est
subiet qu'à l'amour , par lequel seulement il l'a
fait : ce qui a introduit les fables & metamor-
phoses de Iupiter , ou les differens effets de la
chaleur naturelle. Et le dernier est logé sur Venus , pour demonstrer que tout creé est subiet
au temps , & qu'au delà il n'y a qu'Eternité ,
qui est la durée toute ensemble & indefinie du
seul Tout-puissant. C'est pourquoy

X I I.   Les agissans & patissans se regardans mutuellement , la mesme Venus estant la

Diuision du
troisiesme La-
boratoire , &
son appropria-
tion.

Fables & Me-
tamorphoses
de Iupiter.

Que c'est
qu'Eternité.

Matrice, & nourrice de tout ce qui eſt engendré, ſon hemyſphere eſt au deſſous de celuy de
Saturne, c'eſt à dire le temps en forme de baſ-
ſin, pour receuoir les influences & ſemences
d'iceluy, les contenir & les nourrir : Mais parce
que rien ne commence & ne finit que dans ce
temps, & par luy-meſme. Il eſt porté par les fables, que Saturne deuoroit ce qu'il auoit engendré, ou ſes enfans. Il y a ſur luy & dans luy-
meſme des petits Laboratoires, deſtinez aux
euaporations quand il eſt beſoin, de ce qui a
eſté diſtillé.

XIII. Et comme toute durée externe des
choſes creées eſt bornée tantoſt plus, & tantoſt
moins longue : La huictieſme & derniere piece
de ce Fourneau faite en forme de cercle, ou de
ceinture, ſeruant de Cendrier ou de Laboratoire, à feu mediat, ou par entredeux, c'eſt à dire
eſchauffant la matiere par vn intermede, ou
moyen ſolide, comprend le Zodiaque, & forme la ſphere, c'eſt à dire repreſente les ſignes celeſtes, exhibé par des animaux, dont il eſt appellé, & auſquels proprement parlans appartient la durée, ou mouuement de la vie, les
bornes duquel ſont ſignifiées par les Orifices
externes & oppoſez dudit Fourneau, ſous le
mot de Zenith, & Nadir, c'eſt à dire la fin & le
commencement des meſmes creatures, faites
ſuiuant le nombre de dix, qui ioint aux deux
leurs premiers compoſants, forment celuy de

douze, pour ſignifier leur entiere perfeﬁion, reuolution & durée, enſemble la partition de l'année en douze mois: Semblablemènr quant aux regiſtres du meſme Fourneau, nous apprenons la mobilité, ou alteration du meſme téps que les quatre vents nous cauſent le plus ſouuent, outre les degrez de la chaleur & autres circonſtances.

Signification des Regulres.

X I V. Enfin touchant leur meſure, ou maniere de conſtruﬁion, la ſeconde figure cy deſſus repreſente premierement celle du precedent nommé Aſtral, duquel ayant eſté monſtré le deſſous de chacune de ſes parties: maintenant il appert de leur deſſus, ſuiuant leurs chiffres & ordre naturel facile à voir: En ſecond lieu la meſme figure nous propoſe la legitime ſtruﬁure de noſtredit Coſmique, par laquelle on peut connoiſtre, que l'inuention n'eſt point accidentaire & de fantaiſie, mais tres-iudicieuſe & accompagnée de toutes ſes circonſtances requiſes & neceſſaires, ſuiuant l'eſleuation & diſtinﬁion par chiffres d'vne chacune de ſes parties, le deſſus & le deſſous d'iceluy, leur allignement & repos, ſurquoy ie ne m'arreſteray pas dauantage pour expedier briefuement le dernier & troiſieſme moyen de la reſolution, qui eſt

Explication des meſures des meſmes Fourneaux.

DE

DE LA CHALEVR, ET AVTRES
Circonſtances.

CHAPITRE IV.

Ainſi

I. PVISQVE des mixtes, *Diuerſitédes mixtes.* les vns participent plus de l'Air, les autres de l'Eau, aucuns plus du feu, & les derniers de la terre. Il faut regarder dans chaque corps ſoigneuſemét, quel principe, ou Element domine, à quoy de ſon naturel il eſt propre pour agir, ou patir. Et comment on peut extraire, moyennant la force du feu, l'Eau des matieres aqueuſes, l'huile *Extraction des Elemens.* des Aërées, & le Sel des terreſtres, en ſuite de ce, nous dirons que la chaleur eſt, ou prouient triplement; La premiere du feu, qui eſt la plus commune, la ſeconde du Soleil, qui eſt l'vniuerſelle, & la troiſieſme, des choſes pourriſſantes, comme le ventre ou fiente de Cheual, & laiſſans les deux dernieres comme moins vulgaires. Nous dirons que la chaleur du feu eſt *Difference de la chaleur en general.* practiquée ſelon ces quatre choſes en particu-

X

lier , fçauoir , Vaiſſeaux , Fourneaux, Matieres & effets , qui en quelque façon conuiennent enſemble ; Et partant

II. Selon les vaiſſeaux quant aux Courges & Alambics, la chaleur du Bain eſt propre aux choſes de legere mixtion : Au contraire , celle des cendres, ou du ſable, n'appartient qu'aux ſolides , comme Racines, Bois, Semences. Le Refrigeratoire ſert aux deux , macerées toutefois dans leur propre menſtruë, s'il ſe peut, ou autre de meſme force, comme la Semence d'Anis, dans ſon Eau, ou la commune diſtillée, eſtant à noter qu'aux herbes chaudes, à cauſe de leur Huile & Eſſence, il faut bailler le feu vn peu prompt au commencement de l'operation, car autrement on n'auroit que du Phlegme.

III. Par la retorte, ou cornuë on tire non ſeulement les Eſprits plus peſans des Mineraux ; mais encore les Eaux & Huiles des autres choſes plus ſubtiles, ou moins ſolides, comme Bois, Semences, Gommes, Reſines, &c. Par le matras, ou deſcente des vapeurs , s'expriment les Huiles de certains bois, qui ne fluent que difficillement, ou auec grand feu, comme Genevre, Gayac, Freſne, Pin, & quelques fleurs comme de Roſes.

IV. Selon les fourneaux, la chaleur du méme Bain eſt vn peu moindre que celle des Cendres, le ſable chauffe plus , & la limaille da-

[marginal notes:]
Bain marin, Cendres & refrigeratoire à qui côuiennêt.

La Cornuë, & le matras, à qui propre.

Differêce des fourneaux.

uantage. Le feu ouuert, de fuppreſſion, fonte
& reuerbere, eſt le dernier, & partant le feu a-
git, ou mediatement, c'eſt à dire par moyen,
ou entre-deux; tant humide, que ſec: ou immediatement, & à nud par le Reuerbere entier & démy reuerbere. Le moyen humide appartient au Bain marin, & vaporeux. Le ſec eſt
propre au contenant vuide, ſinon d'Air, comme les Eſtuues, Aux cendres, ſable, & limaille, ou Eſçaille de fer. Le premier ſe peut appeller en quelque façon Chaleur humide, touchant la matiere qui diſtille, & par l'interieur
du vaſe qui la contient: Le dernier au contraire eſt touſiours ſec, & l'vn & l'autre ne ſe peut
porter au quatrieſme degré de chaleur: Le Bain
humide, & le Bain vaporeux conſtituent le
premier degré parlans generalement. Le Bain
ſec de cendre fait de meſme, à cauſe de ſon
reſſerrement en ſes Athomes, qui empeſche le
libre progrez du feu: Le ſable comme eſtant
plus deſ-vny, ſuy donne aſſez paſſage, & fait le
ſecond degré; Et l'Eſçaille de fer plus capable
de conſeruer la chaleur produit le troiſieſme,
& non plus auſſi, puis que le moyen empeſche la flamme. Selon les choſes ou matieres,
celles qui ſont de ſubſtance tenuë & deliée, cõ-
me la Laiëtuë, l'Endiue & ſemblables froides
quant aux Vegetaux, n'endurent que la chaleur moderée, & du premier degré; Celles qui
ſont plus fermes & ſolides comme l'Abſynthe,

X ij

Aȼtiõ du feu,
comment ſe
fait.

Moyen di-
uers.

Diſtinȼtion
des degrez de
la chaleur ſui-
uant l'entre-
deux d'icelle.

Difference
des choſes
quant à la cha-
leur.

l'Auronne & autres , demandent vne chaleur
plus puiffante, fçauoir , du fecond iufques au
troifiefme degré de feu , Et pour les Efprits A-
cides, Antimoine, Sublimé, & autres mineraux, ils defirent le feu mefme à la fin du quatriefme degré.

V I. Selon ce qui eft fait, n'y ayant que quatre degrez de chaleur , & d'vn chacun d'iceux
le commencement, milieu, & fin. Le premier
degré reffemblant à la chaleur naturelle de l'A-
nimal, eft pour le Phlegme, Digeftion, Euaporation, & femblables. Le fecond vn peu plus
fort , auec mediocrité toutefois , eft pour les
Effences, Huiles, & Efprits moins pefans. Le
troifiefme, qui tend à la violence fert aux De-
phlegmations, Ebullitions , & autres ; Et le
quatriefme , qui brufle, calcine, fond, met en
cendres, & au neant, fuiuant lefquelles operations & degrez il faut gouuerner & moderer
le feu , ayant toufiours efgard à la nature de la
chofe , comme dit eft, fans negliger les fecondes, & autres qualitez d'icelle.

VII. En cette forte, quant à l'adminiftration
des mefmes degrez en general : Il faut ouurir
en premier lieu les Regiftres , Ventoufes , ou
Fuantoirs, qui font les plus efloignez de la porte du fouyer, ou du col de la Cornuë touchant
le Reuerbere entier, & fubfecutiuement, comme auffi s'il y a plufieurs Eftages : Il faut commencer par les Regiftres inferieurs ; Et à me-

fure que l'operation s'acheuera les fermer, &
ouurir les superieurs, pour faire trauailler les
dernieres & plus hautes Cornuës, le feu n'agiffant que felon l'Air, qu'il reçoit & qu'il attire,
ouurant tout fur la fin pour donner le feu de
chaffe, c'eft à dire, autant extreme, que rien
ne diftille plus defdites matieres: Pareillement
des autres fourneaux, & fuiuant les mefmes matieres.

Feu de chaffe,
que c'eft.

VIII. Surquoy encore il faut remarquer
qu'en toute fublimation, ou diftillation particulierement quant aux Efprits Acides, huiles &
autres, par moyens, ou intermedes. L'operation ia commencée, ne doit eftre aucunement
interrompuë: Car les matieres venans à fe refroidir & refferrer, elle ne s'acheueroit point,
les mefmes Efprits ou vapeurs ne pouuans plus
s'efleuer, eftant pour ce fujet neceffaire de repiler la matiere, & la remettre comme deuant. Dauantage, comme il faut toufiours
commencer les operations à froid, pour leur
donner à propos le degré de feu requis, & imiter la nature, qui opere peu à peu, augmentans fon action infenfiblement iufques à la
perfection.

Continuatiõ
d'operation
quand eft re-
quife.

Circonftan-
ces de la diftil-
lation.

IX. De mefme, on doit laiffer refroidir tout
doucement, & de fon gré l'operation qui eft
faite pour ne la perdre, ou gafter auec le vaiffeau; & pour cette caufe, il eft tres neceffaire
d'eftre patient, & d'imiter encore la mefme

nature, laquelle pour auoir efté deftournée vne fois de fon ouurage, ne laiffe pas pourtant de le recommencer, & iufques à ce qu'elle en foit venuë à bout, puis que rien n'eft fait que dans le temps, & principalement en en cét Art excellent, qui a cela de propre de charmer les fens, & l'Entendement mefme des plus grands Efprits, Monarques & Potentats, comme de faire oublier le vice, fe connoiftre foy mefme, fon Eftat futur, & l'amour que nous deuons porter au Souuerain & au prochain. Bref pour operer plus aifement & affeurement fe defabufer, & ne croire point à tant de iactances communes, vaines & impoffibles qui rauiffent le temps, la peine, & la matiere. Il refte à propofer.

DES REIGLES, CARACTHERES,
Proiect & Abregé de la Resolution.

SECTION V.

Et dire premierement

DES MAXIMES, OV VERITEZ
de la Physique Resolutiue.

CHAPITRE PREMIER.

C'estpourquoy

COMMENÇANS par les veritez plus generales pour venir aux particulieres suiuant tousiours nostre ordre, la premiere sera comme s'ensuit. De toutes les choses nous auons tout, mais non pas de chacune en particulier, veu que les corps sublunaires sont esleuez & alimentez des Elemens, qui plus, qui moins, qui

Nourriture commune des mixtes.

de tous, qui d'aucuns feulement : En cette maniere ; Tout mixte qui ne peut donner fa liqueur, ou Effence que par combuftion, icelle garde toufiours fon Empyreme, ou bruflure
de quelle façon qu'on la rectifie, eftant meilleur d'en faire les Extraicts ou Magiftaires.

Empyreme irremediable.

Toute Rectification fe fait en mefme forme
par la Cornuë, des liqueurs chaudes, Acides
& huileufes feulement.

Rectification.

Les Extraicts & les Magiftaires fe font auffi
de mefme forte, fçauoir en Courges, Pots, Efcuelles de Verre, ou de Fayance, & ne different qu'en moyens humides appellez Menftruës, comme eftans d'vn mois pour les plus
longs. Ainfi pour le regard

*Extraict Ma-
giftaire.*

DES ANIMAVX.

II. Du Sang, du Laict, de la Chair, blanc
d'œuf, plumes, poils, cornes, & autres, on ne
peut tirer l'Huile, & le Baume, fans aduftion,
& par confequent tres puant, inapplicable au
dedans, au lieu duquel on prend l'Efprit a-
queux & falineux rectifié.

*Efprits fali-
neux.*

Le Beurre, la Graiffe, Suif, Lard, Cire,
& femblables fe diftillent de mefme forte,
fçauoir par la Cornuë, & ne different qu'en
moyens, ou intermedes fecs, fuiuant leur befoin.

*Intermedes
differents.*

Des Perles, des Yeux d'Efcriuices, Conques, Porcelaines, Efcailles & femblables corps
fecs

secs, ne se distille aucun suc, moins encore se tire aucun Sel proprement dit, mais seulement vne craye, ou chaux insipide, laquelle ayant esté separée de son menstruë, ou Sel estranger, qu'on y auoit adiousté, peut derechef estre meslée comme auparauant. Pour ce qui est

Craye ou Chaux insipide.

DES VEGETAVX.

III. Le desseichement, trituration & fermentation des plantes touchant le refrigeratoire, ne sont point necessaires pour l'Extraction de leur huile, ou Essence, qui sont de vertu facile à se dissiper: Au contraire des autres,

Essence facile à se dissiper.

Le bruslement ne fait pas le Sel, mais il le couure s'il y est, en consumant l'humeur aqueuse accidentaire: Car on brusle plusieurs choses qui n'acquierent aucune saleure: Au contraire plusieurs deuiennent salées, qui ne sont point bruslées, comme l'vsage fait voir. Partant

Effect du bruslement.

Tout ce qui distile le premier aux Vegetaux chauds particulierement, & tant que dure leur saueur & odeur est tousiours le meilleur: Mais les Eaux simples distillées des plantes, qui sont le plus souuent insipides, ou de tres mauuais goust, ne contiennent point la vertu & qualité predominante de leurs corps, parce qu'elles sont despoüillées de leurs Sels ou de leurs Soulphres, principaux dominateurs d'icelles, qu'il leur faut adiouster pour ce sujet, dont

Quand distile ce qui est de meilleur aux plantes.

Les Sels & les Soulphres sont l'Ame des plantes.

Les odeurs & saueurs des mesmes Eaux distillées, ne sont que le Soulphre subtil, ou le

Source des Odeurs & saueurs aux plantes.

Sel volatif de leur humeur radicale, comme il appert par experience, si on les retient auec vn linge appliqué au bec de l'Alambic. Par ce moyen quant à leur Extraction

Extractió sáp Essences.

IV. Toute Essence, huile spiritueuse, ou Baulme soulphreux, ne se tire point mieux que par la Courge d'Airain auec son serpentin, le vehicule ordinaire, & par vn feu escumant sur le commencement.

Distillation des racines tédres & char-nuës.

Les racines tendres & charnuës se peuuent distiller comme les fruicts dans vne chappelle, Bain sec, ou vaporeux, auec, ou sans moyen: Au fourneau de Cendres, & du premier iusques au dernier degré de chaleur.

Distillation des plantes fei-ches.

Les Racines ligneuses, escorces, & bois secs, se distillent suiuant leur nature specifique, sçauoir par descente & mieux par costé, sans aucun moyen: & par le haut auec vn vehicule approprié, comme il sera requis.

Difference des feüilles quant à la distillation.

Les feüilles chaudes, recentes, ou seichées, leurs fleurs & leurs semences se distillent par le Refrigeratoire, auec son serpent plus aisément. Au contraire des froides desquelles faut prendre le suc pour le distiller au Bain marin, & semblables; ou toute la feüille à la façon des fleurs & fruicts en la chappelle.

Esprit de vin, que c'est.

V. L'Esprit de vin n'est qu'vne liqueur soulphreuse fort subtile, pure, & de nature de Ciel, ne donnant aucune suye; si on le brusle sous vne cloche, & par consequent aucun autre

Esprit. Et bien qu'il puisse resoudre , quelque que substance ligneuse ou resigneuse , neantmoins il ne dissoult point les mineraux, ou metaux , s'ils n'ont esté auparauant impregnez de quelques corrosifs.

L'Eau de vie n'est autre chose que l'humeur radicale du vin changée en feu par le trop de fermentation , ou de chaleur , comme en tout autre , auquel suiet elle est nommée Ardente.

Le vin aigre est le mesme vin , duquel le Soulphre combustible s'est euaporé comme tres subtil & attenué, ne luy estant resté que le Mercure, ou l'Acide auec les Sels qui sont pesans & materiels, Et ce quon appelle Sel essentiel aux plantes, n'estant point pur & separé de son humeur nourriciere , est leur vray tartre, ou Sel encore crud. C'est pourquoy

La Cremeur & Cristal de tartre n'est point Sel, ou partie dissemblable du tout : mais le tout mesme purifié. Et l'huyle de tartre , n'est que le Sel d'iceluy , calciné, liquefié & resout par l'Air froid & humide.

Quant au Sel volatil des mesmes plantes & tout autre mixte , comme le Benzoin , Camphre, &c. il ne se reduit qu'en fleurs, lesquelles à la façon de la resine se fondent & se resubliment, pour le peu d'humidité qui les lie : Et à moins que d'estre aidez par quelqu'autre plus liquide , leur seicheresse les esleue tousiours à

Y ij

la façon de l'Armoniac, duquel cy apres. En
suitte de quoy il faut dire que

DES MINERAVX.

VI. On ne peut extraire en particulier, que
quelqu'vn des sufdits Elemens, mefmes felon
le plus & le moins, ou tres difficilement, & improprement, eftans moins compofez, que les
Animaux & Vegetaux, ou pluftoft leurs parties
conftitutiues, comme l'experience fait voir.
Partant

Le feu extreme agiffant fur l'incombuftible,
& exprimant fon humide radical auec fon Efprit, le rend penetrant, & le fait par fa grandê
acuité, & par fon Sel terreftre, mordant & A-
cide, ou aigre, Puifque nul efprit eft fans Sel,
nul Sel fans terre, & nul des trois fans quelque
humour, comme leur lien, & vehicule. Ainfi

Tout menftruë qui diffout les corps en A-
thomes indiuifibles, n'agit que par fon Efprit
& fon Sel, aydez de leur humidité qui les a-
mollit, & de la chaleur qui les excite: En cette forte

Tout diffoluant, qui s'efchauffe en agiffant,
tefmoigne fon ardeur accidentaire, qu'il manifefte par fon obiect, ou fon contraire, comme celle de la Chaux viue, dans l'Eau commune. A cette caufe

L'action & la paffion eftans mutuels, l'Efprit emouſſé, & ſon humide raffroidy, il ne peut eſtre reparé que par la meſme chaleur, & diminution d'humeur. De là

Les corps diſſouts imperceptiblement, ſont portez par les ſels, rarefiez dans leurs diſſoluans & abbatus par leurs contraires, ou le trop de leur aquoſité. Bref

Tout diſſoluant des corps mixtes (bien que par quelque ſimilitude de nature, il ſe ioigne à leur ſel interne, ou potentiel, ne plus ne moins que l'huile à la cire) ceſſe neantmoins d'eſtre ſimple, & ſi ne peut eſtre ſeparé, que des chauds terreſtres, ou metalliques. Quoy fait

VII. Du Sel marin & autre fixe, on ne tire que le Mercure, ou l'Acide, & les Criſtaux, ou glaçons d'iceluy mis en reſolution, ſont Sel & non huile, ou partie diſſemblable du tout, mais le tout meſme liquefié en Air humide & froid, comme dit eſt, le ſec appetant naturellement l'humide ; D'où vient que

Le temps, ou l'eſpace à tirer l'Acide, ou Eſprit du Sel fixe, eſt au triple du Nitre ou Salpetre, que nous appellons Soulphre blanc, Soulphre femelle, & autres, à cauſe de ſa froideur interne, & moindre humidité, que ſa fonte tres chaude nous apprend.

Du Sel Armoniac & ſemblable volatil, ne ſort aucune liqueur, ſi on ne l'y adiouſte, nullement fuſible tout ſeul, à cauſe de ſa ſeichereſſe extreme.

Y iij

*Que c'est,
& de quoi pro-
uient le Vi-
triol.*

Le Vitriol n'eſt point Sel proprement parlans, moins ſon Colcotar, ou le meſme rubefié, mais ſeulement vn Eſprit ſoulphreux, coagulé à froid auec l'Eau en forme de Sel, prouenant du cuiure ou du fer, ou bien de leurs propres vapeurs ; car il commence le plus ſouuent par le metal; de là vient Eau, & puis ſaleure, & ſe reſoult au contraire.

*Difference de
l'Eſprit & de
l'huile de Vi-
triol.*

De meſme l'Eſprit de Vitriol n'eſt point different en eſpece de l'huile parlans communement, mais d'eſpoiſſeur ſeulement; Car la méme ſaleure ſoulphreuſe attenuée par la diſtillation, autant qu'il ſe peut conſtituë l'Eſprit,
& eſpoiſſie fait l'huile, quoy qu'improprement,
qui ne peut eſtre radoucy ſans addition & changement de ſa nature.

*Alum que
c'eſt.*

Il eſt pareillement de l'Alum, & autres qui
contiennent tres peu de ſel, moins de ſoulphre, & beaucoup de terre, & de l'Eau plus ou
moins attenuez & purs.

VIII. Le Soulphre mineral, quoy qu'il ſe
fonde au feu, & qu'il ſe bruſle, à cauſe de ſon
onctuoſité reſineuſe, toutefois il ne ſe peut
reſoudre en huile, qui perſeuere à froid, à cauſe du plus de ſa terreſtreïté qui l'esboit touſ-

*Pourquoy le
Soulphre ne
donne point
d'huile à froid,
& d'où pro-
uient ſon Ai-
gret.*

iours, moins encore ſon Aigret, qui prouient
par ſa bruſlure, ſe peut appeller huile, mais
ſeulement ſon Sel fuligineux, qui en guize de
fumée, montant en l'Air, & attirant l'humidité d'iceluy, auquel elle eſt reſſerrée, ſe re-

foult en liqueur ne pouuant s'exhaler, dautant
que le Soulphre en son dehors n'est que resine,
& en son dedans rien que suye ; En cette suye
n'y a que Sel, & en ce Sel rien que Mercure.

Bien que des pierres precieuses & autres, ne
se puisse extraire aucune Eau, Teinture, Sel &
Huile, que tres petitement, ou point du tout
sans addition, toutefois cela n'empesche pas
qu'on ne les puisse reduire en magistaires par
dissoluans appropriez. Ainsi

Des Coraux ne se distille aucune liqueur,
moins encore se tire des rouges quelque teinture, sel ou huile proprement dit, mais par addition seulement, comme l'experience fait voir
en la dissolution de l'Esmeril, & semblable
pierre, & des mesmes Coraux par le vin aigre
distillé, qui donne vn sel de mesme forme, &
mesme goust.

En quoy il appert que la rougeur du Coral,
ne despend que d'vn Soulphre externe, tres de-
licat, qui perit par le menstruë mesme qu'on y
adiouste.

Bref le Talc mineral est incombustible, indissoluble radicalement, & sans espoir d'aucune humeur distillée de soy seulement, ne contenant qu'vne simple terre, fort pure & blanche, vnie par vne Eau tres claire, & endurcie par
la chaleur, moyennant vne viscosité glaireuse à
la façon de l'argille.

D'où procede sa viscosité incuaporable, qui

nous deçoit, & particulierement les Dames ambitieufes du beau teint,

Autant en eft des autres mineraux, que ie laiffe à l'experience d'vn chacun. Pour parler en particulier

DES METAVX.

Et dire que

Qu'elles font les preparatiõs des metaux,

I X. Toutes les preparations des Metaux ne font que Magiftaires, ou attenuations d'iceux, Et par confequent

Tout Efprit, Soulphre, Quint-Effence, teinture, huile, & autres mal entendus, ne font que tromperies pour les credules, & particulierement pour la populace, qui n'admire rien que ce qu'elle ignore, qui ne fe plaift qu'aux apparences vaines, & feroit bien fachée d'eftre deftrompée pour n'admirer plus rien : Et

Que c'eft que fel aux metaux.

Pour ce qu'on appelle Sel aux metaux proprement parlans, c'eft celuy de leurs diffoluans, comme dit eft, vny auec partie de leurs cendres metalliques : Puifque derechef par la fufion il peut reprendre fon premier corps : Et que lefdites cendres, ou chaux feparées du Sel eftranger ne fe fondent point en Eau, capable de reprendre le mefme fel. Partant

Productions des metaux imparfaits.

Les Metaux imparfaits ne donnent qu'vne chaux, fuye ou fcorie vulgairement, & les parfaits n'obeiffent qu'à l'Art Hermetique fort

peu

peu conneu; Et toutefois par additions diuerses, vn chacun d'eux peut fournir des remedes
& merueilles, inombrables pour la santé & le
contentement des Curieux; Cela estant,

L'Antimoine, ou Entremine, c'est à dire, participant & du Mineral, & du Metal doit ses diuerses couleurs au feu, moyennát son Soulphre,
& ne donne aucune Huile, ny aucun Sel, s'il n'est
bruslé auec d'autres incapables de diuision,
quant à ses facultez, sans sa totale destruction;
Contre ceux qui le veulent faire plustost purgatif par le bas, que vomitif, pour complaire aux
delicats, & rendre leurs bources vomitiues, En
quoy consiste leur secret, ce qui se preuue par le
remede Diaphoretique qui en est fait.

Le Mercure ou Argent vif (quoy qu'il soit
Corps) n'est qu'vne substance presque homogene, c'est à dire tousiours semblable à soy-méme,
quant à son vnion specifique, ne donnant aucune liqueur, Soulphre, ou Sel, aussi tout seul capable seulement de diuers accidés salineux & terrestres qui le font paroistre, comme vn Prothée
à l'ayde d'vn Vulcan moderé: mais son moindre
courroux le dépoüille tousiours, & le monstre
tel qu'il est.

Le Plomb n'a point de Sel vray qui soit sapide,
mais vne certaine terre vitrifiante; moins encore de sucre cóme l'on dit; puis que ce n'est que
le plomb mesme, dissoult par le vin aigre distillé
suiuant l'ordinaire, & ramené à cette forme &

Z

faueur par le meſlange de leurs qualitez: Et de
la ſorte, le vin aigre ne tire & n'emporte point
du ſel dudit plomb, mais il le luy apporte; puis
que le meſme ſel & ſes feces ſont de nouueau
reduits en plomb, Semblablement des autres
operations.

Productions
de l'Eſtain, le
fer, & le cui-
ure.

L'eſtain, le fer & le cuiure en ſont de meſme,
puis que leur humidité interne eſt preſque ineuaporable, plus ou moins, durant laquelle ils ne
peuuent plus eſtre reſous, comme contens de ce
qu'ils ont ; Outre que l'vnion deſtruite, rien
plus ne reſte, que la terre qui leur ſert de fondement ; Toutefois moyennant leſdits menſtruës
ou additions, ils formét pareillemét des remedes
admirables, que les Enuieux appellent ſecrets.

Couleur ac-
cidentaire de
l'Argent.

De l'Argét ne ſe tire aucune teinture, ny autre
que deſſus par la meſme raiſon ; Mais par addition auſſi il eſt chágé en poudre de couleur celeſte, & en remedes non pareils ; Semblablement

Liqueur d'or
pure nullement
veritable.

De l'Or, on n'extraict aucune ſubſtance potable proprement dite, c'eſt à dire, ſeparée de ſon
diſſoluant nullement acre, & demeurant tel à
froid ; Puis que de qu'elle façon qu'on le prepare, il reuient toufrours à ſoy-meſme, ainſi que
des autres a eſté dit ſuiuát cette fixité & humeur
ineuaporable, Auec la Chaux duquel neantmoins on peut former des remedes tres excel-
lens, que la ſeule varieté du meſlange produit;

L'Aaion in-
terne de la Na-
ture eſt inimi-
table.

Finalement quant aux œuures de la nature,
l'Art ne peut imiter ſon action interieure, & par

confequent , ny le temps , ny le poids , ny l'ordre qui graduent & conftituent tout ;

Que fi par hazard elle fait quelque chofe de
nouueau , c'eft toufiours par la mefme nature
qui n'eft iamais oifiue felon le poffible, A raifon
dequoy nous pouuons maintenant dire qu'elle
n'eft autre chofe que le flux , ou efcoulement **Defcription**
externe du mouuement vniuerfel , fous les pof- de la mefme,
fibles difpofitions & formes paffageres des accidens materiels, qu'on nomme Exiftence par
vne infinie reuolution , ou extenfion nouuelle
d'iceux (d'où elle prend fon nom) leur interieur ou Effence premiere , qu'ils determinent
quant à foy perfeuerant toufiours. Le refte fera
traicté en la Practique dans nos fens Phyfiques.
Et dautant que toutes ces matieres font reprefentées le plus fouuent chez les Autheurs par
des marques particulieres, pour exprimer brié- Tranfition.
uement tant la nature des mixtes , & leur difference , que pour ne fe rendre vulgaires , le fuiet le requerant , Nous traitterons

Z ij

DES DESCRIPTIONS DES
Caracteres plus communs des termes de
l'Art , & particulierement des
Metalliques.

CHAPITRE II.

I. EN cette forte, ils ont mis vn triangle , la poincte en haut pour le
feu. Comme appert par la Table.

Le feu.
△

Vn triangle la poincte en haut
coupée d'vne ligne à trauers pour l'Air.

L'Air.

Vn triangle la poincte en bas pour l'Eau.

L'Eau.
▽

Vn triangle la poincte en bas, coupée d'vne
ligne à trauers pour la terre.

La terre.

Vne ligne fur vn cercle, poinctant en haut
& à droict pour le iour.

Le iour.

Vne ligne fous vn cercle poinctant en bas, &
à gauche pour la nuict.

La nuict.

II. Trois poincts dans vn cercle en forme de
triangle la poincte en bas pour la teste morte.

Teste morte.

Plufieurs poincts rangez enfemble pour le
fable.

Le fable.

Vn poinct dans vn quarré pour l'vrine.　L'Vrine.

Trois zero en forme de pyramide , pour
l'huile.　L'Huile.

Vne croix fimple pour le vin.　Le Vin.

Vn dix romain & quatre poincts entre les
bras pour le vin aigre.　Le Vin aigre.

Vne croix fous vn quarré pour le Tartre.　Le Tartre.

Vn cercle diuifé en dedans par vne ligne droicte pour le Sel , Nitre , ou Salpeftre.　Le Salpeftre.

Vn cercle diuifé en dedans par vne ligne à
trauers pour le Sel marin.　Le Sel Marin.

Vn' Eftoile ou Sextil pour l'Armoniac.

III. Vn cercle diuifé en dedans par vne ligne
droicte, & demy ligne à trauers du cofté droict
pour le Vitriol.　Le Vitriol.

Vn quarré auec deux petites lignes droictes
au deffus pour l'Alum.　L'Alum,

Vne croix fous vn triangle la poincte en haut
pour le Soulphre.　Le Soulphre.

Deux zero vnis pour vne ligne plate pour l'Arfenic.　L'Arfenic.

Vn dix romain coupât vn cercle pour la tutie.　La Tutie.

Vn trois de chiffre triplé & couppé à trauers
par vne ligne plate pour le Cinabre.　Cinabre.

Vne baláce feule pour le fublimé corrofif. ♀　Sublimé corrofif.

Vne balance à la droicte du Caractere de
Mercure pour le fublimé doux.　Sublimé doux,

IV. Vn poinct dans vn cercle pour le Soleil ou　Or.
Or. ☉

Vn demy cercle à droict fes poinctes à gauche,　Argent.
pour la Lune, ou Argent.　　　　　　Z iij

Vn cercle fous la gauche d'vn dard poinctant
à droict pour Mars, le fer, ou acier. ♂

Vne croix fous vn cercle pour Venus, ou le
cuiure. ♀

Vn demy cercle fur la gauche d'vne croix
pour Iupiter, ou l'Eftain. ♃

Vn demy cercle fous la droicte d'vne croix,
pour Saturne, ou le plomb. ♄

Vne croix fous vn cercle & demy cercle fur
iceluy fes pointes en haut pour l'Argent vif. ☿

Vne croix fur vn cercle pour l'Antimoine. ♁

Et ainfi du refte que Crolius & plufieurs autres
ont recueilly & figuré aifez à voir, & à defcrire
que ie laiffe pour eftre court, & exprimer plus
au long la nature des Metalliques, Donc

V. Pour l'intelligence des Metaux & de leurs
Caracteres, il faut s'accorder auec les Hermetiques, & dire qu'il n'y a qu'vne efpece des
Metaux, defquels le plus parfait eft l'Or, & la
fource de leur plus proche matiere appellez
des noms des Planettes pour leur fimplicité requife : Et que tous les autres font imparfaits,
comme tefmoignent les Caracteres & Figures,
qui leur ont efté appropriées par les mefmes
Hermetiques, & formez de la ligne, qui n'eft
qu'vn poinct eftendu, & du cercle compofé
de la mefme ligne par l'vnion de fes deux extremitez, entiers, ou diuifez, & reünis alternatiuement, ou en croifant, pour monftrer leur com-
pofitió premiere, Et de là leur entiere perfectió,
l'vne par le nombre de deux, & l'autre par celuy

de dix, le tout dependant de l'vnité, du mouuement, & de la nourriture, c'est à dire, de l'e-
stre, du temps,& des Elemens, moyennant l'v-
ne & l'autre chaleur innée, ou non,comme leur
seul instrument.

VI. Partant la ligne diuisée en deux, & icelles
se croisans par assemblage, representent les
substances elementaires qui les esleuent, signi-   Signification
fiées par les quatre branches de la croix, la su-   de la Croix.
perieure desquelles demonstre l'Armoniac, ou
le Volatil, l'inferieure, le fixe, la droite, laterale, le Soulphre, & son opposée le Mercure, suiuant leur composition premiere : Et le
cercle, ou demy cercle font voir en leur propre   Signification
substance leur perfection totale ou non, estant   du cercle &
requis par droict de cuitte,que la nourriture pas- demy cercle.
se en la chose nourrie, & que le manifeste soit
caché, & le caché soit manifesté, c'est à dire,
que les qualitez qui sont sensibles, soient con-
uerties en leurs contraires, & reciproquement
par conuersion naturelle : Dont

VII. Le Caractere de l'Or, appellé Soleil,est vn   Or.
cercle entier auec vn poinct au milieu,pour dire   ☉
que le carré est deuenu cercle, c'est à dire, que   Signification
les Elemens sont conuertis tout a fait en sa par- du cercle & du
ticuliere nature, n'estant qu'vne mesme chose   poinct.
auec luy, tant au dedans qu'au dehors, Ce que
demonstre le poinct qui est au milieu.

VIII. Le Caractere de l'Argent, ou Lune,est le   Argent.
demy cercle premier, qui reçoit dás sa cauité le   ☽

dernier fon oppofé, & en fa conuexité, pour exprimer que bien que fes Elemens foient extremement digerez enfemble, & que ce qui eftoit externe, eft fait interne, que neantmoins il y a de l'imperfection, encore, faute de Coction entiere, pour obtenir l'vnion legitime des deux demy cercles faifans le rond, c'eft à dire, le dernier degré d'affimilation, & fixation.

IX. Le Caractere du fer, ou Acier, ou Mars, eft le cercle entier & fans poinct, fur lequel à cofté droict fe trouuent fes Elemens en forme de dard vn peu penchant pour nous enfeigner, qu'il côtient veritablement toute la nature metallique, mais que neantmoins il y a de l'inégalité extreme dans fes Elemens qui le dominent, par laquelle il fe trouue grandement fixe, & fort terreftre, comme fa dureté & fa roüille font voir, marquez par la longueur de la ligne qui touche fon cercle, n'ayant de Mercure que pour fa premiere fonte, & de Soulphre que pour fon extenfion à chaud le plus fouuent. Ce que la briéueté des deux lignes coftales du dard reprefenté. Sa poincte courte denotant le peu de volatil qui s'y trouue auffi.

X. Le Caractere du cuiure, dit Venus, eft côpofé du mefme Cercle fans poinct pour la mefme raifon, & des Elemens fous iceluy vnis également, mais trop externes encore eftans plus fecs & terreftres, qu'humides & foulphreux. Ce que tefmoigne fa dure fufion, &

fa

fa facile corruption par l'aqueux humide : Il eſt vray que le Cercle eſtant ſuperieur, ils ſont preſque vaincus par la nature metallique, qui ſe les approprie tant qu'elle peut pour les metamorphoſer, & ramener au dernier & ſeul poinct de ſa perfection. Ce qui paroiſt par ſa fuſion & malleation.

XI. Le Caractere de l'eſtain, ou Iupiter ne poſſede que le demy Cercle croiſſant, pour marquer ſon peu d'acheminement à la perfection, logé à gauche ſur la Croix, ou aſſemblage de ſes Elemens, c'eſt à dire, ſur l'humide externe, qu'il domine ſeulement ; d'où vient ſa blancheur, ſa dureté, & ſon cric : mais il eſt encore chargé de trois autres Elemens externes eſgalement, & fort peu digerez qui le dominent, la preſence deſquels cauſe les deux Eclipſes dans le monde Metallique en les reincrudans. Raiſon pour laquelle il a eſté ſurnommé Maiſtre des Dieux, ayant pour Ambaſſadeur le Mercure interne, comme preuue ſa facile fuſion, pour Sceptre le Tonnerre, c'eſt à dire, le Soulphre externe, pour ſon palais ordinaire la partie ſuperieure appellée Ciel, & deſignée par le Volatil, chaud & ſec, & pour ſa recreation la terre baſſe, mais prolifique, & delicieuſe pour luy.

XII. Le Caractere du plomb ou Saturne eſt preſque oppoſé à celuy de Iupiter, ayant ſon demy Cercle croiſſant ſous le coſté à droict

A a

de ſes Elemens , par laquelle figure eſt demonſtré que ſa perfection metallique, eſt encore bien petite , domptée par le plus de Soulphre combuſtible , & rauie par l'Armoniac à
luy ſuperieur, ayant moins de Mercure interne, beaucoup de terre & peu de ſel : Ce qui a

Cheute de Saturne.

donné lieu à ſa cheute du Ciel en terre, cauſée
par Iupiter ſon fils, dautant que le commencement des choſes eſt touſiours plus foible que
leur progrez : Ainſi, Diane naſquit la premiere, & ſeruit de ſage femme pour ſon frere A-
pollon : Mais pour ce que bien ſouuent le meſ-

Difference de Iupiter & de Saturne.

me progrez s'eſloigne trop de ſon principe,
prenant vne contraire nature. A cette cauſe , Saturne tient le coſté droict , quoy qu'inferieur, mais legitime : Et Iupiter eſt à ſon oppoſé , & conſequemment moins habile pour
ſa fin, eſtant contraint de ſe r'allier auec luy
pour s'humecter , & appaiſer ſon cric, dequoy
la mixtion ſait foy.

Mercure & ſa nature.

XIII. Le Caractere du Mercure les contient tous, mais imparfaitement, ou en puiſſance, ſurnommé pour ce ſujet Hermaphrodite, c'eſt à dire de l'vn & l'autre ſexe, ſe ioignant
librement auec eux , particulierement les parfaits ; Ainſi la baze de la figure eſt l'aſſemblage de ſes Elemens ; le milieu, ou le Cercle & la
partie ſuperieure poinctant en haut, ou le demy cercle monſtrent ſon inclination pour l'v-
ne & l'autre teinture. Les Elemens entiere-

ment externes , manifeftent fon extreme crudité. Le Sec volatil maiftrifant fa nature exterieurement reprefentée auffi par le mefme cercle , va deffeichant fa moiteur externe feulement : Ce que la fituation de fon croiffant fi- Croiffant de
gnifie les deux poinctes, duquel eftans efgale- Mercure.
ment fuperieures, font voir fon commence-
ment , & fa fin , tout à fait indeterminez, &
comme oififs , faute de chaleur naturelle, tant
interne qu'externe , pour s'efleuer & vegeter
en corps parfait par le deffeichement de fon
trop d'humidité interne , fuiuant laquelle il eft
appellé Eau metallique. Enfin

XIV. Le Caractere de l'Antimoine eft op- Antimoine &
pofé à celuy de Venus , les Elemens externes fa nature.
eftans fuperieurs au Cercle , c'eft à dire , ob-
fcurfiffant fa fubftance metallique , & l'empéchant d'aller à la fin defirée qu'auec plus long-
temps , entre lefquels l'Armoniac eft le premier. Le Soulphre fuit à cofté droict , le Mercure tient le gauche , & le dernier eft occupé
par le Sel terreftre ; Le fec predominant, pour
lequel on l'a appellé Terre Metallique, ou Saffran des Metaux : Quoy fait, nous propofe -
rons en general pour la practique fuiuante, fe- Tranfition.
lon cette methode.

DV PROIECT DES MESMES

Resolutions par vn bon nombre
d'operations.

CHAPITRE III.

Et partant, quant à ce qui est

DES ANIMAVX.

Sang, Laict, Beurre, Os, Vrine, Miel.

I. O N peut faire les operations sur le sang, le Laict, le beurre, les Os, l'Vrine, le Miel & la Cire, au grand volume, c'est à dire, dans leurs propres vaisseaux & fourneaux, sçauoir, Courges de terre vernissées, cornuës de verre, escuelles, pots, &c. au demy reuerbere, ou au Cendrier.

Chair, Graisse, Peau, Plumes, Poils, Oeufs.

Et sur la chair, la graisse, la Peau, les Plumes, le Poil, les Conques, & les œufs, on les peut representer au petit volume, c'est à dire, en vaisseaux impropres. Le tout pour seruir d'exemple à la commodité d'vn chacun ou autrement, comme on desirera. Pour le regard

Des Vegetaux.

Racines, Fleurs, Fruicts, Fueilles.

II. On trauaille sur les racines tendres & charnuës, sur les fleurs & les fruicts, dans la

chappelle de cuiure, ou d'eſtain fin, & au cendrier, ſur les fueïlles chaudes, ſemences, & autres ſoulphreuſes dans le Refrigeratoire, ſur les
froides, & mercurielles dans le bain marin.

Ainſi on diſtille les racines, Eſcorces & bois   Eſcorces, bois,
ſecs, par la deſcente, & par le coſté.

Les ſucs eſpoiſſis, ſont reduits en Extraicts,   Sucs eſpoiſſis.
dans les pots de verre, & ſemblables, & au
Cendrier.

La liqueur du raiſin, c'eſt à dire, le vin ſe di-   Vin.
ſtille par le haut, en Courge de cuiure, terre
verniſſée, ou de verre au Refrigeratoire.

Son Tartre eſt preparé en terrines de grais,   Tartre.
retortes, &c. par ebullition, calcination, ſuppreſſion, à feu ouuert par le coſté, &c.

Les huiles naturels, gommes & raiſines par   Huiles, Gō-
la cornuë, & par la ſublimation : Et touchant   mes, Reſines.
le traicté

Des Mineraux.

III. La depuration des Sels ſe preſente la   Depuration,
premiere, comme du Nitre, ou Salpeſtre, &   Fuſion du ſal-
autres Sels impurs, ou meſlez ; ſçauoir, par ſim-   peſtre.
ple diſſolution ſeiche, ou non. En apres la de-   Decrepita-
crepitation, ou deſſeichement du ſel marin, &   tion, ou deſſei-
la fuſion des meſmes, chaude & ſeiche ſeule-   chement du ſel
ment.   marin.

Puis la dephlegmation & calcination du Vi-   Dephlegma-
triol par ebullition, & conſomption de ſon hu-   tion ou calci-
mide externe, à feu ouuert & de ſuppreſſion.   nation du Vitriol.

Esprits Aci-
des.

Desquelles matieres se tirent les Esprits Acides par le Reuerbere entier, dont s'ensuit

Sublimation
d'Armoniac.

La purification de l'Armoniac, pour seruir
aussi ausdits Esprits, par lotion, sublimation,
&c. Entre deux plats, terrines, matrats, &c.
Comme encore

Distillation
& desseiche-
ment d'Alum.

La distillation & desseichement de l'Alum
par la Courge de terre vernissée, & au demy
Reuerbere.

Le soulphre &
ses operations.

IV. Quant au Soulphre, on fait les Fleurs,
l'Aigret, le Baume, & autres d'iceluy par sublimation, combustion, ebullition à feu ouuert, &c.

L'Arsenic.

L'Arsenic, & l'Aymant arsenical se trauaille
à feu de roüe approximation, suppression, sublimation, &c.

Le Carabé.

Le Carabé, ou Ambre iaune, charbon de
terre, ou de pierre, & autres par la Cornuë à
feu demy ouuert, &c.

Le Bol, Mar-
ne.

Les terres, comme le Bol, Marne, & autres
par le Reuerbere entier, à la façon des Esprits
acides, ou à feu ouuert de suppression, calcination, & semblables.

Le Corail, ainsi que les Perles, Coquilles,
& autres, par leur dissolution & reduction en
magistaires.

Les pierres, comme l'Esmeril, Crystal de
roche, &c. par leur inflammation & extinction
humide reiterée, ou par la calcination, à la façon du fer, & du cuiure.

Et les Marcaffites par la diffolution commune , & fa precipitation , ne plus ne moins
que

Des Metaux.

V. Defquels pour l'Antimoine, ou entremine , c'eſt à dire , muneral moyen , & matiere
metallique , fuiuant les Hermetiques : On fepare premierement fon foulphre, fans addition
dans des terrines non verniffées ou de fer, pour
le meilleur , à caufe de la terre qui fe communique par l'agitation continuelle de la matiere , & à feu ouuert , on l'enflamme par addition , on fait fon verre par la fonte. La depuration metalline par detonation , où inflammation , & fufion : Ses fleurs par fublimátion , fa
Gomme , Aigret, Huile, Sel, Reuiuification,
& femblables , par la Cornuë à feu demy ouuert , de fuppreffion , & autres.

Le Mercure, ou Argent vif, qui eſt leur Eau
metallique , fe purifie à feu demy ouuert , ou
par l'humide à froid. Ses diffolutions ou corrofions diuerfes , fe font par calcination , tant
humide que feiche , fon arreftement , detention , ou incorporifation , fa dulcification , liqueur , Turbith , & autres, par la fublimation
fimple, ou non , & par addition ou non.

VI. Pour le Mars , ou fer , il fe prepare diuerfement auec, ou fans addition au feu de Reuerbere, ou inflammation, extinction, ou non,

L'Antimoine & fes operations.

Le Mercure,
& fes operations.

Le Mars.

pour le rendre de qualité diuerse , c'est à dire,
astringent ou aperitif: Et pour auoir son Essence douce, son Sel , Vitriol, Fleurs , liqueurs,
Magistaires & autres, tant par intermedes, que
par menstruës.

La Venus. Et parce que le mesme se practique sur la
Venus , ou le cuiure , quoy que differens en
vertus, ce qui sera obmis sur le fer, se peut a-
cheuer sur le cuiure.

La Saturne. VII. Le Saturne ou le plomb se dissout, ou se
calcine par le feu ouuert, & son Essence, Baume,
Laict, Magistaire, Crystaux, Sel, Huile, &c.
se tirent par corrosion, fusion , precipitation ,
& semblables. Et dautant qu'on agit de mes-
Le Iupiter. me sorte sur le Iupiter, ou estain, on choisira
ce qu'on voudra practiquer ; sçauoir l'Amal-
game,qui est commune aux autres, sa Chaux,
Fleurs, Besoart, Magistaire, Aureation, dicte
Iupiter Auré, Cinabre, vraye purpurine, dissolution, precipitation , &c.

La Lune. VIII. Pour la Lune, ou argent fin,on monstre ordinairement sa dissolution, sa precipitation, crystaux, vegetation, poudres , & autres
dans le besoin.

Bref, on opere presque de mesme façon sur
Le Soleil. le Sol, ou l'Or, ne differant des autres metaux
quant à sa dissolution humide , & corrosiue,
qu'au seul menstruë, sauf les operations curieuses , longues & riches pour ceux qui s'y
plairont: Ensemble la varieté plus grande du
mes-

meſlange des mentionnées qui leur produira
des effects admirables, & preſque infinis, ſuiuant noſtre methode, & l'experience de tout
ce que deſſus : Ce qu'eſtant dict en general, reſte maintenant pour conclurre cette premiere
partie, de repreſenter en particulier ce qu'il
faut auoir, & faire par

ABREGE'
DES OPERATIONS DE LA
Phyſique Reſolutiue.

CHAPITRE IV.

Et partant,

I. **P**O v r deſcouurir noſtre deſſein
en ce Chapitre, & faire voir que la
Methode d'vne deſcription eſt celle de l'autre. En iceluy ſont exprimez ſelon chaque matiere y compriſe ; Premierement les moyens ſecs & humides : En ſecond
lieu les vaiſſeaux fragiles, ou non : Tiercement
le procedé premier, ou ſecond, conforme à ſon
tiltre ; Puis les Fourneaux, & enfin la chaleur
requiſe, ſuiuant noſtre proiect & ſa partition :
N'y ayant autre difficulté, que de rapporter vn

Deſſein de
l'Autheur en
ce Chapitre,

B b

chacun à fa chacune , & fpecifier ce que nous
auons conioinct , pour ne dire fi fouuent vne
mefme chofe, & que ce n'eft proprement qu'v-
ne reprefentattion des chofes qu'il faut auoir
pour la practique fuiuante, qui contient le tout
au long. C'eft pourquoy

Poincts ge-neraux pour la refolution des Animaux. II. Toutes les operations, ou refolutions qui fe
practiquent fur les Animaux, ne regardent en
general que trois poincts ; fçauoir , les parties
qui les conftituent , les chofes qui en defcou-
lent appellez Excremens propres , ou impropres , adherans, ou non , & ce qui procede par
iceux , comme le miel par l'Abeille.

Poincts des Vegetaux. De mefme , celles qui fe font fur les Vegetaux , ne vifent qu'à leurs parties , conftituti-
ues , ou ce qu'ils produifent : Entre lefquels
l'efcorce peut tenir lieu d'excrement adherant,
bien qu'improprement : Et celles quon fait fur
Poincts des Mineraux & Metaux. les Mineraux & Metaux , n'ont pour obiect
que leurs parties internes , ou principes parti-
culiers : Leurs externes n'eftans point diuerfes,
comme plus durs , & obfcurs en eux mefmes.
Doncques

QVANT AVX ANIMAVX.

*Pour extraire l'Eau, l'Esprit, le Baume, la
quiate-Essence, & le Sel du sang, du
Laict, Oeufs, Fientes, &c.*

III. **I**L faut auoir du sang tres sain la quantité requise: De bon esprit de vin ce qu'il
faudra: Du papier gris peu collé, des trepieds
de fer mobiles & ronds, & des rouleaux ou petits cerceaux de bois, de carton, ou d'autre matiere, qu'on nomme Valets pour reposer, ou
appuyer les vaisseaux: Vn plat, vne courge de
terre vernissée, ou autre qui ne boiue point,
vne de verre auec sa rencontre, c'est à dire, qui
s'emboitte en dedans, vne Chappe ou Alembic
auec son recipiant, vn entonnoir des fioles, &c.
Puis le laisser espurer par soy-mesme, le dephlegmer à feu ouuert, le distiller dans lesdits vaisseaux; sçauoir, Au demy Reuerbere, Du premier
iusques au troisiesme & dernier degré de chaleur. Le philtrer, separer, & rectifier, Ou bien
apres sa depuration naturelle, l'ayant mis digerer au fumier, bain marin, &c. durant vn mois
proceder comme dessus, pour auoir l'Essence.
Le Laict se distille en la mesme maniere sans aucune preparation, & à feu lent pour auoir l'Eau.
Les œufs durcis en eau boüillante, & la fiante
fraische, telle qu'elle est: Ainsi

Bb ij

Matiere.

Moyens.

Vaisseaux.

Procedé pre-
mier.

Fourneau.
Chaleur.

Procedé se-
cond.

Laict, Oeufs,
fiante, &c.

Pour tirer l'Huile du Beurre, Graisse, Cire, &c

Matiere,
Moyens.

IV. **O**N prend desdites matieres ce qu'on
veut auec leurs intermedes, ou
moyens secs, comme Bol, Chaux viue, Sel desseiché, &c. Vn plat de terre vernissée, vne Cor-

Vaisseaux.
Procedé pre-
mier.

nuë auec son recipiant de verre, Puis il est besoin de les fondre, les incorporer auec lesdits
moyens, les ietter dans leur retorte, ayant

Fourneau.

deux tiers vuides, les distiller au fourneau de sable; Du premier iusques au quatriesme degré de

Chaleur.
Procedé secõd.

chaleur, & les rectifier, s'ils ne sont assez purs
& liquides, Pareillement

Pour faire l'extraict de la Chair, ou parties
charneuses.

Matiere,
Moyens.

V. **A**Yant choisi la chair, qui sera necessaire bien fraische, faut auoir de bon
esprit de vin aromatisé de Mirrhe: Escuelles ou
terrines qui ne boiuent point, vne cornuë auec

Vases.
Procedé.

son recipiant de verre, puis la couper en pieces
plates, & deliées, pour la seicher en l'arrousant

Fourneau,

dudit esprit, la mettre en poudre, la digerer sur
les cendres chaudes autant qu'il y aura de tein-

Chaleur.

ture, la philtrer, éuaporer, ou distiller à feu
lent, & consistence requise; Ainsi est de toutes sortes d'extraicts auec, ou sans moyen. De
mesme

Pour faire le Magistaire des Os, ou parties solides.

VI. VOus prendrez tel os que vous voudrez, desseiché par soy-mesme de son humidité nourriciere, en lieu chaud, & à l'ombre : Du vin aigre distillé, d'esprit de Nitre, Huile de Tartre par defaillance, Eau commune, &c. Du papier gris, cendres seiches & sacées, Tablettes de bois, & autres que dessus: Vne terrine, Escuelle de Fayence vernissée, vne courge de verre, vn matras, ou recipiant, des Antonnoirs, &c. Puis vous les mettrez en poudre subtile, pour le dissoudre, philtrer, precipiter, lauer & seicher à nostre mode : La mesme methode s'obserue à tous les autres Magistaires, En cette sorte

Matiere.

Moyens.

Vaisseaux.

Procedé.

Pour distiller l'Esprit, l'Huile, & le Sel volatil, des Cornes, Poils, Peau, Plumes, &c.

VII. CHoisissez desdites choses ce qu'il conuient, Vne cornuë auec son recipiant, des Phioles, Antonnoirs, &c. En apres, reduisez-les en petites pieces, & les distillez au Reuerbere entier, ou non: Du premier, iusques au troisiesme degré de chaleur, separans & rectifians le tout; Le mesme estant aussi des autres corps solides; Et

Matiere.

Vaisseaux.
Procedé.

Fourneau.
Chaleur.

Pour tirer l'Esprit, Sel, & Huile d'Vrine.

Matieres.
Moyens.
Vases.

Procedé premier.

Fourneau.
Chaleur.

Procedé second

VIII. PRenez quantité d'Vrine de ieunes gens qui boiuent du vin : L'intermede qui sera à propos; Vne courge de terre bien vernissée, & qui ne boiue point, ou bien de verre, auec sa chappe, & recipiant, vne cornuë, terrine vernissée, &c. Puis laissez la r'asseoir quelques iours pour la separer de son limon, la dephlegmer à feu ouuert, la distiller au fourneau de cendres: Du premier iusques au troisiesme degré de chaleur, Separer les diuerses substances, philtrer, rectifier, euaporer à sec, brusler, & mettre resoudre en lieu froid & humide; En fin.

Pour extraire l'Eau, l'Esprit, l'Huile, & la teinture du miel.

Matiere,
Moyens,
Vaisseaux.

Procedé premier.
Fourneau.
Chaleur.

Procedé second.

IX. AYez du Miel quantité suffisante: De la filasse, ou estoupes nettes; Du sable de riuiere pur & net aussi ; Deux courges de terre vernissées, l'vne desquelles soit troüée à vn costé deux doigts sous l'orifice. Des escuelles de gray, & autres qui ne boiuent point, Puis distillez le sur vn demy Reuerbere: Du premier iusques au troisiesme degré de chaleur, & que tout soit desseiché. Item mettez le digerer sur les cendres chaudes, auec le sable, pour le philtrer, & distiller, ou éuaporer pour la teinture.

QVANT AVX VEGETAVX.

Pour distiller les plantes verdes, ou ayans suc, sei-
ches, ou desseichées, chaudes, ou froides, vis-
queuses, &c.

X. NOus prenons, generalement parlans, *Matiere,*
la plante qui fait besoin, ou son suc *Moyens,*
espuré, ou icelle digerée, D'eau commune, de *Vaisseaux.*
bon vin, Esprit Acide, Laissiue grauelée, Sel de
Tartre, Papier gris ; Courge de cuiure Refrigeratoire en conque, ou serpent, Chappelles,
terrines, escuelles, Cucurbite de verre, Alambic, Matras, Fioles, Antonnoirs, Pots de ver-
re, larges d'entrée, &c. Puis nous venons à la *Proeedé pre-*
piler, presser, chauffer, macerer, boüillir, éua- *mier.*
porer, distiller, cohober, calciner, dissoudre,
congeler, seicher, resoudre, &c. sçauoir, Au demy reuerbere, Bain marin, Bain vaporeux, *Fourneaux.*
Bain sec, aux cendres, fumier, calcinatoire, *Chaleur, & ses*
Et au premier degré de chaleur, pour le Phle- *diuers degrez.*
gme, Digestion, Euaporation : Au second de-
gré pour l'esprit, Essence, Huile ; Au troisiesme pour les Ebullitions, Rectifications, &c.
Et finalement au quatriesme, pour les Calcinations, Incinerations, fusion, &c. Dont

Pour purifier les sucs espoissis , touchant les Ex-
traicts , & Sels seruans à composer des reme-
des vniuersels.

Matiere,
Moyens.

XI. VOus aurez des sucs espoissis , comme la Scamonée , Aloé , & semblables , la quantité requise : D'Eau commune
distillée , Esprit de vin, vin aigre distillé , Eau

Vaisseaux.
Procedé pre-
mier & second.
de Miel , Soulphre, papier gris, &c. Des plats,
terrines , & escuelles , qui ne boiuent point ;
Puis, vous les mettrez en poudre , ou en petits
morceaux pour les purger de leur terrestreïté,
& resine , ou de leurs vapeurs malignes, les digerer, dissoudre, philtrer, & exhaler en la consistance requise , separans les Sels , si point en
y a : En cette sorte,

Laudanum.
Quant au remede qui fait dormir & charme
les douleurs , nommé *Laudanum, Nepenthe,*

L'Opium.
ou Narcotique , L'Opium , qui est la base se
desseiche en petits morceaux à feu doux ;
s'extraict par le vin aigre distillé , comme
le Sel des Perles , Coraux , &c. desquels cy-
apres : Et tous les autres ingrediens sont extraits
par l'esprit de vin , particulierement les acres
& malings : Car aux mediocres, les eaux distillées suffisent :

Panchimague,
Polycreste.
Le mesme est des Panchimagogues & Poly-
crestes, c'est à dire, Purgatifs vniuersels, tous
lesquels se doiuent garder à part pour les mesler en temps & lieu : En cette maniere

Pour

Pour tirer l'Esprit, le Phlegme, l'Acide, le Sel,
& l'Essence des liqueurs : Particulierement du
vin, & du vin aigre.

XII. PRenez de bon vin rouge, ou Eau de   Matiere.
vie tres bonne faite de sa lie, la quantité, qui sera necessaire.

Vne courge de cuiure à serpent, Vne de   Vaisseaux
verre, auec sa chappe, & recipiant, Vn vaisseau circulatoire, ou de rencontre.

Pour le faire distiller au demy Reuerbere, ou   Procedé pre-
aux cendres, Du premier, iusqu'au second de-   mier.
gré de chaleur, le rectifier plusieurs fois, sepa-   Fourneau.
rans le Phlegme, & continuer le feu, iusqu'à   Chaleur.
sec pour auoir l'Acide : Ou bien, vous le met-   Procedé se-
trez circuler durant trois mois, au bain Marin,   cond.
ou au fumier, pour extraire l'Essence par distillation : En fin bruslez le marc, Ainsi que de   Sel du marc.
tout autre combustible pour separer le Sel, par
laissiue, philtration, euaporation, & resolution quant à son huile.

Le vin aigre toutefois ne doit point estre di-   Vin aigre.
stillé que dans le verre, & à tres petit feu au
commencement, afin de separer le Phlegme
qui sort le premier : Au conrraire du vin : De
mesme

Cc

Pour faire la Purification, Calcination, Sel, Huile,
& Magiſtaire du Tartre.

Matiere. XIII. ON fait choix du Tartre fin le plus
gros & le plus pur qu'on peut,
quantité ſuffiſante.

Moyens. Du Salpeſtre, des blancs d'œufs qui ſoient
durcis en l'Eau boüillante.

Du papier gris, linge neuf, manche de drap
blanc, &c.

D'Eau commune, Eſprit de vin, Huile de
Vitriol, ou de Nitre.

Vaiſſeaux. Vn chauderon, vn pot de terre, & autres vaſes non verniſſez, Des terrines qui ne boiuent
point, vn Marbre, vn Porphyre, pots de verre, cornuës, recipians, &c.

Procedé pre- En apres on le met en poudre pour le lauer,
mier. diſſoudre par l'Eau boüillante, philtrer, & congeler, le calciner, par, ou, ſans moyen : Au
Fourneau. fourneau du Reuerbere, Potier de terre, Fon-
Chaleur. deur de cloche, de Suppreſsion, ou d'Vſtion à
deſcouuert.

Puis en faire la laiſsiue, la philtrer, &c. éuaporer à ſec, mettre reſoudre, ou exprimer.

Procedé ſe- Plus le diſtiller au Reuerbere, ou au ſable.
cond. Du premier, iuſques au troiſieſme degré de
Fourneau. chaleur & de ſuppreſsion, ſur la fin, le rectifier,
Chaleur. & ſeparer, le precipiter, lauer, & ſeicher à no-
ſtre mode, comme ſera dict en ſon lieu :
Dauantage

Pour exalter, ou purifier l'Huile vulgaire, appellé Essentiel, ou des Phelosophes.

XIV. C'Est la couftume de chercher d'hui- *Matiere, Moyens,*
le d'Oliue la plus vieille ce qu'on
veut, Poudre ou morceaux de briques vieilles, du Sel deffeiché, vn peu de verd de gris,
fi on defire qu'il foit coloré, ou plus agiffant,
Vne terrine bien verniffée, vne cornuë auec *Vaiffeaux.*
fon recipiant de verre.

Apres on enflamme les morceaux de briques *Procedé pre-mier.*
pour les efteindre dans ladite huile, mettre le
tout en poudre fubtile.

Le diftiller au fourneau de fable, Du premier, *Fourneau, Chaleur,*
iufques au troifiefme degré de chaleur, Et le *Procedé fe-cond.*
rectifier, s'il eft befoin, ou autrement auec le-
dit Sel : Pareillement

Pour tirer les fleurs, ou Sel volatil, & Effentiel du Benzoin, & autres Gommes.

XV. IL conuient auoir du Benzoin fort net, *Matiere.*
ce qu'on defireta.

Vn creufet rond, ou pot à feu, non verniffé, *Vafes.*
fi vous voulez.

Du papier gris, ou bleu fpongieux, & peu *Procedé pre-mier.*
collé pour faire des cornets, en forme de chappes.

En apres le fublimer fur vn petit demy reuer- *Fourneau, Chaleur,*
bere, à feu doux, & le feparer, ou abbattre de *Procedé fe-cond.*
temps à autre fur le mefme papier, En fin

Pour tirer l'Esprit, l'Huile, Baume, faire l'Ex-
traict de Terebentine, & semblables Resines
molles, ou liquides.

Matiere,
Moyens.

XVI. VOus prendrez de Terebentine, ou autre Resine liquide quantité suffisante, De l'Eau commune, Esprit de vin, Vne cornuë lutée, ou vne courge auec son re-

Vases.

cipiant de verre, des pots de rencontre, &c.

Procedé pre-
mier.

Puis vous la distillerez au demy Reuerbere, sable, Bain marin, ou refrigeratoire.

Fourneau,

Chaleur,
Procedé se-
cond.

Du premier iusquesau dernier degré de chaleur, ou de suppression, separans les diuerses liqueurs, afin de distiller ou éuaporer le Baume à sec pour faire l'extraict.

En cette maniere, on peut operer sur tous les autres Vegetaux.

QVANT AVX MINERAVX.

Pour faire la Depuration, Fusion, Esprit & Hui-
le de Nitre, ou Salpestre.

Matiere,
Moyens,

XVII. PRenez la quantité de Salpestre que vous voudrez, du Soulphre, quelque peu, d'Eau commune, du Bol, Poudre de Briques, Papier gris, &c.

Vaisseaux.

Des terrines, Escuelles de gray, ou de Fayence, vn creuset, ou vne grande cuillere de fer bien polie au dedans, Vne cornuë de terre ou de verre, vn grand recipiant, vn Entonnoir, Fioles de verre, &c.

En apres, faites le diffoudre, philtrer, éua- Procedé pre-
porer, & cryftalifer, pour le fondre fur & en- mier.
tre les charbons ardans, le purifier auec le Soulphre, ou vn petit charbon allumé, & le ietter
en des moules, ou autrement.

Plus le diftiller au fourneau de Reuerbere en- Fourneau
tier, auec le double de fon intermede ; Du premier iufques au quatriefme degré de chaleur. Chaleur.

Le philtrer & rectifier, s'il eft befoin : De Procedé fe-
mefme façon le Sel marin fe purifie, fe deffei- cond.
che, fe fond, fe diftille, mais auec plus de temps: Sel marin.
Comme auffi le Vitriol, & l'Alum de phlegmés. Vitriol.
Alum.

Le meflange defquels proportionné felon
qu'il fait, compofe l'Eau forte, ou de depart, Eau forte.
& l'Eau royale, ou regale par le Sel Armoniac.

Et de leur refte morte, marc, ou refidu, fe
tire le refte du Sel par diffolution, & éuapora- Sel refidu.
tion à fec, pour feruir comme auparauant, Et

Pour efpurer, fublimer, fixer, & faire l'Huile,
  du fel Armoniac.

XVIII. VOus aurez du Sel Armoniac la Matiere.
quantité neceffaire ; D'eau Moyens.
commune: De chaux viue rafroidie par foy-
mefme : De chaux de coques d'œufs, du Sel
marin blanc, & deffeiché, du papier gris,

Des bonnes terrines & creufets, Vne courge Vaiffeaux.
de terre, ou de verre, auec fon Alambic, &
recipiant, vne cornuë, vn Entonnoir ; Procedé pre-
Afin de le diffoudre, philtrer, diftiller, ou mier.

éuaporer , le fublimer par plufieurs fois : Au fourneau de fable.

Du premier , iufques au troifiefme degré de chaleur, Le ftratifier, digerer, congeler au froid humide , & le mettre refoudre,

Dauantage

Pour faire les fleurs, Aigret, Sel, Huile , Baume,
& Magiftaire du Soulphre.

XIX. IL faut auoir du Soulphre commun en canons, ce qui fuffira, Du Sel marin blanc , ou deffeiché, Sel Armoniac, Chaux viue, papier gris, cendres feiches, & facées, & autres que deffus, &c. D'eau commune , du vin aigre diftillé , d'efprit de Terebentine , d'Huile de Tartre par refolution , &c. Vne courge de terre , & diuers pots verniffez , ou non, Vn bon creufet , vne chappe , ou cloche de verre, ou recipiant, ou plufieurs cloches de diuerfe largeur , verres, fioles , &c.

En apres le fublimer , au demy reuerbere ; Du premier iufques au fecond degré de chaleur, pour vaporer feulement;

Plus l'enflammer, le brufler fous vne cheminée, ou lieu efcarté, à caufe de l'odeur, & mettre ledit creufet à part , pour laiffer paroiftre le Sel.

Item, le diftiller, extraire, digerer, boüillir, philtrer, precipiter, lauer, & deffeicher, comme dit eft.

Semblablement

Pour sublimer, calciner, faire l'Huile, & l'Ay-
mant de l'Arsenic.

XX. CHoisissez de l'Arsenic tres blanc & crystalin, laquantité necessaire, Du Sel desseiché, du Vitriol rougy, poudre de Machefer, Salpestre, Soulphre en canons, Antimoine crud, Eau commune, huile de Tartre, &c. Vn creuset, vn matras, En apres sublimez le au fourneau de sable, Du premier iusques troisiesme degré de chaleur, ou l'enflammez, pour le fondre, le dissoudre, radoucir, seicher, fixer, resoudre, & cuire à feu lent, ou de roüe, premierement, & puis d'approche iusques à ce que le Soulphre soit consommé. Et le tout sous vne cheminée, ou à descouuert, éuitans les fumées qui sont dangereuses, qu'on peut retenir auec plusieurs pots de terre percez au fonds, & adiustez les vns sur les autres : De mesme

Matiere,
Moyens,

Vaisseau.
Procedé,
Fourneau,
Chaleur.

Feu d'approche.

Pour tirer l'Huile, & le Sel volatil, du Carabé,
ou Ambre iaune, Charbon de terre, & autres
bithumes.

XXI. ON doit auoir la quantité qu'on desire du Carabé, D'eau simple, du Sel commun desseiché. Vne cornuë auec son recipiant, vne courge auec son Alambic de verre, sioles, &c.

Matiere,
Moyens,
Vases.

Pour le distiller au sable à feu lent, premierement, & sur la fin de suppression, le rectifier & separer.

Procedé premier.
Fourneau.
Procedé second.

Chaleur. Eſtant loiſible d'operer ſans intermede, mais plus lentement :

Ainſi ſe diſtille le Charbon de terre, ou de pierre, & toutes ſortes de bithumes :

Item

Pour extraire l'Eſſence Magiſtaire, Sel, & Huile des Coraux, Perles, Porcellaines, &c.

Matiere. XXII. VOus prendrez deſdites matieres ce qui ſera beſoin :

Moyens. Du vin aigre diſtillé, Huile de Tartre, Eſprit de vin, Eau commune.

Vaſes. Des Eſcüelles de gray, & ſemblables, qui ne boiuent point, des vaiſſeaux de rencontre, vne cornuë, & ſon recipiant de verre :

Procedé. Pour le diſſoudre, philtrer, ſeicher, reſoudre, precipiter, lauer, diſtiller, & cohober ; ſçauoir, Au Bain marin, au fumier, ou aux cendres, & à feu lent : Finalement

Fourneau, Chaleur.

Pour faire la Calcination, Teinture, Sel, et Magiſtaire, d'Eſmeril, Cryſtal de roche, & autres pierres dures.

Matiere. XXIII. IL eſt requis qu'on ait de bon Eſmeril ce que vous voudrez :

Moyens. Du vin aigre diſtillé, d'Eau royale :

Vaiſſeaux. Vn bon creuſet, deux plats de terre verniſſez, pots de terre, fioles, &c.

Procedé. Puis le rougir entre les charbons ardans, l'eſtein-

l'eſteindre , ſeicher, & reïterer le meſme iuſques à ſon entiere diſſolution;

Plus le reuerberer, diſſoudre de rechef, phil- Fournëau.
trer & exhaler d'vne tierce partie, le precipiter, Chaleur,
& ſeicher;

Touchant les Marcaſſites, les operations ſont
de meſme, que des Metaux, comme s'enſuit;
Doncques

QVANT AVX METAVX.

Pour faire le Foye d'Antimoine, le Verre, le Re-
gule, les Fleurs, l'Extraict, l'Huile, &c.

XXIV. ▌L'eſt neceſſaire d'auoir de l'Anti- Matieres.
▌moine tres bon, quátité ſuffiſante, Moyens.
Du Salpeſtre fin, du Tartre crud, pur & net,
& ſon Sel, du Borax, Alum Calciné, Sel, Gomme, Sucre Candy, papier gris, D'Eau commune, du vin, du vin aigre diſtillé, d'eſprit de vin,
d'eſprit de Terebentine :

Vn grand mortier de fer, vne terrine qui re- Vaſes,
ſiſte au feu, diuers creuſets, & pots de terre non
verniſſez , ou bien, vn Vaiſſeau Calcinatoire
faict expres, des eſcuelles qui ne boiuent point,
des pots de terre larges d'entrée, pluſieurs verres bas & larges, d'entrée, des Courges de rencontre, des Entonnoirs, vne cornuë auec ſon
recipiant, &c. En apres le bruſler, infuſer, & Procedé pre-
filtrer ; Item le calciner , l'enflammer par pe- mier.
tites cuillerées , ou paquets, ſi on veut, & le

Fourneau.
Procedé fe-
cond.
Fourneau.
Chaleur.

fondre. Plus le fublimer à feu tresfort : Le digerer à chaud, tant qu'il y aura de teinture : Le
diftiller au fourneau de cendres. Du premier
iufques au troifiefme degré de chaleur: Et fur
la fin de fuppreffion. Bref le diffoudre, philtrer, precipiter, radoucir, & feicher, Quant au
Soulphre auré :.

De mefme

Pour calciner le Mercure, ou Argent vif, le fubli-
mer, le diftiller, & femblables.

Matiere,
Moyens,

XXV. F Aut auoir dudit Mercure pur, ce
qu'on voudra : D'eau commune,.
de vin aigre diftillé, d'Efprit de Nitre, ou de déf-
part rectifiez, Du Sel marin, blanc, & deffeiché, du Nitre, ou Salpeftre fin, d'Alum de roche, ou de glace, de Vitriol romain pur, & deffeiché, papier gris, cendres feiches, & facées:

Vafes.

Vne terrine de Fayence, des plats verniffez, Efcuelles de gray, plufieurs cornuës, matras, recipians, courges, pots, Entonnoirs, fioles gran-

Procedé pre-
mier.
Fourneau.

des & petites, &c. Puis le diffoudre, precipiter,
philtrer, radoucir, & feicher, ou colorer:Com-
me encore pour l'incorporer, l'efleuer au fourneau de fable, le rectifier par foy-mefme : Du
premier tendant au dernier degré de chaleur;.
Plus le diftiller par cofté, Au demy Reuerbere

Chaleur.
Procedé fe-
cond.

ou feu ouuert: Du premier au fecond degré de
chaleur, pour auoir fa Gomme, fon Huile par
refolution; Et des deux la poudre par precipita-

rion, l'Aigret & le Sel par Euaporation ou Desiccation; Et du troisiesme iusques au dernier degré, ou de suppression le Cinabre & la reuiuification dudit Antimoine & Argent vif; Finalement le Magistaire appellé Besoard mineral de la mesme Gomme par distillation laterale, auec l'esprit de Nitre rectifié, & cohobé: Semblablement

Pour faire la chaux de Mars acier, ou fer, tant Astringent qu'Aperitif, l'Extraict, les Crystaux, ou Vitriol, l'Huile, &c.

XXVI. PRenez des poinctes de clouds neufs, limaille fraische, & pure, lamines subtiles, ou quarreaux d'acier autant qu'il est besoin; D'eau commune, de vin aigre distillé, d'esprit de vin, de Vitriol, de Nitre, ou de depart, vin blanc, Malvoisie, Huile de Tartre par resolution, Vrine, &c. Du Soulphre en canons, du Vitriol rougi, du Sel Armoniac, papier gris, &c. Vn creuset, vn pot qui resiste au feu, Deux terrines vernissées, escuelles, &c. Vn pot de verre, matras, cornuë, recipiant, Entonnoirs, &c. Puis dissoluez le, philtrez le, pour le faire exaler, congeler, desseicher, resoudre, roüiller, reuerberer, enflammer, esteindre, mettre en grenaille, brusler, stratifier, sublimer & distiller; Au fourneau des cendres, ou de sable entre les charbons ardans, feu de roüe, de re-

Matiere.

Moyens.

Vases.

Procedé.

Fourneau.

D d ij

Chaleur. uerbere, Du premier iusques au dernier degré
de chaleur. De plus,

Pour faire la chaux de Venus, ou cuiure, le Vi-
triol, ou Cryſtaux, Magiſtaire, &c.

Matiere, **XXVII.** AYez la quantité de cuiure neceſſaire par menuës parcelles,
lamines deliées, limaille pure, &c.

Moyens, Eau forte rectifiée, vin aigre diſtillé, Huile
de tartre par reſolution, Eſprit de vin, eau commune, Du Sel commun blanc, & deſſeiché, du
Soulphre en canons, du Sel Armoniac, Salpetre, verdet, papier gris.

Vaiſſeaux. Des creuſets, ou pots de terre, ſans vernis,
qui reſiſtent au feu, terrines bien verniſſées,
Eſcuelles de gray, pots de verre, matras, cornuës, recipiás, fioles, vaiſſeaux de rencontre, &c.

Procedé. Puis calcinez le, ou par ſtratification, ou par
vſtion, Venez à l'enflammer, & eſteindre, à le
ſublimer, corroder, bruſler, cuire, philtrer,
congeler, euaporer, mettre reſoudre, precipiter, lauer, ſeicher, &c.

Fourneau. A feu de roüe & de ſuppreſſion, reuerbere
Chaleur. feu de fonte, de ſable, &c. Du premier iuſques
au dernier degré de chaleur, Et de la meſme
façon que le Mars.

Dauantage

Pour faire la chaux, de Saturne, ou du plomp, Es-
fence, Crystaux, Sel virginal, Magistaire,
Verre, &c.

XLXVIII. CHerchez du plomb en lin-   Matiere,
got, ou de la premiere fonte,
ce qui sera necessaire.

Eau forte rectifiée, Vin aigre distillé, Esprit   Moyens.
de vin, Eau commune, du Soulphre en canons,
Sel marin desseiché, Alum de roche, ou de glace, blancs d'œufs durcis en Eau boüillante, papier gris, &c.

Vn creuset, vn pot de terre qui resiste au feu,   Vaisseaux.
ou vne grande cuillere de fer, & semblables,
des terrines ou escuelles de gray, vne courge a-
uec son Alambic, & recipiant de verre, vne cornuë, des Fioles, Entonnoirs, &c.

Puis fondez le sur vn demy reuerbere, ou feu   Procedé pre-
ouuert, pour separer les superficies d'iceluy,   mier.
tant que le tout soit en poudre, ou bien le stratifier : Pour infuser, philtrer, exhaler, crystali-   Fourneau.
ser, ou desseicher sur vn cendrier, ou feu lent,   Procedé secōd.
le precipiter, mesler, resoudre, distiller, rectifier, dissoudre, extraire, coaguler, & reuerberer, Du premier iusqu'au dernier degré de chaleur.

[Il est de mesme de la Serufe, Minium, Litarge,   Renuoy.
&c. qu'il faut dissoudre auec le vin aigre distillé,
& boüillant par plusieurs fois, procedans, com-

me dit eſt, Auſquelles Operations le Iupiter, ou l'eſtain conuient pareillement,

Dont

Pour faire l'Amalgame, ou chaux de Iupiter, ou eſtain, Aureation, Purpurine, Fleurs, Beſoard, Magiſtaire, &c.

Matiere, XXIX. ON prend l'eſtain fin ou doux, c'eſt à dire, ſans meſlange de plomb, cuiure, &c. la quantité ſuffiſante

Moyens. Du Mercure, ou Argent vif, Salpétre, Regule d'Antimoine, Armoniac, Soulphre, Sublimé corroſif, papier gris, linge fin, &c. Eau commune, Eſprit de Nitre, ou de depart rectifié, Eſprit de Vitriol.

Vaiſſeaux. Diuers creuſets ou pots de terre, ſans vernis, qui reſiſtent au feu, vn plat verniſſé, Des eſcuelles, &c. Vne cornuë de verre, vn matras, ou recipiant, &c.

Procedé. Puis le fondre à feu ouuert, meſler, lauer, exprimer, éuaporer, & mettre en poudre, qu'on appelle Chaux, l'enflammer, le diſtiller, cohober & reuerberer, le precipiter, radoucir & ſeicher : Ainſi

Fourneau, Chaleur.

Pour faire la Chaux, Cryſtaux, Huile, & Vegetation, de Lune, ou Argent.

Matiere. XXX. IL conuient auoir d'argent fin en li-
Moyens, maille, fueilles, ou lamines déliées, ce qu'on voudra.

Du Mercure, d'Efprit de Nitre rectifié, du Moyens.
vin aigre diftillé, d'Eau commune, d'Eau marine, ou Alum, papier gris, &c.

Des creufets, efcuelles de gray, &c. Des ma- Vaiffeaux.
tras, cornuës, courges, recipians, & femblables verres:

Puis la diffoudre, precipiter, radoucir, fei- Procedé pre-
cher & reuerberer, ou bien l'éuaporer, rehume- mier.
Âter, philtrer, cryftalifer, ou deffeicher: Plus la
cohober, diftiller, feicher, broyer & refoudre,
digerer & diftiller: Au fourneau de cendres, Du Fourneau.
premier iufqu'au fecond degré de chaleur, & Chaleur.
en fin l'efleuer à feu doux, ou de roüe: En cet- Procedé.
te forte

Pour faire la Poudre, Saffran, Vitriol & Huile,
   ou liqueur du Sol, ou Or.

XXXI. **I**L eft expedient d'auoir d'or en Matiere,
fueilles lamines pieces deliées, ou Moyens.
recoupures fines: Du Saturne, Mercure, Sel
commun, grappes de raifins, papier gris: Eau
regale, Huile de Tartre, Vrine faine, Eau de
pluye diftillée, Efprit de vin, &c.

Vn creufet ou vafe de terre fait expres, ayant Vaiffeaux.
l'orifice eftroit, pot de terre haut & verniffé, Efcuelle de Fayence, courge de verre, Entonnoirs,
&c.

Par apres le calciner, piler, purger, diffoudre, Procedé.
precipiter, philtrer, radoucir & feicher lentemēt,
Plus le ftratifier & ratiffer, le boüillir, éua- Fourneau.

porer & cryſtalliſer, le digerer, ſeicher & reſoudre aux mémes fourneaux & chaleur que deſſus.
Finalement

Pour faire la reduction deſdits Metaux, En leur premiere nature,

XXXII. VOus prendrez leurs Chaux,
Sels, Magiſtaires, & autres
preparations, Du Nitre, Tartre, Reſine, Sauon,
Graiſſe, Borax, &c. Vn creuſet, & autres vaſes
à feu, Et mettrez le tout au fourneau de fonte
pour renaiſtre, comme il eſtoit auparauant:
Où ie finis cette Partie premiere, pour aller à
la ſeconde.

Fin de la premiere Partie.

OWERTVRE DV COVRS.

SECONDE PARTIE
DES
OPERATIONS
OV PRACTIQVE DE LA PHYSIQVE
RESOLVTIVE.

AVANT-PROPOS.
POVR LE CONTENV EN general de cette Practique.

I. EN quelque Ouurage que ce soit, quatre choses concourent, sçauoir l'Agent, la Matiere, la Forme, & la Fin, qui contient l'Effect : Pour agir il faut le pouuoir, que la vo- lonté determine, poussée par la cognoissance du bon, Source de la beauté, qui engendre l'amour, pour produire l'vnion, par le retour, ou rapport du progrés en son principe, qui forment la verité, & en suite la necessité de l'Effet, En cette sorte.

Circonstances de l'ouurage, leur dépendences & effects.

La Sience void, la puissance faict, la volonté de- termine, le bon conuie, la beauté plait, l'amour conrente, l'vnion resmoigne la diuersité, le rapport

E e ij

marque la dependence , la verité dit le reel , & là
la neceſſité l'inffaillible.

Deſcriptions des cauſes de quelquec hoſe.

II. La Matiere eſt le ſuiet par autruy , ou deſoy;
la Forme eſt la diſpoſition , ou l'ordre de ſes Parties
la Fin eſt l'Obiect , ou l'intention derniere , qui
termine ce qui nous plait : l'Autheur de l'Vniuers
eſtant ſans limites proprement parlans , n'a point de
nom , ou deſcription , qui ſignifie ſon eſtre , ou le
diſtingue de nous , Sa Matiere eſt le rien oppoſé à
luy-meſme : Sa forme depend de ſon Idée , & ſa fin
n'eſt autre que l'intention de ſe faire cognoiſtre.

Habilité des choſes con- traires ou op- poſées pour l'vnion du compoſé.

III. Mais comme de l'inſenſible au ſens , il y a
grande difference pour les vnir; du non Eſtre à l'E-
ſtre; du ſubtil au ſolide , & du general au particulier pour deuenir ſenſible à nous; Le lieu , le mouuement , le temps & toutes les circonſtances du corps
ont paru ſucceſſiuement , quant à l'ordre ſeulement,
l'Eſtre crée vniuerſel eſt deſcendu à l'Eſſence , Icelle
reſerrée en ſoy-meſme à produit la vie , ſuiuie de
cognoiſſance dicte Intellect , & de force qu'on appelle Ame , pour conſtituer vne forme derniere &
indiuiduelle , tout à fait oppoſée à la premiere; nommée Nature , fondée ſur la matiere ou le ſolide. Et
partát comme l'Art imite la meſme Nature; que les
paroles ſont introduites pour exprimer les choſes , &
qu'il n'y a rien de beau ſans l'ordre ; Pour exprimer
ce que deſſus , & manifeſter ce qui eſt caché , & qui
fait le plus du ſenſible , nous dirós sómairement que,

IV. Ce traitté de Practique eſt diuiſé en huict Sections; La premiere contient quatorze Chapitres ,
parlans en general , ſans comprendre les figures , &

vn chacun ſes deſcriptions & ſens Phyſiques : La ſe- Diuiſion gene-
conde en à quinze, La troiſieſme treize ; La qua- rale de cette
trieſme onze ; & ainſi des autres ſuiuant l'occaſion ; Pratique.
De toutes leſquelles le Subiet & l'Obiet cóme a eſté
dit en la premiere Partie, ne regarde, que les mixtes
& leurs reſolutions, afin d'en auoir l'entiere co- Subiect, Ob.
gnoiſſance, Et entre les moins communes celle des iect, & fin de
Hermetiques, qui a donné le nom à cette recher- la reſolution.
che ; comme la plus digne & neceſſaire pour eſleuer dauantage l'entendement de l'homme aux merueilles de la Nature, que nous auons apellé, ſuiuant
leur intention *Theotechnie Ergocoſmique*, c'eſt à
dire, l'Art de Dieu en l'Ouurage de l'Vniuers.

V. Dont à proportion des Matieres qu'elle nous
donne, nous nous efforcerons d'en apporter quelqu'intelligence ; ſelon la doctrine des Philoſophes,
& le but principal que nous deuons auoir touſiours
qui eſt l'amour du Createur, & du prochain ſeule- Deuoir de
ment. Et pour ce faire, quant aux deux premieres l'homme.
Sections, nous ſuiurons la diſpoſition de leurs par- Ordre de ce-
ties externes & naturelles en quelqu'eſpece, pour ſer- ſte Methode.
uir d'exemple aux autres, ayant laiſſé leurs deſcriptions à leurs Autheurs, le nombre en eſtant trop
grand, & à nous le temps trop court. Pour les deux
ſuiuantes, nous garderons l'ordre des communes operations, touchant leurs principaux Indiuidus, & les raiſons que nous auons allegué en noſtre Theorie, auec leurs deſcriptions comme
moins cognus.

V I. La cinquieſme donnera les facultés des Facultés des
mémes matieres ſuiuant l'experience iournaliere, & mixtes.

leur generale distinction, les parties d'vn chacun,
& de quelques vns en particulier, comme a esté dit
ailleurs ; En la sixiesme, sera compris vn bon nombre d'autres Operations, vtiles & curieuses: Obser-
uans le mesme ordre commun, ayant laissé les sens
Physiques pour n'estre trop long: La septiesme fera
voir la nature & fabrique du soulphre incóbustible,
touchât la doctrine & practique vniuerselle & particuliere des Hermetiques, que nous auons encore
exprimé selon nostre genie, & la possibilité d'iceluy,
outre nos explications Physiques, sans autre suite
ou connoissance de plus grand effet que le contentement de nostre esprit, celuy de nos amis, & de
tous ceux qui s'y plairront, pour qui seuls nous es-
criuons, conformément encore à cette Methode
Resolutiue.

VII. La huictiesme & derniere nous enseignera
nostre deuoir, quant à la mesme fin derniere & particuliere de la resolution, qui est l'adoration de celuy qui a tout fait comme si souuent nous auons dit.

Et pour ces fins nous auons obserué le seul ordre
de la nature pour la plus prompte intelligence de
cette sciéce & de nostre procedé, par lequel soubs vn
seul tiltre, nous auons compris plusieurs operations
d'vn mesme subiect, pour luy approprier son explication, & former l'art en general. Dauantage,
nous auons reduit les mesmes tiltres qui composent
le tout, soubs dix-huict Figures particulieres, outre
les six generales demonstratiues de nos Operations
comme autant de iournées de nostre Cours ordinaire & en public, qui comprennent vniuersellement

parlans, la Matiere d'iceluy, les moyens, les Vaiſſeaux: Fourneaux & productions, deſquelles reſul-
tent les facultés.

VIII. Partant le Laboratoire, eſtant ſuppoſé auec
ſes appartenences, comme la Practique monſtrera. Il
ne faut prendre garde qu'aux poſtures des Artiſtes,
à la varieté des Fourneaux, & aux nombres, ou
chiffres d'Arithemetique, qui s'y trouuent, pour
l'expoſition des Operations, & leurs circonſtances.
Les Artiſtes ſont trois, Hermes le Maiſtre & deux
ſeruiteurs. Hermes ſera touſiours ſur le milieu de la
table, le plus ſouuent auec vn de ſes ſeruiteurs, au
bout droit d'icelle, & l'autre ſous la cheminée, ou
au milieu du Laboratoire, touts trois agiſſants.

IX. Les Operations de chaque figure ſont ſix en
nombre, trois ſur la table, & vne fois quatre, &
trois ſous la cheminée, & vne qui ſe rencontre trois
fois au milieu dudit Laboratoire; Deſquelles encore il y en a trois, quelquefois quatre, tant ſur la table que ſous la cheminée, qui ſont diſpoſées pour
trauailler, ſans que l'Artiſte y ſoit preſent, & trois
que les meſmes diſpoſent: La premiere & la troiſieſme ſection contiennent chacune quatre Figures, & la ſeconde auec la quatrieſme cinq; faiſant
en tout cent & douze Operations, le reſte eſt compris dans leurs deſcriptions.

X. Et dautant que ſur la fin de l'Auant-Propos de
noſtre Theorie, & celuy-cy nous auons propoſé
de donner vne cinquieſme Section contenant les
facultés des mixtes ſelon ceſte Methode touchant la
ſanté du corps humain; pour monſtrer que la reſo-

lution eſt vne cognoiſſance tout à fait differente
des autres profeſſions , qu'on ne doit point confondre pour les apprendre auec plus de ſolidité & contentement ; Neantmoins pour la ſatisfaction de nos
amis & des vrays curieux , nous auons ſommaire-
ment adiouté par aduance , apres nos ſens Phyſiques , les principales vertus des matieres particulieres ſeulement , que nous auons traitté , reſeruans le
ſurplus en leur lieu.

 X I. Mais pour exprimer le tout vn peu plus
clairement, nous viendrons à l'Argument de chaſ-
que Section , apres auoir repreſenté & declaré
noſtre ſixieſme Figure , nommée *Type-Coſmique*,
ou Modelle du monde, qui contient outre les cinq
premieres de noſtre Theorie, la partition du ſub-
iect vnique de cette cognoiſſance. Enſemble noſtre
Methode generale & ſon explication par Abregé,
ſuiuie de celle de ſes Figures en particulier, auparauant les deſcriptions , & ce qui ſuit. Donc.

Propoſition
de ce deſſein.

SIX. FIG.

Oiseaux.
Reptils.
Animaux
Poissons
Type
Arbres.
Plantes.
Vegetaux
lemon.
Herbes.
Cosmique
Soulph.
Terres.
Mineraux
Pierres
Sel.
ou Modele
du Monde
plomb.
Argent.
Metaux
or.
Cuyure.
L. Fig. Cosm.

SIXIESME FIGVRE COSMIQVE.

ARGVMENT.

I. *Ette Figure sixiesme de nos Cosmiques, fait voir entierement tout ce que nous auons representé en particulier, rallié & compris vniuersellement par vn grand & dernier Cercle blanc, pour monstrer sa pureté,* Signification du Cercle blã cõ *qui contient les Cinq Figures proposées, & expliquées cy-dessus en nostre Theorie, sçauoir en forme de Croix mysterieuse, selon le mesme ordre, desquelles la premiere est la plus haute en teste; les trois suiuantes sont à trauers* Que contient ceste Figure. *sous icelle, & la derniere est mise au bas, vis à vis la superieure.*

II. *Mais à la place des paroles qu'elles contiennent, nous y auons mis des poincts pour les representer, & ne rendre la Figure plus grande, qu'on peut voir en son lieu: Et tout le tour d'iceluy Cercle, sont apposés exterieurement des grands nuages; Et de part & d'autre, quantité de rayons tendantes à l'infiny; pour signifier le mesme Autheur de tout cét Vniuers, tres-simple incom-* Que representent les nuages &rayons. *prehensible, & sans fin; Donnant iour à tout ce qu'il luy plaist, duquel nous auons assés parlé.*

III. *Et afin de faire voir nostre Type Cosmique, tres-*

Ff

entier *&* parfait ; Et que la Theorie *&* Practique,
Physique s'embraßent reciproquement ; Nous auons placé aux vuides de la mesme Figure ; Les quatre familles des Mixtes vniuerselles, quant à nostre partition de
ce bas monde, Subiet total de cette Partie, sçauoir
superieureme t d'vn costé, la Creature Animale, *&* de
l'autre la Vegetante ; Et au bas en mesme Ordre la Minerale *&* Metallique, contenuës, vne chacune sous
quatre genres, ou Chefs generaux, representés par autant
de Cercles *&* de mots ; pour en Voyant ladite Figure, se
ressouuenir plus aisement de tout ce qui y est porté en
special : particulierement l'Excellence *&* difference
du nombre, qui demonstre *&* composé tout, tant Interieurement, qu'Exterieurement.

IV. Ainsi l'vnité que le poinct indiuisible designe, passant au dehors sans quitter le dedans, que la ligne signifie, forme ce grand *&* admirable nombre de trois ; lequel reperé par soy-mesme, fait celuy de neuf, se trouue en tout *&* par tout, *&* de toute part, *&* contenant
l'vne *&* l'autre difference de pair, *&* d'impair, quant
au sensible ; Ioinct auec son vnité tousiours interne *&*
immuable en soy-mesme produit le dix l'entier *&* le
parfait, que le Cercle demonstre, demeurant tres-
asseuré. Que

V. Tout estre est ou Incrée, ou Crée, Et les deux, ou substance ou Accident: l'Incrée n'est cognu que par le Crée, qui
est ou spirituel comme l'Intelligence, *&* l'Ame, ou corporel
comme le sensible, duquel la basse est l'vnité denotée par le
poinct, les principes, le subtil, *&* le solide sont demonstrées par la ligne droite, faisant comme vn angle sur le
milieu. Le progrés est l'Estre determiné, vn Essence par-

particuliere , signifiée par la superficie , ou le triangle ;
Et l'Estat total est l'Existence, ou Sensibilité, que la profondeur , ou le Cube Demonstre , qu'on explique du dedans au dehors , de l'indiuisible venant au diuisible par
nombres & Accidens, & de la Composition à la perfection , dequoy ailleurs

   VI. En cette sorte, l'Intelligence est superieure à l'A-
me, le subtil au solide ; & l'Essence à l'Existence. Le
Nombre de deux, de trois & de quatre appartiennent
à la composition. Le dix simple est celuy de la premiere perfection spirituelle , & le multiplie par soy-mesme
de la derniere & intellectuelle , lequel augmenté par sa
propre appellation , fait voir leur durée à proportion de
ce qu'ils sont ; & leur reuolution conforme au tout ;
suiuant aussi ce que nous en auons dit cy-dessus, Estant
vray-semblable , que pour le rapport de l'Inferieur au
Superieur, l'vn ne peut perseuerer sans l'autre , Et pour
la difference de leur nature, l'instabilité doit correspon-
dre au plus de durée & continuité.

L'Estat & di-
stinction.

Ordre & de-
pendence des
choses.

Nombres de la
composition ,
perfection &
durée.

Accord mutuel
des choses.

Ff ij

METHODE RESOLVTIVE.

DES

Animaux	Vegetaux	*	Mineraux	Metaux.
Sang	Racines		Sel Nitre	Antimoine
Laict	Escorces	Chefs vni-	Sel marin	Terre metal-
Beurre	Bois	uersels des	Vitriol	lique
Chair	Feuilles	Mineraux.	Alum	
Graisse	Fleurs		Sel Armo-	Argent vif
Os	Fruicts		niac	Eau metal-
Cornes	Sucs		Soulphre	lique
Poils	Liqueurs	Sels	Arsenie	
Plumes	Tartres	Soulphres.	Carabé	Fer
Oeufs	Semences	Terres		Cuiure
Conques	Resines	Pierres	Bol	
	Gomines	Marcaffites	Coral	Plomb
Fiante	&c.	Metaux.	Esmeril	Eftain
Vrine		§.	Bifmuth	
Miel			&c.	Argent fin
Cire				
&c.				Or fin

Operations		&	Productions.	
Depuration	Sublimation	Stratifica-	Phlegme	Chaux
Euaporation	Fixation	tion.	Efprit	Fleurs
Decrepitation	Diffolution		Effence	Sublimes
Fufion	Precipitation	Almalgama-	Huille	Criftaux
Dephlegmatiõ	Vegetation	tion	Baume	Verres
Calcination	Vltrification	Reuifica-	Extraict	Magifteres
Diftillation	Cementation	tion	Sel	&c.
	Ou	&c.		

EXPLICATION

PAR ABREGE'.

I. **P**Our l'Intelligence de ceste Methode, & l'Abregé de noſtre Theorie hermetique; il faut ſçauoir en general ſix choſes, qui ſont: l'Origine, la Diſtinction, la Determination. La Perfection, la Durée, & la Reuolution du Crée, Et de là ſix autres en particulier, comme le ſubiet, l'Obiet, les moyens, la maniere, fin baſe de quelque choſe que ce ſoit.

II. L'Origine comprend le tout en ſoy-meſme, c'eſt à dire, interieurement. La Diſtinction eſt le premier acheminement d'iceluy, pour l'exterieur ou la compoſition, qui tout au moins doit auoir deux parties; La Determination eſt le dernier eſtroiſſiſſement, tant interne qu'externe, en l'vnion des meſmes parties ſenſibles ou non. La Perfection eſt la vigueur agiſſante & particuliere, qui reſulte de telle graduation, appellée vie: La durée eſt le flux, ou eſcoulement de la meſme Action, tendant par ſa fin à ſon principe, ou commencement: La Reuolution eſt le Reflux, ou mouuement nouueau du meſme tout indiuidualiſé en ſemblables degrés de ſenſibilité.

III. L'Origine eſt repreſentée par l'vnité, le poinct ou totalité dicte Cahos; La diſtinction ſe

Ff iij

Deux & dix. cognoiſt par le meſme tout, qui n'eſt point tel ſans parties, deſquelles la premiere difference fait le nombre de deux ſous la ligne, qu'on nomme Eſprit, ou ſubtil : Sel ou ſolide, premiers ſenſibles, & de là vniuerſels ; Et la derniere celuy de dix, que le Cercle & le globe repreſentent. La deter-

Trois & qua- mination interne eſt compriſe ſous le trois, ou trian-
tre. gle, ou la ſuperficie, & s'appelle Eſſence comme eſtant le premier eſtre borné interieurement. L'Ex-terne eſt demonſtrée par le quatre, le quarré ou le Cube, & par ſa profondeur entierement ſenſi-ble, nommée Exiſtence, ou Corps.

IV. La Perfection ou premier compliment eſt

Dix fois dix. denotée par le ſimple nombre de dix, que le cer-cle ſuperficiaire manifeſte, Et le dernier ſe voit encore par le dix ; mais repeté par ſoy-meſme, & donnée à entendre par le globe, ou plenitude du

Cent fois cent. Cercle : La durée eſt marquée par l'Eſtenduë d'i-celuy nombre de dix hors de ſoy-meſme ; c'eſt à dire ſous des autres appellations. La Reuolution

Nouueau mou- enfin eſt recogneuë par le nombre auſſi : Car
uement. ayant atteint ſa derniere progreſſion comme fin ; il faut pour s'eſtendre dauantage, qu'il recom-mence ſoubs meſmes parties & determination, premiere par vn nouueau mouuement.

Subiect. V. Le Subiet de cette Recherche, eſt l'Ouura-ge de Dieu, c'eſt à dire, le mixte naturel, que le mot de Phyſique contient ; L'Obiet eſt la Reſo-

Obiect. lution, ou le deſtachement de ſes parties, pour cognoiſtre l'artifice, ou la maniere qu'il l'a fait ; ce qu'on ne pourroit autrement, les moyens ſont les

inſtruments de cette deſvnion, qui ſont ou com- Moyens & leur diſtinction.
muns, ou particuliers; contenants, ou agiſſants,
humides ou ſecs. Les communs ſont les Fourneaux & la Chaleur, Les particuliers ſont les vaiſſeaux, le ſec & l'humide.

VI. Les Vaiſſeaux & les Fourneaux contiennent, & la Chaleur agit immediatement, ou par
entre-deux; d'où eſt la premiere difference d'iceux, Chaleur.
ſçauoir, Des Fourneaux en Reuerbere, bain & fien; Fourneaux.
Des Vaiſſeaux en Alambic, Cornuës & matras, Vaiſſeaux.
Chapelle Refrigeratoire, & bains auſſi; Et des
Operations par le haut, par le coſté & par le bas, Operations.
Pour leſquelles le moyen humide, s'appelle menſtruë, le ſec intermede, & les deux ſapides, ou non.

VII. La Maniere d'Operer, ſuit la nature dudit
mixte, ainſi que les moyens; Car où il s'enfle par
la chaleur; Où il eſt plus, ou moins humide, fixe Nature du mix-te.
ou non: De ceſte ſorte l'Operation ſe fait quant au
feu nud, ou ſans entre-deux. Premierement par le Diſtillation par le haut, & ſes circonſtances.
haut, au demy Reuerbere, & courges de terre, diſtil-
lants les matieres, qui s'enflent à la moindre chaleur; ou ſeules peu à peu, comme le laict, ſi on veut,
ou en partie dephlegmées comme le ſang: Ou par
intermede comme le miel.

VIII. Secondement, en la Chapelle immediatemẽt, Chapelle.
ou ſur ſon fonds, comme les choſes moins humides
telles que ſont les racines, tendres & Charnuës, bul-
bes, Ognons, & autres: ou par moyen en forme de
deux Cerceaux diſpoſés en Crible auec vn linge,
comme les plus ſucculentes, ainſi que les ceriſes,
prunes, raiſins, &c. En troiſieſme lieu, au Refri- Refrigeratoire

geratoire , pour toutes les matieres foulphreufes,
ou Combuftibles, Ou fans addition comme le vin,
ou auec menftruë , comme les plantes chaudes , &
toutes fortes de femences.

Bain humide. IX. En quatriefme lieu, Au bain humide, & vafes de verre , comme toute liqueur de nature froide & incombuftible , tel qu'eft le vin-aigre. V. A
Feu ouuert. feu ouuert & vafes folides , pour les Ebullitions, fu-
fions , calcinations , &c. VI. Par le Reuerbere
Reuerbere en- entier les vafes lutés , pour tous les Efprits Acides,
tier. Mineraux & Metalliques , qu'on peut encore di-
Diftillation par ftiller peu à peu , & en vafes folides, & bien appro-
le bas. priés. Finalement par le bas, ou en defcente, &
vafes de verre , comme les fuppreflions , ou diftillations d'Efprits reueches , pefants, enfoncés dans
Par moyen ou la matiere & autres.
entre-deux. X. Quant au feu , ou chaleur par moyen, c'eft la
Cendre, le fable, la limaille & le fien , pour les Extraicts , Euaporations , Sublimations , Reftifica-
tions, Digeftions , fermentations , &c. L'Opera-
Par le cofté. tion par le cofté regarde les deux à feu nud , ou par
entre-deux , & par la Cornuë tant feulement , fans
moyen, comme les chofes qui ne s'eleuent pas beaucoup, & qui demandent vne forte de circulation,
ou auec moyen comme tous les Efprits Acides des
Fin derniere de Mineraux & autres; que la Practique fait affés voir.
la Refolution. Et pour ce qui eft de la fin derniere de cette recherche; c'eft la cognoiffance de l'Ouurier par cel-
le de fon Ouurage, ou repofe noftre Efprit.

SECTION

ANIMAVX.

SECTION PREMIERE
DES ANIMAVX.

ARGVMENT.

POVR LA SVITTE DES matieres, figures, explications, & Chapitres de cette Section.

I. EN cette premiere section , nous commencerons par la Purification , Dephlegmation , & Distillation du Sang , premier chef de ce qui constituë l'animal ; ou monstrans le moyen de separer à froid les diuerses liqueurs iointes ensemble; nous enseignerons leur rectifications ,& essence du mesme : Sur lequel subiet la question decidée , pourquoy le corps de l'homme est plus chargé de mauuaises humeurs que des autres Animaux , joint le peu de constance temperée en luy de ses principes & elements; nous déduirons les proprietés & degrés des qualités agissantes , ensemble la cause de la mauuaise odeur quant à cette matiere. *Figure I. Chap. I.*

II. Et ayant fait voir la distillation aqueuse du laict, son abregé, & pourquoy ; son euaporation , circulation , essence , sa correction d'odeur moins agreable , & son entiere distillation , par intermede ou non.

Question sur l'intemperie des animaux.

G g ij

Opacité des corps.

Nous exposerons, d'où vient l'Opacité des corps, & leurs couleurs, pour dire par quelle façon & pourquoy le sang est fait laict, ce qu'il represente, & à quoy sert la reincrudation des corps; premiere partie de l'art Hermetique vraye Physique, qui en resoluant & ouurant les parties des corps metalliques, sans autre alteration que du moins au plus parfait, les estend, ou prouigne innombrablement. *Chap. II.*

Resolution Hermetique.

III. De là, nous passerons à la maniere de la Distillation du Beurre, son intermede, feu de suppression, rectification & raisonnement des mesmes. Puis nous declarerons en quels corps l'element du Soulphre abonde le plus, ce qui l'entretient, comment le terrestre, ou le solide est separé de son humeur ; Quel est le progrés de la Nature, & l'accord des contraires. *Figure 2. Chap. I.* Et apres auoir donné le moyen de faire les Extraits des chairs, leur menstruës, leur procedé diuers, & circonstances requises ; Nous parlerons du pur & de l'impur, du meslange & action des choses diuerses, de la Resolution, ou separation premiere Philosophique. Et pourquoy la mesme Resolution est le seul Objet de cette connoissance, l'Enuie & l'Ignorance estans le propre des médisants. *Chap. II.*

Corps soulphreux.

Extraicts.

IV. Ainsi continuants nostre Subiet, nous monstrerons la forme de distiller les graisses & autres matieres Soulphreuses, pour representer l'effet du degré du meslange, l'excellence de la varieté, & de l'ordre des choses naturelles, par leur distinction particuliere : Et pour vne plus grande intelligence de l'Art Philosophique ; nous découurirons pourquoy le Mercure est hermaphrodite, & la determination indiuiduelle necessaire, contre l'opinion du commun, *Chap. III.*

Varieté & Ordre.

Mercure hermaphrodite.

Plus, en traittans de la dissolution & precipitation des parties solides de l'Animal, apres leur choix & preparation, pour en faire leurs Magistaires, nous exprimerons l'empeschement de la philtration, par l'An-

Magistaires.

tipathie du Soulphre & du Mercure , & au contraire , pour dire les circonſtances de la mixtion ; En quoy
conſiſte l'vnion & ſon effet ; Et quel eſt le meſlange
ou compoſition en la Reſolution du magiſtaire Phyſique , *Figure 3. Chap. I.*

   V. Dauantage , ſur la diſtillation des choſes qui
découlent de l'animal , appellées excrements , propres ou non , adherants ou non , qui font le ſecond chef de cette Section ; nous aduertirons
touchant les impropres & adherants , En quels
Animaux le Sel volatil abonde le plus , & pourquoy ; Et auec l'ordre des liqueurs diſtillées , ſa
prerogatiue entre les autres elements & ſes proprietés , Ioint celles des qualités actiues , pour l'extention & determination des corps. Et ayant fait
cognoiſtre en quels mixtes ſur-abonde le meſme
volatil ; nous expliquerons , comment le Combuſtible & le vaporable ſeruent à la production des
Metaux , enſemble qu'elle eſt l'intention finale des
Hermetiques pour leur Oeuure , & ſa proprieté.
Chapitre II.

   V I. Quant aux excrements impropres , & qui
n'adherent point à l'animal ; Nous enſeignerons les
diuerſes façons de diſtiller les œufs , & en ſuite nous
dirons ce qu'eſt l'œuf, qu'elle eſt ſa fin , auec ſes parties ; pourquoy le blanc eſt rafraichiſſant , & le iaune
ne peut que difficilement deuenir huyle liquide , par
la chaude diſtillation : leſquelles deux parties ne ſont
deſtinées , & comme reincrudées , que pour la nourriture du poulet , iuſqu'à ce qu'il ſoit éclos. Enquoy
paroiſt la Prouidence Diuine , Contre les Athées , &
la repreſentation de l'œuf Hermetique contre le Vul-
guaire , *Chapitre III.*

   V I I. Pour ce qui eſt des Coques des meſmes
œufs , nous dirons auſſi leur diuerſe calcination ;
ce qui les compoſe , pourquoy elles petillent au feu,
la cauſe du Son , ou bruit , auec la difference du

*Meſlange Phi-
loſophique.*

Des excre-
ments & de
leur diſtin-
ction.

Production des
metaux.

De l'œuf & ſa
fin.

Athées.

Du ſon.

poulet animal, & de l'Hermetique , enfemble comme le volatil eft rendu fixe, fans diminution de quantité, *Chap. IV.*

De l'Vrine.

Enfin , Touchant les veritables excrements apres
auoir defcript la diftillation de l'Vrine feulement,
fes circonftances , la neceffité de fon intermede,
fa rectification & extraction de fes fels , nous ferons
voir qu'elle eft la caufe de l'efleuation des corps à
chaud. Comment , & pourquoy , auec la fource des
Odeurs en general, & du Soulphre des fages en particulier , *Chap. V.*

V I I I. Cela fait, & expedié , nous viendrons au
dernier chef de cette Section : c'eft à dire , aux chofes, qui procedent par l'animal comme le miel par l'A-
beille , duquel premierement fera baillé la diuerfe diftillation, & les circonftances qu'il faut garder ; auec
la feparation de fes differentes liqueurs & fels. En
apres, fera defcript, & preuué par la noirceur, la legereté & infipidité de fon marc brulé; qu'il ne contient
aucun fel fixe , ou fort peu, eftant comme vitrifié,
pourquoy , & comment la vitrification deftruit le magiftaire philofophique , *Figure 4. Chap. I.*

Du miel & de
fon marc.

I X. Puis ayant declaré comment il faut extraire la couleur effentielle du miel la phyltrer & efpoif-
fir , nous éclaircirons encore , qu'elle eft la differente action de la Chaleur ; par qui eft fenfible la fubftance, Ce qui contient la mefme couleur , & par
qui eft recognu & accomply ce grand Extrait Phyfique, *Chap. II.* Et parce que du miel procede la Cire,
nous manifefterons la methode pour diftiller fon
huyle , & reftablir fon odeur , en expliquans pourquoy l'accident ayme tant fa fubftance, par qui l'humide eft retenu , & en quoy confifte la vraye fabrique de l'Ouurage des Hermetiques , *Chap. III.*

Action de la
chaleur.

De la Cire.

X. Finalement , pour acheuer l'vne & l'autre operation , nous ferons mention premierement de la Rectification du miel , de la feparation à chaud de fes

Rectification.

liqueurs confufes , de la difference de fon efprit , &
huyle , & de fon blanchiffement : En apres , nous dirons pourquoy la rectification de la Cire eft neceffaire , fon procedé & femblables diftillations ; Puis
nous conclurons cette premiere Section par la difference des Vaiffeaux à diftiller, tant pour la Circula- Vaiffeaux dif-
tion , que pour l'efleuation feulement des Efprits, ferents.
moyennant la chaleur externe , qui ne peut vaincre
l'humidité interne,moins encore le fec friable de nature, *Chap. IV. & dernier.*

Des Animaux.
I. Figure.

DES ANIMAVX
FIGVRE I.
DV SANG ET DV LAICT,

Dephlegmation, Diſtillation, Filtration & Digeſtion. Operations.

Phlegme , Eſprit , Eſſence & Baume. Productions.

Matieres.

EXPLICATION.

L E Nombre I· ſur le bout droit de la Ta_
ble, repreſente vn ſeruiteur, qui remuë
auec vne ſpatule dans vn plat de terre,
verniſſe ſur vn Rechaud la premiere ma- Rechaud.
tiere qui ſert de ſubiet, à ſçauoir le Sang,
pour faire euaporer le plus de ſon phlegme reſté de ſa puri_
fication à froid, & par ſoy, ſignifiée par l'autre plat, au co_
ſté dudit Rechaud.

Le Nombre 2. Au coſté droit ſous la cheminée, fait
voir vn autre ſeruiteur tout recourbé, portant vn tiſon de
feu dans vn demy Reuerbere quar·é, garny de ſa Cour- Demy Reuer-
ge de terre verniſſée, ſa Chappe, & Recipiant de verre, bere.
pour la diſtillation du Sang.

Le Nombre 3. Sur le milieu de la table, monſtre
Hermes, qui eſt touſiours debout, vuidant de la main droite vn recipiant dans vn Entonoir hermetique : c'eſt à dire,

Hh

Entonnoir hermetique.

garny de son papier gris, appliqué sur l'orifice d'vne courge, ou pot de verre, qu'il tient de la gauche, pour monstrer la filtration & separation des differentes liqueurs du Sang, & pour cét effect, il y a au bas vne siolle à mettre l'vne, ou l'autre liqueur.

Ventre de Cheual.

Le nombre 4. du costé gauche de la cheminée, dépeint pour le ventre de Cheual, ou le sien, vn coffre de bois dans lequel est aduisté vne courge de verre, fermée de sa rencontre, pour faire cognoître la digestiõ du Sãg, quãt à son essēce.

Le Nombre 5. Sur le milieu de la mesme cheminée

Bain marin & ses appartenences.

marque vn Bain marin, simple, composé d'vn chauderon commun, qui suppose son collet, ou couuercle diuisé en deux hermispheres, ou demy cercles, auec sa courge, Chappe, Recipiant de verre & semblables circonstances, posé sur vn trepied à feu ouuert; c'est à dire, sans fourneau pour exprimer la distillation de l'Essence du mesme Sang.

Le Nombre 6. sur le bout gauche de la table, donne à

Demy Reuerbere.

cognoistre vn demy-Reuerbere tout garny, la courge de terre estant percée vn pouce au dessous de son orifice, qui suppose son bouchon; & sur le bas vn pot, vn Entonnoir & vne siolle, pour receuoir la distillation, ou l'eau du laict, qui est la seconde matiere de cette Figure.

SOMMAIRE.

Sommaire du tout.

Partant Le premier seruiteur fait la dephlegmation du sang à chaud, estant auparauant espuré du plus de ses heterogeneités & à froid: Le second apres l'auoir placé dans son vaisseau & fourneau, administre le feu pour en auoir l'esprit & le baume. La Distillation finie, Hermes fait la separation des diuerses liqueurs, la digestion au sien du mesme Sang estant acheuée, l'essence en est extraite par le Bain marin, & enfin l'eau du laict est distillée.

CHAPITRE I.

EAV, ESPRIT, BAVME, OV *Goumme , Essence & Sel du Sang.*

DESCRIPTION.

I. **P**RENE's de tel sang que vous voudrés, humain , ou autre , la quantité qu'il faudra laissés le rassoir à l'ombre pour se purger des humeurs estrangeres , qui l'accompagnent Purification du le plus souuent ; lesquelles vous separerés apres vn ou deux iours par inclination du Vase , le contenant comme vn plat , terrine & semblables vernissés , qui resistent au feu ; Puis faites-le tant soit peu cuire dans le mesme vase , pour le dephlegmer , ou desseicher dauantage de son aquosité superfluë , le remuans auec vne spatule , & le diuisans en petits morceaux.

I I. Quoy fait & à moitié cuit , mettés-le dans vne Cucurbite , ou Courge de terre bien vernissée ; ayant des trois parties les deux vuides , adiustés luy sa Chappe , ou Alembic , auec son recipiant , ou vase recepuant de verre assés grand & placés le tout dans vn demy Reuerbere , ou autre feu immediatement , ou à nud ; le faisant distiller du premier iusques au dernier degré de chaleur , ou que tout soit bruslé parfaitement , ne sortant plus aucune vapeur ou liqueur ; à cause dequoy la courge de verre ne peut pas conuenir pour le dan-

Purification du Sang à froid.

De phlegmation du mesme à chaud.

Sa distillation & degré de chaleur.

Hh ij

ger qu’il y a qu’elle ne ſe rompe ; ſeparans derechef le phlegme , qui y ſera.

I I I. De là philtrés cette liqueur par le papier gris , ſon Entonnoir de verre ; ſon vaſe recepuant & tout ce qu’il faut obſeruer , ou bien par
le ſeul Entonnoir de verre , comme eſt repreſenté en la ſeconde Figure des Vegetaux *nombre* 4.
& ce ſur vn autre Entonnoir , appliqué au vaiſſeau
recepuant , pour ſeparer le baume d’auec l’eſprit ,
qui reſtera le dernier ; ou ſur le papier gris , ou
ſur le bas du meſme Entonnoir , que vous remettrés dans vne fiolle de verre large d’entrée , ou dans

vn pot de fayance , à cauſe de ſa viſcoſité , le laiſſans découuert en quelque lieu frais , afin que le
plus de ſa puanteur s’eſuapore.

I V.   Quant à l’Eſprit vous le rectificrez , ou re-
diſtillerez auec ſon ſel volatil , qui ſera attaché au
col du vaſe , ſuiuant la quantité diſtillée , ſeparans
pareillement le phlegme autant qu’il ſe pourra ,
eſtant neceſſaire de la bien boucher dans ſon vaſe
eſtroit d’entrée , de peur qu’il ne s’eſuapore , ou ſon
ſel volatil , duquel il prend ſa force.

V. Pour l’eſſence proprement dite , il faut placer en digeſtion , ou putrefaction , le ſang eſtant
eſpuré des meſmes humidités eſtrangeres , comme

nous auons dit , auec l’eſprit de vin alcooliſé : c’eſt
à dire tres-pur , qui ſurnage de trois bons doigts ,
ſçauoir au ventre de Cheual , qui eſt le fumier , ou
la chaleur des choſes pourriſſantes , & ce durant
vn mois ; ou que ladite eſſence paroiſſe détachée
ſur le menſtruë ; Et puis le diſtiller au bain ma-

rin, ou aux cendres & tout de mefme dudit baume pour le rédre plus liquide & plus clair fi on veut.

VI. Enfin, pour auoir le fel Armoniac, ou volatil, qui fe trouue attaché dans l'Alembic, & tout
le tour du vafe receuant, la liqueur eftant vuidée,
bien efcoulée par inclination feulement, & fans
changer fa premiere fituation ; il faut le diffoudre
auec eau chaude, le bien philtrer par le papier
gris, & le faire euaporer fort lentement au Soleil,
bain marin, ou aux cendres iufqu'à la pellicule,
ou prefque à fec, ainfi que du fixe, qui fe tire du
marc bruflé, comme fera dit cy-apres.

Maniere de feparer les fels des autres matieres.

SENS PHYSIQVE.

VII. Or touchant le fens Phyfique ou naturel de ce premier fubiet, comme nous auons propofé de dire briefuement, & à mefure que l'occafion s'en prefentera.

Cette refolution nous tefmoigne premierement
que de touts les Mixtes, les animaux font plus
chargés d'excrements, ou mauuaifes humeurs : Et
entre tous le corps du feul homme, & ce par accident, à caufe de fes diuers aliments pris le plus
fouuent hors le temps fans mefure, & deuë ele-
ction, ioints aux autres defordres, tant de fa vie
que des faifons, climats, & femblables, qui deftruifent fes parties, ou leur œconomie, par leur
propre corruption, D'où vient la maladie, & puis
la mort.

Pourquoy le corps de l'hom-me eft plus chargé de mau-uaifes hu-meurs, que des autres ani-maux.

VIII. Ce qui paroift par la fimple purification dudit fang hors fes veines & à froid ; Et par
l'extraction chaude de fes elements fenfibles, fort

Elements senfi-
bles des Mixtes,
& leurs princi-
pes.

Eftre incrée.

impurs , quoy qu'ils prouiennent des deux premiers principes prefque fimples ; & iceux de leur
vnité crée , conformément à fon idée tres-abfo-
luë , l'Eftre de laquelle fubfifte par foy-mefme,
tres-bon , independent , tout-puiffant, incomprehenfible , infiny eternel , & tres-grand ; eftant
tout interieurement, & poffedant tout exterieurement , comme nous auans dit ailleurs.

IX. De façon que fes mefmes principes conftitutifs , laffés & comme defvnis en fon indiuiduité, faute de ce qui les doit continuer & entretenir ; rentrent facilement dans leur fphere commune & leur repos. Ainfi le Soulphre vray baume

Soulphre que
c'eft.

Mercure que
c'eft.

& fource de la chaleur naturelle , Et le Mercure
doux nectar , & agreable fubiet de fon humide
radical , feparés d'auec leurs fels & leur efprit ,
font rendus inhabiles de leurs propres actions particulieres , & enfin contraints de reprendre leur
premiere demeure.

X. En fecond lieu , nous voyons touchant la

Propriété de la
chaleur.

mefme diftillation, que le propre de la chaleur ;
grand miniftre de la nature, eft d'ouurir les corps
mixtes , les fubtilifer & comme reduire en leurs
principes quels qu'ils foient ; les eleuants en athomes imperceptibles , tant fecs qu'humides : fenti-

Opinion d'E-
picure.

ment tres-veritable de l'ancien Epicure , qu'il n'a
peu demonftrer par practique , n'eftant point Artifte , ou tout au moins la maniere en eftant re-
feruée aux Hermetiques ; le tout procedant de la
mefme vnité , multiplier exterieurement en foy ,
& y retournant interieurement.

X I. C'eſt pourquoy les diuers degrés du feu deſcouurent les parties heterogenes, ou d'autre nature
des meſmes mixtes, Et partant la douce & lente chaleur eſleue ſeulement ce qui eſt de plus ſubtil &
leger, ou deſtaché de la matiere, comme la ſimple aquoſité : celle qui eſt vn peu plus fortes, attire la liqueur mercurielle & ſoulphreuſe ; Deſquelles la premiere eſt touſiours accompagnée de ſon
ſel, & la ſeconde de ſon huyle. Le troiſieſme degré entraine auec l'vne & l'autre humeur la partie
plus ſubtile de la matiere plus ſolide ; Et le dernier la bruſle, ſi elle a du combuſtible, ou la
calcine, & deſſeiche entierement de ſon humeur
accidentaire & particuliere, ſi elle n'eſt point inflammable ; Au contraire du froid qui reſſerre,
congele, & deprime les meſmes Source, veritable
de leurs metheores ou changements diuers.

Les degrés de la chaleur, ſuiuent la diſpoſition de la matiere.

X II. Ainſi la baſe de tout mixte en general eſt
le ſec & l'humide, diſtingués l'vn en volatil & fixe,
& l'autre en combuſtible & non combuſtible, ani-
més & comme viuifiés de ce grand eſprit commun,
moyennent leurs qualités: Dont le meſme eſprit in-
diuidualiliſé, ne paroiſt iamais ſans eux, & dans l'a-
ction de la chaleur, qui les rarefie; l'Aquoſité ſimple
& inſipide ſuperfluë ſort la premiere, comme la
plus libre & detachée, appellée phlegme, l'incombuſtible & ſapide, là ſuit nommée Mercure, celle-cy porte l'inflammable auec le ſel volatil, & le
fixe demeure au fonds, ioint au ſec commun leur
propre matrice, les vns ſeruants aux autres de ve-
ſtement & vehicule, à meſure qu'ils dominent.

Baſe des Mixtes, & leur difference.

Ordres des liqueurs qui ſortent en la diſtillation.

XIII. Pour ce qui est de la puanteur des mesmes liqueurs, & particulierement du baume, du sang & de tout l'animal, elle procede de son soulphre combustible, qui est tousiours fetide par sa uiscosité, ou recuitte, & par la bruslure estouffée, ou à couuert; à cause dequoy la rectification, ou aërisation est necessaire.

Cause de la puanteur du Baume, & du sang, &c..

Quant à la description de l'Ame, de laquelle sont appellés les Animaux, comme aussi de la vie & de la mort: Nous en parlerons cy-apres, suiuant vne autre rencontre, & à la façon des mesmes Hermetiques, que nous suiuons; Et pour nous acquitter de nostre promesse, sans preiudicier à nostre premier dessein, & section cinquiesme, nous dirons seulement touchant les vertus de ce subiet que

Renuoy.

FACVLTE'S.

XIV. L'Esprit du sang humain, en suite de sa premiere preparation, rectifié par deux, ou trois fois; guerit l'apoplexie, paralisie, asthme & semblables incommodités, pris à la dose de six à dix gouttes, ou iusques à vne agreable aigreur, dans vn boüillon, ou eau appropriée; ayant fait auparauant ce qui sera requis: c'est à dire, saigné ou purgé s'il est besoin. Son huyle ou baume guerit entierement l'epilepsie, ou mal caduc, pris à la Dose de trois à six gouttes dans vn iaune d'œuf mollet, ou quelque conserue liquide; & au renouueau de la Lune, continuans tous les matins & soirs du quartier, deux heures auant & apres le manger: Le mesme profite grandement aux

Apoplexie.
Paralisie.
Asthme.

Epilepsie.

Pleuresie.

aux vlceres des poulmons, & à la pleuresie: Exte- Catherres.
rieurement il resout toutes sortes de tumeurs; il appaise les gouttes & autres fluxions douloureuses, appliqué auec onguents ou emplastres conuenables.

XV. Quant à l'Essence, dautant que c'est la partie Essence du Sāg.
soulphreuse, plus espurée & agissante, il n'y a pas
difficulté qu'vne simple goutte profite plus aux mémes maladies, que dix du Baume, qui n'a sa consistance & moins de force, que de la terrestreité.
Le sel enfin, principal domicile & organe des esprits, estant rarefié par la chaleur naturelle de l'a-
nimal; les mesmes s'étendent du centre à la circon- Force des es-
ference, de laquelle retrogradants comme par refle- prits.
ction, ils attirent auec eux dans iceluy tout ce qui
bouche les passages à la transpiration & autres fonctions. Le mesme se practique des autres Animaux, suiuant leur espece, desquels est traitté au sus-
dit lieu.

CHAPITRE II.

EAV, ESPRIT, BAVME OV GOMME
& Sel du laiĉt.

DESCRIPTION.

I. PRENE's de tel laiĉt humain ou autre, la
quantité qu'il vous plairra, mettés-le dans
vne courge de terre bien vernissée, lais-
sans des quatres parties les trois vuides, à cause de son Distillation
eleuation; & luy appliqués sa Chappe, ou Alem- aqueuse du
bic de verre moyennement grand, Apres adiancés- laiĉt, &c.

le dans vn demy Reuerbere , & luy baillés le feu
du premier iufqu’au fecond degré de chaleur feulement , pour auoir l’eau , ou le phlegme , & d’iceluy
iufqu’au dernier , à la façon du fang , pour auoir
le refte.

II. Mais pour abreger le temps de l’operation , faites pluftoft que la courge de terre foit trouée deux
doigts au deſſous l’orifice ; Et à proportion que la
premiere liqueur s’abaiſſera comme d’vn tiers , ou la
moitié , refondés y par le mefme trou de nouueau
laiĉt auec vn Entonnoir , fermant iceluy trou auec
vn bouchon de terre cuite ; prenás garde que le laiĉt
ne fe bruſle quant à ladite eau : Apres laquelle vous
continuerés le feu , ceſſant d’y en plus remettre , Parce que la matiere venant à s’échauffer toufiours plus
fort , fe rarefie & s’enfle par fa vifcofité falineufe ,
ce qui empécheroit l’entiere operation.

III. On peut faire éuaporer le laiĉt de fa plus grande ferofité fur vne douce chaleur , le remuans conti-
nuellement auec vne fpatule de bois ; Puis le circuler
auec efprit de vin , à la façon de l’eſſence du fang , ſçauoir au ventre de Cheual : c’eft à dire , au fumier que
deſſus , & derechef le diftiller au bain marin , ou des
cendres , lors qu’on iugera que toute l’eſſence fera
détachée du corps terreftre , paroiſſant en quelque
façon éleuée fur ledit efprit de vin , comme a efté
dit auſſi du fang.

IV. Et dautant qu’on fait plus de cas de fon eau
que de fes autres fubftances , il vaudra mieux le diftiller dans vne haute courge de verre , d’eftain fin , ou
d’argent ; ſçauoir au bain marin , ou fon vicaire , qui

font les cèdres; Eſtant à remarquer , que ſi le vaiſſeau **Obſeruation.**
eſt de terre comme nous auons dit, le moins qu'on le
fera ſeruir ſera le meilleur, parce que, quoy qu'on face , il donne touſiours ſa premiere odeur recuitte &
bruſlée.

V. Mais encore pour empeſcher ſa flatuoſité, eſten-
dés ſur luy vne couche platte de cottó qui ſoit blanc,
non filé , comme pour corriger ſon odeur doucea- **Correction**
ſtre ou fade ; & quelque peu deſagreable, meſlés y **d'odeur fade.**
des rapures, ou couppeaux du bois de ſandal blanc,
& quelque grains de bonne myrrhe. Ou bien attachés dans vn petit nouët de linge net, au bout du
bec de l'Alambic , entrant dans le recipiant ; ſçauoir vn grain ou deux de bon muſc, ambre gris ,
ciuette , camphre, &c.

VI. Et alors que la moitié du laiɕt ſera diſtillée,
oſtés-le du feu, meſme vn peu auparauant, de peur **Fin de l'opera-**
que la matiere venant à ſe trop échauffer & deſſei- **tion du laiɕt.**
cher ; elle ne vienne à rompre la courge de verre,
ou ne conçoiue quelque mauuaiſe odeur : Quoy
fait & rafroidy ; vous pourrés acheuer la diſtillation, remettans le ſurplus dans la courge de terre,
ou autre vaſe ſolide procedans comme au ſang.
Ainſi nous apprenons.

SENS PHYSIQVE.

VII. Par cettë ſeconde deſcription , touchant la
conſiſtance du ſang & du laiɕt, que l'Opacité des **Opacité &**
corps dépend du plus & du moins de la matiere ; Et **couleurs des**
que non ſeulement d'icelle procede la pureté & va- **Corps.**
rieté des couleurs: mais encore des organes, ou la nature les diſpoſe & les parfait auec ſon agent vniuer-

ſel dit Archée: c’eſt à dire la chaleur naturelle.

VIII. En cette ſorte le laict garde la meſme conſiſtance que le ſang, dont il procede, & n’eſt pas plus
tranſparant qu’il eſt; mais ayant depoſé ſon ardeur
ſoulphreuſe qui le teignoit auparauant en couleur
rouge, par la forte chaleur de ſon organe le conte-
nent, il deuient tres-blanc dans ſon propre receptacle ſecond, qui n’a de la chaleur & des pores; ou petits vaſes innombrables, que pour ſa conſeruation &
de ſon contenu; qui derechef pris en aliment, ſelon
qu’il eſtoit requis, dans vn tendre commencement,
ſe rechauffe, ſe recuit, & ſe rougit comme auparau-
uant, pour deuenir plus ſolide, & eſtre fait ce qu’il
n’eſtoit; c’eſt à dire viuant par aſſimilation naturelle auec le tout; Ce qui eſt obſerué pareillement aux
Vegetaux, quant à leur ſemence, & aux Metaux,
quát à leur humide mercuriel, Deſquels en leur lieu.

IX. Beau ſubiet pour demonſtrer la prouidence
ſupreme, dans le recours neceſſaire des choſes naturelles, quant à leur perſeuerance, ou extenſion; Et
la poſſibilité du myſtere des Philoſophes, qui tous
d’vne voix commune, commendent de Reincruder
les corps ja parfaits, pour les rendre capables d’vne
production innombrable par vne ſeconde & naturelle digeſtion, que le vulgaire appelle corruption.

X. Premiere partie de l’art Hermetique, veritable
Phyſique Reſolutiue, laquelle deſtruiſſát les parties
des Metaux ſans autre alteration, que du moins au
plus parfait, les étend, ou prouigne ſans perte aucune de leur ſubſtance; voire touſiours plus ample
non en eſpece, mais en indiuidus, leſquels bornés

en eux-mefmes ne peuuent eftre perpetués , que
par leur propre détachement & fluxion nouuelle,
foubs des femblables limites & fenfibles accidents
qu'on appelle generation , & en general Nature :
c'eft à dire naiffance , de laquelle les Philofophes
ordinaires traittent affés.

XI. Et que nous pouuons dire eftre le flux , ou
écoulement externe du mouuement vniuerfel, fous les poffibles difpofitions & formes paffageres des accidents qu'on nomme exiftence , par vne infinie re-
uolution, ou extention nouuelle; d'où elle prend fon
nom , leur interieur ou effence premiere , qu'ils determinent quant à foy ; perfeuerant toufiours. Pour
ce qui eft des autres couleurs tant veritables qu'apparentes , nous les déduirons plus à plein en vne autre occafion.   *FACVLTE'S.*

XII. L'eau du laict diftillée lentement, & auec les
circonftances que nous auons déduit , profite beaucoup interieurement, pour humecter & raffrachir
les corps fecs & ardents, comme des Phthifiques fe-
bricitans & alterés extraordinairement. Et au dehors
elle fert pour toutes fortes d'inflammations, exiturés,
rides de la face & femblables ; à laquelle on peut adioufter quelques gouttes d'Effence , ou fel de Saturne , ou bien quelque peu d'huile de tartre par refolution , continuants foir & matin , & la laiffant feicher
par foy-mefme ; Eftant diftillé auec vne partie de
vitriol blanc, iufques aux efprits Acides fert admirablement aux inflammations & rougeur des yeux ;
l'Efprit, le Baume & le Sel ne font point differents
d'auec ceux du fang , ayants mefmes proprietés.

Ii iij

Defcription de Nature.

Humecter.

Embellir la face.

Pour les yeux.

Des Animaux. 2. Figure.

DES ANIMAVX
FIGVRE II.
DV BEVRRE, CHAIR, GRAISSE
Lard, Suif, Moüelles, &c.

Preparation, Mixtion, Digestion & Distillation.

Huile & Extrait.

EXPLICATION.

E nombre 1. *sur le milieu de la Cheminée,*
represente vn seruiteur assis, tenant de la
main gauche vne poile à frire, sur vn
feu ouuert, c'est à dire, sans fourneau auec
vn trepied de fer pour l'appuyer; Et de la droicte vn ba-
ston, pour remuer la matiere fondente, comme le Beurre,
Graisse, Lard, & autres. Et sur le bas vn petit vase,
qui contient l'intermede pour l'y mesler.

Le nombre 2. sur le bout droict de la table fait voir vn
autre seruiteur, qui tient de la main gauche, vne cornuë
par l'extremité de son goulet en façon d'Entonnoir, iet-
tans dans iceluy, peu à peu auec la droicte, lesdites ma-
tieres soulphreuses, meslées auec leurs intermedes, &
estendües sur vne feuille de papier, afin que rien ne se
perde.

Le nombre 3. Soubs la droicte de la Cheminée demon-
stre vn Reuerbere entier garni de la mesme cornue & re-

Matieres.

Operations.

Productions.

Feu ouuert.

Cornuë.

Reuerbere en-
tier.

piant, pour la distillation desdites matieres.

Le nombre 4. Sur le milieu de la table depeint Hermes, tenant de la main gauche vne bouteille, où il y a d'Eau de vie, qu'il vuide dans vne grande Courge de verre, appuyée sur son valet : Et de la droicte, il remüe la matiere auec vne spatule, pour faire la mixtion, la monstre de laquelle se trouue au bas, proche la mesme courge en gros morceaux ; pour representer la Chair humaine desseichée dicte Mumie, de laquelle on veut faire l'Extraict & la Distillation.

Le nombre 5. A gauche de la Cheminée exprime vn Cendrier, & sur iceluy la mesme courge, couuert de sa rencontre ; pour faire voir la Digestion & l'Extraction de la teinture de ladite Mumie.

Le nombre 6. Sur le bout gauche de la table propose vn fourneau à sable, contenant vne cornuë, auec son recipiant; Et icelle toute couuerte de charbons, pour exprimer le feu de Supreßion, quant à la Distillation de la mesme Mumie.

SOMMAIRE.

Cela estant, Le premier seruiteur fond au feu la matiere soulphreuse, pour y mesler son intermede; Le second la met dans sa Cornue, pour la distiller, au Reuerbere entier, Hermes vuide l'Esprit de vin sur la Mumie, & le tout remis dans son vaisseau de rencontre, est placé au fourneaux de Cendres, pour en extraire la teinture d'vne-part, Et de l'autre l'Esprit, & le baume de la mesme Mumie, par le feu de suppreßion.

CHAP. I.

Courge.

Cendrier.

Fourneau à sable.

Recapitulation du tout.

CHAPITRE I.
HVILE DE BEVRRE.
DESCRIPTION.

I. Renez du Beurre falé ou non, ce que vous voudrés, mettés-le dans vne Cornuë de verre, proportionnée à la matiere, ayant les deux tiers vuides, & par def-sus étant fondu, iettés-y le double du fel decrepi-té ou deffeiché, bien blanc & puluerifé ; ou bien commencés par le fel, & puis le beurre, agitans le tout doucement auec le vafe mefme, pour le mefler.

Autrement faites fondre le beurre dans vn plat de terre verniffé, ou autre, & meflés-y le fel en poudre fubtile, laiffant raffroidir ce meflange pour le ietter dans la Cornuë : On peut neantmoins changer d'intermede ou moyen fec, fuiuant le be-foin, procedans comme deffus.

II. En apres, pofés la Cornuë dans vn fourneau de fable, & luy adaptés fon recipiant moyen-nement grand, bouchans legerement leurs ouuer-tures ; Et donnés le feu du premier, iufques au fe-cond degré de chaleur, l'augmentans par difcre-tion & felon la mefme quantité, iufqu'à la fin ; fur laquelle vous couurirés le mefme vafe, pre-mierement de cendres ; & puis du charbon vif pour faire le feu qu'on appelle de fuppreffion, en forte que le fel ou autre moyen demeure fec, com-

K k

me il estoit auparauant.

III. Que s'il n'est pas bien liquide pour la premiere fois, comme il arriue souuent, à cause de la terrestreité de la matiere qui ne peut aisément quitter son humide onctueux ; vous le rectifierés ou redistilerés dans vne autre cornuë, auec nouueau intermede, & mesme methode : Car la terre retient la terre, & ce qui est humide, soulphreux, poussé par la chaleur demeure clair, liquide & net. Autrement on se peut seruir d'vne Cucurbite ou courge de terre vernissée & semblables, & au lieu de l'intermede ou moyen solide, apposer par couches de la filasse nette, ou du cotton non filé, procedants du premier iusqu'au second degré de chaleur, ou que le tout soit desseiché, separans tousiours ce qui est plus liquide, Partant

Necessité de la rectification & de l'intermede.

Intermede combustible.

SENS PHYSIQVE.

IV. Cette depuration huileuse, nous enseigne que le Soulphre premier & principal, ou plus noble element sensible des Mixtes, estant l'vnique appuy de la chaleur naturelle, qu'il entretient comme nous auons dit, regne proprement & premierement aux Animaux & Vegetaux ; puis aux autres familles de ce bas monde, comme leur vie & lien des autres elements ; lequel manquant ou finissant, tout manque & prend fin.

En quels corps l'Element du soulphre abonde le plus.

V. Nous apprenons semblablement que le mesme soulphre (la nature duquel nous déduirons encore cy-apres) ne peut estre arresté que par l'humide & iceluy aërien : c'est à dire échauffé, cuit & digeré, ou separé entierement de toute son

Subiet du mesme soulphre.

Aquofité phlegmatique, incombuftible , dont luy
eftant vne fois affocié , difficilement & à moins
que d'eftre tout à fait deftruit , il s'en fepare , ou
le quitte.

VI. Et comme ledit humide n'eft iamais fans la
matiere ou le folide, plus il eft époiffy par fon exhalation, plus elle fe rend difficile à fa feparation.
Et à moins auffi que de fe ioindre à fon femblable , elle ne fe détache de ladite liqueur ; forcée
toutefois par fon aduerfaire, qui eft la chaleur accidentaire (puis qu'il n'y a point d'humide particulierement aqueux fans froideur) elle demeure
feiche & telle qu'auparauant.

VII. En quoy nous voyons le progrés admirable de la nature , ou du mouuement par fon autheur ; comme a efté demonftré en noftre Theorie , qui rameine & affocie peu à peu mefme les
contraires , faifant du froid le chaud , & de l'inflammable l'incombuftible , & les reünit fi har-
monieufement , qu'à moins de perir, ils font in-
feparables ; ainfi la matiere fe réioüit de fa forme,
l'efprit anime le corps ; l'Obiet attire les fens, l'A-
me fe flatte en fes paffions ; Et le tout par vn accord nompareil de plufieurs chofes difcordantes,
qui font la mefme bonté , & la beauté du compofé. Quant aux

FACVLTE'S.

VIII L'huile de Beurre eft pris interieurement
pour échauffer l'eftomach raffroidy , chaffer les
vents , digerer le phlegme , guerir les difenteries
& autres maladies, quo'n peut efpreuuer fans dan-

K k ij

Societé de l'hu-
mide & du foc.

Progrés de la
nature.

Accord des
contraires.

Difenterie.

ger, de trois à quatre gouttes, dans vn œuf mollet,
boüillon & semblable vehicule. Exterieurement
il sert pour les caterrhes, ou fluxions froides, comme sont le plus souuent les maladies articulaires,
appliqué chaudement, & pour la surdité en mettans quelques gouttes d'iceluy auec du cotton,
dans les oreilles : De cette opération pour la premiere fois, le beurre sort presque en beurre, soit
au commencement, soit à la fin, suiuant le degré de feu ; Il est tres-excellent pour les écorcheu-
res des mammelles des nourrisses, estant appliqué
chaudement, & couuert d'vn papier gris fort de-
licat.

Caterrhes.

Ecorcheures.

CHAPITRE II.

EXTRAIT DE LA CHAIR, OV
parties charneuses.

DESCRIPTION.

Circonstances pour faire l'ex-trait des chairs.

I. PRENEZ telle partie de chair, & de l'Animal qu'il faudra, homme, ou autre, ce
que vous voudrés ; Et auparauant que
la chaleur accidentaire l'ait attaqué pour la corrompre, separés en toutes les pellicules auec la graif-
se s'il y en a ; & apres l'auoir fait seicher à l'ombre ou à feu lent, l'arrosant par fois de bon esprit
de vin empraint de myrrhe ou d'aloës, pour empécher la corruption ; mettés-là en poudre subtile, iettés-là dans vne courge ou pot de verre, ou

terre blanche bien verniſſée, aſſés grande, & par deſſus du bon alcool de vin, ou eſprit tres-ſubtil qui ſurnage de trois droigts d'hauteur, que vous couurirés de quelque rencontre : c'eſt à dire, d'vn autre vaſe qui s'emboitte au dedans, pour conſer-uer le meſme eſprit.

II. De là poſée-le ſur vn fourneau de cendres en digeſtion ; c'eſt à dire en chaleur tres-douce, iuſqu'à ce qu'il ſoit bien teint, vuidés la liqueur emprainte par inclination du vaſe, & reuerſés de nouueau eſprit ſur la meſme matiere, le faiſant digerer comme la premiere fois, continuant tant qu'il y aura de couleur ; Dont ayant philtré tous les menſtruës ou liqueurs miſes enſemble par la Carte emporetique ou papier gris, dans vne cor-nuë ou courge de verre, & aduiſté auec vn Alem-bic & recipiant de meſme, faites les diſtiller aux cendres & à feu lent.

III. Puis l'eſprit eſtant ſorty, & la teinture reſtée au fonds de la cornuë ou courge, en conſi-ſtance de miel fondu, vous la remettrés ſur les meſmes cendres chaudes dans vne ventouſe, eſ-cuelle blanche de fayance & ſemblables, pour fai-te éuaporer le reſte de l'humidité ſuperfluë, la re-muant par interualle auec vne ſpatule de bois, afin qu'elle ne ſe brule, iuſqu'à ce que l'extrait ſoit en conſiſtance mediocrement ſolide. Sur quoy faut remarquer qu'on peut diſtiller la chair, comme le ſang & autre de cette nature ; Mais d'autant que la liqueur en prouenant ſeroit de nul vſage, à cauſe de ſa puanteur, ce procedé vaut mieux.

Dequoy on faite la Mumie tranfmarine.

IV. Quant à la Mumie tranfmarine, ou d'ou-tre-mer, dautant que le plus fouuent, elle n'eft compofée que des os humains deffeichés, de quelle façon qu'on les trouue, & remplis de poix & du bitumé nommé Afphaltum fondus enfemble, & appliqués auec linges les vns fur les autres, pour façonner les membres du corps humain, comme la chofe mefme fait foy ; A cette caufe on n'en peut extraire aucune teniture, n'eftant que matiere foulphreufe & contraire à l'humide in-combuftible : mais feulement retirer l'huile par la cornuë, au fourneau de cendres, & par la fuppref-fion, pour rabattre & faire pluftoft fortir les efprits volatils, qu'on peut rectifier comme toute au-tres. Donc

Ce qu'on peut extraire de la Mumie tranf-marine.

SENS PHYSIQVE·

Difference du pur & de l'im-pur.

V. Cét extrait & autres nous declare la vraye differance du pur & de l'impur du fubtil & du grof-fier, du fpirituel & du corporel ; que l'vn émouf-fe l'autre par fa terreftreïté, quoy que plus puif-fant feparément ; Dauantage qu'iceluy pur ne peut fe décharger foy-mefme : mais feulement par le moyen d'vn tiers qui rompe leur lien, s'en char-ge & les face agir vn chacun en fon particulier. Et qu'auffi plus le meflange dans la compofition eft grand, que moins noble en eft l'action & fa durée plus courte. En cette forte l'efprit vny au corps n'opere que fuiuant le corps ; c'eft à dire ma-teriellement par organes ; le fubtil ioint au grof-fier & terreftre ne paroift que bien peu, & n'agit qu'auec difficulté : mais le pur & le fimple mis

Effet du mé-lange & actió des chofes mé-lées.

en liberté , agiſſent promptement , également &
de par tout.

VI. A ce ſubiet le grand Hermes commande à
ſon fils ; tu ſepareras la terre du feu & le ſubtil de
l'épois pour effectuer les merueilles d'vne choſe,
que ſes ſucceſſeurs ont exprimé en telles paroles , *faites le fixe volatil premierement , & par*
apres du volatil faites-en le fixe ; c'eſt à dire , détaché cette ſubſtance tant deſirée de ſes durs accidents , afin qu'elle ſe puiſſe étendre vne ſeconde fois plus librement , & reprendre ſemblable
forme que la premiere ; ne plus ne moins que les
Animaux & Vegetaux , qui ſe groſſiſſent de leur
propre nourriſſe & matrice , & ſubſecutiuement
de toute leur durée & nouuelle propagation.

VII. Et c'eſt de la façon auſſi que noſtre Art
eſt Reſolutif ſeulement , laiſſant la compoſition ou
meſlange de pluſieurs Mixtes entiers , aux Apotiquaires communs , aux Chimiſtes appellés Char-
latants , aux Patiſſiers , Cuiſiniers & autres ; puiſque ſa fin n'eſt que la parfaite cognoiſſance de
toutes choſes crées , par leur parties dans l'vnion
volontaire , ou la volonté vnique du Createur,
comme porte la deſcription que nous en auons
donné en la Theorie , & ailleurs. Eſtant manifeſte.

VIII. Que mal à propos , ou par enuie quelques vns declament contre elle , & blaſment ab-
ſolument ce qu'ils ignorent , & qu'ils doiuent
neceſſairement ſçauoir pour eſtre vrays hommes ;
& que ce n'eſt que par accident qu'on ſe ſert des

La ſeparation,
ſeconde opera-
tion hermeti-
que, & pour-
quoy.

La reſolution
propre à cét
Art, & pour-
quoy.

Calomniateurs
ſont le plus ſou-
uent enuieux,
ignorants &
méchants.

mefmes parties refolués & affranchies, de la compofition naturelle ; comme auffi des operations
qui en refultent ; puis qu'on ne peut refoudre
fans operer , & qu'il n'eft rien fans qualité, &
delà fans vfage ou faculté , quant au feruice paf-
fager de l'homme , outre ladite fin principale
que nous auons allegué. Mais il en faut faire ceffer l'abus , condamner les auares, forclorre les incapables , à quoy on ne regarde point.

*Rien fans vfa-
ge.*

FACVLTEZ.

IX. L'Extrait de la chair dite Mumie, fert contre les venins ; & la pefte pris auec vn peu de
theriaque contre la Phthifie , l'Afthme , & l'Epilepfie ou mal caduc, à la dofe d'vn fcrupule dans
la pleneur de la Lune : Pour la Mumie d'outre-
mer quoy que factiffe , elle refout le fang caillé,
guerit le pointement de ratte , la toux & l'enfleure du corps , prife aux poids de deux dragmes
dans vn vehicule conuenable. Son huile par la
Cornuë s'adminiftre plus heureufement , & s'applique à toutes fortes de playes, vlceres , tumeurs
& douleurs externes.

*Phthifie.
Afthme.
Epilepfie.*

*Vertus de la
Mumie d'ou-
tre mer.*

CHAP.

CHAPITRE III.

HVILE DE GRAISSE, LARD, SVIF
Moüelles , &c.

DESCRIPTION.

1. **P**RENEZ telle graiſſe, & de l'Animal que vous voudrés, homme, ou autre; faites-la fondre dans vn plat de terre verniſſé ou vaſe ſemblable, & meſlés auec elle l'Intermede neceſſaire, comme nous auons dit du Beurre : En apres mettés-le tout dans vne cornuë de verre , ayant des trois parties deux de vuides; faites-le diſtiller au fourneau de ſable, du premier iuſques au troiſieſme degré de chaleur ; & que l'Intermede reſte ſec, pour laquelle fin il ſera beſoin de faire le feu de ſuppreſſion ; Pareillement s'il arriue que l'huile ne ſoit pas aſſés claire, & liquide , rectifiés-la auec nouuelle addition, & au meſme feu , que la premiere fois.

Maniere de diſtiller la Graiſſe.

Rectification.

II. Que ſi c'eſt du Lard, il le faudra faire fondre dans vne poëlle à frire, ou pelle à feu toute ardente, & y meſler l'Intermede que deſſus; ſçauoir autant qu'il s'en pourra éboire pour la premiere fois, qu'on trouuera reuenir à ſix parties pour vne, Et pour les rectifications le double ſeulement; ce qui eſt general pour toute ſortes de diſtillations huileuſes, ſelon que nous auons expliqué. C'eſt pourquoy

Comment il faut diſtiller le Lard.

SENS PHYSIQVE.

III. Cette diſtillation en ſuite de celle de Beurre,

nous donne encore à cognoiſtre que le degré de tout mélange, ne fait pas ſeulement la varieté du compoſé quant à ſa matiere ; mais de plus quant à ſa forme, vertus & proprietés ſelon le plus & le moins de leurs diuerſes qualités & moyens : Pareillement que cette meſme varieté compoſe le monde, le fait ſubſiſter, luy donne ſa force, & cauſe ſa beauté ;

ſans laquelle ce ne ſeroit qu'vne maſſe déplaiſante, & de condition inferieure au cahos premier, ſuiuant l'explication vulgaire, qui toutefois la contenoit, quoy que confuſe, ou indeterminée en ſes propres degrés d'exiſtence ou ſenſibilité ; En quoy paroiſt non ſeulement l'excellence de l'ordre, qui rend ſon luſtre à toutes choſes, & nous en donne leur parfaite cognoiſſance ; mais encore leur particuliere diſtinction, qui les fait telles qu'lles ſont.

I V. Auquel ſubiet Mercure chés les Hermetiques, parlant de ſoy-meſme, & diſant qu'il eſt hermaphrodite ; c'eſt à dire indifferent de ſexe, fait voir ouuertement, que bien que l'Artiſte le ſpecifie philoſophiquement, imitant en partie la nature ; ſi faut-il neanmoins qu'il le determine plutoſt à l'vn qu'à l'autre ſexe metallique, eſtant trop libre & vagabond, quoy que ja fixe, & partant.

V. Il eſt neceſſaire en ſuitte de cette premiere ſocieté ſpecifique, qu'il ayme & embraſſe en ce cas ſeulement, le determiner ſuiuant ſon inclination, pour ſa plus parfaite & conſtante vnion de

toute autre ſubſtance particuliere : ce que le vulgaire ne ſçait pas ſelon l'eſtime, qu'il a du contraire, ignorant en quoy conſiſte la faculté de ce remede. Ainſi le prouerbe eſt verifié que tous ſemblables ſe plaiſent enſemble, la terre retient la terre, & ce qui eſt ſoulphreux ou aërien ſe reünit facilement, l'obſtacle ceſſant comme dit eſt & qu'il ſera monſtré cy-apres.

Inclination des ſemblables.

FACVLTEZ.

VI. L'huile de graiſſe humaine appliqué chaudement, guerit le retirement des nerfs, oſte la durté des cicatrices, remplit les creux de la petite verolle, appaiſe les douleurs & ſemblables. Mais il faut prendre garde aux choix des intermedes, tant pour conſeruer, que pour augmenter, ou diminuer la vertu particuliere des matieres ſoulphreuſes, Et le tout ſuiuant l'intention de l'Artiſte, ou de celuy qui le doit adminiſtrer; Ainſi l'huile du Lard diſtillé & rectifié auec la chaux pulueriſée par ſoy-meſme, c'eſt à dire, raffroidie toute ſeule par l'air frais, qui la reduit en poudre, eſt vtile pour toutes ſortes de tumeurs & douleurs caterrheuſes, contuſions, vlceres vieux, chancreux, calleux & autres, le meſme s'obſerue pour les Suifs, Moüelles, &c.

Choix des intermedes.

Chaux pulueriſée par ſoy-méme.

Des Animaux.
3. Fig.

DES ANIMAVX
FIGVRE III.

DES OS, PERLES, COQVILLES, Matiere.
Cornes, plumes, poils, Oeufs, fiante & vrine.

Puluerifation, Diffolution, deficcation, diftillation, & Operations.
Calcination.

Magiftaire, Efprit, huile, Baume & Chaux. Productions

EXPLICATION.

E nombre 1. fur le bout droict de la ta-
ble, reprefente vn feruiteur puluerifant
vn morceau de Corne de Cerf & autres,
auec vne rappe, ayant au deuant & à
droict fur le bas vn crane humain, vn os de cuiffe, des
Coques d'œufs, vne bouteille contenant du vin - aigre
diftillé, & vne terrine de fayance, qui fuppofe fon
couuercle, pour faire voir la diftillation defdites ma-
tieres quant à l'extrait.

Le nombre 2. fur le milieu de la table, dépeint
Hermes tenant des deux mains vn Entonnoir Chymi-
que; c'eft à dire de papier gris, contenant la matiere Entonnoir.
du magiftaire, qui a efté diffoute, precipitée & filtrée Chimique.
pour l'eftendre & faire feicher fur la cendre facée &
aduiftée à fa droite, portée par vne tablette de bois;

L l iij

Dont à gauche se trouue vn Entonnoir de verre appuyé
comme sur vne petite scabelle à quatre pieds , percée en
son milieu pour luy donner passage auec son vase , rece-
uant , qui est au dessous.

 Le nombre 3. sur le bout gauche de la mesme table,
fait voir nostre Rechaud garny de ses cercles , trepieds,
fiolles recipiants & appuys , trauaillant & couuert de
charbons en forme de suppression , pour donner à enten-
dre comme l'on peut operer en petit volume , facilement
& sans despence que nous appellons le petit ordinaire ou
volume. Le milieu duquel Rechaud , qui compose vne
maniere d'Athauo , contient encore vne autre vaisseau
pour rendre le laboratoire complet , touchant l'Esprit,
l'Huile , Baume & Sels des mesmes matieres.

 Le nombre 4. à costé droit de la Cheminée , de-
monstre vn autre seruiteur adiustant à la retorte ou Cor-
nue son recipiant pour la distillation des os cornes , &c.
dans vn fourneau à feu de sable , tendant à la suppres-
sion , placé pour la commodité de l'Artiste , sur vn grand
fourneau quarré , & couuert de sa table de bois hors
l'operation , & ce pour auoir l'esprit , l'huile & le sel
aussi.

 Le nombre 5. à gauche de la Cheminée , exprime vn
fourneau de cendre , garny de sa courge fort haute auec
son Alembic & recipiant ; & sur le bas , vn pot de
chambre pour la distillation de l'esprit , huile & sels
des fiantes & vrines.

 Le nombre 6. sur le milieu de la mesme Cheminée,
marque vn fourneau à vent , assis sur vn trepied de
fer ; dans lequel & sur vne grille à son fonds , est ap-
pliqué vn grand Creuset ou pot de terre auec son couuer-

Scabelle à phil-
trer.

Rechaud Chi-
mique.

Fourneau de
sable.

Fourneau de
cendres.

Fourneau à
vent.

..uercle tout entouré de charbons pour la calcination des
Coques d'œufs & autres coquilliages, desquels la monftre se voit au bas.

SOMMAIRE.

En cette forte, le premier feruiteur met en poudre
les parties folides de l'animal pour les faire pluftoft diffoudre dans le vin-aigre ; la diffolution precipitée ,
filtrée , & tirée de fon Entonnoir de verre qu'on nomme magiftaire , Hermes la tient auec fon papier gris
pour la mettre feicher fur la cendre facée ; Et parce
qu'il fe rencontre plufieurs matieres qu'on peut refoudre
en mefme forte , elles font reprefentées fur vn rechaud
en petits vaiffeaux, comme pour faire voir que nonfeu-
lement on peut operer en grands vafes, & fourneaux appropriés à l'art , mais encore fans fourneaux en vaiffeaux impropres pour la commodité d'vn chacun ; l'Autre feruiteur opere par la Cornue au demy Reuerbere à
feu ouuert, tendant à fuppreffion , pour auoir des mefmes matieres, & à l'ordinaire l'huile & le fel. Quant
aux Excrements propres & particulierement l'Vrine,
la diftillation eft commencée par l'Alembic fur le fable, & acheuée par le cofté, comm'eft monftré au nombre quatre. Et pour les coquillages , la calcination ordinaire fe fait au fourneau à vent.

Abregé par
fommaire du
tout.

CHAPITRE I.

MAGISTAIRES DES OS, CORNES, &c.

DESCRIPTION.

I. PRENEZ tel os & de l'Animal que vous
voudrés, par exemple du crane humain,
d'âge moyen, fain & decedé de mort
violente, la quantité que vous voudrés; mettés-
le en rapeures, pieces ou petits couppeaux & femblables; puis en poudre tres-fubtile, & l'ayant ietté dans vne Courge de verre ou autre vafe de rencontre; c'eft à dire, l'vn femboittant dans l'autre, comme nous auons propofé ailleurs : verfés
par deffus du vin-aigre diftillé & fortifié auec bon
Efprit de nitre, vuidans & refondans à la façon
des teinctures, tant & fi fouuent le diffoluant,
que rien de la poudre ne demeure.

II. En apres philtrés le tout par le papier gris,
& le precipités auec huile de tartre, fait par refolution, goutte à goutte à caufe de l'ebullition.
Et enfin laués-le fi vous voulés fur le mefme papier qu'on appelle dulcifier, ou radoucir, quoy
qu'il ne foit pas neceffaire; Puifque la precipitation n'eft faite que par l'affoibliffement de l'a-
ction des fels qui animent l'humide, comme leur
vehicule & inftrument; fans oublier quant à ladite philtration de chauffer vn peu la liqueur,
eftant vifqueufe, afin qu'elle penetre plus aifément:
Mais il faut remarquer cette circonftance d'âge,

moyen

*Maniere des
Magiftaires.*

*Par qui eft fai-
te la precipita-
tion, & com-
ment.*

*Circonftances
à obferuer.*

moyen touchant leur choix , parce que s'ils sont
d'Animaux ieunes,à cause de leur trop d'humidité
glaireuse , vous n'aurés qu'vne gelée; au contraire de ceux qui sont d'âge consistante, plus solides
& terrestres.

III. Quant à la preparation des mesmes os , ils
doiuent estre purgés de leurs chairs , membranes,
pellicules, moüelles, & autres , non par la chaux   Preparation
viue , l'ebullition & pareilles manieres qui les de- des os.
struisent & leurs vertus ; mais en les ratissans ,
les faisant seicher doucement & en lieu sec , Et
mieux encore les distillans sans addition ; Le mesme magistaire se fait des autres os & Animaux,
comme aussi des cornes, ongles , perles , coquil-   Desseichement
les, &c. Et pour les garder il les faut seicher apres des Magistai-
la filtration , sur la cendre sacée, & aduistée sur res.
vne tablette de bois auec vn papier gris , comme
toute sorte de precipités : finalement de toutes ces
matieres, on peut extraire par la cornuë , l'eau ou
phlegme , l'esprit , l'huile ou Baume & le sel volatil , & les rectifier comme dit est. Ainsi

SENS PHYSIQVE.

IV. Ce Magistaire & semblables , nous fait voir
l'Antipathie ou contrarieté du Soulphre , & du
Mercure sensible; c'est à dire , de l'huile & de l'eau Antipathie de
sapide ou non , sçauoir que l'vn ne peut rien sur l'huile & de
l'autre , ou qu'ils s'empeschent mutuellement ; ne l'eau.
souffrant aucun mélange ; Au contraire s'ils sont
pris à part , pour le regard de quelque autre substance consistente, ou autrement conformes ensemble.

V. En cette sorte le chaud sous le simple aqueux

ou incombustible comme le vin-aigre, & les Esprits Acides des Mineraux ayant rarefié, desvnis & comme corrodé la partie plus solide & terrestre de l'Animal, tel qu'est l'os, la Corne, & autres, difficilement elle peut estre precipitée ou detacheé de son humide, à cause de sa viscosité moins desseichée, & volatile, demeurant seulement estenduë par toute la liqueur dissoluente, comme celle qui croit encore, ou qui est en sa moitteur premiere, restant en gelée pour ce suiet, par la mesme conformité, ayant descuit, reincrudé, & comme fait semblable le mesme menstruë qui la rarefié.

V I. Pareillement en suitte de ce que dessus, nous apprenons, que tout degré de mixtion, doit estre accompagné du nombre, du poids, & de la mesure ; l'excés desquels trouble l'œconomie du composé, & n'est corrigé que par celuy qui le cognoist, dont la prudence en fait le

retranchement & la sagesse l'vnion, qui consiste en la iuste distribution de ses parties, & de leur proportion, que nous appellons estat ou forme ; moyennent laquelle toutes choses sont parfaites, aymables, presentes & tres-faciles à nostre esprit, outre le profit qu'elles apportent à nostre corps, quant à leur administration & bon vsage : apres laquelle graduation naturelle, il n'est pas bien possible d'y adioûter ou diminuer quelque chose.

V I I. C'est pourquoy les Philosophes asseurent constamment, qu'ils n'adioustent rien à leur magistaire, qu'elle mixtion ou composition qu'ils

sçachent faire, ou ordonner. Mais seulement ils
en ostent ce qui est de superflus, & contraire, par
lotion ou menstruë approprié, & par la chaleur
accidentaire, disants nostre eau nommée Azot laue le laton auec le feu, & deienoir Antimonial &
saturnein qu'il est, le blanchit comme lune, pour
apres le coulorer en sol; c'est à dire le ger-Qualités du germe metalli-
me metallique, humide & chaud en son dedans, que.
au commencement ne peut estre que froid, & sec
exterieurement: Et partant il faut manifester ce
qui est caché, & cacher ce qui est manifesté.

FACVLTE'S.

VIII. Le Magistaire du crane humain sert aux
passions & maladies du cerucau, particulierement
à l'Epilepsie ou haut-mal dans quelque menstruë, Epilepsie.
ou vehicule conuenable, comme l'eau des fleurs de
pœointe, du tillet, &c. pris deuant l'acces à la
dose d'vn scrupule, & iusques à santé. Autrement
on peut se seruir de la simple poudre preparée
comme cy-dessus, ou seule ou meslée auec d'autres semblables en vertus.

CHAPITRE II.

ESPRIT, HVILE, OV BAVME, ET
Sel volatile des plumes, poils, laines, &c.

DESCRIPTION.

I. PRENEZ les plumes des oyseaux qui
vous seront necessaires, particulierement les plus grosses, & qui ont plus
M m ij

Distillation des excrements, adherants à l'animal.

long tuyau ou chalumeau qu'on nomme canon ; reiettés ce qui est leger ou moins solide, & couppés le restant en petits morceaux , pour remplir le tiers, ou la moitié d'vne cornuë , & l'adiancés au fourneau de sable & de suppression sur la fin , ce qui est aisé ; En quoy il faut remarquer que les

Remarque.

oyseaux qui demeurent dauántage en l'air , abõdent plus en sel volatil, que les terrestres, ou ceux qui seiournent le plus sur terre; vray argument de leur mobilité , ainsi que des poissons , comme l'experience nous fait voir.

II. Doncques le phlegme sort le premier suiuant sa nature, l'Esprit le suit accompagné du sel volatil,

Ordre des liqueurs en la distillation.

qui s'attache facilement aux paroirs des vaisseaux; Le baume est le dernier , laissant apres soy sa terre, qui contient le sel fixe qui les vnissoit solidairement ; Pour les poils, cheueux, laines & semblables , ils se distillent en la mesme façon, quoy que leurs formes salineuses soient differentes ; Ce qui est beau à voir , mais le sel des mesmes pre-

Prerogotiue du sel volatil.

uant à l'esprit & au baume à cause de leur fetidité, retenant la nature de l'animal qui la produit. Quant au

SENS PHYSIQVE.

III. Cette operation nous demonstre principalement le second principe ou element sensible des mesmes Mixtes suiuant les Hermetiques, sçauoir,

Proprieté de l'Armoniac.

l'Armoniac ou le Sel volatil , selon nostre appellation, duquel la proprieté est de seicher le Mercure, & d'attirer le fixe par l'inclination qu'il peut auoir auec les deux.

IV. Ainſi le ſec appete l'humide , le fixe arreſte le vaporable ; Et tous enſemble groſſiſſent le compoſé , comme nous auons dit ailleurs , moyennant le chaud qui les eſleue en les rarefiant ; & le froid qui les abbaiſſe en les reſerrant , la rarefaction du fixe , n'eſtant pas ſeulement neceſſaire pour l'accroiſſement d'iceluy mixte ; mais encore la reſtriction qui doit eſtre proportionnée à ſon eſpece où determination d'augment , puiſque tout corps eſt limité , & qu'au mouuement ſuccede le repos.

V. Eſtant à remarquer que , comme les animaux ſont plus chauds & humides aëriens ſe mouuants ſoy-meſme , que pareillement ils doiuent auoir plus de ſel volatil , comme il eſt vray , afin que leurs membres n'eſtants point ſi ſolides que des Vegetaux & autres , ils puiſſent agir plus facilement & librement ; d'où ſi par hazard l'humide qui le porte eſt trop pituiteux , & hors des lieux deſtinés par la nature ; il s'endurcit par cette meſme chaleur & nuit au mouuement ; de laquelle façon s'engendrent les maladies articulaires , ſemblablement des autres humeurs ſelon leur temperamment.

VI. Mais quant aux Metaux , parce que le fixe y domine comme eſtants plus ſolides , tant qu'ils s'augmentent dans leur matrice , le volatil ne ſert que comme de vehicule ; s'euanoüiſſant à meſure qu'ils ſe parfont : & tout de meſme du combuſtible , leſquels deux elemens conſtituent la varieté de leur cuiŗe recogneuë par ſes accidents ou em-

Mm iij

peſchements de perfection , & partant

VII. Toute l'induſtrie Hermetique au defaut de la nature , ne tend qu'à les purger d'iceux , puis qu'elle ne peut continuer ſa propre action , & par vn remede tres-copieux en ſubſtance pareille & derniers accidents , elle découure tant ſeulement ce qui eſt fait , ou acheué de cuire ; & ce qui ne l'eſt , contre la commune opinion des Sophiſtes, qui ont introduit le mot de tranſmutation mal à propos , auec des hiſtoires à leur poſte pour deceuoir plus accortement.

Intention des Hermetiques touchant leur œuure.

FACVLTEZ.

VIII. Pour ce qui eſt des vertus des ſuſdites matieres , il en faut iuger ſuiuant leur eſpece , quoy que par le feu ils ſont deuenus comme ſemblables. Ainſi l'eſprit rectifié pluſieurs fois , & animé de ſon propre ſel opere le meſme que celuy du ſang : le Baume s'incorpore auec onguents ou emplaſtres de pareille force ; Quant au ſel fixe compris dans ſon marc , il n'eſt qu'en petite quantité , & ſeulement pour faire la ſolidité & conſiſtance du meſme mixte ; En vn mot , ces productions profitent generalement pour touts vlceres mauuais , appliquées ſeules , ou aſſociées ſelon le beſoin.

L'eſpece determine la force de l'Animal.

Vlceres.

CHAPITRE. III.

EAV, ESPRIT, HVILE, OV BAVME
des Oeufs.

DESCRIPTION.

I. PRENEZ de tels œufs frais, la quantité que vous voudrés , faites-les durcir mediocrement en l'eau boüillante, En apres dépoüillés-les de leurs coques , feparés les blancs d'auec les iaunes, & les diftillés à part comme s'enfuit; Et premierement quant aux blancs couppés-les s'il eft befoin en petites roüelles ou morceaux, & les mettés dans vne courge de terre verniffée, ou autre refiftant au feu , qui ayt des trois parties les deux vuides auec fon Alembic ou chappe & recipiant de verre ; puis aduiftés le tout dans vn demy Reuerbere , & luy baillés le feu du premier iufques au troifiefme degré de chaleur , ou que toute la matiere foit deffeichée : En cette maniere , l'eau ou le phlegme diftillera le premier , qu'il faut mettre à part ; en fecond lieu l'efprit , & fur la fin le Baume noiraftre & vifqueux auec lefquels fe trouue le fel volatil.

Maniere premiere de diftiller les blancs d'œufs.

II. Que fi vous ne voulés auoir que le fimple phlegme , diftillés - les par la Chappelle auec fon moyen , ou entre-deux , fur lequel vous les releuerez depeur qu'ils ne fe bruflent comm'eft dit cy-apres au traité des fruicts, Section feconde. Autrement on

Diftillation par la Chappe.

prend les mesmes blancs d'œufs tous cruds,
& les ayant fort agités, auec vne spatule de bois
on les fait éboire par vne éponge bien nette,
apres on l'exprime, & la liqueur mise en ladite
courge Alambic & recipiant, on procede comme
dessus ; mais il en découle moins, la chaleur estant
requise plus douce sur le commencement : neanmoins on peut proceder par la Cornuë & ordre
accoustumé : ou bien y adiouster quelque intermede. Ce qui vaut mieux

III. Quant aux iaunes d'œufs on les peut distiller comme les blancs ; mais parce que les Baumes ou huiles, ne peuuent sortir que par la combustion de leur matiere terrestre, volatile & soulphreuse, & par consequent de mauuaise odeur &
tres-visqueuses, comme a esté exposé du sang &
du laict, l'expression forte, suiuant la coustume
des mesmes iaunes, durcis mediocrement en l'eau,
est plus conuenante, & à remarquer, pour les raisons suiuantes. Si mieux on n'ayme se seruir de la
Cornuë & du Sel preparé ou desseiché pour intermede. Donc

S E N S   P H Y S I Q V E.

IV. Par cette distillation est encore prouué
que l'imparfait ne peut engendrer le parfait, &
que rien n'est nourry & conserué que par son conforme ou capable de sa nourriture, le premier
se voit au Baume des iaunes d'œufs, qui ne peut
qu'auec grand peine passer en veritable liqueur
huileuse & claire, pour la raison suiuante, ne
contenant en soy, qu'vne humeur aeriene ou
mercure

à demy cuit , ioint à vn ſel volatil tres-grand , Que contient
le iaune d'œuf.
ſuiuy de beaucoup de terre phlegmatique ou viſ-
queuſe.

V. Le ſecond eſt demonſtré , conſiderans la
fin de l'œuf, ou ce qu'il contient, qui n'eſt deſtiné
que pour la nourriture du poulet compris au ger- Fin de l'œuf.
me , qui doit eſtre temperée en ſes qualités , comme le ſang dans l'Animal ; ce que témoigne
le meſlange de ces parties pour cette nutrition,
puis que l'vne & l'autre portion eſt humide , &
qu'il n'y a que le iaune, qui eſt le plus ſoulphreux
& ſalineux , la chaleur eſtant contenuë ſous les
deux , moins toutefois ſous le blanc que ſous le Qualités des
iaune ; l'vn par le trop de ſon aquoſité, qui la de- parties de l'œuf
trempe ou amoindrit , pour laquelle il eſt raffraiſ-
chiſſant ; Et l'autre par le trop de terre ou ſolide, Pourquoy le
ioint au peu d'humide ſoulphreux & liquide,que le blanc eſt froid,
meſme chaud décuit , & pour laquelle particulie- & le iaune ne
rement il ne peut deuenir huile, belle & claire , ſui- huile claire
uant l'ordre de la diſtillation chaude, le plus ſub- par la diſtilla-
til s'éuaporant comme dit eſt , & que l'experien- tion chaude.
ce teſmoigne.

VI. Mais les deux confus & comme reincru-
dés par la propre chaleur naturelle externe , ou Reincrudation
par vne douce artificielle ſont temperés , & com- de l'œuf & ſa
me vnis au germe , qui eſt le poulet meſme re- conſomption
ueillé,qui les attire par ſa propre chaleur, excitée & par le poulet.
aydée ſeulement de l'accidentaire, & s'en groſſit tát
qu'il durent;apres laquelle nouriture, il eſt capable
d'vn autre plus longue & moins preparé qu'il cherche luy-meſme , & qu'il digere; la nature ne luy

N n

en ayant fourny , que ce qu'il en failloit pour l'é-
leuer dans sa tendresse , de mesme qu'aux autres
Mixtes ; prouidence tres - admirable du Createur

Effects de la
prouidence Di-
uine contre les
Athées.

contre les Athées ; sans laquelle rien ne prospere-
roit , vne mesme chose estant & semence & nourriture , & toutes seruants les vnes aux autres , particulierement à l'homme , pour la ioüissance desquelles , quant à son seul égard , elles sont appellées
fruicts & non luy , si ce n'est pour son autheur ,
& encore alternatiuement.

VII. Enfin , ces deux points sont assés deci-
dés par l'œuf philosophique , duquel est dit que

Les parties
constitutiues
de l'œuure des
Hermetiques,
comment re-
presentées.

le Soleil ; c'est à dire , le soulphre que le iaune de l'œuf represente , est son pere ; la Lune ou
le Mercure , signifié par le blanc du mesme ,
est sa mere ; & que le vent , c'est à dire l'esprit
viuifique , la porté en son ventre ; ou soy-mesme ,
parties generantes fort parfaites , & nourriture
tres-conuenable pour faire éclorre le poulet hermetique ; En quoy se trompent grandement ceux qui
pretendent d'vn Saturne froid & sec terrestre , en

Erreur des Phi-
losophes vul-
gaires.

tirer vn chaud & humide aërien , pour former leur
Salamandre , qui deuient vn marbre pleurant sur la
montagne de Niobe trop impetueuse , comme
nous marquerons en son lieu cy-apres.

FACVLTEZ

L'Eau des blancs d'œufs estant faite lentement

Embelissement
de la face.

& iointe à la chaux de leurs coques profite beaucoup & l'embellissement du cuir , aux vlceres veneriens , & particulierement à la metallique : Et
distillée auec tant soit peu de vitriol ou couppero-

ſe blanche, eſt excellente aux maladies des yeux.
L'eſprit rectifié à les meſmes vertus, que celuy
du ſang, laict, cornes & autres, comme pour
touts les vlceres chancreux. L'huile des iaumes
d'œufs par expreſſion, ſert pour oſter les taches
de la face, & appaiſer les douleurs; Enfin le Baume des deux tiré par la Cornuë à feu fort, ne peut
eſtre qu'emplaſtique, meſlé auec ſemblables medi-
caments, à cauſe de ladite bruſlure & mauuaiſe
odeur.

Vlceres.

Tachés de la fa-
ce.

Emploſtique.

❋❋❋❋❋❋❋❋❋❋❋:❋❋❋❋❋❋❋❋❋❋❋

CHAPITRE IV.

DE LA CALCINATION DES *Coques d'œufs, perles, coquilles, &c.*

DESCRIPTION.

P RENEZ des Coques d'œufs les plus
frais que vous pourrés auoir, la quantité qu'il vous plairra, faites-les deſſeicher de leur humidité glaireuſe, s'il y en a;
aprés pilés-les groſſierement, pour les reduire en petit volume, & les mettrés dans vne petite Cucurbite ou Courge de verre, ayant la moitié de vuide; puis verſés pardeſſus de bon vin-aigre diſtillé,
qui ſurnage d'vn doigt ou deux, & ayant bouché ladite courge ou autre vaſe par ſa rencontre;
laiſſés le tout digerer ſur les cendres chaudes, iuſqu'à ce qu'il ſoit ramolli, & comme reduit en
paſte; delà ayant remis cette matiere, dans vne
eſcuelle de fayance ou autres ſemblables, faites éua-

Premiere façon
de calciner les
Coques d'œufs
par l'humide.

porer toute l'humidité & ſubtiliſés la maſſe reſtante en Alcool , c'eſt à dire impalpable, ſur le ma-
bre ou porphire , pour la garder à ſes vſages.

Seconde ma-
niere pour le
ſec.

II. Ou bien mettés les ſuſdites coques , preparées comme a eſté dit, dans vn pot de terre qui reſiſte
au feu , ou dans vn creuſet auec leur couuercle, à
cauſe du petillement , laiſſant quelque paſſage à
l'humidité vaporeuſe qui les noircit , & faites les
calciner en blancheur au feu de ſuppreſſion , de
Reuerbere, ou de potier, qui vaudra mieux, A cauſe de la longue chaleur qui eſt requiſe à cette calcination , pour ſa terreſtre viſcoſité difficile à conſumer ; que ſi la matiere dans ce temps n'eſtoit
aſſés blanche & ſubtile ; pilés-là derechef , & la
mettés de nouueau calciner au meſme feu , ou de
de fonte , en façon qu'elle contente , Eſtant le
meſme des perles & de toutes autres, coquilles, ou
matieres glaireuſes deſſeichées, ou endurcies. Or

SENS PHYSIQVE.

III. Par cette calcination eſt monſtré l'effet des
contraires , & que le fixe ne paroiſt , que par l'abſence du volatil , humide ou ſec ; En cette ſorte,
Matiere des
Coques d'œufs.
les coques d'œufs formées de glaire phlegmoneuſe
par la chaleur de l'Animal & de l'air , quand le
meſme œuf eſt pondu , eſtants expoſées au feu
ardent , petillent & s'écartent en menus fragments,
parce que naturellement vn contraire chaſſe l'autre , ou le deſtruit par droict d'inimitié ,
& le plus de force ; prouenant de leur diuerſe
conſtitution , en telle maniere que s'ils ſont re-
ſerrés dans quelque ſubiet , ils leurement peut en
ſortir ; ce qui ne peut arriuer ſans la percuſſion

de l'air , & par confequent fans bruit , laquelle Caufe du fon ou du bruit.
percuffion plus elle eft viue , ferée, ou vafte , plus
le bruit eft gros , & éclattant : Ainfi l'humide , &
l'Armoniac eftant exhalés par la chaleur rarefiante
& comme deftructiue d'iceux , ce qui demeure ne
peut eftre que terre ou veritable fel fixe , propre
à fe rehumecter derechef.

IV. Cecy eft encore demonftré par la nutri-
tion & perfection du mefme poulet en coq proli- Difference du
fique & genereux oyfeau du foleil d'Hermes ; auec poulet animal
& de l'Herme-
cette difference neanmoins que le poulet animal tique.
dans fon œuf , à autant d'aliment qu'il luy en
faut preparé naturellement , pour deuenir capable d'vn autre exterieur & plus folide , comme
nous auons dit : ce que l'Hermetique n'a pas en
foy ; puis qu'il renaift par artifice , & que la conionction de fes parents auec fa nourriture depend de l'homme , auquel toute la conduite
eft foufmife par la mefme nature , & felon les
moyens qu'elle luy a donné. Doncques l'humidité
externe qui detrempoit fon folide, & la volatilité accidentaire, qui l'étendoit outre mefure dans fon
commencement, ayants efté vaincus par leur con- Conuerfion
traires , non pas par expulfion ou rapetiffement d'action hermetique.
deux-mefmes ; mais par coction & affimilation
de nature , tout eft refté , fixe , premanent &
d'vne feule quantité , ce que le vulgaire ne peut
s'imaginer quoy qu'il foit vray.

FACVLTEZ.

V. Quant à cette operation , la premiere chaux ou diffolution des coques d'œufs , eft

eſt vn aſtringent excellent, pour diarrahées, her-
morragiés & autres, priſe interieurement à la doſe d'vn ſcrupule auec conuenable vehicule, matin & ſoir loing du manger : Et exterieurement

Playes, veines rompuës. pour agglutiner & conſolider les playes, vlceres, vaines rompuës & autres, appliquée ou toute
ſeule ou auec onguent approprié, & particuliere-

Face & cuir. ment pour les rides du viſage & embelliſſement du
cuir auec quelque pommade. La ſeconde peut effectuer le meſme, toutefois auec moindre efficace,
à cauſe du grand feu qui en a brulé toute la tena-
cité, & introduit vne trop grande ſechereſſe, qu'on
peut corriger par addition conuenable.

CHAPITRE V.

ESPRIT, SEL ET HVILE DE l'vrine, fiante & autres.

DESCRIPTION.

I. P**RENEZ** d'vrine ſaine de ieunes gens,
qui boiuent du vin; ce que vous voudrés
mettés-là dans vne courge de terre verniſſée ou autre; couurés-là & la laiſſés raſſoir durant quelque iours; apres ſeparés-là de ſes feces
ou matiere terreſtre, faites-là bien écumer dans
vne terrine verniſſée ou courge haute de verre; éua-

Maniere pour diſtiller l'vrine. porés-là doucement à feu ouuert, & meſmes vaſes en conſiſtence de miel fondu, ou par l'Alem-
bic ſi vous voulés; puis remettés-là dans vne cor-

nuë de verre, ayant les deux tiers, ou plus vuides,
& l'appliqués au fourneau de fable auec fon recipiant de verre bien grand, luy donnant le feu au *Degrés de feu.*
commencement fort lent ; iufqu'à ce que la ma-
tiere ne fe puiffe plus enfler ; De la plus fort pour
faire fortir l'efprit, enfin celuy de fuppreffion pour
extraire ce qu'on appelle huile, & fublimer le fel
volatil, tant au col de la cornuë, que tout le tour
du recipiant en ramaux tres-agreables à voir.
Eftant à noter qu'il ne faut point boucher entie- *Remarque.*
rement le col dudit vafe receuant, s'il n'eft fort
grand, à caufe de l'abondance des efprits qui
pourroient le caffer.

II. Et parce que la matiere eft fort vifqueufe,
& comme huileufe, qu'à peine la peut-on deffei- *Intermede*
cher, & par confequent tres-fubiete à s'éleuer,pour *pourquoy ne-*
l'abondance de fon fel volatil, on peut y adiou- *ceffaire.*
fter quelque intermede pour empefcher cette éleuation, & donner moyen à l'efprit de fortir de fa
prifon, quoy fait & les diuerfes fubftances fepa-
rée, comme nous auons dit au fang ; il faudra rectifier l'vn & l'autre efprit par l'Alembic de verre, au mefme feu du premier iufqu'au troifiefme
degré de chaleur, & iufqu'à ce que le fel foit tout
fublime, qu'on peut blanchir ou éclaircir, s'il ne
l'eft affés par lotion,ou en le refublimens, comme *Extraction des*
tous autres volatils. Finalement quant au marc qui *fels.*
eft refte, il s'y trouue le fel fixe, qu'il faut extraire ou feparer par l'effiue, comme nous dirons en
fon lieu; Pour ce qui eft des fiantes des Animaux,
la diftillation fe fait en la mefme façon que le fang

& le laict, Par quoy
SENS PHYSIQVE.

III. Nous apprenons encore par cette Operation,
que la cause qui fait enfler & escumer extraordinairement les liqueurs par vne chaleur tant soit
peu forte, ne procede que de l'Armoniac; duquel cy-dessus a esté dit, qui de soy-mesme est volatil; & par consequent aisé à rarefier, dont estant
dissout & vny auec l'humide, & ressentant plus
de chaleur qu'il ne sçauroit souffrir, il s'éleue &
rauit auec soy l'humide qui le contient, pour éuiter celuy qui le poursuit, & se reünit soy-mesme s'il trouue ou s'asseoir, ne perisant iamais;
ce qu'il fait pareillement du sec terrestre, lequel
estant ensemblement rarefié, demeure spongieux
la distillation faite.

IV. Quant à l'odeur du mixte, elle ne vient
que de son soulphre pur ou impur, suiuant le
moins de son humidité, comme nous auons touché cy-dessus; par quoy si l'humeur aëriene, qui
lie les parties dudit mixte est moins desseichée, &
la matiere pure & subtile, solide ou non, l'odeur
est douce & agreable, constante ou passagere,
comme celle des fleurs de iassemin, œillet, roses, &c. musc, ambre gris, ciuette & autres: mais
si elle est recuite & la matire moins pure, seiche,
molle, ou liquide, pour lors l'odeur est forte &
ennuyeuse, comme celle des huiles bitumineux;
& plus insupportable encore, voire nuisible si ladite matiere est facilement corruptible, comme
font toutes sortes d'excrements, chairs bruslées
&

Caule de l'E-
leuation des
corps, com-
ment & pour-
quoy.

Source des
odeurs en ge-
neral.

Odeur agrea-
ble en particu-
lier.

Odeur en-
nuyeuse.

Odeur insup-
portable.

& autres. Cette verité paroift auffi au Soulphre
Hermetique dans fa premiere generation ; Car outre qu'il eft de couleur Saturniene & Antimoniale,
comme dit eft, caufée par le plus de fon humidité
nourriciere, à l'exemple de la bouë commune ; fuiuant laquelle les Philofophes l'ont appellé matiere
fale, vile, qu'on foule aux pieds, & femblables : Il
eft encore d'odeur tres-acre, faifant éternuer, procedent du Combuftible Soulphreux, & du Sel Volatil meflez enfemble, qui doiuent fe changer en
Salamandre, & habiter les agreables & fertiles valées, c'eft à dire, Incombuftibles, & fixes.

*Couleur & o-
deur premiere
du Magiftaire
des Philofo-
phes, & pour-
quoy.*

FACVLTEZ.

V. L'Efprit d'vrine, rectifié & alcalifé par fes
propres Sels, peut feruir à la diffolution de l'Or ; au
calcul, & femblables. L'huile profite merueilleufe-
ment aux membres gelez du froid, en les frottans &
enuelopans chaudement. Que fi le froid eftoit paruenu iufques au cœur, on donnera l'Efprit auec la
Theriaque. Quant au Sel Volatil, il eft fouuerain,
pour rompre la pierre des reins, & de la veffie, pris
en vin blanc, & Eau de raues, de Parietaire, Perfe-
pierre, &c.

Calcul.

*Congelation
des membres.*

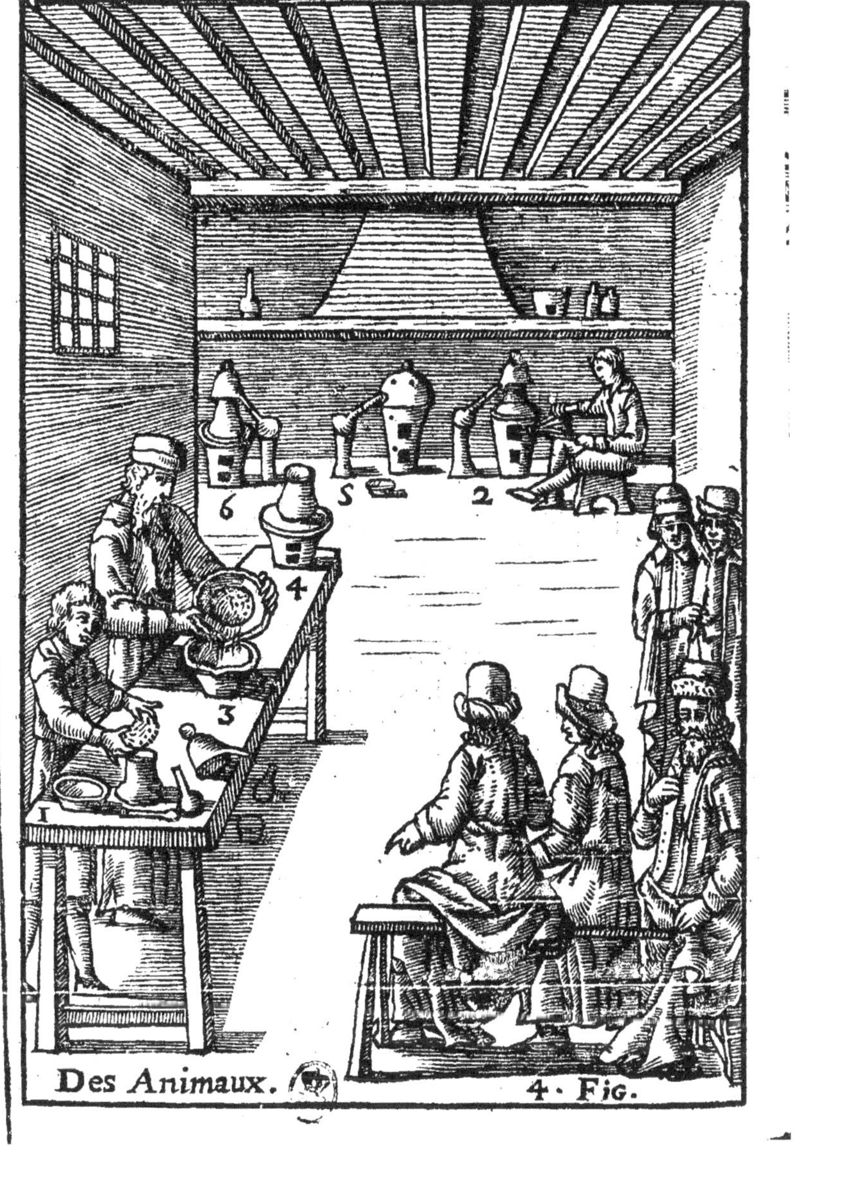

Des Animaux. 4. Fig.

DES ANIMAVX
FIGVRE IV.
DV MIEL ET DE LA CIRE.   Matiere.

Preparation , Distillation , Filtration , Euaporation Operations.
& Rectification.

Eau , ou phlegme , Esprit , huile & Extrait.   Productions.

EXPLICATION.

E nombre 1. *Sur le bout droit de la ta-*
ble , fait voir vn seruiteur qui met des
deux mains de la fillasse estenduë dans
vne courge de terre vernissée , contenant Courge de
terre.
du miel vne troisiesme partie de son vuide, pour donner à
cognoistre son vray Intermede quant à sa Distillation;
& ioignant icelle separément, sa Chappe de verre son
Recipiant, qui doit estre assés grand: vn plat qui contenoit
ledit miel , & vne spatule pour le remuer.

Le nombre 2. A costé droit sous la Cheminée , re-
presente vn autre seruiteur assis les pieds croisez , te-
nant sur sa cuisse droite vn souflet, contre la porte d'vn
demy Reuerbere, garny de la mesme Courge de terre ver- Demy Reuer-
nissée, Alambic & recipiant de verre , pour la Distil- bere.
lation de l'Eau , de l'Esprit & de l'huile dudit miel,

Le nombre 3. sur le milieu de la table , dépeins
Hermes qui vuide d'vne grande terrine à vn autre

par inclination , la liqueur emprainte & chargée de la teinture du miel , moyennant le sable net & deslié , auec l'esprit de vin , qu'il faut supposer.

Le nombre 4. Sur le bout gauche de la table exprimé vn petit cendrier, dans lequel est adiustée vne courge de verre , contenant la mesme teincture y filtrée pour la seconde fois ; & pour estre euaporée en Extrait.

Le nombre 5. Dans le milieu de la Cheminée, demonstre vn Reuerbere entier garny de sa Cornuë , & Recipiant de verre ; pour la Distillation de la Cire, auec son Intermede, selon qu'a esté proposé du Beurre & semblables. Au bas duquel il y a vn petit plat de terre , qui a serui pour faire le meslange quant à son huile.

Le nombre 6. Nous marque à gauche d'icelle Cheminée , vn fourneau à sable , garny de sa courge, Alembic & Recipiant de verre pour la rectification & blanchissement des mesmes liqueurs.

SOMMAIRE.

Ainsi le premier seruiteur ayant vuidé le miel, de son plat dans sa courge , tient de la fillasse estendüe pour l'y ietter & seruir d'intermede ; le tout adiusté dans vn demy Reuerbere , L'autre seruiteur excité le feu auec son soufflet , pour auoir les diuerses liqueurs d'iceluy miel ; De là Hermes vuide la teinture du mesme d'vne terrine à vne autre par inclination , laquelle coulée à trauers d'vn double linge dans vne courge , est posée sur vn cendrier pour l'euaporation en extrait; Et quant à la Cire estant preparée comme les autres matieres soulphreuses , elle est adiustée dans vn Reuerbere entier , pour en tirer l'huile , lequel auec les liqueurs du miel , se rectifie & blanchit au sable & par Alembic.

Terrine.

Cendrier.

Reuerbere entier.

Fourneau à sable.

Recapitulation du tout.

CHAPITRE I.
E AV, ESPRIT, ET HVILE
du Miel.

DESCRIPTION.

I. **P**RENEZ la quantité du bon miel commun, ou autre que vous voudrés, & pour le distiller sans moyen ou addition, adiustés premierement vn pot ou courge de terre bien vernissée sur vn demy Reuerbere, ayant iceluy pot ou courge, vn petit trou à deux doigts de son orifice pour y appliquer vn Entonnoir de fer blanc, à la façon du laict & par dessus vn Alembic ou Chappe, auec son Recipiant de verre bouché legerement; faites bien chauffer auparauant le fonds du pot: Puis le miel estant fondu à part dans quelque plat de terre aussi, iettés-le par ledit trou vne petite cueillerée apres l'autre, & le bouchés incontinent, Attendans d'en refondre de noüueau, que les esprits du premier soient sortis ou distillés, de peur que le tout ne s'enfle, raffraissant la Chappe, auec drapeaux moüillés, pour condenser plustost les vapeurs mercurielles, ainsi continuans iusqu'à la fin.

Premiere façon de distiller le Miel par le trou du pot.

II. Et pour le distiller auec moyen, addition ou intermede, mettés la quantité du miel qu'il vous plairra dãs vne semblable courge de terre vernissée, & sans trou, auec sa Chappe & recipiant que des-

Seconde maniere sans trou auec intermede.

fus , ayant des trois parties deux de vuides. Et
par deſſus faites vn lict , ou couche large de fillaſſe ou étouppes bien nettes , cotton non filé,
&c. les enfonçans vn peu de toutes parts ; Puis
appliqués le tout ſur le meſme fourneau de demy Reuerbere , & luy donnés le feu au commencement fort lent, iuſqu'à l'acide , ou couleur iaune.
En apres plus grand iuſques aux vapeurs blanches
& à la fin plus acre, iuſqu'à ce quele tout ſoit bruſlé
& diſtillé, prenans garde de raffraichir de temps à
autre l'Alembic , auec les meſmes drapeaux moüillés que dit eſt , pour en auoir dauantage.

III. Auquel cas il faut ſi bien regir le feu , que
la matiere ne s'enflamme trop toſt , que s'il arriue il faut vitte amoindrir la chaleur , ou donner
quelque peu d'ouuerture aux vapeurs trop abon-
dentes ; ſçauoir par le Recipiant ou par la Chappe
a demy ouuerte , de peur que le tout ne creue :
Partant cette operation requiert la preſence de ſon
Artiſte, depuis le commencement iuſqu'à la fin ,
ſi on n'ayme mieux ceſſer le feu, pour la continuer en temps & lieu ; c'eſt à dire, à chaque ſeparation des differentes liqueurs : Car il faut mettre à part l'Eau Odorante dudit miel, ſi-toſt que
la goutte commencera à iaunir , ſemblablement
l'Eſprit auparauant auſſi que la goutte rougiſſe ,
ou que les vapeurs blanches deuiennent rougea-
ſtres & bruſlées.

IV. Pour l'huile, ou eſprit rouge qui reſte le dernier, l'operation acheuée , apres l'auoir bien philtré par le papier gris & ſeparé de ſon beurre, s'il y en

à, qui n'eſt autre choſe, qu'vn reliquat de la Cire
qui n'a point eſté entierement ſeparée, On le recti-
fiera ſuiuant le beſoin pour le garder à ſes vſages.
Ne demeurant au fonds du vaiſſeau, que le marc
bruſlé, noir, leger & inſipide preſque inutile : Au- *Diſtillation du*
trement on peut le diſtiller ſans feu, y mettans *miel à froid.*
la chaux viue pour moyen, ce qui eſt aſſés curieux,
mais ſans beaucoup de profit.

SENS PHYSIQVE.

V. Quant à la Phyſique de ce ſubiet, nous
auons deſia parlé des differences de la chaleur &
de l'humeur qu'elle eſleue ; Maintenant il reſte à
dire touchant la matiere & le marc de cette operation, premierement que le Miel eſt vn amas de *Que c'eſt que*
ſubſtance aërée ſpiritueuſe & ſoulphreuſe, épan- *miel.*
duë par effloreſſence, ſur toutes les fueilles, fleurs,
fruits & autres de cette nature, dans leur plus grande maturité & perfection, cuëillie & preparée par
l'Abeille, pour ſon aliment, & au beſoin, à l'imitation de la fourmi. Or ſon intermede eſt pluſtoſt *Pourquoy la*
de la fillaſſe & ſemblable combuſtible, que non pas *fillaſſe y eſt mi-*
du ſable, & autre ſolide, parce qu'il eſt queſtion *ſe pour inter-*
ſeulement d'impeſcher ſon eleuation, ce que fait *mede.*
fort bien ladite fillaſſe imbuë du meſme miel, &
appeſantie ſur iceluy, le ſable ou ſolide tendant
au fonds, & ainſi le releuant & retardant l'operation.

VI. En ſecond lieu, nous cognoiſſons par experience que le miel ayant rendu toute ſon humidité, par l'extreme & derniere chaleur du feu,
le marc demeure tres-noir, ſpongieux, fort le-

ger & infipide, vrais fignes qu'il ne contient aucun fel fixe, ou tres-peu, s'il n'eft groffier & materiel, pour les mefmes caufes, Contre l'opinion
de quelquesEcriuains, qui l'ont confideré de leger,
fans preuue aucune ou bien petite ; C'eft pourquoy il faut dire auffi, que fa noirceur ne prouient que de fon bruflement en Air eftouffé, ainfi que des autres chofes ; ou par ce qu'il n'a pour
baze, qu'vne fimple terre feiche, auec vn foulphre
leger fans fel, comme la paille & le papier, &c.

VII. D'ailleurs que fa fpongiofité, ne procede
que du fel volatil, qui a rarefié ladite terre par fon
humeur, laquelle eftant épuifée, demeure en cette forme, & de là tres-legeres, fuiuant ce que deffus : Enfin fon infipidité eft le témoignage de cette verité, ledit fel volatil eftant efchappé par la
chaleur auec lefdites liqueurs ; en forte que le
mefme marc paroiffant comme vitrifié, n'a retenu que la teinture de la vapeur bruflée, qu'vne
chaleur nouuelle de fournaife pourra blanchir &
calciner, mais auec peu de profit.

VIII. Ce que les Hermetiques ont tres-bien
recognu par lants aux enfants de l'art en ces mots,
Gardés-vous de la vitrification, figne du fouphre
euaporé auant la maturité ; Car comme le verre
n'a point d'extenfion à froid, faute de ce Baume
onctueux, que ces parties conftitutiues n'ont iamais eu, n'eftant compofé que de pierre, & de
fel, auec tant foit peu de Mercure, qui le rand
mol à chaud.

IX. De mefme noftre elixir par vne precipitation

tion ou trop de chaleur accidentaire , ayant per-
du fon humeur radicale , par laquelle il deuoit fe
groffir & vegeter , il ne luy refte qu'vn fel pierreux & mercuriel ; c'eft à dire vne fimple terre
metallique , ioint à vne humidité interne , tres-
froide , & qui ne paroift qu'à l'extreme chaleur
qui le rend frangible à froid ; & de là inutile à
noftre œuure , qui demande non feulement la fufion dans fa folidité ; mais encore l'extention, &
icelle à froid pour eftre veritable fubiet en la medecine des imparfaits.

Comment la vitrification deftruit le Magiftaire philofophique.

F A C V L T E Z.

X. L'Eau du miel eftant faite auec foin & dans
vn vaiffeau neuf ou qui fe puiffe efcurer , fert de
menftruë ou vehicule à plufieurs extraits , & de
breuuage à beaucoup de maladies. L'efprit fe prend
pour l'Afthme de fept à huict gouttes dãs vn vehicule côuenable , & pour prouoquer les menftruës,
diffoudre le calcul,&c. Le même rectifié auec cheueux , mouches à miel & autres , auance fort
leur accroiffement ; Et rediftillé tout feul par plufieurs fois, feparans toufiours ce qui eft d'aqueux
peut diffoudre l'or dans le temps mis en digeftion,
au ventre de Cheual,c'eft à dire dans le fient. Il eft
tres-bon auffi pour tout & vieux vlceres, chancres
& autres , comme pour les yeux auec eau de fenoil, chelidoine, &c.

Menftruës.

Afthme

Cheueux.

Vlceres.

XI. L'huile ou Efprit rouge , vaut à teindre le
poil, & les cheueux plus ou moins de couleur brune, y faifant infufer noix de gales , chatons de
noyer , couppe-rofe , &c. l'appliquans fubtile-

L'application pour la teinture.

P p

ment auec vn peigne & vne esponge , le laissans
seicher par soy-mesme , en reïterans suiuant le besoin , & éuitans qu'il ne touche le cuir ; Et d'au-

Remarque.

tant qu'auec le temps il depose sa matiere terrestre qui le teint , il faut le conseruer dans des fiolles larges, d'entrée & faciles à nettoyer, pour des autres vsages.

CHAPITRE II.

TEINTVRE, ESSENCE, OV
Extrait du Miel.

DESCRIPTION.

Comment il
faut extraire la
couleur essen-
tiellé du miel.

I. P R E N E Z du miel le plus pur, que vous
pourrés auoir , comme est celuy de
Narbonne , la quantité que vous vou-
drés , escumés-le tres-bien , meslés-le auec sable de
riuiere bien net, odorant & sec, autant qu'il s'en
pourra éboire ; sçauoir dans vne Courge ventouse , pot de terre vernissé , &c. les deux tiers vuides: Et versés par dessus de tres-bon esprit de vin,
qui surnage trois ou quatre doigts , & apres
que vous l'aurés vn peu remué & bien bouché en
forme de rencontre , afin de ne perdre l'esprit de
vin , qui s'esleue facilement, & qui circule & re-
tombe en bas par ce moyen ; laissés-le en digestion sur vn fourneau de cendres, iusques à ce que
l'esprit ne se colore plus ; separés-le pour lors dans
vn autre vasé par inclination , & y remettés d'esprit nouueau , iusqu'à la fin de la teinture ou es-

fence le revuidans comme auparauant.

II. Cela fait , vous filtrerés par le papier gris tout le menstruë ou teinture , la ferés euaporer; sçauoir des deux tiers vn , ou vous retirerés ledit esprit au Bain marin , ou aux cendres , pour seruir comme la premiere fois ; Mais parce que la liqueur bien souuent est visqueuse, il vaudra mieux la couler à trauers d'vn linge blanc , vn peu serré & en double; ou bien par la languette de drap, la laissant rasseoïr en cas qu'il y eut encore quelque crasse , à cause dequoy il sera bon que le sable soit vn peu grossier.

Filtrer par le linge ou par la languette.

SENS PHYSIQVE.

III. Par cette operation , ensuite de l'Extrait cy-dessus , nous cognoissons de plus que la chaleur n'opere point seulement actuellement , immediatement , & à descouuert ; Mais encore par puissance, mediatement & en secret, comme nous auons marqué allieurs , Et que la substance n'est point autrement sensible , que par ses accidents Les vns desquels luy sont tellement associés, qu'ils la ressemblent entierement ; Et les autres nullement; ioint qu'elle peut estre reuestuë, non d'vn seul , mais de plusieurs differents selon leurs elements.

Differente action de la chaleur.

Substance de soy insensible.

IV. En cette maniere l'odeur suit la saueur, & les deux la couleur, qui s'attache particulierement à la matiere ; En sorte que plus elle est attenuée, moins elle paroist, portant auec soy le plus souuent tout ce qui est de meilleur & de vertueux, audit subiet comme nous voyons par cét extrait,

Que contient la couleur.

& celuy des Hermetiques ; le menſtruë duquel a
le pouuoir d'ouurir les corps de ſa nature par ſa
propre vertu, & dans leur vnion coniugale, faire paroiſtre au dehors, l'effet de leurs chaudes
amours, meſme ſans aucune chaleur externe.

V. A cauſe de quoy les Philoſophes ont dit,
qu'on ne pouuoit accomplir leur Magiſtaire, ſans
les attraits de la Dame prolifique, & l'interuen-
tion de ſon ambaſſadeur, ce qui eſt tres-beau à
voir, & qui nous confirme admirablement l'ouurage : Mais peu de chercheurs ſçauent ce point,
faute de raiſonner auec les meſmes qui nous commandent de prendre garde comme la nature agit
en ſes autres familles ; particulierement en l'animale qui nous eſt la plus cogneuë pour deſcendre
aux plantes, & d'icelle aux Mineraux.

VI. Nous voyons pareillement en cét extrait,
que la chaleur ne procede pas ſeulement du Soleil,
ou du feu : mais encore des choſes pourriſſantes ;
Et que toutes trois ſót excitées par l'vnion des eſprits des meſmes corps, qui fluent ſur quelque
ſuj t, que le mouuement reſueille interieurement,
ou au dehors, par proprieté, ou par ſimple accident, exterieurement, ou dans ſoy. Ainſi pour les
exprimer en particulier.

VII. Le propre du Soleil eſt d'échauffer hors de
ſoy par la meſme vnion : De façon que ſes rayons
eſtans ramaſſez & vnis s'entr'allument en vn point,
par vn corps ſolide & diaphane, comme le verre,
& retenu par vn autre, mais opaque, ils l'échauffent peu à peu, & enfin l'enflamment.

De mefme par la forte Collifion, & le prompt
choc de deux corps folides & tres-durs, comme la
pierre viue & l'acier, le feu s'excite, qui n'eft autre
chofe que l'vnion de leurs Efprits chaleureux, que
le mouuement attenuë, & de puiffance les reduit
en acte felon le fujet.

La collifion caufe le feu.

VIII. Enfin ce qui pourrit s'échauffe en foy-
mefme, par le mouuement du refte de fes premiers
efprits éuaporez, & ce pour vn autre generation,
ou exhalation derniere; Mais il ne s'enflamme point
à caufe de la moindre agitation, & le plus de l'humeur, qui refifte à la Chaleur; Et le tout pour reuenir à fon premier eftre de principe, ou vnité, &
feruir à vne autre reuolution, comme fi fouuent
nous auons dit.

La pourriture échauffe fans brufler.

La fin d'vn mouuement eft le commence-ment de l'autre.

FACVLTEZ.

IX. Cette teinture profite beaucoup aux Afthmatiques, phtifiques, fieureux & Fameliques, d'v-
ne petite cueillerée iufques à deux, dans vn boüillon, ou l'Eau commune pure, à la place de tout autre breuuage, mefme de l'hydromel vulgaire. Pareillement elle fert pour former & malaxer toutes
fortes de pilules, tablettes, & autres, empefchant
que les Extraits ne fe feichent trop toft, &c.

Afthmatiques Fameliques.

Extraits.

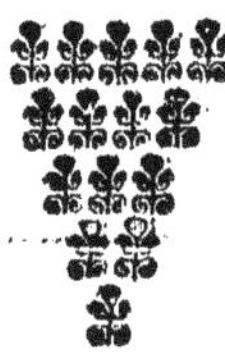

CHAPITRE III.

HVYLE ET BEVRRE
de Cire.

DESCRIPTION.

Methode pour diſtiller l'huile de Cire.

I. PRENEZ la quantité de Cire neufue , que vous voudrez , fondez - là dans vn plat de terre verniſſé , qui ſoit aſſez grand : Puis meſlez-y du ſable net , ſec & aſſez delié , de riuiere ou autre , tant qu'il s'en pourra eſboire , Et auparauant que le tout ſoit raffroidi , ou endurci , deſta-chez-le du plat , & le reduiſéz en petits morceaux.

II. Quoy fait iettez - le doucement dans vne Cornuë , qui ait les deux tiers vuides , & ſans autre digeſtion , diſtillez-le du premier iuſqu'au ſecond

Degrés de cha-leur.

degré de Chaleur , au fourneau de ſable , ſeparans touſiours le plus clair , & le plus liquide , Et ſur la fin baillez le feu , du troiſieſme degré , pour aller à celuy de ſuppreſſion ; afin que rien ne demeure de la Cire auec le moien , ou Intermede ; A la place du ſable on peut adiouſter du ſel decrepité , Alum Calciné , bol , Ocre , &c.

Rectification neceſſaire.

III. Et dautant que la Cire eſt extrememement terre-ſtre , plus difficilement auſſi en peut-on extraire ſon ſoulphre liquide : de ſorte que nous ſommes con-traints de reïterer la diſtillation , comme ſera dit cy-apres , afin de la ſeparer entierement , & faire qu'elle demeure liquide , méme au plus grand froid:

De plus comme ces diuerſes diſtillations diminuent
en quelque façon l'odeur de la matiere, & chan-
gent ſa douceur en vne chaude acrimonie, Il faudra à la derniere fois pour luy reſtablir ſes propres
qualitez, adiouſter quelque peu de nouuelle Cire
bien odorante, & auec vne petite digeſtion continuer l'operation le plus lentement, qu'il ſera poſſible, afin que ladite Cire ſorte la derniere, & le tout
ſans plus aucun moien. Or

Reſtitution d'odeur.

SENS PHYSIQVE.

IV. Cette diſtillation monſtre combien grande eſt l'inclination de la forme auec la matiere, &
reciproquement, Comme a eſté parlé, que meſme
l'accidentaire ne ſe peut ſeparer d'elle, qu'auec beaucoup de peine, & difficulté, comme le ſujet de ſa
vie, eſtat & perſeuerance ; Et que la nature ſe reſ-
ioüit auec la nature, luy adherans facilement, &
ne fait bien ſouuent qu'vne meſme choſe dans
l'vnité de ſon principe ou élement : Parquoy le
ſec demeure paiſiblement auec la terre, le froid
auec l'eau, l'humide auec l'air, le chaud auec
le feu, & l'eſprit auec le corps. Tous leſquels
ne ſont deſtruits que par la force de leur contraire.

Pourquoy l'ac- cident ayme tant ſa ſubſtan- ce, & comment il en eſt ſeparé.

V. Dauantage, comme la terre ou le ſec friable de ſa nature, donne libre paſſage à la chaleur
& aux eſprits qu'elle eſleue par la deſvnion qui ſe
fait de leur matiere ou ſubiet ; Pareillement elle
empeſche que l'humide ne s'enfle ou s'euapore
trop toſt le retenant en ſoy, iuſqu'à ce que la
meſme chaleur par la force le dégage & le ſepare
de ladite terre, & de ſon fixe ; Le contraire eſtant

Par qui l'humi- de eſt retenu.

du Magiſtaire cy-deſſus, auquel il eſt requis vne
inuiolable ſocieté des parties qui le compoſent.

VI. A raiſon dequoy les meſmes Hermetiques, ont commandé d'ayder cette alliance par
vne douce chaleur accidentaire, qui excite ſon
interne tant ſoit peu, pour accomplir ſeulement
les fonctions naturelles, En quoy conſiſte vne bonne partie de l'ouurage ; puiſque c'eſt peu d'auoir
remply ſon eſtomach de fort bons aliments , ſi
bien toſt apres on les vomit ; partant ils ont tout
dit en ces trois mots diſſoluës, cuiſés & congelés.

Chaleur acci-
dentaire, tou-
chant le magi-
ſtaire ſecret.

FACVLTEZ.

VII. L'Huile de Cire vaut interieurement de
deux à trois gouttes pour le flux de ventre, calcul
& ſemblable, & auec véhicule conuenable ; Exterieurement il profite à toutes les bleſſures, contuſions, ſurdités, gouttes & autres. Le beurre,
ou partie moins terreſtre qui ſort, ou au commencement ou à la fin de l'operation, ſert aux meſmes incommodités que celuy du vray Beurre,
duquel cy-deſſus, mais auec plus de ſeichereſſe

Flux de ventre.

Goutte.

CHAP.

CHAPITRE IV.
RECTIFICATION ET
blanchiſſement des operations du meſme
Miel, & de la Cire.

DESCRIPTION.

I. **PR**enez quant au Miel, l'Eſprit ou l'huile diſtillé pour la premiere fois , & bien
filtré par le papier gris , mettés - le dans
vne Cornuë de verre proportionnée à ſa quantité , ayant des trois parties les deux vuides , ou enuiron Adiuſtés - là au fourneau de cendres , ou dans
vn Rechaud ſur vn trepied de fer à double cercle,
fait expres, auec ſa platine creuſe, de meſme , ſuiuant
noſtre Practique , & luy ayant ioint ſon Recipiant,
baillés luy le feu du premier degré tendant au troiſieſme, & ainſi continuans iuſqu'à ſec ſi vo⁹ voulés.

Comment ſe
rectifie l'Eſprit
& huile du
miel.

II. Que ſi les deux liqueurs eſtoient confuſes,
comme il peut arriuer, n'eſtant point ſeparées en la
premiere diſtillation , procedés en la meſme façon
que deſſus ; Partant lors que la goutte commencera à jaunir , ou rougir plus qu'il ne faut ceſſés
de continuer le feu , gardez ce qui eſt au Recipiant pour l'Eſprit , & ce qui reſte dans la Cornuë pour l'huile ; ſuppoſans que l'eau ou le phlegme en ayt eſté ſeparée parfaitement, comme nous
auons dit en ſon lieu.

Separation à
chaud des li-
queurs confu-
ſes.

III. Et parce que proprement parlans, ces deux
ſubſtances ne different , qu'en conſiſtance , ou

Q q

teinture, suiuant le plus & le moins de la matiere, rarefiée & esleuée par la chaleur auec son humeur ; le tout est entendu sous le nom commun d'Esprit, ou Mercure, n'y ayant rien de combustible ; Mais dautant que par la Cornuë, la matiere qui cause la couleur, ne se peut aisément separer, à cause du peu de vuide, & de l'ouuerture, ou sortie trop à costé, il va circulant suiuant la figure du vaisseau, & ne distille que fort peu, outre que ladite liqueur ne laisse pas de se teindre & charger de la mesme.

IV. Il faudra pour la rendre plus pure & claire, la mettre dans vne Courge de terre bien cuitte, & vernissée, ou bien dans vne de gray nullement poreuse & semblables, ayant tousiours les deux tiers vuides, Ausquels vous approprierés leurs Chappe ou Alambics de verre, auec leurs Recipiants de mesme, Et ce au demy Reuerbere, continuans le feu iusques à sec, Reïterans autant qu'il sera necessaire; Ainsi la matiere terrestre qui causoit la teinture ou couleur noire, demeurera au fonds comme la premiere spongieuse, insipide & tres-legere.

V. Quant à la Cire, ayant desia monstré que l'huile difficilement se peut bien extraire la premiere fois, à cause de sa terrestreité, qui le tient attaché, & comme absorbé, Cela est cause qu'il faut necessairement reïterer la distillation, & les intermedes ; afin de la pouuoir entierement dépoüiller ; c'est à dire, que la terre retienne la terre, & que l'humide soulphreux se reünisse en foy-mefme, pour paroiftre & demeurer ce qu'il eft.

VI. Parquoy outre ce que deffus, il faut proceder au commencement auec chaleur lente, pour éui-ter que le beurre ou Cire mollifiée ne monte la premiere, puis l'augmenter pour auoir le tout; mettans toufiours à part le plus pur, ou qui ne fe figera aucunement: Toutefois il y a des Artiftes qui ayant fait fondre la Cire dans vne terrine ou plat verniffé, la font éboire par des morceaux de bri-ques tous ardents à la façon de l'huile des Philo-fophes, & le tout mis en poudre fubtile, la diftil-lent comme cy-deuant, laquelle façon eft plus cour-te; mais encore il eft requis de la rectifier vne fois pour le moins, foit en la maniere fufdite ou par Alambic, auec quelque méftruë comme vin blanc, eau diftillée, &c. y adiouftans vn peu du fel de tartre, pour la deftacher plus librement du refte de fa terreftreité. Enfin

SENS PHYSIQVE.

VII. Cette reïterée diftillation nous fait voir la difference des vafes en cét Art, & la proprieté des parties heterogenes, ou diuerfes du Mixte, la chacu-ne defquelles naturellement appete fon Centre; Et premierement quant aux vaiffeaux, nous appre-nons que les ronds ne conuiennent mieux, qu'à la Circulation, pour macerer, pourrir & mefler exa-ctement diuers Mixtes en vn, ou pour en extraire le pur de l'impur; c'eft à dire, le fimple d'auec le compofé, quand la feparation en eft rebelle par leur trop conftante vnion. Pareillement nous appre-nons, que les longs font dediés à l'efleuation des

Esprits, tant mercuriels, que soulphreux, pour se dépoüiller de leur matiere dure & pesante, ou de leur aquosité superfluë; Ainsi des autres à conceuoir.

VIII. En second lieu, quant ausdites parties heterogenes, L'experience nous enseigne que tout humide externe & tout sec chaud, sont vaporables par la chaleur mediatement ou non, qui les diuise & éleue par leurs Esprits en Athomes, de mesme nature que le total presque imperceptibles & impalpables; Et que tout fixe & friable gardent le bas, tant à l'excés du chaud, qu'à la rigueur du froid: dautant que l'vn consiste dans d'humeur interieure, qui peut veritablement paroistre par la chaleur vehemente & externe, comme nous auons dit ailleurs; Mais non point estre domptée, ayant pour obstacle la froideur interne, par laquelle il reprend peu à peu sa solidité ou congelation exterieure.

IX. Et l'autre comme il est desia diuisé en soy-mémme, sec & froid en son dedans, & consequemment destitué presque de tout Esprit, qui luy puisse seruir de vehicule, ou le porter mesmement; par cette raison il ne peut qu'estre échauffé exterieurement aussi, reuenant tousiours en sa premiere nature.

FACVLTEZ.

X. Leurs vertus sont les mémes que cy-dessus a esté dit; mais beaucoup plus excellentes, comme estants des tachées entieremét de leurs marcs & impuretés terrestres, particulierement l'esprit du miel, qui à chaque rectification acquiert nouueau degré de force, soit pour le corps humain, soit pour celuy des Metalliques.

VEGETAVX

SECTION SECONDE
DES VEGETAVX.
ARGVMENT.

POVR LA SVITE DES matieres, figures, explications, & Chapitres de cette Section.

I.

EN cette seconde Section selon le mé-me Type vniuersel, l'ordre des par-ties constitutiues, & tout ce qui pro-uient des plantes, sera parlé, Premie-rement des moyens diuers pour distil-ler les Racines tendres & charnuës, à la difference des dures & ligneuses qui vont auec les bois ; Ensemble leur circonstance, & comment il faut proceder à celles qui sont trop humides, ainsi que des fruits ; Sur quoy faisans men-tion des productions des Metheores, comment, & pour quoy? Et expliquans qu'elle est la resolution & fin na-turelle des choses crées, nous monstrerons que les qua-lités actiues ne peuuent estre telles sans leurs passiues, & découurirons comment se doit entendre, la mesme resolution ou conuersion elementaire des Hermetiques, partie principale de cét Art. *Figure I. Chap. I.*

II. En second lieu, sera donné la diuerse maniere de distiller les escorces seiches, & auec quelles cir-constances, tant pour l'eau, que pour l'esprit, & pour

La difference des plantes fait la varieté de leur distilla-tion.

Rapport des qualités.

l'Effence, particulierement de celles qui font de prix.
Plantes de prix. Puis nous dirons comme du meflange du fec, & de l'humide, tout eft fait, quel des deux preuant, ou par qui
Compofition refulte le Mixte, & de quelle façon fe parfait le Thelef-
du mixte. me Philofophique, Enfemble qu'elle eft la vertu du fel
exprimé par l'Ingrés du mefme. *Chap. II.* Des efcorces
nous viendrons à la diftillation des bois, leurs fourneaux, le feu, les vaiffeaux receuants, la rectification &
circonftances requifes, quant aux liqueurs diftillées, Ou
declarans qu'elle eft la force de la chaleur empefchée;
Caufe du fon. Nous ferons voir la caufe du bruit du Canon, du foudre
& du tonnere, & ce qu'ils reprefentent, auec l'effet de la
Proiection philofophique, & fon nouueau mouuement.
Chap. III.

III. Puis auec la generale difference des feüilles, nous
Difference des décrirons; Premierement la façon de diftiller les froi-
plantes. des, ou pour auoir leur eau fimple, ou pour en extraire
leur efprit & tartre appellé fel effentiel; En apres celles
des chaudes, tant aqueufes fimplement, que huileufes,
leurs circonftances, leur magiftaires, fel fixe & fa refo-
Varieté des lution; De là expliquants la belle varieté dans l'accord
mixtes. des parties du Mixte, de fes qualitez, leurs effects, ce
qu'elles reprefentent, & d'où procede la vertu, ou
premier mouuement du méme, Nous découurirons l'erreur des Sophiftes, touchant la fpecification, ou determination de la Teinture phyfique. *Figure 2. Chap. I.*

Operations fur IV. Et dautant qu'auec les feuilles fe trouuent les
les fleurs. fleurs, nous enfeignerons comment il faut diftiller leur
Eau fimple, leur Effence, ou huile, leur Efprit, faire leur
diuerfes teintures, leur Sel fixe, & leur huile par refolution, comme auffi les circonftances, qui font à obfer-
Couleurs des uer, auec les tromperies, ou abus fur ce fujet, qu'on
fleurs. doit euiter; Quoy fait nous déduirons ce que reprefentent les mefmes fleurs aux plantes, la caufe de leurs
Couleurs, la varieté des mefmes en general, & des liqueurs qui les font paroiftre, auec les principales de
l'œuure des Hermetiques. *Chap. II.*

V. En apres traittans comment on doit proceder à la
									diuerfe

diuerfe diftillation des fruicts, humides, ou non, mercuriels ou fouphreux, & de la conferuation de leurs liqueurs ; Nous expoferons, d'où vient la confiftance des
Corps, Et par l'exemple du Leuain nous ferons entendre la maniere que les Plantes croiffent, & produifent
leurs fruicts, les Creatures eftans fuppofées les vnes aux
autres, par vne prouidence tres-admirable ; Et enfui-
te nous dirons, que l'Elixir des Philofophes, participe
des quatre familles Inferieures, bien que particulierement fa vertu foit pour la metallique. *Chap. III.*

> Confiftance &
> Crement des
> Corps.

VI. Ainfi nous pafferons aux fucs, tant des fueilles
& fruicts, que de l'humeur propre de toute la plante,
Defquels nous apporterons deux exemples, l'vn de la
Scammone, auec les diuers moiens de la bien purifier:
Et l'autre de l'Opiū, ou fuc de Pauot, pour en faire l'Extraict & leur meflange en temps & lieu, fuiuant lefquels
Nous defcrirons vn remede qui peut vniuerfellement
euacuer tout ce qui furcharge la Nature nommé Panchimagogue, Ou Polychrefte : Et vn Narcotique, ou
remede, qui appaife les douleurs, & fait repofer appellé
Laudanum, c'eft à dire, digne de loüange pour cét
effect.

> Preparatiō des
> fucs Epoifis.

VII. Ce qui nous donnera fujet de parler de la dignité des Corps moins compofez, & dire par qui l'Action
naturelle des mixtes eft empefchée, ou fufpenduë, Et
pourquoy la trop grande compofition artificielle n'eft
pas approuuée, l'Art imitant, fans pouuoir faire, ce que
la Nature fait en tous les corps ; Enfemble quel eft le
compofé Philofophique, & pourquoy les Metaux, quoy
que parfaits, n'y entrent point, fequeftrez entre les
mains des plus indignes & vils Idolatres, fçauoir les A-
uares. *Figure III. Chap. I.*

> Pouuoir de
> l'Art.

VIII. Et pour entrer aux Liqueurs, Nous commencerons par la feparation à froid de leur couleur & faueur,
moiennant le Vafe & Intermede qu'il faut auoir, comme du Vin, de l'Eau marine, leur quantité, & autres purifications ; Dont ayant declaré l'effect du meflange des
principes vniuerfels, Nous apporterons la difference de

> Separation des
> liqueurs à froid

> Humeurs diffe-
> rentes.

l'Efprit foulphreux, & de l'humeur aqueufe, quant au
Vin, auec la fource des fontaines, Et qu'elle eft la veritable Refolution, ou feparation des Hermetiques. *Cha-*
pitre II.

IX. De là nous viendrons à la diftillation des diuerfes
parties du Vin, à l'abregé des rectifications, & au moien
fans feu externe. Puis nous monftrerons, quel eft le pre-
Soulphre Ele- mier Element des Hermetiques, & la difference d'auec
ment. le commun ; Ce qu'eft la flamme, plus, ou moins coulo-
rée ; Pourquoy le feu Elementaire, n'eft pas fenfible,
qu'elle eft fa propre vertu, & fon ordinaire refidence.
Chap. III.

X. Au Vin le foulphre eftant exhalé fuccede le Vin-aigre, duquel nous exprimerons la Refolution, fa difference d'auec l'efprit du vin, fa Cohobation, Alcalifa-
Vin & vin-ai- tion, & huile rouge auec fon blanchiffement : Sur ce, on
gre. verra le fecond Element des Hermetiques, & fa diftinction, auec fon oppofé ; Plus l'effet du froid ; dequoy
Compofition & comment les Corps folides & tranfparents font for-
des Corps. més, les non folides & le liquide, qui ne moüille point.
Chap. IV.

XI. De ces deux Liqueurs procede le Tartre, duquel auffi
nous baillerons à faire la depuration, tant à froid, qu'à
Operations fur chaud, la reiteration de la mefme, la difference qu'il y
le Tartre. a de la Cremeur auec les Cryftaux d'iceluy ; Sa diuerfe
Calcination, fon fel, la fin de l'vne & l'autre preparation,
& fa teinture ; Et pourquoy diffout à chaud, il reprend
fon premier Corps à froid, Puis nous expliquerons, quel
eft le concours des Elements pour l'éleuation des mix-
Vie & mort. tes, que c'eft que Vie, & que Mort, & ce que vulgairement on appelle Ame. *Figure IV. Chap. I.*

XII. Apres nous traitterons les diuerfes façons pour
refoudre en huile le mefme fel, & le precipiter en Tartre,
Magiftraire du Vitriolle, ou Nitré, Par laquelle refolution auffi nous fe-
Tartre. rons cognoiftre, pourquoy l'Art difficilement imite la
Nature, quant au temps : D'où procede la vifcofité & de-
terfion de cette huile & comment, & par qui elle reprend fa folidité premiere. *Chap. II.* Et pour acheuer on

fera inftruit du moien pour faire l'huile combuftible du
Tartre, tant en grande qu'en petite quantité, Comment
il faut corriger fa mauuaife odeur, fublimer fon fel, & ce
qu'on doit remarquer pour les huiles naturelles ; Enfemble le contenu du mefme Tartre: La feparation de fes
parties ; Pourquoy le foulphre combuftible eft attaché à
la matiere ; d'où vient la noirceur & puanteur ; Et enfin
que c'eft que feu. *Chap. II.*

Huile combu-
ftible du Tar-
tre.

Puanteur du
foulphre.

XIII. Ce qu'eftant fait nous affignerons les diuerfes
façons de diftiller les Semences, auec ou fans menftruë,
par le Refrigeratoire, l'Ebullition, ou par la Cornuë,
difans en quoy paroift la fageffe diuine, la reproduction
des chofes naturelles, donnans à connoiftre leur creation & difference, auec la prouidence admirable, pour
l'éleuation du germe & fa conferuation, Que c'eft que
Semence, & pourquoy, s'il y en a des froides, & quelle
doit eftre leur chaleur. *Figure V. Chap. I.*

Diftillation des
femences.

Sageffe & pro-
uidence diuine.

XIV. Enfin pour conclurre cette Section, il fera déduit l'entiere diftillation des Gômes & Refines plus, ou
moins foulphreufes, aqueufes & volatiles, leurs parties
& teintures ; Et ayant expliqué que c'eft que Gomme, &
Refine, auec leur difference elementaire, Nous découurirons par quelle vertu les mixtes attirent leur nourriture, qui la determine, & qu'elle eft la dignité du my-
ftaire Philofophique. *Chap. II. & dernier.*

Diftillation des
Gommes.

Des Vegetaux. Fig. I.

DES VEGETAVX
FIGVRE I.

DES RACINES TENDRES, ET Charnuës, Escorces Aromatiques, & Bois secs.

Preparation & Distillation.

Eau ou phlegme, Esprit & Baume.

Matieres.

Operations.

Productions.

EXPLICATION.

LE nombre 1. sur le bout droit de la Table, represente vn seruiteur qui couppe en mourceaus des Raues recentes, fruicts, & semblables, auec vn cousteau qu'il tient main droite, & lesdites Raues de la gauche sur vn large bas. & aux deux costés les mesmes fruicts.

Le nombre 2. sous sa Cheminée à costé droit, fait voir sur vn grand Cendrier, vne Chapelle de Cuiure ou autre metail, sa Bassine assés haute en forme de Courge commune, & icelle simple ; c'est à dire, ne contenant en soy aucun Refrigeratoire, à cause dequoy il faut la couurir de diuers linges mouïllés pour le suppléer, afin de faire plustost condenser les vapeurs qu'elle contient pour signifier la distillation des mesmes Racines, & semblables.

Chapelle simple que c'est.

Le nombre 3. sur le milieu de la Table, dépeint Hermes, rompant en petits morceaux de la Canelle

R r iij

Pagination incorrecte — date incorrecte

NF Z 43-120-12

*auec les mains sur & dans vne courge assés grande de
Cuiure , contenant son menstruë , & sur le bas proche d'icelle plusieurs bastons de la mesme Canelle, pour
monstre.*

Rechaud & ses parties.

*Le nombre 4. sur le bout gauche de la Table , mar-
que vn Rechaud garny de son Trepied, Cercles & Colet
de fer , dans lequel est appliquée ladite Courge à feu
nud, sa Chappe & Recipiant de verre , pour la distillation de l'Eau de la Canelle.*

Fourneau de descente , & ses appartenances.

*Le nombre 5. Au costé gauche de la Cheminée de-
monstre vn fourneau de descente, composé d'vne Terrine percée au fonds, auec vn cercle de fer , pour accroi-
stre sa capacité , assise sur vne scabelle haute , & percée
aussi à son siege , dans laquelle est appliqué le matras ou
vase renuersé, contenant la matiere à distiller, tout couuert
de charbons , & sous icelle Terrine entre les pieds de ladite scabelle ou haut trepied de fer, son Recipiant &
appuy , pour faire voir la distillation par le bas ou descente des Racines & Bois secs.*

Reuerbere en-
tier.

*Le nombre 6. Au milieu de la mesme Cheminée ,
represente vn autre seruiteur vn genoux à terre , appliquant le Recipiant à sa Cornuë qu'il tient de la droite,
& le col d'icelle de la gauche dans vn Reuerbere entier , pour donner à cognoistre la distillation des mesmes
Bois & Racines par le costé.*

Double Cha-
pelle que c'est.

*Le nombre 7. Sous la Cheminé aussi & derriere,
le seruiteur, nous figure la Chapelel de Cuiure, portant
son refrigeratoire en Conque ou Bassin , garnie de ses
anses & robinet, pour la mesme condensation des vapeurs.*

S O M M A I R E.

Partant le premier seruiteur prepare les Racines, pour les distiller, ou en la simple, ou en la double Chapelle, Sommaire. *& au Cendrier : Hermes fait le méme des Escorces par la Courge de Cuiure sur le Rechaud ; Et enfin la distillation des Bois estant disposée d'vne part, pour la descente, le second seruiteur de l'autre costé, l'adiuste par l'entier Reuerbere.*

CHAPITRE I.

EAV DES RACINES TENDRES & Charnuës.

DESCRIPTION.

I. **P**RENEZ des Racines tendres, & charnuës, celles que vous voudrés, & pour exemple des Raiforts, qu'on nomme Raues ; fendés-les en deux, ou les couppés Premiere fa-par morceaux, si elles sont trop grosses, & les di- çon stillés dans vne Chapelle de Cuiure, ou de fin Estain, les étendans sur le fonds de la Bassine de l'époisseur d'vn doigt ; sçauoir au fourneau de Cendres iusqu'à sec.

II. Surquoy il faut se souuenir si la Chapelle est Circonstance beaucoup vaste, comme il arriue bien souuent, requise. & les Racines plus seiches qu'humides ; de moüiller tant soit peu la premiere fois la Chappe, & son Bassin d'eau commune distillée s'il se peut, ou de celle des mesmes Racines, pour acheminer plutost

la diſtillation , par laquelle autrement toute l'humeur de la matiere ſe pourroit conſumer ; Comme auſſi de raffraichir exterieurement la meſme
Chappe,ſi elle n'eſtfaite en Refrigeratoire,auec pluſieurs drapeaux moüillés , afin d'époiſſir , ou condenſer plutoſt les vapeurs , & empeſcher qu'elles
ne conçoiuent trop d'ardeur , qui change le gouſt,
& perd l'odeur.

*Fin du raffrai-
chiſſement.*

III. Autrement , mettés les meſmes Racines
dans vne Courge de Cuiure , ou de bonne terre
bien verniſſée,auec ſa Chappe & Recipiant de verre ; Adiuſtés-là ſur vn fourneau de demy Reuerbere , baillés luy le feu du premier iuſqu'au ſecond
degré de chaleur ſeulement , pour conſeruer &
l'odeur & la ſaueur, s'il ſe peut.

Seconde façon.

Cette diſtillation ſe peut encore practiquer par
le Bain marin , ayant auparauant pilé groſſierement les meſmes Racines , en cas qu'on ne puiſſe
auoir le ſuc copieux , & pur , procedans comme
deſſus , & prenans garde que la matiere ne ſe deſſeiche entierement; Ce que l'on cognoit par la goutte qui ſera plus tardiue, & en quelque maniere di-
minuée de ſa couleur.

Bain Marin.

IV. En la meſme façon ſe peuuent diſtiller toutes ſortes de fruicts mediocrement humides , leſquels ſi on ne les deſſeiche entierement , pourront
ſeruir en forme de Confitures & d'Aliment au beſoin.

Que ſi leſdites matieres ſont par trop humides,
il faudra ſe ſeruir d'vn Intermede, comme d'vne
claye d'oſier appliquée ſur le fonds de la meſme
baſſine,

*Matiere trop
humides.*

baſſine, ou d'vn linge blanc adiuſté entre-deux
cerceaux, & par deſſus encore vne fueille de papier blanc, qui puiſſe retenir l'humeur, qui penetre ledit linge, & ſe conſomme en vain ſur le bas,
deſquels cy-aprés. Dont

SENS PHYSIQVE.

V. Cette Diſtillation nous fait voir clairement,
ce que deſia nous auons touché au commence- Production de
ment de cette Practique ; ſçauoir comme ſe font Metheores.
les Metheores ou productions humides & aërien-
nes, Deſquelles le chaud & le froid ſont comme
les inſtruments ſuiuant leurs naturelles proprietés,
& l'eſtat du Corporel, l'Eſprit en eſt comme la
forme, & le Sel la conſiſtance, ſeuls principes
vniuerſels de la Nature, Et le tout pour le bien
& l'entretien des generations ſur terre, le ſeruice
& le contentement de l'homme.

VI. En ſuite, nous cognoiſſons qu'il n'y a point
de Mixte ſi reſſerré, qui ne ſe puiſſe reſoudre naturellement, & ſe deſvnir en ſes parties, & qualités comme eſtant diuiſible ; Et que tout vient &
viſe à l'vnité ſimple & incrée, deuenant peu à Fin derniere
peu, & par degrés indiuiſible ; D'où enfin dégagé des choſes
totalemét des accidents qui le font paroiſtre, com- crées.
me eſt l'humide & le ſec, il n'eſt plus maiſtriſé du
chaud & du froid ; Puis qu'il n'y a point de forme Elementaire ſans matiere, d'action ſans paſſion,
de chaud ſans ſec, ou humide ſoulphreux, & de
froid externe, ſans humide aqueux.

VII. Et partant le chaud rarefie le corps, l'eſtend & le fait volatil & ſubtil en ſon Eſprit :

Ss

Propriétés des qualités.

le froid au contraire, le condense, l'appetisse, le rend fixe & grossier pour le sens; Et l'humide & le sec sont les matrices & nourrices du mesme Mixte pour le solide ou le sel; Resolution & conuersion elementaire, tant recommandée des Philosophes, quant à leur œuure, laquelle nous auons touché au commencement de ce traitté, & ailleurs, comme la partie principale : mais peu cogneuë de cét Art, disants;

Resolution Hermetique.

VIII. Dissoluës les corps en eau, qui est son Mercure, duquel il est engendré premierement, ne plus ne moins que la glace de l'Eau participant les mesmes qualités; changés l'Eau en Air, c'est à dire, Cuisés ledit Mercure en parfaite blancheur, qu'on appelle lauer; car il est noir comme Corbeau. Et de l'Air passés au Feu; c'est à dire, Rougissés-le en augmentans la chaleur; Iusqu'à ce qu'il soit calciné en terre fixe; de laquelle est dit, Gardés de mépriser la cendre qui est au fonds du vaisseau : c'est à dire, la matiere mesme, la calcination estant faite : car en icelle est le diademe de nostre medecine, ce qu'on peut remarquer.

Conuersion elementaire.

FACULTEZ.

Toux, ratte, Menstruës.

IX. L'Eau des raiforts ou raues, profite grandement aux vielles toux, phlegme de la poictrine, enfleure de ratte, hydropisie, prouocation des menstruës, & particulierement pour le sable des reins & de la vessie, diminution du calcul ou pierre, prise ou seule à la place de tout autre breuuage, ou auec vin blanc, durant quelques iours & iusques à santé. A la place de l'Eau on se peut

Calcul ou pierre.

feruir de la decoction des mefmes le matin à ieun,
& le foir loing du manger, auec quelque fyrop
ou fuccre fin, regliffe & autres, pour éuiter les
naufées qu'elle pourroit caufer.

CHAPITRE II.

EAV, ESPRIT, ET ESSENCE DES
Efcorces feiches, & de pris, ou aromatiques.

DESCRIPTION.

I. P R e n e z l'Efcorce qu'il vous plairra, & pour exemple de la Canelle fine, ce que vous voudrés, rompés-là en petites pieces, & pour chaqu'once d'icelle, ad- iouftés-y de bonne Eau cómune vn demy feftier, qu'eft vn bon verre; faites-là infuser fur les cendres chaudes, cinq ou fix heures dans vne Courge de Cuiure non eftaimée, ou de terre bien ver-niffée, ou de verre, auec fa Chappe & Recipiant de mefme; Et la diftillés au demy Reuerbere ou au cendres, fi la Courge eft de verre, Du premier iufqu'au fecond degré de chaleur, prenans garde au phlegme qui coule le dernier, qu'il faut met-tre à part, pour feruir de menftruë ou vehicule, à d'autre Canelle fi on veut; & qu'auffi elle ne fe brufle, ceffant le feu à proportion de l'Eau diftillée.

II. On peut Cohober; c'eft à dire, refondre la mefme Eau diftillée fur nouuelle matiere, pour l'a-uoir plus vigoureufe ou auec meilleur effet, rey-

Maniere de di-
ftiller la Canel-
le pour l'eau.

Circonftances.

Cohober que
c'eft.

Ss ij

terans autant de fois qu'il sera besoin. Que si on desire en auoir grande quantité, il faudra operer par
le Refrigeratoire vulgaire, & l'Eau cómune auec
laquelle s'esleuera l'Essence cóme à toutes sortes de
plantes chaudes, mais en petite quantité, à cause
de sa seicheresse. L'esprit ou le laict se fait de méme
façon, & ne differe qu'en méstruë qui est du meil-
lieur vin qu'on peut auoir cohobans & rectifians
comme dit est, & raffraichissans tousiours la Chappe ou Alambic auec drapeaux moüillés, poussans
vn peu plus le feu, pour l'Esprit que pour l'Eau.

III. Quant à l'Essence huileuse, on peut aussi la
distiller toute seule par la mesme Courge de Cuiure ou d'argent, & sans aucun menstruë, l'étendans sur le fonds de la mesme & de l'époisseur
d'vn demy doigt; Et à proportion que la matiere
se seichera, ou que la goutte rougira; il faudra cesser de peur de l'empyreme ou bruslure, vuider les
feces ou le marc, & y remettre de nouuelle canelle, comme la premiere fois, continuant autant
qu'il agréera.

I V. En cette sorte, pour vne liure de ladite
Canelle fixe, on en pourra recueillir demy dragme d'Essence; semblablement, il est permis d'o-
perer par le ventre de Cheual, ou le fumier auec
le mesme esprit de vin, & durant le mois Philosophique, qui est de quarante iours, renouuellans à son temps la matiere qui sert à l'échauffer;
c'est à dire, le fient pour la distiller comme dessus:
On procede de mesme façon à tous les bois de
prix & de vertu specifique, comme les sandaux,

(marginal notes)

Esprit de la Ca-nelle.

Façon pour auoir l'Essence sans menstruë.

Quantité d'i-celle.

Ventre de Che-ual.

bois d'aloës , & autres. Partant

SENS PHYSIQVE.

V. Cette Operation nous demonstre pareillement , que du seul sec, & du simple humide rien
n'est produit , ou fort peu ; mais qu'estans vnis
ensemble , à proportion du plus ou du moins, &
de la maniere de leur meslange auec leurs qualités actiues , sçauoir le chaud & le froid , tout ce
qui peut estre sensible à consistance & proprieté
particuliere. Et bien que tout augment & extension des Mixtes dependent principalement de l'humide , d'où il est dit que la Terre a esté tirée de
l'Eau, que l'Esprit du Seigneur estoit porté sur les
Eaux, & que tout à procedé de l'Eau ; neanmoins
le Sec en est la base , & sans iceluy rien ne seroit
de corporel.

VI. Parquoy le chaud decuit l'humide , iceluy
détrampe le sec , le froid les resserre , & touts ensemble font le composé , moyennant leurs principes , dans la mesme varieté que nous auons dit.
Ce que les Hermetiques ont bien recognu de leur
Thelesme, experimenté, & témoigné par ces paroles. Il monte de la Terre au Ciel , & derechef il
descend en Terre & reçoit la force des choses superieures & inferieures ; c'est à dire , de sec est fait
humide , ou de fixe volatil , comme de l'obscur
clair , du composé simple , & au contraire , ayant
l'vne & l'autre vertu pour son estre ou consistance.

VII. Donc il n'y a rien de si sec , qui ne con-
tienne de l'humide , & reciproquement ; ainsi
nous voyons qu'vn peu de sel , est capable de s'é-

*Du sec & de
l'humide, tout
est fait.*

*L'humide fait
l'extension , &
le sec la consi-
stance.*

*Accord des
qualités pour
les Mixtes.*

*Perfection de
l'ouurage des
Hermetiques.*

tendre également dans vn grand corps, quel qu'il
soit , autant en est-il du souphre ; Verité que les
mémes Philosophes nous ont enseigné par l'Ingrez
de leur medecine dans les imparfaits , vn grain
s'insinuant, & comme animant dix-mil & plus ,
ce qui est admirable ; Mais à cecy la Rarefaction
totale du fixe par son vaporable & nourrice ; Et la
Restriction par son propre solide & matrice , sont
auparauant necessaires , Ce qu'ils appellent ouurir
le corps & le fermer ; c'est à dire, l'étendre pour
enfin le determiner, Mystere tres-secret, mais tres-
naturel & facile , à qui le sçait , & qu'on peut en
meditans conceuoir.

Ingrés Philo-
sophique.

Rarefaction &
Restriction ne-
cessaires.

FACVLTEZ.

VIII.   Toutes ces liqueurs de Canelle fortifient
extremément l'estomach , resioüissent le cœur ,
aydent la chaleur innée, reparent les esprits , épu-
rent le cerneau , chassent le venin & autres , que
l'experience fait voir particulierement quant à celles qui sont en trauail d'enfant , sçauoir de la dose d'vne cueillerée ou deux, reïterans autant qu'il
sera de besoin, quant à l'Eau , & de deux à trois
gouttes, quant à l'Essence, &c.

Pour les accou-
chemens.

CHAPITRE III.

ESPRIT, ET HVILE, OV BAVME
des Bois.

DESCRIPTION.

I. **P**Renez le Bois fec que vous voudrés,
& pour exemple du Gayac le plus recent
que vous pourrés tróuuer en rapures, ou
petits coppeaux la quantité qu'il faudra, mettez- Façon de diftille dans vn matras de verre à fonds plat s'il fe peut, ler les Bois.
ou autre rond à l'ordinaire, & le rempliffez iuf-
ques au col ou goulet, y fourrant pardeffus quelques menuës vergettes en forme de peloton, fi-
laffe & femblables, pour empécher que le Vafe
eftant renuerfé, comme il doit éftre, la matiere ne
vienne à tomber & couler dans le Recipiant.

II. En apres appliqués-le fur vn fourneau de
defcente, ou fur vne terrine proportionnée, qui
refifte au feu ; ayant vn trou à fon fonds, pour
donner paffage au col du matras, contenant la Fourneau de
matiere, qu'il faut couurir tout fon tour, & par- deffente, & fa
deffus à vn bon doigt dépeffeur de cendres feiches, maniere d'agir.
s'il n'eft point luté ; ce qui vaudra mieux pour
plus de feureté ; Puis adiancés les charbons que
vous allumerez tout doucement du haut en bas ; Feu de roüe.
ou bien donnés le feu premierement de roüe; c'eft
à dire, tout le tour du vaiffeau contenant la matiere fans qu'il le touche, puis d'approche, & peu à

Feu d'approche
& de fuppref-
fion.

Circonftances
des Vaiſſeaux.

Autre maniere.

Feu deſſous &
deſſus.

Circonftances
requiſe.

peu en montant, celuy de fuppreſſion ; c'eſt à dire,
qui le couure entierement iuſqu'à ce que rien plus
ne diſtille , prenans garde de luy appliquer ſon
Recipiant au deſſous ; en ſorte qu'on le puiſſe met-
tré & oſter aiſément, qui doit eſtre fort grand pour
contenir l'abondance des vapeurs ; A faute de quoy
on eſt obligé le plus ſouuent de leur laiſſer quelque paſſage , afin qu'elles ne caſſent le vaſe receuant.

III. Autrement & mieux , vous vous ſeruirés
d'vne Cornuë pour contenir la matiere , & en la
meſme façon , tournant ſon ventre en haut dans
vn fourneau de deſcente auſſi approprié. Ou bien
la poſant par coſté à l'ordinaire , & le Recipiant
de meſme ; adminiſtrans le feu, ſur le meſme commencement , au deſſous & puis pardeſſus, iuſqu'à
ce que tout ſoit écoulé, Laquelle façon eſt la meilleure plus aiſée , & moins dangereuſe comme nous
l'auons fait voir dans nos Cours publics, Eſtant encore neceſſaire pour ce ſubiet, que la Cornuë ſoit
lutée, ou tout au moins qu'elle ſoit aſſiſe dans vne
petite platine creuſe de fer , ou autre matiere, auec
quelque peu de cendre ou ſable delié ; Ne ſeparans & ne remuans point la liqueur du Recipiant
qu'il n'y en ayt ſuffiſante quantité pour la tenaci-
té de l'huile ou Baume, A cauſe dequoy pour de-
baraſſer les vaſes recepuants ; Il faut les renuerſer
pendant que la matiere eſt encore recente, & la
laiſſer écouler, Et ce en lieu approprié & aſſeuré,
ſuiuant auſſi noſtre practique.

IV. Que ſi les meſmes liqueurs eſtants ſeparées,

&

& filtrées , ne sont point dans leur entiere pureté,
& odeur, vous les redistillerez; ou dans vne Cornuë
de verre proportionnée, ayant deux tiers de vuides;
Ou dans vne Courge, auec son Recipiant , & ce
auec du pain rosti, ou desseiché & tant soit peu du
Tartre puluerisé , & l'ayant appliqué dans vn
fourneau de cendres ou de sable ; donnez luy le
feu du premier iusqu'au dernier degré de chaleur,
& que le tout soit distillé; Ou bien procedez par *Distillation*
le Refrigeratoire , apres quelque temps de dige- *par le Refri-*
stion sur le mesme cendrier ou à feu nud : Cette *geratoire.*
maniere est obseruée à touts les autres Bois & Racines , & Escorces seiches, desquels les huiles vont
au fonds , à cause de leur terrestreïté, leur phlegme & esprit surnageants ; Estant à notter quant
aux susdites huiles,qu'il est bon de les garder dans
des petits pots de fayance, qui ayent l'orifice assés *Comment il*
large , en cas qu'elles ne soient point rectifiées , à *faut garder les*
cause de leur viscosité qui s'augmente par le temps *huiles.*
le plus subtil s'éuaporant , quoy que bien bouché.
C'est pourquoy

SENS PHYSIQVE.

V. Nous apprenons par cette forme de distillation que le propre de la chaleur, n'est pas seulement de porter en haut les Corps qu'elle rarefie &
leurs Esprits ; Mais encore de les pousser en bas *Force de la cha-*
& à costé , selon les diuers obstacles & contra- *leur empéchée.*
rietez,quelle peut rencontrer; choisissant tousiours
la part qui a moins d'empéchement ou de contrainte, au defaut de laquelle partie , rompans toute difficulté , elle se fait passage & à eux-mesme

Tt

par violence & bruit extreme.

VI. De cette façon , les matieres fouphreufes
& combuftibles, ferrées étroittement, comme dans
le canon , par l'application du feu , éclattent &
fe diffipent en vn inftant ; Et les exhalaifons dans
l'humide nuë, par le voifinage , ou par irradiation
du plus haut élement , font l'éclair , le foudre &
le tonnere, qui la fracaffe, comme fe voit ailleurs,
par vn meflange des chofes tres-communes ; mais
contraires entr'elles, beau Gerogliphe de la puiffance Souueraine, qui ne reçoit aucune borne ou
contrainte ; Le propre de laquelle eft d'éleuer les
humbles , & d'abbaifer les fuperbes.

VII. C'eft encore l'effet que produit la cendre
Hermetique , lors qu'eftant meflée auec les imparfaits par vne douce ou forte chaleur d'iceux,
elle repouffe par contrarieté de nature tout ce qui
luy eft oppofé , & s'vnit fort aifément à fon femblable, en l'exaltant iufqu'au dernier degré de perfection indiuiduelle , fous laquelle elle demeure
cachée derechef , pour reprendre de nouueau fes
aifles , & faire comme auparauant ; Vray Phœ-
nix de la Nature tant prefché de plufieurs, & fort
peu entendu.

FACVLTEZ.

VIII. Les diftillations du Gayac font remedes
tres-efficaces , particulierement pour les maladies
veneriennes : Car elles liquefient les humeurs ,
prouoquent la fueur , refiftent à la pourriture ,
ramolliffent les duretez , abbatent les tumeurs ,
gueriffent les vlceres rampants, puftules & feblables.

L'Esprit se porte soy-mesme, à la quantité d'vne demy cueillerée, s'il n'est beaucoup rectifié ; ou autrement de dix à quinze gouttes dans vn de-my verre de bon vin, Eau de Chardon benit, Buglosse & autre. Il s'applique tout seul aussi sur les vieux vlceres, chairs mortes, Callosités, &c. Chaires mortes. adioustans par dessus quelque peu de cotton oinct d'vne goutte ou deux de Baume, le mesme es-prit sert à dissoudre les Perles, Coraux, Coquil-les & autres, comme encore pour Extraire les Tein-tures des Vegetaux ; au lieu & place de l'Esprit Dissoluant. de vitriol, s'il s'agit des breuuages veroliques.

La dose de l'huile est de trois à six gouttes in-terieurement auec Conserue appropriées, iaune d'œuf molet, boüillon & semblables.

Des Vegetaux.   2.Figure.

DES VEGETAVX
FIGVRE II.
DES FEVILLES, FLEVRS, ET
Fruicts.

Preparation, Distillation, Separation & Euaporation.

Eau ou Phlegme, Essence & Sels.

Matieres.

Operations.

Productions.

EXPLICATION.

LE Nombre 1. au bout droit de la Table, representé vn seruiteur qui vuide vne Terrine pleine de suc de quelque plante froide dans vne Courge de verre, & sur le bas vne botte d'icelle, pour la distillation des herbes & autres choses froides.

Le Nombre 2. Au milieu de la Cheminée, fait voir vn Bain marin complet, assis sur vn trepied de fer, & garny de sa Courge, Chappe & Recipiant de verre pour la distillation des mesmes matieres froides, & à feu nud, ayant representé celuy qui suppose son collet. Sect. I. Fig. 1. Nomb. 2.

Le Nombre 3. du costé gauche de la mesme Cheminée, depeint vn Refrigeratoire fait en Conque ou bassin, dans vn demy Reuerbere auec son Recipiant & valet ou appuy, pour donner à entendre la distillation

Terrine, Courge.

Bain maria complet.

Refrigeratoire en Conque.

Tt iij

des plantes chaudes & autres, quant à leur Eau ou Phlegme, & leur Essence particulierement.

 Le nombre 4. *Sur le milieu de la Table, nous monstre Hermes tenant de la main droite vn matras, ou Vase receuant, qu'il vient de vuider en partie sur vn Entonnoir de verre, appuyé droit sur le petit doigt de sa gauche, & empoigné des autres qu'il tient esleué sur vn autre, qui est dans vne bouteille de terre, & proche d'icelle vne fiolle ronde de verre; pour faire voir la separation de l'Essence des Plantes chaudes, ou soulphreuses d'auec leur Eau.*

 Le nombre 5. *à costé droit de la Cheminée, nous marque vn fourneau à Cendre; sur l'vn des bouts duquel se trouue le bassin d'vne Chapelle simple; c'est à dire, sans Refrigeratoire; dans laquelle l'autre seruiteur porte des deux mains vn double cerceau auec son linge étendu entre-deux, sur lequel sont rangez les fruicts & semblables humides à distiller, & sur l'autre bout la mesme Chapelle ou Chapiteau, qui est d'attante pour estre appliqué sur son bassin, quant à leur Eau seulement.*

 Le nombre 6. *Au bout gauche de la Table, figure vn petit pannier sans anse plein de cendres, & icelles dans vn linge porté par deux bastons, qui sont apposez d'égale distance sur vne Terrine pleine de laissiue, pour signifier en la maniere des blanchisseurs des linges, la façon de tirer par Cinefaction, dissolution & euaparation, le sel des mesmes plantes & autres.*

SOMMAIRE.

 Ainsi le premier seruiteur, vuide le suc des plantes froides, exprimé & rassis, sçauoir par inclination

Filtration sur le doigt.

Chappelle simple que c'est, & & pour qu'elles operations.

Maniere d'extraire les sels par l'Essence.

Recapitulatió.

*d'vne Terrine dans vne Courge de verre , pour l'appli-
quer à son Bain marin ; le Refrigeratoire en Conque
ou baßin pour les plantes chaudes, estant desia preparé, &
l'Operation acheuée , Hermes separe par l'Entonnoir
l'Essence d'icelles d'auec leur phlegme ; En suitte le
dernier seruiteur dispose la simple Chapelle pour la
distillation des Eaux seulement des mesmes , & sans
menstruë, De toutes lesquelles ayant bruslé le marc ou la
matiere mesme , sans alteration , on extrait le sel par
leßiue , pour enfin l'euaporer & seicher.*

CHAPITRE I.

EAV, ESSENCE, ESPRIT, SELS,
Magistaire & huile des fueilles.

DESCRIPTION.

I. **P**RENEZ l'herbe ou la feuille que vous
voudrez , chaude ou froide , recente ou
seichée , pleine de suc ou non , dans sa
maturité, & en la quantité requise , dont en pre- Differance des fueilles.
mier lieu s'elle est froide & auec suc, pilez-là pour
l'exprimer au pressoir , & l'ayant dépuré ou par
residence, ou par le philtré; ou le faisant tant soit
peu chauffer, s'elle est visqueuse comme Buglosse, Distillation des plantes frroi-
Bourroche , Pourpier & autres ; Mettez-le dans des.
vne Courge de terre bien vernissée , de Cuiure ,
d'Estain fin , d'argent ou de verre, qui vaut mieux
ayant les deux tiers vuides , à feu découuert ; Au
demy Reuerbere , Bain marin , Cendrier , &c.

auec leurs Chappes ou Alambics & Recipiant de verre fermez legerement enſemble , Et le diſtil-lés du premier iuſqu'au ſecond degré de chaleur, & tout autant que durera l'odeur & ſaueur de la plante , gardans le reſidu , ou pour en tirer l'eſ-prit, s'elle eſt acide comme l'oſeille, verjus & ſem-blables ; Ou pour en auoir ſon Tartre qu'on nom-me ſel eſſentiel , le deſſeichant en forme de ſy-rop , & coagulans à froid : Ou pour en faire l'extrait ſuiuant l'ordre commun.

Sel eſſentiel.

II. Que ſi elle eſt chaude ou deſſeichée, eſtant purgée de ces immondices & ſuperfluitez , coup-pez-là en petits morceaux s'il eſt beſoin, & l'ayant vn peu pilé mettez-là dans vne Courge de verre proportionnée à la matiere auec Eau commune, ou de pluye diſtillée, qu'on appelle meteoriſee , ou de bon vin qui ſurnage de trois doigts , laiſ-ſez-là digerer quelque heures en chaleur lente, auec tant ſoit peu du ſel de Tartre , & faites le tout diſtiller ſelon l'art que deſſus, ou au Bain ma-rin , ou à ſon vicaire , c'eſt à dire, les cendres , du premier iuſqu'au ſecond degré de chaleur inclu-ſiuement, ou tant qu'il y aura de force & vigueur, Le meſme ſe practique des Bois & racines que deſſus.

Diſtillation des plantes chaudes & aqueuſes, &c.

III. Mais ſi la plante eſt huileuſe comme la Sauge, Roſmarin, Lauande, &c. Eſtant mondée & pilée quelque peu , mettez-là dans vne Courge de Cuiure , auec bonne quantité d'Eau commu-ne ou de pluye diſtillée comme cy-deſſus , ſça-uoir pour vne liure de matiere ; dix liures d'Eau,

Maniere de di-ſtiller les fueil-les huileuſes.

qui

qui fera fon vehicule ; & l'ayant adiufté auec fon
Alambic ou Chappe à ferpent ; c'eft à dire , auec
fon tuyau & tonneau raffraichiffant , faites-là diftiller au demy Reuerbere du premier iufqu'au
troifiefme degré de chaleur , pouffans vn peu
le feu dés le commencement , apres quelques
heures d'infufion , tant pour acheminer l'Operation , que pour extraire & détacher plus librement l'effence d'icelle ; qui autrement fe con-
fommeroit fans profit, Remettans le degré vn peu
apres,en fon poinét requis,c'eft à dire, vne goutte
fuiuant l'autre , fans beaucoup d'interualle , comme en l'Efprit de vin. Partant

IV. Lors que pour vne liure de matiere fera efcoulé , ou diftillé vne pinte d'Eau , ou enuiron,
toute l'Effence fera extraite qui furnagera au vehicule , & laquelle on feparera comme a efté dit
au Chapitre du fang , Section premiere , & particulierement par l'Entonnoir de verre , à caufe de
la tenuité d'icelle Effence , comme porte la *Figure II. Nombre* 4. Ou par le mefme Recipiant , s'il
eft feparatoire ; c'eft à dire , ayant fur le milieu
de fon ventre vne petite tetine , ainfi qu'eft reprefenté en la figure des vaiffeaux de la Theorie.

V. On peut femblablement changer de Recipiant pour recueillir l'Eau , tant que l'odeur &
faueur durera ; le refte n'eftant que phlegme , lequel fi on veut on receura auffi pour feruir de nouueau menftruë à pareille diftillation ; Mais il vaudra mieux épargner le feu & la peine , puis que
d'Eau commune fuffit. Or pour auoir le magiftai-

re des mefmes Plantes ou fueilles, icelles feichées
à l'ombre, bien mondées, & pilées groffierement, mettés-les digerer dans vne leffiue forte &
claire, auec cendres grauelées, ou fel de tartre;
fçauoir, en chaleur tiede du Bain ou de la cendre;
Puis ayant retiré la teinture autant qu'il fe pourra, faites-là euaporer d'vne partie, & la precipitez auec Eau fimple, emprainte d'Alum crud,
dulcifiez-là fi vous voulez, & la feichez pour fon
vfage.

VI. Enfin bruffez le marc d'icelles fueilles, ou
toute la plante mefme, fans eftre alterée par la
diftillation; ou autrement, fçauoir, à feu découuert ou dans vn pot de terre qui refifte au feu, fi
la matiere eft chaude ou en petite quantité, puis
faites-en la leffiue par l'Eau commune, ou leur
propre phlegme, à la mefme façon que les blan-
chiffeurs des linges font, & la philtrez par la Carte emporetique; c'eft à dire, le papier gris. En
apres mettez-le tout euaporer aux cendres chaudes, & le fel entierement deffeiché & blanchy,
ou par vne feconde leffiue, ou par le foulphre en
la Cinefaction premiere, iettez-le dans fon Eau
propre, comme eftant fon Ame, fa vie & fa vertu; Ou bien fi vous voulez tirez en l'huile par
refolution en quelque lieu froid & humide. Quoy
fait.

SENS PHYSIQVE.

VII. Quant à la Phyfique de ce fubiet, nous
apprenons par ces diuerfes operations, les differents effets des accidents qui accompagnent les

Mixtes en leurs principes ; Semblablement nous recognoiſſons que la beauté de l'Vniuers ne conſiſte qu'en la varieté & accord de ſes parties , & au meſlange principalement des qualitez , le propre deſquels accidents eſt de rendre ſenſibles les Elements qu'ils reuetiſſent , comme a eſté dit en noſtre Theorie & ailleurs. Meſlange des qualités aux Mixtes.

VIII. En cette ſorte , le froid aux Plantes nous témoigne le mercure & l'aqueux ſeulement ; le chaud nous fait voir le ſoulphre & le feu , l'humide & le ſec aſſociez enſemble , comme eſtants qualitez paſſiues & materielles , nous repreſentent l'Armoniac & l'air ou l'Eau , quant au volatil ; Le ſel & la terre quant au fixe , quoy que rien ne perſiſte ſans chaleur , qu'elle froideur qui paroiſſe à l'exterieur. Et toutefois outre ces qualitez inſtrumentaires , il eſt manifeſte que Propre des qualitez.

IX. La particuliere vertu , ou le premier mouuement de chaque Mixte procede de ſon eſſence ſpecifique en luy , & ſa ſpecification de l'vnion graduée deſdits principes vniuerſels demontrée par ſon exiſtance , qui ne varie iamais ; en quoy conſiſte l'excellence de l'ouurage & la perfection de la nature qu'on ne peut exprimer ; Par laquelle raiſon eſt auſſi monſtré & prouué , l'erreur des Hermetiques pretendus , ou à mieux dire Pierriſtes , qui veulent ſans aucune ſpecification determinée , rendre leur medecine commune & particuliere à touts les imparfaits , ce que la meſme Nature ne ſouffre point , moins encore l'Art , duquel elle reçoit ſon exiſtence , & le plus de ſa perfection. D'où procede la vertu de chaque Mixte. Pierriſtes qui.

V u ij

FACVLTEZ.

Chaque plante à la vertu particuliere.

X. Toutes les operations des fueilles, fournissent de tres-beaux remedes, suiuant les proprietez particulieres de chaque plante, qui sont descrites de toutes parts, & en nostre Section cinquiesme cy-apres, suiuant la mesme methode naturelle, qu'on peut consulter & éprouuer. Estant aisé d'inferer que les qualitez ne sont qu'instruments des formes internes, qui constituent toutes les choses, pour effectuer exterieurement leur

Les qualitez ne sont que les instruments des formes.

puissance ou vigueur determinée, selon le plus & le moins des principes, en l'indiuiduelle graduation d'iceux ; & ce pour la mesme varieté & beauté de l'Vniuers, puis qu'autrement tout ce qui seroit chaud opereroit de mesme façon, ainsi des autres qualitez, ce qui n'est pas, comme l'experience tesmoigne.

CHAPITRE II.

EAV, ESSENCE, ESPRIT, Teinture, Sels & Huile des fleurs.

DESCRIPTION.

I. PR e n e z telles fleurs, & la quantité que vous voudrez, & pour exemple les roses cueilliez en leur temps &

Maniere de faire l'Eau des Roses.

& saison ; c'est à dire, le Soleil desia leué, & que leur odeur soit plus excellente, separez les de leurs semences, boutons, & parties vertes, qui les te-

noient encloſes ; apres mettez-les dans vne Chapelle d'Eſtain fin, & non de plomb, s'il n'eſt requis, à cauſe de la ceruſe qu'il donne ; Ou à ſa
place vne de Cuiure, & ſi on veut d'argent, ſçauoir toutes ſeule ſans aucun menſtruë ou liqueur,
pour en auoir l'Eau tres-pure.

II. Cela fait diſtillez-les à feu ouuert, ou ſur les
cendres Immediatement, ou par Intermede, c'eſt
à dire, éleuées ſur le fonds de la baſſine ou non,
par le moien d'vn trepied de cuiure, fait en cerceau, & d'vn linge blanc qu'on y aura appliqué,
& eſtendu par deſſus, proportionnement à ladite
baſſine, & de l'eſpoiſſeur de deux à trois doigts, lequel linge ſera arreſté par vn autre cerceau de meſme façon, qui s'emboittera ſur ſon inferieur, &
ſera auſſi ſouſtenuë, par vne forme de ret de fil
d'archal, adiuſté comme nous auons dit ailleurs.

III. Puis ayant mis le Recipiant, & bien fermé,
faites le feu du premier iuſqu'au ſecond degré de
chaleur: prenans garde ſur la fin, que le marc ne ſe
bruſle, s'il touche le fonds de la baſſine, Ce qu'on
reconnoiſt, ou par la goutte, qui jaunira, & par
le gouſt, ou en découurant la meſme Chapelle, ſi
elle eſt moyenne, de quoy la diſtillation par le ſuſdit Intermede nous exempte, à la maniere des
fruicts plus humides, que ſecs : deſquels cy-apres ;
Reïterans tout autant, qu'il ſera neceſſaire, & ra-
fraichiſſans la Chappe en ſon temps auec linges
moüillez, ſi elle n'eſt double, c'eſt à dire, faite en
Refrigeratoire commun.

IV. Ou bien les ayant fait tant ſoit peu deſſei-

V u iij

cher, ou fletrir à l'ombre dans des fachets de papier, pour en conseruans l'odeur, consommer vne
partie de leur humidité superfluë, qui peut empefcher la penetration du menstruë : & par confe-
quant l'extraction de son Essence spiritueuse ; di-
stillez-les par le Refrigeratoire à serpent, qui vaut
mieux, que celuy de Conque, ou bassin, auec vn
vehicule, qui sera, ou de leur propre Eau, ou de la
commune distillée ou non ; En la quantité de neuf,
ou dix parties pour vne d'icelles, comme nous
auons aduerti, & suiuant la capacité de la Courge : en sorte qu'ayant mis premierement l'EAU, &
puis les fleurs par dessus, il reste encore tout au
moins vne moitié de vuide pour l'éleuation des
vapeurs.

V. Ainsi le tout disposé, baillez le feu vn peu
prompt au commencement comme a esté dit, &
quand l'operation sera acheminée, remettez-là à
son degré, tant & si long-téps, que la goutte portera
auec soy l'odeur & la saueur des Roses, & non plus,
changeans toûjours de Recipiant, & separans l'Ef-
sence qui surnagera au vehicule en forme de graisse
blanche, s'il y en a quantité. A la place de l'EAU,
on peut se seruir du vin, pilans lesdites Roses, &
faisans macerer le tout, quelques iours auparauant,
sçauoir, au bain marin, ventre du Cheual, ou fumier chaud, Cendres, &c. procedans par le mefme Refrigeratoire & Cohobans, c'est à dire, refondans la liqueur distillée, sur nouuelle matiere
digerée, si on veut. De laquelle vn tiers, ou enuiron sera, ce qu'on appelle Esprit ardent de Roses,

& le reste d'eau-rose tres - bonne : Il est permis
neantmoins de n'y point adiouster le vin , Mais il
y aura fort peu dudit esprit ardent. Est à remarquer , qu'il les faut tres-bien boucher , quant à la
fermentation , parce que le soulphre qu'elles contiennent s'éuapore facilement.

V I. La mesme distillation des Roses seules &
fraisches , se peut faire par descente , les adiançans
sur vn linge blanc moüillé , auparauant & pressé ,
afin d'acheminer plustost l'operation , comme desia
nous auons dit , sçauoir , dans vn vaisseau , qui serue de Recipiant , comme vne cloche de verre renuersée , & assise sur vn trepied fait expres ; Ou dans
vn pot de terre vernissé , auquel sera mis de l'eau
pour raffraichir la distillation ; & ce de l'époisseur
de deux doigts , apposans premierement vne feuille de papier blanc , & puis le feu sur vne platine
de fer , ou de terre bien cuitte , & en grandeur proportionnée , le tout bien approprié , prenans garde
à la feuille de papier , quand elle commencera se
brusler , afin de changer de nouuelles Roses,

V I I. On tire encore des mesmes Roses seichées
auparauant à l'ombre , particulierement des rouges , qu'on nomme de Damas , ou de Prouins , sçauoir , la teinture , les faisans infuser dans l'Eau
tiede commune , pour auoir plustost fait , iusqu'à ce qu'elles soient deuenuës comme blanches
& sans force , ou goust , suiuant le methode ordinaire.

V I I I. Puis versant dans le menstruë , bien pur
& separé de ses fleurs quelques gouttes d'Esprit aci-

Difference des liqueurs preci-pitantes.

de , comme de Sel, Vitriol, foulphre, Antimoine, &c. pour extraire la couleur rouge , à proportion du befoin ; Et d'huile de Tartre par refolution, pour la verde, le meflange defquelles fait vne varieté ad-mirable, fuiuant le plus & le moins de la teinture,

Couleurs di-uerfes.

& des mefmes liqueurs , les Couleurs demeurants feparées l'vne de l'autre, fi on ne les remuë point, & ne demeurans que d'vne, & de celuy qui do-mine par le meflange du tout ; De laquelle tein-

Sels & huile parRefolution.

ture on peut faire exhaler vn tiers à feu lent pour l'auoir plus forte, ou la reduire en Extraict par l'Art.

I X. Enfin tous les marcs eftans feichez & bruflez à feu découuert, On fait leffiue de la Cendre bien cuitte, & d'icelle, purifiée & euaporée procede le fel, & l'huile par Refolution comme nous auons

Eau de Rofes falcifiée.

dit ; Eftant à notter qu'on peut falfifier toutes les liqueurs à la façon des trompeurs & charlatans : Ainfi l'Eau des Rofes fe contrefait en diftillans auec icelles des rapures, ou couppeaux du bois de

Effence contre-faite.

rofes, ou de rodes, qui prend & conferue, fort long temps leur odeur.

X. L'Effence fe falfifie pilans lefdites Rofes, ou

Difference des Amandes & du Ben blanc.

les faifans digerer auec huile de ben blanc, puis les exprimens legerement, Eftant ledit huile fufcepti-ble de toute Couleur & odeur, n'en poffedant au-cune ; ou à fon defaut des Amandes douces bien ratiffées de leur furpeau : Auec cette difference neantmoins, qu'elles ran ciffent, & le ben non. Pa-reillement ces operations fe peuuent faire de toutes les autres fleurs. Quoy fait

SENS

SENS PHYSIQVE.

XI. Sur cette defcription ayant dé-ja expliqué l'vne & l'autre forme de fa diftillation, les Elemens qu'elle reprefente, & leurs generations ; nous dirons feulement que les fleurs aux plantes demontrent en foy l'humeur fpirituelle, qui accompagne la femence des Animaux, dans l'appetit du Coit, qui les produit, & comme l'vne fert de vehicule à l'autre, & nous demonftre vne extenfion nouuelle de fon eftre ; de mefme ladite fleur eft l'auant-courriere du fruict qui la fuit, contenant en foy cét amour Vegetal, qui dilàte la plante, & l'attire dehors pour reuiure fous vne nouuelle efcorce ou exiftance, & de nature conforme à la premiere, leur Effence eftant immuable, puis qu'elle n'eft formée des accidents paffagers & corruptibles : mais feulement reueftuë d'iceux, pour eftre perceptibles, comme a efté dit : à caufe dequoy cette reuolution femble quafi eftre neceffaire, & eternelle, quant audit appetit naturel, à la fenfibilité ou exiftance.

Ce que reprefentent les fleurs aux plantes.

Effences immuables, pourquoy.

XII. Pour ce qui eft des couleurs des mefmes fleurs, il eft tres-clair, qu'elles fluent premierement & principalement de leur determination particuliere, ou fpecification indiuiduelle, dont cy-deffus, en fuitte de leurs principes, Elements & qualitez fenfibles qui dominent, que le noir & le blanc felon le vulgaire, font les extremes, le iaune & le rouge font les moyennes & fim-

Caufe des couleurs aux fleurs

Couleurs moyennes & dernieres.

X x

boliques , & toutes les autres sont les composées,
ou subalternes. Le noir represente la terre , le blanc
demontre l'Eau , le iaune l'Air , & le rouge le
feu auec leurs qualitez premieres , & ne sont ex-
traites de leur matiere ou base que par liqueurs.
qui s'en chargent , & de leurs vertus. Partant

XIII. Tout Esprit acide ou aërien mercuriel ,
tire au dehors la couleur iaune , ou la rouge par sa.
chaleur acquise immediatement , ou du Soleil ou
du feu accidentaire dans le temps ou subitement.
Et l'Esprit humide aërié, fait à son aise par le moyen
des sels ardents & secs extraordinairement, ne ra-
pelle que ce qui est de sa nature ou approchant ,
& suiuant le degré de sa chaleur accidentaire,
aussi , comme l'humidité tartreuse & vegetale,
n'attire aux plantes que la verdeur qui leur est
presque formelle dans leur croissance , en laquelle l'humidité surpasse la chaleur ; & ainsi des.
autres à proportion : En cette sorte l'humeur
metallique , n'extrait que le noir ou le more des
Hermetiques, resserré dans le terrestre d'Egypte,
que le Perse peu à peu blanchit pour le reuestir
de sa robe rouge , seant au trosne des parfaits In-
diens , sur les imparfaits des autres Contrées.

FACVLTEZ.

La Rose se peut appeller la Reine des fleurs ,
tant pour sa beauté & son odeur externe , que pour
sa bonté interieure , par laquelle elle est reduite
en toutes les formules de medecine comme Eau,
Esprit, Essence, Sels , Huiles , Extraits , Syrops ,

Baumes, ongents & femblables. Car fon propre Mal de tefte des yeux.
eft de fortifier interieurement le cœur & le foye,
d'échauffer l'eftomach, refioüir le cerueau, &c.
Et exterieurement elle fert pour toutes douleurs de
tefte, particulierement la teinture auec le marc
mefme, comme auffi pour le mal des yeux, con-
tufions, vlceres, feu volage, & autres prefque infinis que l'vfage nous apprend.

CHAPITRE III.

EAV, ESPRIT, ESSENCE des Fruicts.

DESCRIPTION.

I. **P**RENEZ le fuict qu'il vous plairra,
aigre ou doux, plus ou moins humide ou aqueux, & pour exemple les
pommes, couppez-les en quartier ou par petites
rouelles; Et les mettez dans vne Courge ou d'ar-
gent bien nette, ou de terre bien verniffée, ayant Procedure pour la diftilla-
des trois parties deux de vuide. Puis adiancez leurs tion de l'Eau
Chappes ou Alambics, auec leurs Recipiants de & de l'efprit,
verre, & les diftillez à feu ouuert, ou demy Re- des fruicts.
uerbere, du premier iufqu'au fecond degré de
chaleur, pour en auoir l'Eau; & du troifiefme,
pour en receuoir l'efprit Mercuriel, particulierement fi les fruicts font aigres; feparants touf-
jours les diuerfes liqueurs, à mefure qu'elles fi-

niſſent, & raffraichiſſans les Chappes comme deſſus a eſté dit ; ſur quoy il faut prendre garde de
ne precipiter le feu , de peur de l'empyreme , ou
bruſlure.

II. La meſme diſtillation ſe peut faire par le
Bain marin ou les cendres principalement, quand
les fruicts ſont fort humides , auquel cas on ne
prendra que le ſuc comme plus commode , &
mieux encore dans ſa Chappe immediatement ,
ou par Intermede à feu ouuert ou de cendres ,
comme nous auons parlé au traitté des Racines
tendres & charnuës , *& au Chap. des Fleurs.* Auquel cas on peut auoir l'Eau & le fruict confit ,
ne les deſſeichans qu'à moitié.

Quant à l'Eſſence des meſmes , comme des
Oranges , Citrons , &c. il faut rapper aſſez groſſierement leur eſcorce qui la contient, & la diſtiller dans le Refrigeratoire à Serpent, comme nous
auons monſtré des fueilles chaudes & huileuſes.

III. Pour les Sels fixes , ils reſident touſiours
dans leurs marcs ; raiſon pour laquelle les Eaux
diſtillées , ſont ordinairement inſipides , & de
peu de durée ; pour la conſeruation deſquelles il
eſt neceſſaire de les animer de leurs propres ſels ou
autres , qui correſpondent à leur nature , & à ce
que nous deſirons effectuer , comme auſſi par
leur propre Mercure ou acide , ou bien par quelque autre conforme qui contiennent les meſmes
ſels. De cette ſorte ſe diſtillent les fruicts moins
ſecs ou huileux , & toutes ſortes d'aromates, comme auſſi tout ce qui eſt plus acqueux que ſoul-

Autre maniere
quand les
fruicts ſont
trop humides.

Comment on
tire l'Eſſence
des fruicts.

Moyen de con-
ſeruer les Eaux
diſtillées.

phreux ; Donc

SENS PHYSIQVE.

IV. En la production des fruicts, est confir-
mée cette belle verité, de laquelle si souuent nous
auons parlé ; sçauoir que tout crée n'a sa consistance sensible que du sec & de l'humide, & que
rien ne croit ou s'augmente que par iceux moiennent leurs causes actiues, que l'vnion de leurs principes determine dans l'vnité de leur nature en
cette sorte ; Car comme le leuain enfle la paste,
ou plutost s'insinuë dans icelle, la rarefiant par
sa chaleur en ses esprits, tout autant qu'il y a
d'humide proportionné au sec, qui le coagule
en vne masse mille fois plus grande, & moien-
nement solide ; De mesme, la plante ou arbre :
ou pour mieux dire, son existance substantifique
particuliere, vnie dans sa propre matrice & nourrice, qui est l'humidité quelle contient, deuient
moite, & s'étend peu à peu, la digerant & con-
uertissant en soy-mesme par la chaleur naturelle, & tout autant que la partie solide se rarefiant
auec son esprit, la peut égaler, ou finit son mouuement & son action.

V. Et parce que toute Creature, n'est point
faite seulement pour soy, mais encore pour autruy, les moins nobles estants supposées, aux plus
dignes, & toutes ensemble à leur Autheur, que
les Athées doiuent recognoistre malgré leur mauuaise volonté ; mortels entierement ou non. La
mesme plante en se nourrissant de ladite humidité, fait vn Amas d'icelle en soy, selon sa propre

efpece, quelle cuit en particules de mefme forme,
peu à peu par fa mefme Chaleur naturelle , aidée
de celle du Soleil en fes efprits auffi , foubs le nom
de fruiĉt , pour feruir d'Aliment aux animaux feparez de leur matrice , & fe mouuant par foy volontairement! Prouidence tres-admirable du Createur , & confufion totale des Incredules , ou liber-
tins fufdits.

    V I. Ce que les vrays Hermetiques ont parfai-
ĉtement bien entendu , quant à leur Elixir & fa
fabrique , Eftant le femblable des mineraux &

Nourrice com- metaux, que des Vegetaux , & Animaux, N'ayant
munc des mix- tous qu'vne mefme nourrice , laquelle vn chacun
tes. d'eux s'approprie , dans fa matrice particuliere,
plus ou moins fenfible, Et partant c'eft bien à propos qu'ils ont dit , qu'il eftoit tous les quatre , fça-

La pierre des uoir Mineral en fon commencement , vegetal en
Philofophes fon progrez , Metal en fa fin , & Animal en fa re-
participes de produĉtion , ou l'vn & l'autre fexe eft requis. Sans
quatre famil- déchoir de foy-mefme.
les.

    V I I. Ainfi fa femence eftant minerale , elle
s'amplifie, & fe nourrit en fon humide propre interieurement , comme la plante , mais auec plus
d'extenfion , & exaltation de foy , qu'elle ne fait;

Sa vertu ne téd D'où vient fa tres-abondante vertu pour la nour-
qu'à parfaire riture parfaiĉte des Corps ja metalliques , dans la-
les imparfaits. quelle particulierement elle refide & en eux , auec
pouuoir d'en fortir derechef , comme a efté dit
ailleurs , fans leur deftruĉtion aucune , pour refaire à la façon des Animaux ce qu'elle a fait ! Belle plante , dont le fruiĉt eft vne Lune , ou vn
Soleil.

FACVLTEZ.

VIII. L'Eau des pommes douces prifes interieurement, auec quelque peu de fuccre eſt extremement pectorale, Mais celle des aigres eſt plus
raffraichiſſente à cauſe de ſon Mercure, par lequel
elle appaiſe dauantage les Ardeurs internes ! Ex- Inflammatiōs.
terieurement on les applique pour oſter le haſle du
Soleil, rudeſſe de Cuir, bourgeons de la face, Gales & ſemblables inflammations, que s'il eſt neceſſaire d'ambellir & refaire le teint, On peut y Eau compofée
adiouſter celle du laict, de laquelle cy-deſſus, Cel- pour le viſage.
le des blancs d'œufs, de l'Alum de glace, & auec
telles odeurs qu'on deſirera.

1
2
3
4
5
6
Des Vegetaux.
3. Fig.

DES VEGETAVX
FIGVRE III.

DES SVCS ESPOISSIS, ET DES Liqueurs. *Matieres.*

Deſiccation , Separation & Diſtillation. Operations.

Extrait , Soulphre & Mercure. Productions.

EXPLICATION.

LE Nombre 1. *Sur le coſté droit de la Table , dépeint vn ſeruiteur qui remuë de la main droite, auec vne ſpatule dans vn papier gris , qu'il tient de la gauche, dont les bors ſont repliez en quarré ; ſçauoir de la Scammonée en poudre , qu'il vient de chauffer ſur vn Rechaud , garny de charbons allumez, d'vn coſté, pour faire euaporer ſon ſoulphre arſenical , & de l'autre vn mortier auec ſon pilon au dedans , enſemble quelques fragments de Scammonée.* Rechaud.

Le Nombre 2. Sur le milieu de la meſme Table , repreſente Hermes , qui adiuſte des deux mains vn plat , contenant de l'Opium en petites tranches , pour faire exhaler & ſeicher ſon ſoulphre nuiſible ſur vn petit fourneau ouuert , c'eſt à dire , ſans regiſtres ou Cendrier, proche duquel ſont peints quelques morceaux dudit Opium. Fourneau ouuert.

Yy

Le Nombre 3. Sur le bout gauche d'icelle Table , demonstre vn petit fourneau à Cendre , dans lequel est posé le mesme plat , qui contient l'extrait de l'Opium , pour faire ce qu'on appelle Laudanum.

Le Nombre 4. Au costé droit de la Cheminée , nous figure vn Vase long & rond , en forme de Cilindre placé sur vn trepied de fer assez haut , & au dessous vn vase receuant ; dans lequel vaisseau , l'autre seruiteur vuide de la droite vne cruche de vin rouge , Eau marine & semblables , que la seruante de la maison , vient d'apporter pour faire voir la separation des couleurs & saueurs à froid.

Le Nombre 5. du costé gauche de la mesme Cheminée , marque vn Refrigeratoire à serpent , dans vn demy Reuerbere auec son tonneau & Recipiant au bas, pour donner à entendre la distillation du vin.

Le Nombre 6. Au milieu d'icelle Cheminée , exprime vn fourneau à Cendres , sur lequel est appliqué vne Gourge haute auec sa Chappe & Recipiant de verre , pour la distillation du vin-aigre.

SOMMAIRE.

En cette sorte le premier seruiteur purge la Scammonée de son soulphe veneneux. Hermes en fait de mesme pour l'Opium , quant à son Extrait , appellé Laudanum , & l'autre seruiteur opere pour separer à froid les couleurs & saueurs de leur humide subiet , ayant desia disposé la maniere d'extraire à chaud , & par le Refrigeratoire , la liqueur soulphreuse du vin , la mercurielle du vin-aigre , par le Cendrier ou fourneau à Cendres.

CHAPITRE I.

PVRIFICATION DES SVCS
époiſſis, touchant les Extraits & Sels pour
compoſer des remedes vniuerſels.

DESCRIPTION.

I.　PRENEZ de tel ſuc eſpoiſſi, tant des feuilles & fruicts, que de l'humeur propre de toute la plante, la quantité que vous voudrez; & pour exemple de la Scammonée, pilez-là groſſierement, diſſoluez-là dans l'Eau commune ou de pluye diſtillée, & ce à froid; Car autrement elle ſe raſſembleroit en maſſe, la vuidans par deſſus, tout autant qu'elle s'en pourra charger ou empraindre en forme de laict, tirant ſur le gris, ſeparez à chaque fois le menſtruë par inclination du Vaſe, & le plus pur qu'il ſe pourra : ou autrement par la languette de drap blanc, ou de quelques filets de cotton de laine & ſemblables blancs mis enſemble; faites euaporer bien doucement toutes les liqueurs ou teinture dans vne terrine ou eſcuelle de grays, ſur les cendres chaudes.

II. Et comme la pellicule commencera à ſe former les deux tiers euaporés, ſi vous voulez auoir le ſel volatil; remettez la liqueur ſe congeler en lieu froid, lequel ayant recueilly, ſeichez le reſte par la meſme chaleur lente, remuans le

Moyen d'épu-
rer la Scammo-
née par Eau
ſimple.

Y y ij

Sel volatil de la Scammonée.

tout sur la fin, & hors du feu, pour luy faire reprendre son premier corps que vous reduirez en
poudre ; pour son vsage sans autre preparation,
estant separée de la resine plus terrestre, qui la
rend acre, & la fait adherer interieurement, comme aussi des pierres & autres immondices qui s'y
trouuent bien souuent.

III. Autrement dissoluez la Scammonée par l'Esprit de vin, tirez-en toute la teinture, ou le laict,
& le faites exhaler comme dessus : Apres que vous
aurez fait distiller l'Esprit, Mais le plus lentement
qu'il se pourra ; Car autrement il emporteroit tout
le meilleur ; Estant loisible au lieu de ces liqueurs
d'y adiouster le suc de Limon, & semblables acides naturels, ou le precipiter en magistere, auec
l'huile de Tartre par Resolution : Le mesme s'obserue des autres sucs, auec cette difference que les
acres & malins desirent l'Esprit de vin, ou le vin-
aigre distillé, & les mediocres veulent les eaux
simples, ou distillées, l'eau blanche odorante du
miel & autres.

IV. Tous lesquels encore se peuuent purifier,
ou desseicher du plus de leur humidité soulphreuse, & Arsenicale, les mettans sur vn papier gris, &
les chauffans auec la vapeur du soulphre commun
brûlant, si on veut, en la façon ordinaire ; Ainsi
l'Opium ou suc du Pauot qui vient de Thebes,
nommé tel par excellence, à cause de son effect admirable, s'extraict auec l'vn, ou l'autre menstruë,
suiuant l'intention diuerse qu'on peut auoir, estant
au prealable desseiché par petits morceaux, sur vne

Autre dissolution par l'Esprit de vin, suc de Limon, Eau de miel, &c.

Desseichement des sucs.

Comment il faut preparer l'Opium pour en faire l'Extraict.

affiete, ou dans vn plat de terre verniffé, & à chaleur lente, de peur qu'il ne fe brufle, le remuans
toufiours, d'vn & d'autre cofté, iufqu'à ce qu'il
foit rendu friable auec les doigts, & qu'il ait de-
pofé entierement fa mauuaife odeur, ou fon foulphre dangereux; Adiouftans auffi (fi on veut)fur la
fin de fon euaporation de bon fuc de Citron, Efprit
de vin, & femblables.

V. Or à bien faire il faut garder à part toutes ces
purifications, ou extraits, pour les mefler en temps
& lieu, & former des purgatifs, ou des Anodins
vniuerfels nommez Panchimagogues, & Polycre-
ftes feruants à plufieurs maladies, Laudanum, &
Nepenthe, ou Narcotique faifans dormir, & en
fuite appaifans toutes douleurs, d'où il eft dit,
Anodin par les Medecins Spagiriques; Ou bien ne
pouuans faire lefdits Extraits à part, faut extraire
enfemblement ce qui fe peut, & puis ioindre le
tout pour le befoin, quant à la Medecine, qui fuccede à cette Phyfique Refolutiue; Les exemples
en font comme s'enfuit, fans autre confequence
pour ne rien confondre.

De la conferua-
tion des extraits
à part, & de leur
meflange

PANCHIMAGOGVE.

VI. Prenez de tres-bon Senné d'orient deux parties, de la Poulpe de Coloquinte, racine de Turbith
blanc, & recent, & d'Ellebore noir bien purgé de
fa terreftreité, d'vn chacun vne partie, Racine de
Mechoacan, Ialap, Hermodactes blanches, & recentes, du vray Elaterium, ou fuc de Concombre
fauuage, d'vn chacun vn peu moins qu'vne partie; d'Aloës Soccotrin, ou de l'Hepatique tres-

Formule pour
compofer vn
remede vniuer-
fel.

pur, Rubarbe choifie, bayes d'Iebles, d'vn chacun
demy partie, & le tout couppé & puluerifé groffierement faites l'Extraict fuiuant l'art que deffus,
y adiouftans vne partie de Scammone bien purifiée, fur la fin de l'euaporation, & hors du feu, ou
à froid, de peur qu'elle ne fe Grumelle, Et l'Aromatifez de quelques gouttes d'huile, de Gerofle,
Effence de Canelle, Macis, Fenoil, Camomille,
Orange, Maftic, &c. pour les reduire en maffe de
pilules, qu'il faut conferuer, dans des petits pots
de grays, ou de fayance.

Quant à ce mot de partie, que ie n'ay point determiné, Celuy qui en aura affaire la fpecifiera par liures, onces, &c. felon la quantité & le befoin. La
dofe fera d'vn demy fcrupule, à vne demy dragme;
En façon que les purgatifs qui y feront adiouftez,
n'excedent point le commun poids des particuliers
eftans adminiftrez touts feuls, ou à peu pres fuiuant
la prudence du Medecin, ou de l'Artifte. Pareillement pour le

LAVDANVM OV NEPENTHE.

VII. Prenez de l'Extraict d'Opium bien preparé trois parties, du fuc Efpoiffi des fleurs de Cogue-
licoc, c'eft à dire, Pauot rouge des Champs, appellé pour ce fujet Erratique, & à fa place fa teinture,
vne partie; De l'extraict des Racines de Cynogloffe ou langue de Chien. De la vraye Mumie tranf-
marine; Du ftyrax Calamithe, fuc de Reglifle, Extraict du Saffran d'Orient, d'vn chacun demy partie. De l'Ambre gris, & du mufc quelque peu.
Aromatifez le tout auec quelques gouttes d'huile

de Camomille, Gerofles, Abſynthe, Noix Muſca-
de, Anis, &c. Et reduiſez-le en maſſe de pilules,
pour la garder comme cy-deſſus: De laquelle la doſe ſera d'vn grain iuſques à trois ; Obſeruant pareillement que la quantité des Correctifs ne ſurpaſſe
point le tiers de celle qui eſt la baze, & qui doit
operer, autrement il fraudroit trop augmenter la
priſe, ce qui ſeroit importun à adminiſtrer.

SENS PHYSIQVE.

VIII. Ainſi par cette purification & meſlange
d'Extraicts nous apprenons combien eſt parfaicte
& excellente la ſimple conſtruction de nature en
chaque choſe, puis que c'eſt par elle, & en elle
qu'elle ſubſiſte & agit, rien n'eſtant deſtruit que
par ſon contraire, ou trop de parties accidentaires, comme nous auons dit quelquefois. De cette ſorte les ſubſtances ſpirituelles, & touts les
corps ſimples, ou moins compoſez, ſont exempts
de corruption, leurs forces inuincibles, & leurs
effets aſſeurez : Au contraire des compoſez, auſquels plus il y a des parties, moins ont-ils de durée, d'action & de certitude, à cauſe de leur eſtre
diuers & vertus ſpecifiques, qu'on ne peut alterer.

IX. Et c'eſt ainſi que les Mixtes ſeparez de leur
terreſtreïté, ou parties inutiles qui les empéchent
d'agir, monſtrent leur pouuoir dans vne tres-petite quantité ; ce qu'ils ne faiſoient point auparauant dans vne plus grande par la maxime qui dit,
que la vertu vnie en ſoy eſt touſiours plus forte, quant à vn ſeul & naturel effet, & d'vne meſ-

Dignité des corps moins compoſez.

Par qui l'action des mixtes eſt-empeſchée, ou ſuſpenduë.

me chofe ; ce qui defapreuue la maffe de plufieurs Mixtes en vne feule compofition, pour auoir plus d'effet, Puifque leurs proprietez ne font point vniformes, comme il eft vray, l'vn détruifant, ou empéchant ce que l'autre peut faire.

L'Art peut imiter, & non point faire de foy, ce que la nature fait.

X. Et quoy que le meflange fait à propos, & de fcience certaine par la nature, ou fon Autheur, produife autant d'eftres nouueaux, qu'il y peut auoir de degrez des qualitez meflées, fuiuant leurs principes & Elements : l'Art toutefois n'eft pas capable de les difcerner, moins encore de les conioindre, pour aboutir à vne mefme fin qu'elle defire, & que defia les chofes font limitées par la méme Nature, qui fait de plufieurs fimples, vn tout compofé, l'Art au contraire. C'eft pourquoy le meilleur eft de fe tenir à l'experience, & de ne furcharger extraordinairement les compofitions qu'auec bonne raifon ; puifque les Mixtes n'agiffent point tant par leurs qualitez premieres ou fecondes, que par leur forme particuliere, qui les fait ce qu'ils font, & qui eft incorruptible, pour changer de nature, ou deuenir capable de meflange, pour conftituer auec plufieurs vne feule Effence, produifant diuers effets, Ce qu'on ne peut accorder facilement, & de quoy cy-deffus a efté dit.

Action des corps naturels.

Quel eft le compofé Philofophique.

XI. Belle raifon qui fait dire hardiment aux Hermetiques, quant à leur œuure qu'il n'eft produit que d'vn feule chofe, vniforme, facile & de peu de prix, touchant laquelle ils ne font que miniftres d'icelle nature ; & partant que les Metaux,

raux , quoy que parfaits font incapables de ce
magiftaire , eftants bornez , & n'ayants que ce
qu'il leur faut ; Puis qu'il eft neceffaire que cette
matiere fe puiffe étendre par foy-mefme , fe nourrir & amplifier dans fon lieu propre, ce qu'ils ne
fçauroient faire , à caufe de quoy ils les appellent
morts, n'ayants plus aucun mouuement, fequeftrez entre les mains des hommes , particulierement des auares, qui les idolatrent vilainement,&
iniuftement , bien qu'ils foient les plus bas & les
plus indignes de toutes les autres creatures ; &
qu'il n'y a que l'vfage & l'affection par accident,
qui en faffe le prix. Enfin

Pourquoy les Metaux , quoy que parfaits , n'entrent point dans le grand œuure.

FACVLTEZ.

XII. La Scammonée preparée comme cy-deffus , & particulierement par l'éuaporation de fon
foulphre Arfenical, qui caufe les tranchees par fon
adhefion & feicherefle , purge fort benignement
l'humeur bilieufe auec toutes les acres ferofitez ,
qui s'y rencontrent , à la dofe de dix à quinze
grains dans vn Bol de Cafte , Iaune d'œuf , Conferue molle , &c. Comme auffi auec le Criftal de
Tartre , ou fon fel vitriolé ; & le Diaphoretique
ou fudorifique d'Antimoine appellé fixe, les trois
vnis enfemble felon les circonftances requifes pour
fon adminiftration , ainfi que des autres purgatifs ; Remede qui eft pour le iourd'huy fort pra-
ctiqué , prenant le nom de poudre Cornachine
de fon autheur : Aufquelles fins il eft neceffaire de
tenir à part vn chacun des trois pour faire le mélange au befoin. Pareillement il n'en faut prepa-

Bile & ferofi- tez bilueufes.

Poudre Corna- chine.

Z z

Durée des remedes lesia preparés.

rer qu'vne, petite quantité; Car à la longueur du temps , la vertu s'éuapore, ce qui est commun à toutes sortes de poudres , bouchée , ou non, à cause de leur ouuerture & subtilisation , par laquelle ils transpirent beaucoup plus. Quant aux facultez de nostre Panchimagogue , & du Laudanum , nous les auons compris dans leurs descriptions cy-dessus.

CHAPITRE II.

SEPARATION A FROID
du Phlegme ou Eau, Sels & autres, d'auec les Esprits & Couleurs des liqueurs.

DESCRIPTION.

Maniere de separer à froid, les couleurs & saueurs des liqueurs.

I. PRENEZ vn vase de la hauteur qu'il vous plairra, ou de terre commune, ou de gray, estroit & long, percé par le fonds en diuers endroits, & suriceluy, mettez vn linge blanc, releué par quelques vergettes de bois , ou menu grauier à contenir l'Air, pour dóner plus libre passage à la liqueur , & iettez pardessus du sable de riuiere bien net & sec, laissant vn tiers de vuide, Puis ayant assis ledit vase ou instrument sur vn trepied à ce destiné , & de conuenable hauteur , pour placer au dessous vn vaisseau à receuoir ce qui distillera; vuidez tout autant de vin rouge que vous voudrez , & dans peu de temps , vous verrez pre-

mierement , que le phlegme diftillera , lequel vous
mettrez à part , & fur la fin l'Efprit ou couleur
de vin , y revuidans vne portion dudit phlegme,
pour la détacher du fable.

II. Et pour operer plus facilement , faites le Forme du vafe
Vaiffeau de fer blanc , le plus long que vous pour- qu'il faut auoir.
rez , en forme de Cilindre & de largeur conuena-
ble , qui foit ouuert de chaque bout , & qui ayt
fes couuercles en guife d'vne boitte , l'vn defquels
ou celuy , qui doit eftre la bafe , fera percé de plufieurs petits trous , auec des agrafes pour l'arrefter au corps du vafe , & fouftenir plus fortement
ledit fable , comme l'experience fera voir.

III. En cette maniere on peut adoucir & purifier toute forte d'Eau ou liqueur , huile , &c. changeans le fable ou le relauans ; ainfi que l'Eau marine pour en auoir le fel plus vifte , & plus com-
modement ; de laquelle huict pintes donnent fept Comment on
de phlegme infipide ou Eau douce : Mais pour peut tirer le fel
auoir la huictiefme qui contient le fel , il en faut de l'Eau mari-
verfer pardeffus vne de phlegme comme cy-de- ne.
uant & apres la deffeicher , Cette induftrie eft fort
gentile , neantmois elle ne peut feruir qu'en cas
d'vne courte neceffité ; Car pour les longs voya-
ges qu'on fait fur Mer , elle eft inutile , Puis qu'on Philtration ne-
ne peut pas recouurer du fable doux & net , fui- ceffaire.
uant le befoin. Quant aux moindres purifications,
elle eft tres-vtile , particulierement pour corriger
les mauuaifes odeurs , couleurs & femblables.
Donc

SENS PHYSIQVE.

Z z ij

VI. Cette depuration nous fait cognoiſtre les deux principes vniuerſels de la nature ſenſible, ſçauoir le ſubtil & le ſolide, le meſlange deſquels, ſuiuant le plus & le moins (dont ſi ſouuent nous auons fait mention) engendre la belle varietédes ſuppots de l'Vniuers; en telle ſorte que l'vnion d'iceux eſtant moins exacte, & leurs qualitez plus oppoſées, plus facile en eſt leur ſeparation; Ainſi le vin compoſé d'humeur ſimplement aqueuſe, & du ſoulphre tres-ſubtil combuſtible, le phlegme penetre librement l'arenne & ſemblables Intermedes. Et le ſoulphre materiel s'y attache, n'en pouuant eſtre ſeparé, que par le phlegme meſme, qui le reprend comme ſon propre vehicule, & le commun des autres, à cauſe de la ſimplicité deſa ſubſtance, quant à ſes qualitez.

V. Pareillement, l'Eau de la Mer eſpoiſſie des ſels qui l'animent, ſe philtre par les pores de la terre qui l'éboit, & pour reuenir en ſon centre, elle reiallit ſur icelle en des belles ſources inſipide de ſa nature, pour ſeruir aux animaux & à tout ce qui vegete, le ſel demeurant attaché à la terre ſon ſemblable en fixité & ſa matrice. Myſtere que le grand Hermes à fort bien entendu touchant l'artifice de la Medecine vniuerſelle, & ſuiuant le meſme meſlange deſdits principes, diſants tu ſepareras la terre du feu, le ſubtil de l'époix doucement auec grand adreſſe, pour effectuer les merueilles d'vne choſe admirable, comme nous auons deſia touché & expliqué ailleurs.

FACVLTEZ.

VI. Le profit qu'on tire de ces purifications est grand, & premierement quand au vin ; Car outre la ſeparation de la Couleur, qui eſt vn grand abre- gé pour l'Eau de vie , s'il a acquis quelque mau- uaiſe odeur , & qu'il ſoit trempé , il quitte les deux, & ſe rend tres-bon à boire , moiennant que le ſable qui ſert d'Intermede ſoit tel , que nous l'auons deſ- crit ; Pour l'Eau marine ou ſalée l'vtilité en eſt dou- ble , puis qu'on reçoit d'vn coſté le ſel , & de l'au- tre l'eau douce , propre aux meſmes vſages , que celles des riuieres , fontaines , & autres : Et enfin quant aux liqueurs troubles , & infectées elles de- uiennent claires & ſans danger.

Profit de cette purification à froid , tant du vin que de l'eau de la mer, &c.

❦❧❦❧❦❧❦❧❦❧❦❧❦❧❦❧❦❧❦❧

CHAPITRE III.

EAV DE VIE, PHLEGME, Eſprit, ou Alchool, Mercure, Eſſence, Sel & Reſolution du vin.

DESCRIPTION.

I. **P**RENEZ de bon vin rouge , ou ſa lie , qui vaut mieux à cauſe de ſon Tartre ſoulphreux. Et icelle bien delayée par luy meſme, s'il ſe peut, ou par l'Eau commune, mettez- le tout dás vne veſſie, ou Courge de Cuiure, Au Re- frigeratoire auec ſon ſerpent, ayant vn tiers de vui- de, ſur vn demy Reuerbere, & luy donnez le feu vn peu prompt, & comme eſcument ſur le com-

Maniere de di- ſtiller l'Eau de vie.

Z z iij

mencement, ainſi que nous auons dé-ja dit, pour
détacher plus aiſément l'Eſprit, & le remettre peu
apres à ſon degré, ſçauoir, qu'vne goutte ſuiue
l'autre, iuſqu'à la fin des Eſprits aëriens & ſoulphreux, qu'on recognoiſtra, ou par le gouſt, ou

Signe de la fin de la diſtillatiō. iettans au feu quelque peu d'icelle diſtillation ; Car
ſi elle eſt Sapide, ou qu'elle ne s'enflamme entiere-
ment, elle durera encore, ſinon tout eſt fait, Et partant ce qui ſuiura ne ſera que phlegme inutile, ſi
ce n'eſt pour ſeruir de menſtruë à pluſieurs operations.

I I. Que ſi vous voulez ſeparer l'Eſprit de ſon
phlegme, qu'on ne peut euiter la premiere fois,

Rectification de l'Eau de vie en Eſprit, & Alcool de vin. puis qu'il s'agit de l'Extraire, iuſqu'à la derniere
goutte, s'il ſe peut : Rediſtillez ladite Eau de vie,
qu'on appelle Rectifier dans le meſme vaiſſeau, ſi
vous voulez, en reiettans touſiours les feces, ou
lyes, & gardans les meſmes degrez de chaleur;
Ainſi pour la ſeconde fois de douze pintes, par
exemple d'Eau de vie, vous en tirerez ſix : de ſix
cinq, de cinq quatre, & de quatre trois ſeulement,
& pour lors il s'appellera Eſprit de vin, ne contenant aucun phlegme; Et puis Alcool, c'eſt à dire,
tres-ſubtil, lors qu'on l'aura rectifié ſur ſon ſel propre, tiré de ſon tartre.

III. Et pour abreger le temps & les rectifications,
mettez l'Eau de vie dans vn traiſſeau de verre, qui

Abregé de la Rectification. ſoit fort haut, ayant ſa Chappe au deſſus; Car l'Eſprit monte plus haut, que le phlegme, Ou bien à
faute d'vn tel vaiſſeau, attachez à l'Orifice de la
Courge, vn parchemin huilé, ou graiſſé par deſ-

fous, & le rectifiez, comme nous auons dit ; parce
que l'Eau demeure au deſſous de l'huile, ou de la
graiſſe, & l'Eſprit les penetre, comme plus ſubtil
& agiſſant.

I V. Apres ledit Eſprit, ſuccede le phlegme,
comme nous auons monſtré ; Et à iceluy le Mercure, ou l'Acide, qui eſt, ou plus, ou moins clair
& coloré, à proportion que le terreſtre s'éleue, l'A-
queux manquant. Dans le Marc, ou tartre reſide
le ſel fixe, qu'il faut calciner, reſoudre, filtrer, & *Ordre de la meſme diſtilla-tion.*
deſſeicher pour l'auoir, Et d'iceluy encore l'huile
par reſolution, duquel ſera parlé cy-apres. Que ſi *Sel de vin & ſon huile, par reſolution.*
vous deſirez en extraire l'Eſſence, faites-le circuler
au ventre de Cheual durant vn mois, ou ſix ſepmaines ; & le rediſtillez au Bain marin, ou aux
Cendres.

V. Eſtant à remarquer vn moyen qu'il y a
pour auoir quantité d'eſprit de vin, ſans aucun *Moien ſans feu pour auoir l'Eſ-prit de vin.*
feu, & à peu de deſpence. Sçauoir qu'au temps de
vendange, & que les vins ſont nouuellement vuidés dans leurs muids & tonneaux ; ſi-toſt qu'ils
commenceront à boüillir, il faut appliquer ſut
le trou ſuperieur d'iceux des Chappes de verre,
faites exprés pour ramaſſer dans leurs Recipiants
les Eſprits qui vaporent, iuſqu'à ce que le vin
ſoit raſſis & raffroidy ; puis qu'autrement il ſe
perd dans les Caues, de laquelle perte l'odeur &
la diminution du meſme vin, nous fait foy. Et
partant

SENS PHYSIQVE.

VI. Cette diſtillation nous monſtre le feu ſen-

Premier element des Hermetiques, & sa difference d'auec le commun.

fible des Hermetiques, appelle foulphre, & par mefme celuy du vulgaire contre ceux qui le nient, auec cette difference que l'vn porte la matiere, & l'autre non, & par confequent imperceptible; En cette forte le mefme foulphre eft combuftible, plus ou moins, fuiuant l'humidité aërienne qui le nourrit; & le feu ne rend aucune flamme de foy proprement parlans, puis qu'il n'a pour plus grande compagne que le fec feulement.

Flamme que c'eft.

VII. Delà eft, que la flamme n'eft autre chofe qu'vne humidité decuite par la chaleur, faite onctueufe & aërienne par fa perfeuerance, laquelle enfin reueftuë, & comme animée d'icelle mefme dans fon action totale, paroift en lumiere, tantoft plus blanche & plus claire, tantoft plus colorée & obfcure, felon le plus & le moins du pur ou de l'impur; c'eft à dire, de l'Opacité de la

Source descouleurs.

matiere fixe, entrainée par ledit humide, Ce que l'experience fait voir par les Huiles, Effences, & par ledit Alcool de vin, car l'Huile bruflant, rend la flamme fort époiffe, l'Effence plus claire, & l'Efprit de vin tres-fubtile, reffemblant à la peinture, ne manquans pour cela d'échaffer puiffamment.

Pourquoy l'élement du feu n'eft pas fenfible.

VIII. Par quoy fi l'Element du feu, ou fon effet ne paroift point; c'eft à faute de ladite matiere, qui ne peut luy arriuer qu'exterieurement, & par accident, comme lors que les exalaifons des autres Elements fe viennent ioindre à luy, ou à fa circonference; fa vertu principale ne confiftant qu'à viuifier interieurement tout ce qui eft

crée,

erée par son intromission propre , & comme in- *Vertu princi-*
fusion, que le seul mouuement peut éclorre & ren- *pale du feu.*
dre sensible exterieurement : De là vient qu'il ne
perit iamais ; & quoy qu'il passe au dehors des
choses particulieres qu'il viuifie, sçauoir, par leurs
qualitez contraires, qui les détruisent, Neantmoins *Sa residence or-*
il tient tousiours le gros ou le general , son siege *dinaire.*
estant le Centre & la Circonference de tout le monde Elementaire.

FACVLTEZ.

I X. Les vertus du vin sont innombrables ,
tout le monde le sçait , tant exterieurement , qu'interieurement , comme l'experience nous témoigne, *Vertus du vin*
estant l'vnique en perfection parmy les plantes , *cognuës de*
D'où il a merité d'estre appellé premierement Es- *tous.*
prit , comme estant tres-subtil & fort détaché de
la matiere , à la difference des autres Essences, qui
sont en partie huileuses , & par consequent plus
materielles; en apres soulphre celeste ; c'est à dire,
tres-simple & transparant , ou Ciel imperceptible
des Philosophes, & semblables eloges, que ie laisse
auec ses principales vertus pour les raisons susdites.

✿✿✿✿✿✿✿✿✿✿✿✿:✿✿✿✿✿✿✿✿✿✿✿

CHAPITRE IV.

DV VIN-AIGRE DISTILLE',
Radical ou Alchalisé, Philosophal, &c.

DESCRIPTION.

I. **P**RENEZ du plus fort vin-aigre, blanc ou rouge, ce que vous voudrez, mettez-le dans vne Courge de verre à demy lutée, sur vn fourneau à feu ouuert, ou demy Reuerbere, ou sans lut, au fourneau de Cendres auec son Alambic & Recipiant de verre ; Car tout autre vaisseau est impropre, estant corrosif de sa nature ; & baillez-luy le feu du premier degré seulement, iusqu'à ce que le phlegme soit forty ; autrement l'acidité monteroit auec luy ; En quoy il differe de l'Esprit de vin, qui le laisse apres soy, & qui malgré l'Artiste se glisse auec luy, à cause dequoy on le rectifie si souuent.

II. En apres, poussez le feu iusqu'au second degré de chaleur ; & quand vous verrez que la liqueur sera presque sortie : cessez, laissez rafroidir le vaisseau, & remettez l'humeur distillée pardessus ses feces ou marc, qu'on appelle cohober ; reïterans cette operation par quatre ou cinq fois, & dauantage pour deuenir plus fort & alchalisé ; Et pour le rendre Philosophal, dissoluez en iceluy vne sixiesme partie de Salpetre, & le redistillez dans vne Cornuë au feu de sable, iusqu'à ce que

Procedé du vin-aigre di-stillé.

Sa difference d'auec le vin.

Cohobation du vin-aigre di-stillé.

Vin-aigre Phi-losophal.

ces deux Efprits foient mariez enfemble, & le tout
fec, pour raifon dequoy la Cornuë fera plus propre.

III. Enfin, quant à la premiere diftillation,
vous feparerez fon Tartre, que vous trouuerez cry-
ftallifé à froid, le plus nettement que vous pourrez, & le feicherez pour fes vfages, ou pour le
calciner comme celuy du vin, ainfi qu'apert cy-
apres, fi vous en auez quantité, remettans le refte du marc dans vne Courge de terre verniffée,
pour en retirer l'Efprit rouge acide, comme celuy
du mefme vin, appellé vulgairement huile, pour
fa couleur feulement, & lequel fe peut blanchir
en le recctifians iufques à fec par l'Alambic, comme a efté dit de celuy du miel; De mefme les huiles
des autres Vegetaux, ou plutoft mercures, fe pu-
rifient, & fe fortifient en la mefme façon, Parquoy

SENS PHYSIQVE.

IV. Cette Operation nous fait voir l'Element
liquide, & fenfible de la Phyfique Refolutiue, appellé Mercure, ou Efprit acide, incombuftible,
auec lequel nous eft reprefenté celuy de l'Eau,
fon oppofé, & le contraire du feu; De la froideur
duquel dépend la fermeté & la congelation des
Mixtes, reüniffans dans eux leur chaleur naturelle & leurs efprits, pour mieux agir, qui autrement eftants éparts, feroient affoiblis, & de nul
effet; A caufe dequoy difficilement il les relache,
fi ce n'eft qu'il foit vaincu par la chaleur eftran-
gere, qui les dépoüille de leur humide & de leur

folidité , fans laquelle tout paſſeroit au ſpirituel.

V. En cette maniere , ſi l'humide eſt pur & net , & qu'il ſoit ioinct au ſolide tres-blanc & clair, dominant , moiennant leurs principes , il forme vn corps tres-beau, tranſparent & permanent, par l'exacte meſlange & vnion de leurs parties indiuiſiblement , comme le Cryſtal & ſemblables corps lucides : Au contraire de l'impur & autre mixtion , ſelon le plus & le moins , & que l'experience nous monſtre. Que ſi ledit humide ſe trouue ſimple, ou fort peu meſlé auec le ſolide, & que ſon agent domine , alors ce n'eſt que glace ou maſſe tres-claire, mais fragile , manquant dudit ſolide, qui fortifie ſa congelation , comme de meſme nous éprouuons.

VI. Et ſi enfin ledit humide concourt auec peu ou moins de ſolide blanc & terreſtre, qu'ils ſoient confondus imperceptiblement , & reſerrez interieurement par le froid extreme, pour lors le compoſé demeure liquide , ſa congelation eſtant empechée par le ſec friable de nature , & toutefois il ne moüille point à cauſe du meſme ſec , qui le deſſeiche au dehors ſeulement ; eſtant tellement vny auec luy , que quoy qu'ils ſoient rarefiez & ſeparez par la chaleur externe en Athomes impalpables , neantmoins ils ſont diuiſez également , & ne ſe quittent iamais qu'auec habilité de ſe reünir toufiours , comme fait l'Eau metallique ou argent vif ; De ſorte qu'en ce meſlange premier, le ſolide domine, au ſecond & dernier l'humide ; mais auec cette difference qu'au premier & troi-

fiefme , l'vnion eft exacte , & au fecond non ,
tant eft admirable la nature en la varieté de fes
effets ! Quant aux

FACVLTEZ.

Le vin-aigre diftillé , n'eft pas beaucoup de
moindre vfage que fon foulphre feparé ; il fert en
Medecine commune pour raffraichir les ardeurs Inflamma-
tions.
tant internes qu'externes , & pour ce fubiet la
Pharmacie eft glorieufe ; puis qu'il ne manque
iamais de produire les effets qu'elle demande , &
d'apporter le foulagement aux infirmes, qui l'atten-
dent comme l'Eau ; pour éteindre le feu ; Et quant
aux veritables Medecins Chymiques, il eft neceffaire pour la diffolution des Perles , Coraux, Co-
quilles & femblables ; Pour l'extraction du Vi- Diffolution des
corps folides,
& extraits.
triol ou Sel de Saturne & de Iupiter ; c'eft à di-
re, du plomb & de l'Etain , pour tirer l'afpreté
& ftipticité du Mercure en precipité rouge , comme pour la teinture ou Extrait de plufieurs Vegetaux & Animaux.

Des Vegetaux.   4. Figure.

DES VEGETAVX
FIGVRE IV.
DV TARTRE.   Matiere.

Depuration , Calcination , Resolution , Distillation Operations.
& Fusion.

Huile , Esprit & Teinture.   Productions.

EXPLICATION.

LE Nombre 1. *Sur le bout droit de la Table , represente vn seruiteur qui vuide auec vne cueillerée d'Eau boüillante sur la poudre du Tartre preparé , posée au-*
dessus d'vn linge , appliqué à vn chassis de bois , & iceluy mis sur vne terrine qui sert de Vase receuant , ioignant lequel est placé vn fourneau à feu ouuert , con-   Fourneau à feu
tenant le Chauderon de ladite Eau , pour signifier la   ouuert.
depuration.

Le Nombre 2. *Sur le milieu de la Table , dépeint Hermes qui fait du mesme Tartre vn gros tas ; & partant on voit au tour d'iceluy plusieurs enueloppes , & quelques pieces du mesme Tartre.*

Le Nombre 3. *à costé droit de la Cheminée , mar-*   Fourneau à
que vn fourneau à vent , posé sur vn trepied de fer ,   vent.

dans lequel entre les charbons ardents est Contenu iceluy Tartre, enuelopé dans du papier, pour estre Calciné
à feu de suppreßion entre-deux braises.

Marbre ou por-
phyre.

Le Nombre 4. Sur le bout gauche de la Table,
demonstre vne Table de marbre, ou Porphire panchant,
releué sur vn petit siege ; Au milieu duquel est étendu le Tartre calciné, & à son declin, est adiusté vne
languette de drap, qui pend vne moitié dehors, &

Sa disposition
pour la resolu-
tion.

sous icelle vne fiolle receuante, contenant vn Entonnoir
de verre, & par dessus encore vn de papier gris, pour
faire voir la Resolution, filtration, & vuidement de
la liqueur à mesme temps, sans y toucher.

Le Nombre 5. A costé gauche de la Cheminée,

Reuerbere en-
tier.

fait voir vn Reuerbere entier, garny de sa Cornuë &
Recipiant, les deux cols desquels sont ioints par vn instrument triangulaire & creux, en forme d'Entonnoir;
ayant soubs soy vne fiolle pour la distillation & separation de l'huile combustible du mesme Tartre, & de
son Mercure.

Le Nombre 6. Sur le milieu de la Cheminée,
nous propose l'autre seruiteur, remuant auec des pincettes, vn creuset sur les charbons ardents en vn four-

Fourneau ou-
uert.

neau ouuert; c'est à dire, simple sans registres ou Cendrier, pour faire cognoistre la fusion du sel de Tartre,
quant à l'Extrait de sa teinture.

SOMMAIRE.

Donc le premier seruiteur dissout par Eau boüillante le Tartre, pour le Cristallifer à froid ; Hermes fait

Recapitulatiõ.

des enuelopes d'iceluy, pour le calciner entre-deux braises, dans vn fourneau à vent ; & le mettre resoudre
en huile incombustible, sur le marbre en lieu froid ; Et
                                                    de

de là faire le combuſtible , par l'entier Reuerbere &
ſon ſeparatoire : enfin l'autre ſeruiteur trauaille à
la fuſion du meſme ſel de Tartre , pour en auoir la
Teinture.

CHAPITRE I.

DEPVRATION , CALCINA-
tion, Sel & Teinture du Tartre.

DESCRIPTION.

I. **P**R E N E z du Tartre blanc de Montpellier, c'eſt à dire, le plus pur & Cryſtallin, que vous pourrez trouuer; Et
quant à ſa preparation externe , ou purification,
qu'on appelle vulgairement Cremeur, Cryſtal , &
Sel Eſſentiel, s'il ſe trouue en groſſes pieces, éten-
dez-les ſur vn gril, faites euaporer le ſoulphre, ſur Maniere de ſe-
les charbons ardents, & à meſure , qu'il paroiſtra, parer le ſoul-
raclez-le comme inutil, & empeſchant la Coagu- phre du Tartre.
lation & Cryſtalliſation ; De là mettez-le premierement en poudre groſſiere, l'auez-le à froid, auec
Eau commune, dans vne terrine, ou vaiſſeau ſemblable, en le remuant, pour détremper ſa lye, & la
ſeparer d'iceluy ; l'ayant laiſſé raſſeoir quelque peu,
vuidez cette Eau, pendant qu'elle eſt trouble ; Car Purgation à
le Tartre ne ſe diſſout point à froid , & remettez froid du Tartre.
d'Eau nouuelle, faiſant comme la premiere fois,
iuſqu'à ce qu'elle en ſorte claire.

II. Ce qu'eſtant fait, & l'ayant ſeiché derechef,

B bb

Purification du mesme à chaud.

& mis en poudre tres-subtile; posez-le sur vn linge blanc , étendu au dessus d'vn vase de bois solide, comme le plus propre, bien vni & ressemblant à vne terrine, ou bassine : Autrement adiustez-le sur vn chassis de bois à la façon des Apotiquaires. Puis vuidez sur iceluy de l'Eau boüillante, Et ce autant de fois, qu'il soit tout dissoult , & philtré auec la mesme Eau , dans ledit vase, comme l'acidité fera

Obseruation.

paroistre ; Obseruant de ne le point faire boüillir à l'ordinaire auec l'Eau , en quelque vase que ce soit, excepté le verre, parce qu'il est corrosif; En apres laissez le tout raffroidir doucement, & sans le remuer aucunement, iusqu'à ce que le Tartre se soit détaché de l'humidité estrangere, & recorporifié, laquelle separée par inclination du vase, vous le laisserés seicher pour ses vsages.

I I I. Que s'il n'est assez blanc, & Crystallin re-

Reïteration de dissolutiõ chaude.

uersez sur iceluy de nouuelle Eau boüillante , & en la mesme maniere, que la premiere fois, ou iusqu'à ce qu'il vous contente; Car il ne s'agit que de l'Eau , qui ne s'en charge , ou empraint , qu'autant, qu'elle en peut porter ; Et pour le rendre plus grenelé, versez sur la premiere Cremeur, la seconde , & sur icelle la troisiesme ; afin qu'elles s'attachent ensemble, la Cremeur & le Crystal n'estant

Que c'est que Tartre.

qu'vne mesme chose , Puisque le Tartre (qui n'est rien que le sel crud meslé auec l'humeur nourriciere du vin & du vin-aigre) ne reprend sa consistance premiere , qu'à proportion que l'Eau se raffroidit, la superficie de laquelle est plustost saisie de l'Air froid, que le milieu, & le bas.

I V. Quant à la Calcination du mefme tartre, mettez-le tel qu'il eft fans aucune lotion, ou trituration dans vn pot de terre, qui refifte au feu non verniffé, & le placez dans vn fourneau de Reuerbere, autant de temps, qu'il foit bruflé entierement; ou deffeiché de toute fon humilité foulphreufe particuliere. Ou fi vous aimez mieux dans le four d'vn potier de terre, fi la quantité eft grande; Ou bien pour l'auoir pluftoft calcinez-le à feu de fuppreffion, c'eft à dire, entre deux braifes, ou charbons Ardens; Eftant iceluy enuelopé par pelotons dans du gros papier, afin qu'il fe ramaffe enfemble, & lors qu'il paroiftra bien rouge, & enflammé fans aucune fumée, ou noirceur, ce fera affez : Car le trop long feu, fans aucun moien le confomme, ne demeurant que la terre blanche par fa cuitte, ou calcination.

Manieres diuerfes de la Calcination du Tartre.

Remarque.

V. Et partant pour auoir le fel verfez fur cette chaux par Interuale d'Eau boüillante, autant qu'il fera neceffaire, pour l'extraire, & non plus; ou iettez le mefme Tartre tout ardent dans icelle pour le diffoudre plutoft, philtrez-le bien par la Carte Emporetique, ou papier gris, faites-le euaporer fur les cendres, & le feichez entierement fur la fin par douce euaporation & trituration. Que fi pareillement il n'eftoit affez blanc, diffoluez-le derechef dans l'Eau chaude, & procedez comme la premiere fois; Et pour le conferuer, l'ayant mis en poudre groffiere fi vous voulez, fermezle bien dans vn pot de verre & femblable, afin qu'il ne prenne l'Air.

Leffiue du Tartre pour la falification.

Conferuation du fel de Tartre.

VI. Bref , par la premiere purification, là ly e terreſtre qui luy adhere exterieurement eſt ſeparée , Et par la derniere, le ſoulphre combuſtible qui eſt ioint à ſon interieur , & principalement à l'humeur accidentaire , qui lie ſes parties & le groſſit. Que ſi encore vous deſirez auoir la Teinture du meſme ſel bien blanchy & purifié, fondez-le dans vn creuſet ou autre pot , qui reſiſte au feu , & comme de verdaſtre , il ſera deuenu de couleur celeſte ou bluaſtre , laiſſez-le raffroidir , & verſez pardeſſus de bon Eſprit de vin, tant & ſi ſouuent qu'il ne ſe colore plus, philtrez-le euaporez , ou diſtillez l'humidité ſuperfluë , & gardez cette Teinture pour ſes vſages. Ce qu'eſtant ainſi

Parties du Tartre du vin.

Teinture du ſel de Tartre.

SENS PHYSIQVE.

VII. Cette depuration par l'vn & l'autre Element , deſquels cy-deſſus a eſté dit , nous découure le fixe ou Solide,que nous appellons communement Sel , vny auec les deux premiers, & pluſtoſt auec l'humide ou l'Eau , de laquelle s'eſtant vne fois ſaoulé & ioint auec elle, proportionnement comme le Tartre , il ne peut deſormais en receuoir dauantage, ny augmenter ſon vnion qui eſt formelle au tout ; Et partant le meſme Tartre, quoy qu'il ſoit rarefié dans l'Eau boüillante, diſſout, & comme détruit ; neantmoins eſtant icelle raffroidie, il ſe ramaſſe & reſſerre ſuiuant la quantité comme auparauant , ſans aucune nouuelle vertu que la ſienne propre, attirant pluſtoſt qu'il n'eſt attiré comme le premier borné , & la meſu-

Sel ou ſolide.

Le Tartre rarefié dans l'Eau chaude, ſe recoagule à froid, & pourquoy.

re des autres ne retenant de l'humide , que ce
qu'il luy en faut pour paroiſtre ce qu'il eſtoit , &
meſmement celuy qu'il poſſedoit , luy eſtant déja approprié; Forme de Reſurrection admirable,
le Corps diſparoiſſant en vne façon , & reprenant
ſa ſenſibilité d'vn autre.

VIII. Car comme l'ᴇau de ſoy , ne conſomme point l'ᴇau , eſtant homogenée ou de meſme
nature ; Pareillement , elle n'eſt point capable de
rompre cette vnion formelle ſans ſe deſtruire ſoy-
meſme , & deuenir agiſſante , changeant de qualité , ne pouuant rien ſur le fixe , qui ne perit iamais ; dont il appartient à ſon contraire le feu Autheur de cette mixtion , & action par ſa chaleur
violente , d'ᴇxtraire l'humide du ſolide, & le ſeparer preſque en le perdant , ou rarefiant ſans amoindrir la faculté du fixe , qui eſt touſiours propre à
la meſme conionction , & vnion de forme , tant
ſubſtantielle qu'accidentaire , & plutoſt à la congelation & reſtriction de ſes parties rarefiées contre ſa nature.

IX. Ainſi il eſt manifeſte que le ſolide ou les
ſels , quoy que volatils , conſtituent la baſe des
Mixtes , Que l'ᴇau & le Mercure ſont leurs premieres nourrices; Que l'Air & le ſoulphre alimen-
tent leurs ᴇſprits ; Que la terre eſt leur commune
matrice , Et que le feu conſerue l'vnion d'iceux,
& leur action particuliere qu'on nomme Vie, ſçauoir, par la chaleur temperée ſeulement ; l'Abſence totale de laquelle eſt la froideur entiere , qui
détruit le meſme lien , & par conſequent l'action,

Bbb iij

,le defaut de laquelle femblablement s'appelle mort, eftant loifible de dire en general.

Que c'eft que Vie.

X. Que la mefme Vie n'eft autre chofe que la perfeuerance du chaud , & de l'humide vnis proportionnement dans l'Efprit, & le fel vniuer-fels , indiuiduez organiquement par celuy qui les á fait, auec force & vigueur conforme, qu'on ap-

Ame que c'eft.

pelle commencement, Ame, agiffante tout autant que l'organe le permet; l'Alteration du iufte mou-uement defquels nuit à l'action, & l'empefchement des mefmes , retient l'effet, Le tout retournant à fon premier eftre , quant à l'indiuidu feulement,

Reuolution naturelle.

fauf les Effences creées , que la generation ne co-gnoît pas bien.

F*ACVLTEZ.*

XI. La Cremeur, ou Cryftal de tartre fert de ve-hicule à toutes fortes de purgatifs, profitans beau-

Obftructions.

coup aux Obftructions du foye, & de la Rate: Au deffaut defquels, il eft permis de fe feruir du tartre commun, s'il eft fort blanc, & reluifant quant on le rompt par morceaux, apres qu'il aura efté pur-gé par l'eau claire & bien feiché; Sa dofe eft d'vne dragme, ou enuiron dans du boüillon chaud, afin qu'il fe diffoluë, ou autant qu'il en faudra, pour le

Calcul.

rendre agreablement aigre. Le fel amoindrit le Cal-cul, ou la pierre, auec le fuc clarifié de la Parietaire,

Fievre quarte.

vin blanc , & femblable vehicule d'vn iufques à deux fcrupules; et la Teinture vaut pour la fievre quarte, prife vne heure auant l'accez, & à la dofe d'vne Cueillerée, ou deux au plus. Ainfi des autres qu'on peut voir dans les autheurs.

CHAPITRE II.

HVILE PAR RESOLVTION
& Magiſtaire du Tartre.

DESCRIPTION.

I. **P**Renez du Tartre calciné à blancheur;
ou ſon ſel, tant qu'il vous plaira; mettez-
le en poudre, & l'ayant étendu ſur vn
marbre, ou porphire bien poli, ou dans quelque
vaiſſelle à bec de terre de gray, fayence & ſemblable, qui ne boiue point, repoſez-le en quelque lieu
froid & humide, comme en la Caue, moiennant
que l'air ne ſoit point corrompu, Et l'adiuſtez proprement auec ſa languette, papier gris, Entonnoir,
& vaſe Receuant de verre, Appliquez l'vn ſur l'autre, ſoubs ſon panchant, pour y eſtre reſoult en huile, comme tout autre ſel fixe.

II. Et parce qu'ordinairement ladite chaux eſt
accompagnée de beaucoup de terre; Apres auoir
tiré toute la liqueur que vous pourrez, qui ſe trouuera en meſme temps vuidée dans ſon Recipiant,
ou fiolle; Pour le conſeruer, faites leſſiue du ſurplus,
s'il y en a quantité auec Eau chaude, comme la premiere fois, pour Extraire ce qui reſte du meſme
ſel, qui n'a pas peu ſe liquefier à cauſe de ſa terreſtreïté.

On peut mettre la meſme chaux, ou ſon ſel

Premiere façon
de Reſoudre le
Tartre.

Reïteration de
diſſolution du
meſme.

Autre maniere.

puluerifé, dans vne veffie de porc, en quelque Puits
frais , fans qu'il touche l'ᴇau , pour s'y refoudre
promptement, Comme auffi dans vn fac de toile,
ou de foye , & le pendre en la Caue auec fon Recipiant au deffous , mais en ce cas la toile en retient
beaucoup.

I I I. Pareillement vous diffoudrez le mefme fel
auec autant de bon ᴇfprit de vin , lequel enflammé
& bruflé , l'huile demeure, qu'il faudra philtrer,
pour s'en feruir; Finalement, & fans grand peine,
meflez ledit fel en poudre auec des blancs d'œufs
cuits en ᴇau boüillante , fçauoir, pour deux parties
du fel, vne partie des mefmes blancs; Et chauffez
le tout enfemble , dans vn plat de terre, ou autre
vafe bien verniffé & net , fur vn peu de feu , le remuant toufiours auec vne fpatule de bois , iufqu'à ce qu'il foit fondu , pour le preffer dans vn linge blanc , ou dans vne toile de foye , & le philtrer,
comme cy-deuant.

IV. Et pour faire le Magiftaire de Tartre, verfez
par deffus la mefme huile goutte à goutte, à caufe
de l'ᴇbullition, vne troifiefme de bon vitriol rectifié, faifant en forte , que les ᴇfprits ne s'éuaporent
pas beaucoup, & iufqu'à ce que tout foit precipité
& rafroidi; Apres vuidez par Inclination l'humide fuperflu, ou bien faites l'euaporer fur les Cendres chaudes , & le dulcifiez , ou radouciffez auec
bonne ᴇau Cordiale , mais en petite quantité, pour
ne diminuer celle des Sels, la faifant auffi euaporer,
Bien qu'il ne foit pas autrement neceffaire: On peut
faire le mefme auec l'ᴇfprit de Nitre tres-fort, ou

de

de phlegme, qui fera blanc comme neige ; l'vn eſt
appellé Tartre vitriolé, & l'autre Nitré, & touts
deux à bien faire doiuent eſtre ſeichez ſans aucun
radouciſſement, ſur le papier gris, Comme toutes ſortes de precipités, ſuiuant noſtre methode.

SENS PHYSIQVE.

V.   Par cette Reſolution nous confeſſons premierement le poids de Nature, & le temps qu'elle
employe en ſon ouurage ; Mais la maniere auec
laquelle elle agiſt nous eſt tres-obſcure pour l'i-
miter entierement ; Car nous voyons par experience combien de Chaux, ou de Sel bien ſeichez
peuuent eſboire d'humidité aëriene, & en combien de temps : toutefois nous ne pouuons pas diſcerner aiſément la quantité qu'elle en prend à chaque moment, puiſque cette operation eſt ſuccef-
ſiue & ſujette au meſme temps, depuis ſon commencement iuſqu'à la fin, autre eſtant l'effet de la
Nature, & autre celuy de l'Art, comme déja nous
auons dit.

VI.   En ſecond lieu, nous apprenons que la
viſcoſité comme huyleuſe en cette liqueur, &
ſemblable dépend de l'ardeur accidentaire du feu,
imprimez auſdites Chaux & Sels, qui décuit l'humide à meſure qu'il eſt attiré & inſinué auec eux.
Ioinct les meſmes Corps, qui l'épaiſſiſſent, rare-
fiés dans luy imperceptiblement, ſans toutefois
brûler, né contenant aucun vray ſoulphre, ayant
eſté conſumé en la calcination de ſon Tartre.

VII.   Dauantage quant à la vertu deterſiue,

ou seconde qualité de cette mesme liqueur ; Il est manifeste, qu'elle ne procede, que de la combination de ses premieres, en l'vnion de ces deux substances, moyennant la mesme chaleur estrangere, laquelle esmoussée, & affoiblie par vn chacun d'iceux en ce subiet, n'a plus de force que pour agir superficiairement sur les corps qu'elle touche; C'est pourquoy plus elle est détrempée, moins elle vaut, & perd enfin toute sa force chassée par son contraire, & contrainte de se reposer en son centre, ou en sa superficie.

Par qui &comment le Tartre resout reprend sa solidité premiere.

VIII. Finalement par ce Magistaire, ou precipitation est demonstré, que le Tartre calciné, & resout en cette liqueur huyleuse, pour reprendre sa forme vegetante, doit estre despoüillé de son Ardeur & humidité accidentaire, & remis dans sa naturelle, & conforme humeur par vne mediocre chaleur, ce qui ne se peut effectuer, que par le meslange d'vn Sel contraire, resout aussi, & d'autre façon, puis qu'vn semblable n'agit point sur l'autre, & que de là, Toute Action est entre contraires.

Difference du Volatil & du fixe, & leur action.

IX. En cette maniere, l'huyle de vitriol, qui abonde en Sel mineral, soulphreux, & aërien comme le nitre, venant à s'approcher de celuy du Tartre qui est vegetal, terrestre & aqueux, ils fouguent ensemble comme Ennemis; le Volatil tasche d'éleuer le fixe; & au contraire, le fixe le volatil, dont à ce choq la chaleur accidentaire des deux se fait voir actuellement ; Et par ainsi s'estant éuaporé en sa plus grande partie, l'humidité aqueuse re-

prend sa naturelle froideur, le Tartre n'en retient
que ce qui luy en faut pour paroistre tel qu'il
estoit, comme en toute autre Congelation, Coagulation & Precipitation, ainsi qu'il a esté dit,
Et ce que le volatil a de salé, ou fixe, iceluy demeure dans la liqueur, laquelle bellement éuaporée paroist en Sel.

FACVLTEZ.

X. L'huyle de tartre par Resolution pris interieurement à la dose d'vn demy scrupule dans du
boüillon, ou eau de persil, fait vriner facilement; Dartres.
exterieurement il sert pour toutes sortes de dartres, les en frottans doucement, puis auec de la
pomade, quand il sera sec, Il deterge merueilleu-
sement le Cuir, se lauant par apres de quelque Eau
distillée, comme de Nenuphar, Plantain, & sem- Teintures pre-
blables; Il facilite l'extraction des Teintures & cipitées.
essence des Vegetaux : Il clarifie les Apozemes,
precipite l'Or, le mercure, & autres corps dissoults Obstructions,
ou corrodez : Et le Magistaire profite pour toutes Hydropisie.
sortes d'obstructions, fievre, calcul, hydropisie,
&c. depuis vn scrupule iusques à vne dragme dans
son vehicule approprié.

CHAPITRE III.

ESPRIT, ET HVILE
combustible dx Tartre.

DESCRIPTION.

Huyle combu-
stible du tartre
& sa maniere.

I. PRENEZ du Tartre pur & blanc, la
quantité que vous voudrez, pilez-le
grossierement, & le mettez dans vne
Cornuë de verre, ayant des trois parties deux de
vuides; Adjustez le tout au fourneau de sable, ou
de Reuerbére, auec son vase receuant fort grand,
bouché mediocrement, ayant vne petite tetine,
ou tuyau sur le milieu de son ventre, pour faire plus
aisément la separation de l'huyle d'auec l'Esprit. Faites le feu du premier iusqu'au troisiéme degré de
Chaleur, & sur la fin celuy de Suppression, quant au
sable: Et celuy du quatriesme & dernier, quant au
Reuerbere, la Cornuë estant lutée, pour faire sortir
entierement l'huyle, & calciner le Tartre, accompagné de son Mercure; mais au deffaut du Recipiant Separatoire, on peut se seruir d'vn instrument
triangulaire en forme d'entonnoir, ayant trois orifices, deux Superieurs & vn Inferieur, qui seront
appliquées au col de la Cornuë, au Recipiant commun & à la phiolle, ou vase Inferieur, qui receura
le soulphre, comme appert par sa figure, Nombre 5.

Vase separatoi-
re en deux fa-
çons:

II. On peut faire la mesme distillation dans vn

réchaud, comme nous l'auons representé en nostre
Theorie, la quantité estant petite, & mettre pour Re-
cipiant vne autre Cornuë, afin que l'Operation
acheuée & reïterée par plusieurs fois, on le puisse
rectifier par la mesme Cornuë, pour ne perdre le
soulphre à cause de sa viscosité. Que si on desire en
auoir beaucoup, il vaudra mieux proceder par le
Reuerbere entier. Et si apres toutes les rectifications
les mesmes liqueurs sont encore fetides, à cause de
la bruslure du soulphre, il faut les mettre reposer en
quelque lieu froid, ou les enterrer dans du sable hu-
mide; ou bien les placer quelques nuicts au serain
découuertes, ainsi que de tous autres Baumes & Es-
prits puants, particulierement des Animaux.

Autre façon pour la petite quantité.

Correction de la fetidité, ou puanteur.

III. Autrement quant à l'huyle, l'ayant remis
dans vne petite courge ou Cornuë de verre; Il faut
en premier lieu verser du vin-aigre distillé par des-
sus, extraire la Teinture au feu de Cendres, en remet-
tre de nouueau, & reïterer iusqu'à ce qu'il n'ait plus
de mauuaise couleur & odeur: Et pour l'esprit acide,
vous le rectifierez, si vous voulez, & le reanimerez
auec son propre Sel, lequel derechef vous pourrez
desseicher entierement sur les cendres chaudes, pour
le sublimer auec le mercure doux. Quant aux li-
queurs huileuses par expression, on ne les distille
point, si ce n'est pour les purifier, ou pour les rendre
plus agissantes par la chaleur comme est l'huile d'o-
lif, Et celuy qu'on appelle Philosophal, ou de bri-
ques & semblables. Partant

Rectificatiõ de l'huyle par ex-traict.

Esprit & Sel du mesme.

Huyles com-munes.

SENS PHYSIQVE.

IV. Cette description nous enseigne, que le Tar-

Difference du tartre, des plantes, & du fang des animaux. tre des plantes, particulierement de la vigne, quant au vin, eft vn Abregé des Elements, ou Aliments du total, qui fe manifefte par l'Abfence de fon vehicule, ou aquofité qui le deftrempe, & l'Incrude, à la façon du fang en l'Animal: Auec cette difference toutefois, que l'vn eft difficilement alteré, pendant la vegetation & nutrition, qui eft vniforme en la plante; Et l'autre l'eft à chaque moment, par la varieté & mauuais vfage des chofes, qui l'engendrent, comme nous auons parlé en fon lieu.

Separation des parties du Tartre. V. C'eft pourquoy en cette Refolution on voit premierement fort peu de phlegme, puis qu'il ne paroift qu'auec les autres comme leur vehicule; En apres grande quantité d'efprits mercuriels, qui font fuiuis d'vn foulphre vifqueux & terreftre; Et finalement d'vn fel meflé auec fa terre, qu'on fepare par le moyen de l'Eau, & du philtre, & l'vn & l'autre par l'Euaporation.

Soulphre combuftible attaché à la matiere, & pourquoy. VI. Et d'autant que ce foulphre eft combuftible comme en tous les Animaux, qu'il s'attache le plus fouuent à la matiere de mefme Nature, ou conforme comme il eftoit requis, pour l'vfage du feu, & qu'il l'entraifne, ne fe pouuant éuaporer eftant referré dans fon vaiffeau; pour cette raifon il la noircit, & elle luy, & tous deux font infectez de la brûlure eftouffée, d'où vient la puanteur.

Couleurs diuerfes du Tartre en fa calcination. VII. Ainfi leur premiere Alteration chaleureufe, & pluftoft d'iceluy eft caufe de la noirceur en elle, qui peu à peu fe confumant à feu ouuert: La mefme matiere ou Tartre, demeure rouge par la conftance de l'extreme chaleur qui la poffede entiere-

ment; Et enfin ledit foulphre ayant ceffé d'eftre, la
Chaleur s'efuanoüit, & la matiere fe trouue calcinée, ou reduite en cendres, fans odeur, comme nous
voyons par experience. Et partant

VIII. Ce que nous appellons feu icy bas, felon
que cy-deuant eft expliqué de la flamme, n'eft autre
chofe qu'vne Eau fimple décuitte peu à peu dans
vn Corps, comme le bois, pour eftre fenfible, quant
à l'vfage des hommes par la Chaleur, fille du mouuement & de fon element, laquelle faite vifqueufe
& aëriene, qu'on appelle foulphre, & faifie de toute fon extenfion eft rarefiée auec fon efprit, tranfpa-
rente & lumineufe par fa Confiftance, & fenfible
tout autant qu'elle dure dans fon fubiet, y viuant
& mourant, enfemble fon aduerfaire, pour fe repofer à fon centre commun.

FACVLTEZ.

IX. L'Efprit de tartre rectifié guerit la Paraly-
fie, la jauniffe venerienne, la Lepre, les menftruës
defreglées, & femblables, adminiftré tous les
iours, ou en boüillons, ou en breuuage ordinaire, à
la dofe de huict, ou dix Gouttes, & fuiuant les
corps. L'huyle combuftible fert pour toutes les obftructions internes, fuffocation de matrice, groffe
verolle, & autres, que l'experience confirmera : A la
dofe de trois à huict gouttes, ou dans vne conferue,
iaune d'œuf, bol de caffe, &c. ou dans du vin,
boüillon, & autres vehicules appropriées.

Des Vegetaux.
Figure 8

DES VEGETAVX
FIGVRE, V.
DES SEMENCES, GOMMES, ET RESINES.

Matieres.

Ebullition, Sublimation, Distillation, Liquefaction & Expreffion.

Operations.

Huile, Efprit, Baume & Fleurs.

Productions.

EXPLICATION.

E Nombre 1. Sur le bout droiȼt de la Table depeint vn feruiteur, qui auec vne Cueillere efcume de la main droite l'huile, d'vn pot de terre verniffé, & appliqué, fur vn demy Reuerbere à feu ouuert, c'eft à dire, fans Colet, tenant de la gauche fur le bas, d'vne part, vn vafe pour le receuoir : & ayant de l'autre vn tas de femences, Pour monftrer l'extraȼtion de leur huile par Ebullition.

Demy Reuerbere à feu ouuert.

Le Nombre 2. Sur le bout gauche de la mefme Table, represente vn fourneau à fable, couuert d'vn Dome aueugle, c'eft à dire, fans regiftres en forme de Reuerbere entier, feruant feulement à Rabbatre la chaleur; Attendans le feu de fuppreffion, garni de fa Cornuë, &

Dome Aueugle.

Ddd

*Recipiant, Et au bas d'iceluy vne poignée de grains com-
me froment, orge, &c. pour faire cognoiſtre la diſtillation des Semences à ſec, & ſans Intermede.*

*Le Nombre 3. Sur le milieu de la Table fait voir Her-
mes, qui abbat auec vne plume de la main droicte, du
dedans d'vn Cornet de papier, qu'il tient panché de la
gauche, ſur vne feuille de papier blanc, étenduë au bas,
ſçauoir, vne matiere en forme de neige ſpongieuſe, ayant*

Rechaud. *à ſon deuant vn rechaud garni d'vn petit pot, ou Creuſet, couuert d'vn autre Cornet, pour faire voir la Sublimation des fleurs de Benjoin.*

*Le Nombre 4. A coſté gauche de la Cheminée, expri-
me vn Reuerbere entier garni de ſa Cornuë, & Reci-*

Reuerbere en- *piant, & ſur le bas, quelques mourceaux, ou larmes de*
tier. *Gommes huileuſes, pour leur diſtillation.*

Le Nombre 5. au coſté droict de la meſme Cheminée,

Demy Reuer- *demonſtre vn demy Reuerbere, garni de ſa Courge de ter-*
bere. *re verniſſée, Chappe & Recipiant de verre, auec vn pot
ioignant, pour la diſtillation des Reſines liquides, comme la Therebentine, &c.*

*Le Nombre 6. Sur le milieu d'icelle Cheminée, Nous
figure vn ſeruiteur tenant des deux mains ſur vn feu*

Feu ouuert. *ouuert, c'eſt à dire, ſans fourneau, vn poîlon, & dans
iceluy des blancs d'œufs durcis en eau boüillante, &
meſlez auec myrrhe en poudre: Dont ſur le bas il y a vn
plat, qui contenoit la matiere, & qui eſt pour receuoir
l'huile de ladite myrrhe par Expreſſion. Enfin*

SOMMAIRE.

Le premier ſeruiteur extraict l'huile des Semences,

Recapitulatiõ. *par Ebullition en Eau Commune ; la diſtillation des*

mesmes se fait au sable, couuert d'vn Dome aueugle;
attendans le feu de suppression. Hermes abbat les fleurs
de Benioin sur vn papier blanc, vn Cornet apres l'au-
tre; Les Gommes plus soulphreuses donnent leur huile
par l'entier Reuerbere, Les Resines par le demy; Et les
Gommes aqueuses par l'Expression; Auquel dessein le
dernier seruiteur Chauffe dans vn poilon de la myrrhe
meslée, auec blancs d'œufs, pour la faire resoudre, &
puis presser.

CHAPITRE I.

EAV, ESPRIT, ESSENCE, OV
Baume, des Semences.

DESCRIPTION.

I. **P**RENEZ la Semence qu'il vous plaira, &
pour exemple celle de l'Anis, pilez-la tant
soit peu, pour ouurir le corps; mettez-là
dans vne courge de Cuiure, & sur icelle de bon Premiere façon
vin blanc ou autre, de la hauteur de trois à quatre de distiller les
doigts, Et l'ayant fait digerer sur vne chaleur lente plantes par le
l'espace d'vn demy iour; afin que l'Essence se puis- Refrigeratoire.
se mieux détacher; distillez-là par le Refrigeratoi-
re commun auec le menstruë ordinaire, & les Circonstances que nous auons expliqué ailleurs, &
cessez quand la goutte deuiendra insipide, ou sans
odeur; Ce qu'estant fait, vous separerez l'Essence
d'auec son Eau, pour les garder à part, ce qui se

fait par vn Separatoire, ou par vn Entonnoir, desquels cy-deſſus a eſté parlé.

II. On peut autrement mettre la ſemence, comme du Sureau, Hieble, &c. boüillir à feu découuert, dans vn pot de terre verniſſé, auec l'ᴇau commune, qui la ſurmontera de dix parties ; Et à meſure que l'Eſſence ou huile ſurnagera en forme de graiſſe fonduë, faut l'écumer doucement auec vne cueilliere, refondans de l'ᴇau chaude autant qu'il ſera neceſſaire, pour extraire le tout, que vous laiſſerez raſſoir par ſoy-meſme, & enfin vous ſeparerez ladite ᴇſſence, ou huile d'auec ſon vehicule s'il y en a pour le garder.

Seconde maniere par Ebullition.

III. Pareillement on peut diſtiller la meſme ᴇſſence à ſec, c'eſt à dire ſans aucun menſtruë, comme le froment & autres dans vne Courge, ou dans vne Cornuë, au Reuerbere à feu lent en premier lieu, pour auoir le phlegme. Puis vn peu plus fort, quant à l'ᴇſſence, & tres-grand ſur la fin; Pour auoir le mercure, ou acide ; ſuiui de ſon Baume y appliquant, vn Recipiant de moyenne grandeur, les ᴇmboucheures parfaictement fermées, de peur que le tout ne s'enflamme, & que le vaiſſeau periſſe. Quoy fait & Raffroidi, on ſeparera ces diuerſes ſubſtances, pour leur vſage.

Troiſieſme façon par la Cornuë & à Sec.

Degré de Chaleur.

SENS PHYSIQVE.

IV. Cette operation, ou le ſuiet d'icelle nous donne à cognoiſtre premierement, que la ſageſſe tres-admirable du Tout-puiſſant, ne paroiſt pas ſeulement en la Creation premiere de l'Vniuers, & ſes parties; Mais encore en leur conſeruation, & pro-

Sageſſe de Dieu.

-duction continuelle, par laquelle iamais, il n'eſt
oiſif, tant en ſouſtenant l'Indiuidu, que le fruict
alimente, qu'en renouuellans l'Eſpece, par ſa propre ſemence, compriſe dans iceluy.

V. De plus nous voyons clairement par cette production, comment la premiere a eſté faite de rien ;
puiſque la ſeconde procede d'vn Abregé, ou racour-
ciſſement ſi petit, comme eſt le Germe ; Et qui
neantmoins contient le tout en ſon ordre & diſtri-
bution, auſſi parfaicte qu'auparauant, & à vn inſtant : Mais auec cette difference, que la Creation
a eu ſon exiſtence, ou Extenſion ſenſible tout à la
fois ; & la Reproduction ne l'obtient, que dans le
temps : C'eſt pourquoy le Germe eſt touſiours conioint à ſa nourriture, qui n'eſt pas plus abondante,
que ce qu'il en faut, pour le rendre capable de plus
de force, & d'vn Aliment plus ſolide, qu'il recherche ou appete, & attire naturellement comme a
eſté dit cy-deſſus, & l'vn & l'autre ſont appellez
vulgairement ſemence.

VI. Et par ce que dans cette Eſpace & diuiſion,
il peut arriuer diuers obſtacles & empeſchemens de
nourriture, au deffaut de laquelle l'Exiſtence eſt
détruite, l'Indiuidu ne paroiſt plus, & par conſequent l'Eſpece, La meſme Exiſtence, ou ſenſibilité
d'eſſence eſt multipliée en Germes, qui peuuent
aller preſqu'à l'infini. Deſquels l'vn manquant l'autre ſuccede, & touſiours plus ſe racourciſſant dans
cette petiteſſe abſoluë, ou vnité premiere, s'étend
innombrablement & perſeuere, pour égaler le mouuement & la durée naturelle des deux ſubſtances

---

La Reprodu-
ction des choſes
temporelles,
donne à cõnoi-
ſtre leur Crea-
tion & differen-
ce.

Multiplication
d'Exiſtence
pourquoy.

premieres , ſçauoir Celeſtes & Elementaires, que leur ſubordination graduelle , quant au tout , faic voir par cette conſtante Reuolution , & tout au-tant que durera la volonté de leur autheur.

Que c'eſt que ſemẽce & Ger-me , & pour-quoy.

VII. Eſtant manifeſte, que la meſme ſemence, ou germe eſt vne Coagulation en abregé tres-par-fait de tout le plus pur, qui conſtituë l'Indiuidu, & qui le fait paroiſtre tout tel qu'en ſa premiere pro-duction , Puiſque autrement il deſiſteroit d'eſtre luy-meſme , ou ce qu'il eſt , & paſſeroit au neant comme fait l'Excrement , ou bien il degenereroit de ſoy totalement comme l'experience nous ap-prend; touchant la forme accidentaire des meſmes Indiuidus, & la conionction de diuerſes Eſpeces, qu'vne troiſieſme limite , & qui demeure incom-municable, pour n'aller à l'Infiny.

S'il y a des ſe-mences froides.

VIII. Quant à la qualité des meſmes , il eſt tres-conſtant contre l'opinion vulgaire, que nulle ſemence peut eſtre appellée veritablement froide, quoy qu'en apparence , & exterieurement ; Puiſ-que la Chaleur eſt le ſeul Artiſte de l'Extenſion & nourriture du mixte, et la continuation, ou durée d'icelle ſa vie , comme l'humeur huileuſe des meſ-mes ſemences aux plantes témoigne; et que ſi la-

Chaleur des ſemences.

dite Chaleur eſtoit plus grande qu'elle n'eſt hors de leur matrice , ou tige, ils s'éclorroient le plus ſou-uent & periroiét faute de nourriture , comme il ap-pert aux œufs des vers à ſoye , qui à la moindre chaleur du Soleil, ou du Printemps, s'écloſent fa-cilement , & aux grains des plantes humectées ex-traordinairement, oignons, &c.

I X. Mais que des femences les vnes foient entierement humides , comme des Animaux terreftres ; Les autres moins liquides , comme des oifeaux & poiffons ; Et les troifiefmes plus denfes &
quafi folides , comme des Vegetaux & Mineraux,
La difpofition naturelle en l'ordre de l'Vniuers,
pour la propagation & conferuation des Creatures
en eft la caufe & le fubiet; Car la femence des Animaux terreftres comme les plus parfaits mife de
hors, ne fouffre point de retardement, & autre application fans fa perte totale, n'eftant contenuë ou
conferuée d'aucun.

X. Celle des Oifeaux & Poiffons fe peut garder quelque temps, & feruir aux premiers , outre
leur production, comme les œufs; Celle des Vegetaux & Mineraux fe conferue dauantage; Et pour
les deux que deffus , comme font toutes fortes de
grains,&c. Dautant qu'elles fubfiftent hors de leurs
corps, & dans leurs propres eftuys, attendans , ou
la Chaleur feulement , ou la Chaleur & l'humeur
enfemble, pour fe groffir, vegeter, & de la multiplier comme auparauant.

XI. Les premieres femences font tout à fait
humides, afin que lors qu'elles feront portées dans
le Champ de propagation auec leurs germes , ou
fpermes; Et qu'au moment qu'ils feront vnis pour
l'vn ou l'autre fexe , qu'on appelle Generation &
Conception, l'engendré trouue dequoy fe nourrir
& s'augmenter , moyennant la chaleur naturelle
d'iceluy qui le fomente iufques à fon entiere perfection, fuiuant fa capacité & le me.. .. lieu qui le

contient, pour paſſer à vn autre, continuer ſa Courſe determinée, & reïterer la meſme Action.

Semences hors de leurs propres corps, & pourquoy.

XII. Les ſecondes ſont moins liquides, plus éloignées, ou moins preparées, quant à la meſme nutrition pour l'vſage que deſſus ; Et partant la Chaleur y eſt requiſe, propre, ou conuenable, & particulierement animée du deſir de la meſme extenſion, comme aux Oiſeaux, Poiſſons & Reptils, & ce hors de leurs propres corps, afin de n'empeſcher leur mouuement, ce qui n'eſt pas des premiers : Les troiſieſmes ſont plus denſes, ſeiches & quaſi ſolides pour leur plus grande conſeruation;

Matrice des Vegetaux.

quant à l'Vſage des Animaux auſſi : Dont ſelon leur production elles demandent vn lieu, pour matrice, vne liqueur pour nourrice, & vne Chaleur pour effectrice.

Nourriture des Vegetaux.

XIII. Ainſi la ſemence de la plante iettée en terre s'enfle premierement, & de là s'ouure, donnant paſſage au germe, & pouuoir d'attirer l'humidité qu'elle aura déja preparé dans les premieres feuilles pour s'étendre par icelle en racines, & apres en tige & rameaux, moyennent la meſme humidité par la terre ; Quant aux ſemences des mine-

Semences des mineraux ſont toutes au tout

raux elles ſe trouuent toutes au tout, comme eſtans vniformes, & ne demandent pareillement que l'humeur & la chaleur auec le temps & le lieu, pour ſe groſſir & ſe parfaire entierement.

F A C V L T E Z.

Vents.

XIV. L'Eſſence d'Anis & ſon Eau, chaſſent les vents, ou pluſtoſt leur matiere, échauffent l'eſto-

Venins.

mach, combattent le venin, prouoquent l'vrine &

autres,

autres, pris auec du boüillon, conſerue liquide, &
ſemblables vehicules, de trois à quatre gouttes,
quant à l'Eſſence, & d'vn petit demy verre pour
l'Eau.

L'huile de Sureau, ou Hieble, ſert pour toutes Hydropiſie.
ſortes de douleurs froides, foibleſſe de nerfs, Gouttes, Hydropiſie, &c. appliqué chaudement par deſſus, & pris interieurement de quatre à ſix gouttes,
dans vn vehicule propre.

L'Eſprit, l'Huile, & le Baume de froment, vaut Gangrenes.
pour les Gangrenes, Chancres, & tous vieux vlceres, appliqué dextrement, comme auſſi particulierement, pour l'Epilepſie, ou mal Caduc, pris à la Epilepſie.
quantité d'vne demy Cueillerée, quant à l'Eſprit;
Et de huiĉt à quinze Gouttes, pour l'Huile & le
Baume, vn peu auparauant l'accez.

CHAPITRE II.

ESPRIT, HVILE, BAVME,
Fleurs & Teinture des Gommes
& Reſines.

DESCRIPTION.

I. RENEZ telle Gomme, & en la quan- Diſtillation des
tité que vous voudrez; & pour exem- Gommes moins
ple le Maſtic en larmes, mettez-le dans difficiles à donner leur Huile.
vne Cornuë de verre, qui ait des trois parties les
deux vuides, appliquez-là ſur vn fourneau de Sa-

ble, ou fur vn fimple Rechaud garny de fon Trepied, fa Platine & fon Cercle de fer fuiuant noftre
practique & figure : Et luy ayant appofé fon Recipiant de verre auffi, baillez-luy le feu du premier
iufqu'au troifiefme degré de Chaleur, & que plus
rien ne diftille, feparans toufiours la liqueur, qui
fera la plus claire, pour rectifier la plus efpoiffe, ou
par foy, ou par l'Eau commune, dans vn Refrigeratoire, ou par Ebullition, à la façon de plufieurs
femences, comme a efté dit, en laquelle elle fe dé-
charge d'vne partie de fa terreftreité.

Rectification des mefmes.

I I. Mais parce qu'il y a des Gommes de difficile refolution, ou fufion, comme eft la Lacque, il
faudra leur adioufter le Sel Marin decrepité au
double de leur poids, ou bien quelque petite piece
de plomb, ou les humecter tant foit peu de quelque Huile conforme à leur Nature, qui ne donne
rien de foy comme eft celuy du Ben blanc, &c.
Et pour celles, qui n'ont point d'humeur inflammable, comme la Myrrhe, le Styrax calamite, &c.
Il les faut refoudre par le moyen des blancs d'œufs
durcis en Eau boüillante, & de mefme façon que
le Sel de Tartre, fçauoir, ou par Refolution, ou par
coction dans vn poilon & Expreffion.

Moyens ou In-termedesdécel-les qui font plus dures à l'Ex-preffion de leur huile.

Refolution des Aqueufes.

I I I. Pareillement celles qui n'ont que de l'Armoniac, ou fort peu de foulphre, comme le Benjoin; le meilleur fera de les mettre dans vn vafe de
terre bien verniffé, & les faire fublimer à feu doux,
mefme dans vn rechaud, fi la quantité eft petite,
adiuftans pardeffus alternatiuement des cornets de
papier bleu, pour les receuoir & abbatre auec vne

Sublimatió des Gommes vo-latiles.

plume à proportion qu'ils en feront chargez, continuant tout autant qu'il fera befoin.

IV.   Quant aux Refines, ou Gommes molles, & fluides, comme la Terebenthine, le Styrax liquide, &c. elles fe diftillent de mefme maniere; Excepté qu'eftans gluantes & vifqueufes, il les faut faire fondre, pour les revuider dans leurs Cornuës, & dépetrer leurs vaiffeaux plus aifément. Ladite Terebenthine eftant vne de celles qui fe conuertit prefque toute en huile, duquel la partie plus tenuë & fubtile eft appellée Efprit; Celle qui l'eft moins garde le nom d'Huile, & la plus vifqueufe, ou Efpoiffe, celuy de Baume, laquelle endurcie s'appelle Colophone, & peut donner vne Teinture moyennant l'Efprit de vin.   Enfin

Diftillation des Refines liquides, leur partie & Teinture.

SENS PHYSIQVE.

V.   Par cette derniere diftillation des Vegetaux, nous apprenons premierement que les Gommes & Refines, ne font autre chofe que le furplus de la nourriture des plátes, attirée par leurs racines, comprife & contenuë fous leur Efcorce, & diftribuée à toutes les parties les plus petites, & éloignées, par des fibres fubtiles, ramifiées innombrablement à la façon du foye & des veines, quant aux animaux, defquels l'Eftomach eft le Cuifinier ou preparateur premier.

Que c'eft que Gomme & Refine.

VI.   En fecond lieu, nous cognoiffons qu'elles ne font differentes entr'elles, que felon le plus & le moins de leurs Elements conftitutifs & plus fenfibles: Ainfi Celles qui abondent en foulphre

Difference des Gommes en foulphreufes.

Mercuriales,

baillent leur huile affez facilement. Celles qui
n'ont que du Mercure n'en rendent point. Et
quoy que la Chaleur exterieure de l'Air, ou du Soleil le décuife, ou deffeiche en fon terreftre, Neantmoins elles ne peuuent iamais deuenir & donner
ce qu'elles n'ont, manquants de principe, bien
que cette cuitte leur ait caufe vne efpece de vifcofité, procedant du fec, ou de leur matiere, comme
font la Myrrhe, le Storax calamithe, &c.

Terreftres &
Volatiles.

VII. Celles qui font prefque terreftres, & comme froides, font de tres-difficile refolution fans addition; Et Celles auffi, qui n'abondent qu'en Armoniac, ou en fel volatil, leur humide eftant entierement exhalé par la mefme Chaleur externe, fe
fubliment toufiours, & tres-difficilement paffent
en huile. Finalement nous concluons par repetition que deffus, que la chaleur Inne à toutes chofes

Caufe de l'At-
traction de la
nourriture aux
Mixtes, tant In-
terne qu'Ex-
terne.

mixtes eft le feul inftrument de cette Attraction,
ioint audit Efprit & fel, ou folide vniuerfels, fpeci-
fiez & determinez en vne chacune d'icelles fuiuant
les mefmes circonftances, que nous auons dit,
moiennent l'externe proportionnée, qui l'excite,
& comme de puiffance la met en Acte, ou la ref-
ueille, pour agir, rarefiant & éleuant tant le fec,
que l'humide.

La determina-
tion par qui eft
faite.

VIII. Or la mefme fpecification, ou Indiuiduité du Mixte en fait le choix, les conuertit en
foy-mefme, & les fait de fa Nature limitée par fon
Autheur, qui autrement font indifferents pour ce
fubiet; Puifque d'vne mefme terre & d'vne mefme eau, tant de diuers corps font efleuez; Entre

lefquels le Thelefme Philofophique eft tres-recom-
mandable, pour produire les merueilles d'vne feule
choſe, par la mediation & adaptation d'icelle, Et
de laquelle le Genie trois fois grand appellé Hermes
nous rend capables, par fa Table d'Eſmeraude, que
nous auons expliqué en fon lieu, ayant poffedé
vniquement la fcience des trois parties, qui conftituent la veritable Phyſique Refolutiue, Sel, Soulphre & Mercure.

IX. De l'Exuberance duquel, & de la vigueur
extraordinaire, qu'il peut acquerir, par fa longue
nourriture & digeſtion bien ordonnée ; Les Philofophes à fon imitation l'ont appellé Gomme,
Colle, Glu, & femblables, non feulement pour la
raifon fufdite : Mais encore, parce qu'il s'attache &
s'vnit fort amoureufement auec ce qui eſt de fa Nature, ne faifant qu'vn tout auec luy, c'eſt à dire,
mefme Gomme, propre à vne nouuelle Extenfion
& tout autant que le fujet ou la matiere le permet.
A caufe dequoy tous font d'accord, qu'il faut in-
ceffamment continuer l'Ouurage ; Pour voir cette propagation innombrable ; Et de là conclurre
celle de tous les autres Mixtes, quant à leur mouuement Circulaire, qui ne peut finir qu'en finiffant luy-mefme.

FACVLTEZ.

X. L'Huile du Maſtic eft extremement bon
pour les Coliques, vomiffements, &c. pris à la dofe de trois, ou cinq gouttes dans vn boüillon, iaune d'œuf, & autre vehicule ; Et exterieurement il

Dignité du
Thelefme Phi-
lofophique.

L'œuure des
Sages appellé
Gomme, &
pourquoy.

Vomiffements.

corrobore l'eſtomac , augmente la Chaleur naturelle, appaiſe les douleurs froides & ſemblables.

Chaude-piſſe.　　L'Eſprit de Terebenthine s'adminiſtre aux Gonorrhées, ou Chaude-piſſes veroliques, d'vn à deux
ſcrupules, auec vin blanc, Eau de Perſil, de Parietaire, &c. L'huile ſert pour toutes ſortes de douleurs
Gouttes.　　froides, cóme Gouttes, membres gelez, &c. appliqué chaudement. Le Baume profite à toutes playes
Playes.　　par couppeures, vlceres, &c. Et enfin la Teinture
tirée par l'Eſprit de vin de la Colophone, appaiſe
les douleurs nephritiques, ou renales, & autres ſem-
Coliques.　　blables, Deſquelles vertus les Autheurs ſont tous
pleins ; Et l'experience nous fait maiſtres.

MINERAVX.

SECTION TROISIESME
DES MINERAVX.
ARGVMENT.

POVR LA SVITE, DES MA-
tieres, Figures, Explications, & Chapitres
de cette Section.

I. N cette troisiéme Section, touchant
le mesme Type vniuersel & son rai-
sonnement, pour le Traitté des Mineraux en particulier, la Depura- Operations du
tion du Salpetre, ou sel Nitre com. Nitre, ou salpe-
me le plus agissant, quant aux Mix- tre.
tes, se presente la premiere, Sa Con-
gelation, Sa fusion qu'on appelle Sel Prunel, ou Crystal
mineral, & la maniere de dissimuler sa Couleur; En apres
suit, comment se tire l'Esprit, ou mercure du Salpetre,
Sa Rectification, Ce qu'il faut obseruer, & son Magistaire, appellé Nitre Tartré, Surquoy sera fait mention de
la difference de la Mixtion, & confusion. De la vertu
particuliere de chaque mixte ; De la Nature, & descri- Description du
ption du salpetre, De la Distinction de son Esprit, & hui- salpetre.
le. Ensemble de l'Admirable harmonie des principes,
Elements, & qualitez dans les mixtes. *Figure I. Chap. I.*

II. La seconde operation de cette Section, regarde la
Decrepitation, ou le desseichement du Sel marin, sel
Gemme, & autres fixes ; La fusion ; Resolution, tant à
froid, qu'à vne petite chaleur de feu : la Distillation de

Fff

son Esprit, par le Reuerbere entier; La Relteration de
la mesme, & sa Rectification; Et en suite d'icelles, est expliqué l'Action des contraires, La cause de son petillement; Ce que c'est, que Selmarin; Comment on recon-
noist sa froideur interne, & pourquoy dans l'Estat que
nous l'auons, il est acre & desseichant; De là est monstré
en quel sens, l'Elixir des Hermetiques, est appellé sel;
l'Erreur des Philosophes cōmuns ʃ la difference des sels
fixes; La cause de la salure, & Amertume de la Mer;
Comme aussi d'où prouient, la figure, & lucidité, du sel
Gemme, & enfin qu'elle est la difference, du Sel, ou solide, auec l'Esprit, ou subtil vniuersel, comment le mesme
est fait vaporable, ou non, auec l'Origine du mot de fixe,
& de volatil. *Chap. II.*

III. En troisiesme lieu il est enseigné, la façon de de-
phlegmer & Calciner le Vitriol, d'en tirer l'Esprit, &
l'huile; les philtrer, rectifier, reduire sa teste morte en
nouueau vitriol; faire le magistaire; Et extraire son soulphre metallique; Dauantage il est interpreté, comment
est fait le verd, & le blanc naturel, tant opaque, que trāʃ-
parant, tant vray qu'apparant, & tant solide que fragile, Puis ce qu'est le Vitriol; Pourquoy ses liqueurs acides par le Reuerbere sont appellées Esprit, & huile, &
d'où procedent leurs couleurs, leur force, & leur affoi-
blissement. *Chap. III.*

IV. Apres la Calcination, succede la Distillation des
Esprits, ou liqueurs acides des mesmes, qui sont, ou simples, ou composées; Quant aux simples, outre les precedentes, l'Alum qui fait le quatriesme, sert d'Exemple;
Et pour les composées: les Eaux fortes & Regales; C'est
pourquoy ayant expedié la maniere de distiller l'Alum:
Ce qu'il faut obseruer pour tirer l'Esprit, son Abregé &
sa nature; Apres auoir traicté des mesmes simples, nous
parlerons des composées: Et premierement de la façon,
difference, & purification de l'Eau de depart; puis de la
Regale, tant par addition d'Armoniac, que par l'Entiere distillation, la Philosophale estant propre aux Hermetiques. En suite il sera manifesté, quel est le siege des

Eſprits, ce qu'eſt l'Alum ; qu'elles ſont les qualitez de la Terre, & de l'Eau, par qui ſe fondent les pierres; Et pourquoy le Magiſtaire Phyſique eſt appellé ſel, auec leurs preceptes ; De là nous aduertirons, qu'elle eſt la force des Eſprits, & ſels volatils, Comment les ſimples acides, ont eſté repreſentez par les premiers Philoſophes ; Plus la difference des compoſez; la Teinture diuerſe de l'Ourage des meſmes Philoſophes, & la cauſe du ſexe feminin. *Chap. IV.*

V. L'Operation acheuée des ſels fixes, ou côme tels, reſte à déduire celle des volatils; ou du ſel Armoniac, duquel eſt enſeigné, Premierement la maniere de le ſublimer, par ſoy, ou par moien, blanc ou rouge, Plus ſa fixation par Stratificatiõ ou Cementatiõ, Separation d'Intermede, Ou par diſſolution & congelation ; Ou par reſolution auec ſon huile. En troiſieſme lieu, ſera expliqué à l'Exemple des plantes : Comment le corps naturel ſe groſſit, ſe termine & pourquoy ; Apres nous baillerons l'intelligence de ces paroles Hermetiques, faites le fixe volatil, & reciproquement; que c'eſt que Vent, & terre Philoſophique ; la Deſcription dudit Armoniac. La neceſſité des principes vniuerſels, leur diſtinction, & determ... ion ; par quel moien les Elements ont eſté reconneus ; ... ir R... ction, ou conuerſion d'Action ; Et le tout ſuiuant l'ordre naturel, pour l'Exiſtence, ou ſenſibilité des mixtes. *Chap. V.*

VI. Du Sel nous viendrons au Soulphre, pour monſtrer à faire, premierement les fleurs, par, ou ſans moien, Puis l'aigret par la Cloche, ou Alambic, auec les Circonſtances requiſes, l'huile, le Baume, la Teinture, & le Magiſtaire, par moiens, ou additions, Et diſans que le ſoulphre vulgaire, ne donne que des fleurs, & de l'aigret, nous le deſcrirons, & en ſuite du meſme nous ferons voir, Comment les Anciens ont repreſenté nos Elements, qui conſtituent, ou entretiennent les mixtes, auec leur diuiſion, & Appropriation. *Figure II. Chap. I.*

VII. Et parce que la matiere ſoulphreuſe, eſt ou Opaque, ou tranſparante, graiſſeuſe, bitumineuſe, humide,

F ff ij

Deſcription de l'Alum.

Repreſentatiõs des Eſprits Acides.

Sublimation du ſel Armoniac.

Deſcription du meſme.

Operations du ſoulphre.

Deſcription du meſme.

ou seiche totalement ; Ayant traicté de la premiere, nous
passerons à la seconde, qui est l'Arsenic, poison tres mortel, duquel nous baillerons la façon de le sublimer, sans,
ou auec Intermede, de le calciner pour auoir ses Crystaux, son sel & son huile par Resolution, & comment il
faut faire l'Aymant Arsenical ; En apres continuans nos
raisonnements Physiques, & faisans reflexion sur la vicissitude, & fin des choses crées, qu'on appelle Mort, & que
nous expliquerons ; Il sera remarqué, que l'homme se détruit soy-méme, Contre l'ordinaire des choses séblables,
par sa propre malice & auarice, logeant son plus grand
bon-heur, dans la possessiõ du metal, qui n'a son prix, que
de sa propre estime, & qui ne luy profite aucunemét pour
le corps, ny par application, ny par breuuage, comme promettent les Charlatans, quant à leur Or potable, puis
qu'il ne peut estre dompté, par nostre chaleur naturelle,
Et que rien ne nourrit l'Animal, qui n'ait eu vie auparauant ; Ainsi nous descrirons l'Arsenic, & assignerons le
rauage, qu'il fait dans nos corps ; Et enfin nous exprimerons pourquoy, il se trouue des Animaux, des plantes, &
des Mineraux, veneneux & dommageables par Accident seulement. *Chap. II.*

VIII. Pour le soulphre bitumineux, & huileux le Carabé, ou Ambre Iaune sert d'Exemple, & d'iceluy est manifesté, Comment il faut tirer son huile, par, ou sans Intermede, separer son sel volatil, & composer son Baume ;
dont ayant soubs-diuisé la matiere soulphreuse & proposé, que le Sel, ou le solide, peut estre vni, ou auec l'inflammable, ou auec l'incombustible, tant volatil, que fixe, desquels la Terre est le cõmun receptacle, Nous declarerons de qu'elle façõ, ce qui ne brûle point, conçoit
le feu & la flamme, plus, ou moins transparante, & pourquoy ; que c'est que Carabé, & en quel sens les Hermetiques ont dit, que leur matiere n'estoit qu'vne, & naturelle, & toute en tout, & partout. *Figure III. Chap. I.*

IX. Quant au Bitume tousiours sec, & volatil nous
apporterons la sublimation du Camphre, sa dissolution
en huile, constante, ou non, par menstruë, ou Intermede,

Et comme de deux agiffants, le plus fort gagne ; Nous expliquerons,
que c'eft que Camphre, pourquoy difficilement il rend fon huile ;
par quelle force l'Efprit de Nitre le liquefie, nageant fur foy, mais
non perfeuerant ; Et enfin qu'vn femblable attire l'autre, demeurant neantmoins toufiours conftant dans fon inconftance, à la façon du Mercure, c'eft à dire, reprenant fon premier corps & fa
volatilité. *Chap. II.*

X. Le troifiefme Chef general des Mineraux eft des terres particulieres, Entre lefquelles eft affigné pour exemple des diuerfes Operations des
operations, la diftillation du Bol, Ocre, & femblables, fans, ou auec Terres.
Cohobation ; Enfemble la Calcination des Argilleufes, pour auoir
le fel, tant fixe, qu'Effentiel, Et ayant dit que c'eft que Bol ; Nous Que c'eft que
exprimerons la caufe de l'adftriction, vifcofité, & Couleurs des ter- Bol.
res, Ainfi que des fruicts naiffants, ou non meurs, découurans l'Erreur des Hermetiques pretendus quant à l'Extraction du grand
Magiftaire. *Chap. III.*

XI. Les Pierres formées de la terre, propres, ou non, font le quatriefme Chef des Mineraux ; Entre les impropres, nous traicterons de la diffolution des Coraux de leur Vegetation, Magiftaire,
fel, huile, & Teinture, par menftruë, ou non ; En apres nous ferons
voir, que c'eft que Coral, comment le bois s'empierrit, dans certai- Defcription du
nes Eaux ; que la Teinture commune du Coral rouge, eft trompeu- Coral & fon
fe, que la verde eft la premiere & naturelle des plantes, & que le fel fel.
vulgaire d'iceluy, auec fa refolution eft impropre, & Eftranger.
Figure IV. Chap. I.

XII. Touchant les Pierres proprement dictes, fera declaré le
moien de Calciner l'Efmeril, le diffoudre en Teinture, tirer le fel de
fon menftruë ; diffoudre le Cryftal de Roche, & femblables, Et fur
ce poinct fera baillé la Defcription de la Pierre, difans ce que fait l'excez des caufes agiffantes ; Et l'Action des contraires ; Puis nous fe- Que c'eft que
rons voir, d'où procede la folidité, couleur & fplendeur des mefmes Pierre, & la cau
Pierres, felon le plus & le moins, Comme du Marbre blanc, ou noir, fe de leur luci-
Cryftal de Roche, Rubis, Efmeraude, & autres. Et parlans de leur dité.
Chaleur Innée, fera expofé auffi comment les Pierres à fufil produifent le feu, & pourquoy le Talc mineral de foy-mefme ne fe refoult
point en huile, les fels Eftrangers eftants le plus fouuent vfurpez,
pour les propres. *Chap. II.*

XIII. Et pour finir cette Section venans au Cinquiefme & dernier chef d'icelle, qui eft des Marcaffites, Nous donnerons la façon
de purifier le Bifmuth, ou Eftain de glace, fa diffolutiõ par menftruë, Bifmuth, ou
fa precipitation, fublimation & fixation ; Et expliquans ce que c'eft Eftain de glace.
que Marcaffité, & pourquoy difficilement il fe fond tout feul, Nous
marquerons l'incapacité de l'Art, l'Excellence de la Nature ; En Que c'eft que
quoy confifte la Teinture Hermetique, & la dignité de la Refolution. Marcaffite.
Chap. III. & dernier.

F ff iij

Des Mineraux,   I. Figure.

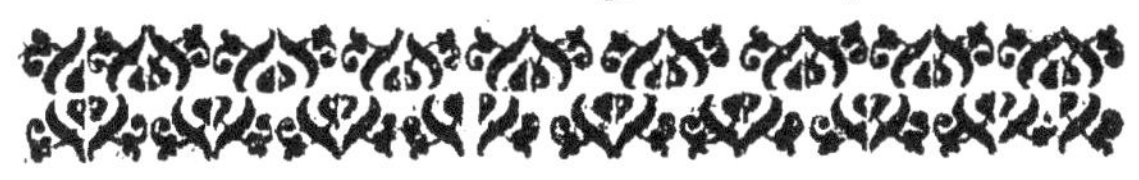

DES MINERAVX
FIGVRE I.
DES SELS,

Matieres.

Depuration , Decrepitation , Dephlegmation , *Operations.*
Fusion, Distillation & Sublimation.

Cryſtal Mineral , Phlegme , & Eſprits Acides. *Productions.*

EXPLICATION.

E Nombre 1. Sur le bout droiƈt de la Ta-
ble repreſente vn ſeruiteur qui vuide vne *Petit banc per-*
grande Terrine, dans vn Entonnoir appli- *cé.*
qué , ſur vn petit banc percé, auec ſon papier gris, & au deſſous vn vaſe pour rece-
uoir la liqueur , qui doit ſe Cryſtalliſer ; Et ioignant icelle , quelques mourceaux de Nitre , ou Salpetre , tendant à la Depuration.

Le Nombre 2. du coſté droiƈt ſoubs la Cheminée de-
peint vn fourneau en Ouale , & à feu ouuert dans lequel *Fourneau en*
ſont appliquez deux Pots, ou Creuſets auec leur Couuer- *Ouale.*
cle , entourez de Charbons ardents , & au bas d'iceluy
deux Plats, contenants les matieres, qui decrepiſent, &
ſe calcinent.

Le Nombre 3. Sur le milieu de la Table fait voir Hermes, qui tient auec des pinſettes, de la main droiƈte, vn

Fourneau à vent.

Creuſet ardent tiré d'vn fourneau à vent, appuyé ſur vn Trepied, & iceluy au deſſus d'vn pied d'Eſtail, ou ſouſ-baſſement, pour receuoir les Cendres ; & à ſa gauche vn petit poilon, pour ietter la fuſion du Nitre appellé Cryſtal Mineral.

Demy Reuer-bere.

Le Nombre 4. au bout gauche de la Table, expri-me vn demy Reuerbere, garny de ſa Courge, Chappe & Recipiant, dans laquelle eſt mis l'Alum de Glace, ou de Roche, pour faire voir ſa diſtillation.

Fourneau de ſable.

Le Nombre 5. du coſté gauche ſous la Cheminée, monſtre vn fourneau de ſable, dans lequel eſt appliqué vn matras ; Et ſur le bas quelques pieces du Sel Armo-niac, pour monſtrer ſa ſublimation.

Cornuë de fonte.

Le Nombre 6. au milieu de la meſme Cheminée, propoſe la Cornuë de fonte, ouuerte en ſon haut, ſelon noſtre reformation, le Couuercle s'emboittant en dedans en forme de vis platte, adiuſtée à ſon Recipiant fort grand, dans vn demy Reuerbere ; Et l'autre ſeruiteur qui de ſa main gauche leue ledit Couuercle, auec vne verge de fer trauerſant le boutton d'iceluy, & qui de la main droitte iette auec vne petite Cueillere de fer, la matiere à diſtiller, qui eſt contenuë ſur le bas du four-neau dans vn Plat, pour faire voir l'Extraction peu à peu des Eſprits acides.

SOMMAIRE.

Recapitula-tion.

En cette ſorte le premier ſeruiteur purge le Sel Nitre, ou Salpetre, par diſſolution & philtration ; Et pendant que le Sel marin ſe decrepite ou deſſeiche, & que le Vi-triol ſe dephlegme & ſe calcine ; Hermes trauaille pour le Cryſtal Mineral : Et de là, la diſtillation de l'Alum eſtant diſpoſée, auec la ſublimation du ſel Armoniac ;

l'autre

*L'autre seruiteur opere sur les Esprits Acides, par la
Cornüe de fonte, ouuerte à son dessus.*

CHAPITRE I.

DEPVRATION, FVSION,
Esprit, Huile & Magistaire du Nitre,
ou Salpetre.

DESCRIPTION.

I. RENEZ du Nitre, ou Salpetre, ce
que vous voudrez, & s'il est terrestre, ou chargé d'autres Sels diuers;
dissoluez-le par l'Eau Commune
chaude, autât qu'il se pourra, c'est à
dire, versez-là sur iceluy mis dás quelque terrine, ou
autre vase pareil, peu à peu, la separans par inclination, quand elle en sera pleinement chargée, & y en
refondez de nouuelle, procedans comme la premiere fois, iusqu'à ce qu'il soit tout dissoult, & ce
pour n'estre subiet à vne plus longue Distillation,
ou Euaporation de ladite eau; ainsi qu'à tous autres Sels & Extraits.

Purification
du Nitre, ou
Salpetre.

II. Quoy fait, philtrez-le tout chaudement
par la languette, ou par le papier gris; faites euaporer ladite Eau, ou la distillez selon l'Art que dessus, iusqu'à la pellicule; pour mettre congeler en
Crystaux le mesme sel, sçauoir en lieu froid & sec;
Et pour les separer vuidez par inclination du vase

Crystallisation
du mesme.

Ggg

l'humidité reſtante, qui peut contenir le ſel eſtran-
ger, que vous ferez derechef euaporer pour l'auoir
& le garder ; Ainſi les Cryſtaux eſtants beaux &
blancs, en groſſes & longues Eſguilles ſuiuant ſa
naturelle & particuliere figure, vous les ſeicherez à
chaleur lente, ou air ſec, & les tiendrez en quelque part couuerts, afin qu'ils ne ſe rehumectent,
pour faire ce que vulgairement on appelle Cryſtal
Mineral, ſel Prunel, ſel Anodin, & en vn mot fuſion, en cette ſorte.

Maniere de fai-
re le Cryſtal
Mineral.

III. Mettez le meſme Nitre, bien eſpuré dans
vn Creuſet qui ne ſoit point poreux, & pluſtoſt
dans quelque grande Cueillere de fer, qui ſoit eſ-
curée & blanchie au dedans, faites-le fondre à feu
ouuert de charbons ; et s'il rencontre qu'il donne
encore quelque eſcume, oſtez-là promptement
auec vn coutteau, ou ſpatule de fer, à meſure qu'elle paroiſtra, de peur qu'elle ne tombe au fonds ; en
apres iettez-y du ſoulphre en fleurs, ou poudre ſubtile, iuſqu'à ce que la fuſion paroiſſe tres-pure &
claire, remuans le tout enſemble, ſi vous voulez,
auec la meſme ſpatule, & l'ayant laiſſé repoſer, ou
Remarque. raſſeoir quelque peu de temps, ſur le meſme feu,
vuidez-le doucement, à cauſe des feces ou fon-
drilles s'il y en a, ſçauoir dans quelque poiſſon de
Cuiure bien net & ſec, moules, &c. et pour le
faire détacher plus librement dudit poiſſon, trem-
pez ſon fonds dans l'eau froide commune, & le
laiſſez ſeparer de luy-meſme.

Soulphre en
vain.

IV. Pour le ſoulphre, il n'y eſt pas autrement neceſſaire ; puis qu'ayant eſté parfaitement

purifié, il n'en a que faire: Au centraire le mesme
contenant perpetuellement en foy, & de la terre,
& de l'Arsenic, y apporte plus de dommage que
de profit; à la place duquel, si vous croyez que le
Nitre soit encore gras, ou soulphreux exterieurement; iettez sur iceluy fondu, du Charbon de la
grosseur d'vn pois, qui s'enflammera & le purgera   Charbon en
suffisamment, auec admiration; toutefois il suffira   lieu du soul-
de l'escumer, comme nous auons dit: Estant à re-   phre.
marquer, que si le mesme Salpetre est meslé auec
des autres Sels, comme le Marin, il ne sera point si
transparant; mais pluftoft ressemblant au plaftre.
A cause dequoy il le faudra repurger comme cy-
dessus; Et pour le colorer diuersement, meflez-   Comment il se
y quelque Corps solide, calciné, & nullement   peut colorer.
combustible, comme pour le rouge de tres-bon
Colcotar, ou Vitriol calciné en rouge, & suiuant le plus & le moins: Pour le bleu, la pierre La-
zuli, ou l'Azur commun calcinez; Pour le Grisa-
ftre, ou de perles, le Minium, & ainsi des autres.

V. Quant à l'Esprit, ou Mercure du Nitre, ou
Salpetre; Prenez-le tel qu'il sera, & pluftoft celuy
qui se tire des terres, ou vieilles mazures emprain-   Maniere de tites du mesme, sans addition d'aucun Sel des bois;   rer l'Esprit de
Pour en auoir dauantage & plus pur; Et pour vne   Nitre.
partie d'iceluy Nitre, adiouftez-y trois d'Intermede, ou moien sec, tãt pour tenir le Corps ouuert au
passage de la Chaleur & des Esprits, que pour empefcher sa fusion ineuaporable, comme du Bol,
de l'Ocre, de la Bricque vieille & seiche, &c. pul-
uerisez bien subtilement; En apres iettez le tout

dans vne Cornuë de terre , qui reſiſte au feu, ou
bien de verre lutée, ayant des trois parties deux de
vuide , ou le panchant ſeulement & l'appliquez au
fourneau de Reuerbere entier , donnant le feu au
commencement , vn peu prompt , comme nous
auons aduerty ailleurs , pour chaſſer le phlegme

Remarque.   inutil , & aduancer l'Operation , auparauant que
la matiere s'affeſſe & ſe reſſerre , lequel eſtant eſ-
coulé, vous adapterez ſon Recipiant, le plus grand
que vous pourrez , pour contenir l'abondance des
Eſprits ; et l'ayant bien fermé de lut commun, continuez le feu, l'augmentans de deux en deux heures , & tout autant que les eſprits rouges paroi-
ſtront , ou qu'il découlera encore quelque liqueur
le long du col dudit Recipiant ; et lors qu'ils ceſſe-

Feu de chaſſe.   ront, apres auoir donné le feu de chaſſe, c'eſt à dire,
le plus vehement que vous pourrez , durant vn bon
quart d'heure , ſi rien ne ſort ce ſera aſſez , laiſſez
éteindre le feu , & raffroidir les vaiſſeaux pour
auoir la liqueur.

    V I. Que ſi par inaduertance , ou autre cauſe,
l'eſprit eſtoit affoibly par le phlegme , ou ſon euaporation ; vous pourrez le rectifier dans vne Cor-

Rectification   nuë de verre, les deux tiers vuides, au feu de ſable,
des meſmes.   ou dans vn rechaud garny de ſon trepied & platine ; Si la quantité eſt petite, du premier iuſqu'au
troiſieſme degré de Chaleur, et ce tant que la
goutte commence à deuenir fort aigre : & que la
liqueur dans la Cornuë reſtée ſoit de couleur ob-
ſcure , qu'on appelle huile par ſa conſiſtance , laquelle vous remettrez dans de bonnes phioles de

verre, rondes, ou des bouteilles de grais, & autres
non poreuses, bouchées auec des figues molles,
ou auec des bouchons expres de verre plats, ou larges & ronds, parce qu'il ronge & calcine toute autre chose, perdans sa force comme les suiuants. La *Remarque.*
mesme distillation, ainsi que de toutessortes d'Esprits se peut faire par parcelles ou poignées; Si la
Cornuë est ouuerte en sa partie superieure, auec
son bouchon & feu tres-fort; mais comme l'Art
doit imiter la nature, & que le temps fait tout, il
vaut mieux operer comme dessus.

VII. Enfin du mesme Esprit rectifié s'en fait *Magistaire du*
le Magistaire, appellé Tartre Nitré, versant sur *Nitre.*
iceluy pareille quantité de bonne huile de Tartre,
par resolution goutte à goutte sur le commencement, à cause de l'Ebullition, comme cy-dessus a
esté dit, parlans du Tartre; ou tout autant que durera l'Action, Estant necessaire pour ce suiet, d'a-
uoir vn vaisseau tel qu'vne courge, qui soit fort
haute, & la couurir par sa rencontre, afin de con- *Vaisseau de*
seruer les Esprits; laissans raffroidir le tout, sans au- *Rencontre.*
cunement le remuer, si vous voulez qu'il se con-
gele; partie en beaux Crystaux, en forme de roses,
qu'on peut separer, auant que toute la liqueur soit
coagulée, & partie en tres-belle neige, qu'il faut
seicher bellement, apres auoir vuidé par inclination l'humidité superfluë, qu'on peut garder pour
ses vsages, ou la rectifier derechef; Ce qu'estant
acheué

SENS PHYSIQVE.

VIII. Par cette Depuration & les suiuantes

Difference de la
Mixtion &
Confusion.

operations ; Nous apprenons que les Esprits ou
substances diuerses se peuuent bien mesler les vns
auec les autres , mais non point confondre d'vne
mixtion inseparable, suiuant l'ordre & la determination specifique, qu'elles ont receu de leur Auteur
inuariable, comme sa volonté; D'où l'on peut inferer asseurément , que la multiplicité n'est pas la
meilleure en fait de meslange , puisque chaque
particulier du total à sa vertu differente, quoy que
semblable en apparence, comme témoignent leurs
diuers accidents & figures; Et qu'il n'y a rien que
l'incertitude de leurs effets, ou la varieté & l'Auarice, qui les mettent ensemble. Or

Difference des
Sels & non Sels.

I X. Par la fusion seiche & ardente des sels , nous
est demonstré leur vraye difference , d'auec les autres corps Mineraux terrestres , ou humides à l'Exterieur seulement, comme le vitriol, Alum & au-

Nature du Ni-
tre.

tres, desquels cy-apres; Et quant à la nature dudit
Nitre, ou Salpetre, il appert qu'il participe, ou sym-
patise extremement auec le soulphre , comme ses
Esprits rouges vray fleuue de Phlegeton nous tes-
moignent; Et qu'on le peut appeller soulphre blanc,
ou femelle pour ce sujet , bien qu'il soit difficile-

Sifflement du
Salpetre.

ment inflammable tout seul, par son trop d'Armoniac & Aquosité aërienne , ioints à sa fixité , ne
faisant que siffler; Car le feu nud, venant d'vne
part à desseicher au commencement le mesme fixe,
& par ainsi le resserrer; Et d'ailleurs, faisant dilater
ces deux volatils, ils sortent en guise de vent, & diuisans le corps, qui les tient prisonniers, ils exci-
tent le sifflement , en la repercussion & resistance

d'vn air nouueau, qui ne veut point eſtre preſſé vio-
lemment ; Beau hieroglyphe encore des Potentats,
Superieurs, qui ne peuuent eſtre contre-pointez
qu'auec peine ; Et c'eſt de la façon qu'on a inuenté
la compoſition de la poudre à Canon, luy adiou- Poudre à Ca-
ſtans le ſoulphre Actuel, qui luy manque, & le non.
Charbon pour le faire bruſler.

X. *Ainſi le Nitre, ou le Salpetre eſt compoſé de gran-* Deſcription du
de quantité de Mercure, ou humidité interne & aci- Nitre.
de, qui le rend aiſément fuſible, de bonne partie de ſoul-
phre ſalineux, crud, externe & combuſtible, & de
quelque peu de terre pure & fixe, pour ſe manife-
ſter, vnis dans les principes communs, comme tout
autre mixte. Par l'Eſprit & huile du meſme, Nous
reconnoiſſons vne ſeule nature Mercuriele ; puis
qu'ils ne different, que ſelon le plus & le moins de Difference de
leur vigueur, & Teinture, N'ayants qu'vn meſme l'Eſprit, & hui-
vehicule, qui eſt le ſimple aqueux commun à tous, le du ſel Nitre.
Et de la ſorte le plus détrempé, & clair, garde le
nom d'Eſprit, & le moins, & plus coloré, prend
celuy d'huile.

XI. En cette maniere la Chaleur s'inſinuant dans
l'humide, contre la froideur ; Iceluy dans le ſel, &
l'Eſprit à tous deux, l'humidité facilite l'entrée, le
ſel retient l'Eſprit, & la chaleur les éleue ; l'Aquo- Harmonie des
ſité empeſche la flamme ; le Sel y vit, l'Eſprit ne les Principes, Ele-
quitte iamais ; et la Chaleur paroiſt touſiours dans ments & quali-
l'incombuſtible ſoubs l'acide ; Au contraire du tez dans les
combuſtible ; et le Sec mediocre, ou ſolide tempe- Mixtes.
re l'humide ; Mais lors qu'il domine, il produit
l'Opaque, & fait les Teintures ; Tant y a que à pro-

portion que la Chaleur naturelle décuit le mesme humide, & qu'elle parfait le sec en fixe ou volatil, A mesme temps, il prend le nom de Mercure, ou de Soulphre ; Le premier abonde en sel fixe tres-difficile à éleuer, pour sa froideur qui le rend continu. Et le dernier en volatil, ou Armoniac, qui se rarefie fort aisément, paroissant soubs l'acre, tant combustible qu'incombustible. Belle Oeconomie des principes ; Elements & qualitez dans les mixtes, qu'on ne peut trop admirer, pour laquelle le Poëte s'écrie,

Heureux celuy qui peut en cognoistre les causes.

Pour le Magistaire ie l'ay expliqué, traittans du Tartre cy-dessus. Quant aux

FACVLTEZ.

XII. Le Crystal mineral, ou sel Prunel pris interieurement appaise les chaleurs du foye, guerit les fievres tierces, prouoque l'vrine, sert aux Chaude-pisses, inflammations du gosier & autres, de la dose d'vn scrupule, dans l'eau, ou suc du Plantin, morelle, vin blanc, boüillon, &c. Appliqué exterieurement, il oste toutes les ardeurs, guerit les playes, desseiche les vlceres, & semblables, auec les mesmes vehicules. L'Esprit, & l'huile sont vn excellent dissoluant, pour les metaux, excepté l'Or, s'il n'est impregné d'Armoniac ; Et se peut donner interieurement, en la place de l'Esprit de Vitriol, ou du soulphre, desquels cy-apres s'Appliquant exterieurement, pour toutes sortes de vieux vlceres, chairs mortes, Callositez, &c.

Le Magistaire est vn puissant aperitif, pour toutes

tes fortes d'obſtructions, il chaſſe le ſable des reins, Obſtructions.
& de la veſſie, prouoque l'Vrine, appaiſe les ar-
deurs internes & autres pris d'vn demy ſcrupule Ardeurs.
iuſques à deux, dans quelque vehicule conuenable.

CHAPITRE II.

DECREPITATION, FVSION,
Eſprit & Huile de Sel Marin, Sel Gemme
& autres fixes.

DESCRIPTION.

I. PRENEZ du Sel Marin blanc, & deſ- Decrepitation
puré, auparauant, comme cy-deſſus: la du Sel Marin.
quátité que vous voudrez, mettez-le
dans vn Creuſet, ou pot de terre non verniſſé, qui
perſiſte au feu, & l'agencez dans vn demy Reuerbere, ou feu ouuert, auquel vous le laiſſerez, iuſqu'à ce qu'il ſoit tres-bien deſſeiché de ſon humidité Eſtrangere, quoy que nourriſſiere, & qu'il ne
petille plus, d'où il eſt appellé Sel Decrepité, du
mot Latin, le couurant de quelque piece de brique, ou autre couuercle exprez, pour retenir ledit
Sel, qui autrement ſe parſemeroit peu à peu hors
du Pot, ou Creuſet, pour la raiſon que nous auons
allegué cy-deſſus.

II. Quant à la fuſion chaude & interne, eſtant
decrepité, & au meſme Creuſet, ou autre vaſe,
pouſſez le feu peu à peu, & iuſqu'à ce qu'il de-

Hhh

Fusion du Sel Marin, & son immersiō dans l'Eau.

uienne comme Eau ; Et pour le rendre habile à la Resolution , qui suppose vne desiccation entiere de l'humide, qui lie les parties du Mixte ; iettez le tout ardent dàns l'Eau commune , auec prudence toutefois , sçauoir en vn vaisseau fort profond & estroit d'entrée à cause de son rejaillissement, puis philtrez l'Eau, euaporez-là à sec ; reïterez par plusieurs fois la mesme fusion & immersion ; Enfin lè Sel bien desseiché , adiustez-le sur le Porphyre, marbre bien poly & semblables , en lieu froid & air humide, pour s'y resoudre en huile; Desseichez derechef cette liqueur , faites-là encore resoudre, & iusqu'à ce qu'elle ne veuille plus le remettre en corps sec , qu'il faut garder soigneusement ; On peut le rendre fusible mesme par l'Eau commune

Dissolution & l'uaporation du mesme.

sur vne petite chaleur , en le dissoluans, philtrans & desseichans par plusieurs fois, & tout au moins iusques à dix , ce qui est assez facile , excepté la longueur du temps & la fatigue, deuenant fusible à la simple flamme d'vne chandelle.

Maniere de tirer l'Esprit du Sel Marin.

III. Dont pour en tirer l'Esprit acide , meslez auec vne partie d'iceluy Sel preparé , & bien puluerisé, l'Intermede qu'il vous plairra , particulierement le Bol , ou l'Ocre, sçauoir en triple quantité , pour vne du mesme Sel ; ou si mieux vous aymez, estant dissoult dans l'Eau, & icelle presque euaporée , faites-luy esboire ledit Intermede fort delié , & le tout estant entierement desseiché & remis en poudre; iettez-le dans vne Cornuë de terre, qui dure au feu , ou bien de verre luteé , comme déja a esté dit, ayant des trois parties vne de vuide, ou fon panchant feulement ; Puis adiuftez-là au fourneau de Reuerbere entier , au mefme feu & circonftances que deffus , fans point difcontinuer, ou diminuer la chaleur mefme d'vn moment s'il fe peut; Car les Efprits refferrez dans vne matiere froide & moins humide , comme le Sel, en ce peu d'interualle , retrogradent , ou font arreftez par la matiere, & par confequent difficile à rarefier derechef, & à repouffer, ou extraire.

Continuation de Chaleur.

IV. Et lors que les mefmes Efprits blancs commenceront de ceffer , faites le feu de Chaffe, c'eft à dire, tout autant extreme que vous pourrez, durant vne heure, & fuiuant la quantité que vous aurez du Sel; car cette Operation eft le triple plus longue que la precedente , pour les raifons que nous dirons auffi , prifes & de la fixité & du moins de fon humide; Touchant les feces ou Marc, qui reftent dans la Cornuë, il faut les repiler fubtilement, y adioufter quelque peu d'Intermede , pour faciliter dauantage l'ouuerture d'iceluy Sel , & le rediftiller comme la premiere fois , fi mieux on ne veut en faire la leffiue, pour le feparer de la terre inutile , le reincorporer de nouueau auec fon moyen, le diftiller & reïterer l'operation , iufqu'à ce que rien plus ne refte dudit Sel , que le gouft du Marc, ou tefte morte , c'eft à dire inutile , quant à cette occafion , fera cognoiftre

Feu de chaffe que c'eft.

Seconde diffolution du Marc du mefme Sel.

V. Que fi ledit Efprit eft trop aqueux , eftant pluiltré, on peut le rectifier comme tous autres. Et pour lors eftant deuenu plus coloré & moins humide , il s'apellera huile , comme nous auons dit

Rectification de l'Efprit de Sel.

Sel Fossil, ou
Sel Gomme.

cy-deuant, quoy qu'improprement, puis qu'il ne
s'enflamme point; Les mesmes Operations se peuuent faire sur le Sel Fossil, qu'on appelle Gemme,
pour sa lucidité ou transparance , & qui est fort
peu , ou point different du Marin, quant à sa substance, comme le goust témoigne, estant decrepité
ou desseiché & mis en poudre , perdant sa forme
premiere , qui ne depend que de l'Espace de la
mine qui la produit , & deuenant de celle du Marin par dissolution & semblables manieres ; Doncques

SENS PHYSIQVE.

VI. Cette Decrepitation , ou desseichement
du Sel Marin commun, nous fait voir clairement,
qu'vn contraire chasse l'autre, ou le détruit, comme a esté expliqué ; Car le feu agissant contre
l'eau, ou l'humidité externe, qui est resserrée dans
ledit Sel fixe, de nature froid & compacte , il le
diuise pour donner passage à l'humeur accidentaire , ce qu'il ne peut faire qu'en faisant bruit par la
collision de l'air, auec la resistance du mesme Sel,
ou de sa matiere terrestre ; & l'Action contraire du
feu , qui la resserre par sa seicheresse, & qui rarefie
par sa chaleur ledit humide. Partant

V. II. Nous pouuons dire que le Sel Marin , ou
Commun , est *composé de beaucoup de Mercure , ou
humidité interne pour sa fusion, de quelque peu de soulphre Salineux , Volatil, Combustible , & quantité de
Sec , ou terre pure, pour sa fixité, vnis dans les mesmes
principes desquels si souuent a esté parlé.* Sa fusion tres-
difficile nous manifeste sa Nature interieurement

Action des con-
traires.

Cause du petit
lement du Sel,
quand on le de-
crepite.

Description du
Sel Marin.

froide, puis qu'vny auec sa terre il constituë le Solide, qui n'est causé, que par le froid, auteur de toute congelation ; Et sa fluidité chaude marquant sa
seicheresse, marque aussi la mesme difficulté, qu'il
a de se liquefier ; Dequoy encore ses esprits tres-
blancs, mais en moindre quantité que les autres,
nous asseurent, estant requis vne extreme & longue chaleur, pour ouurir son Corps & les extraire
d'iceluy.

Fusion du mesme.

Ses Esprits blancs.

VIII. Que si dans l'estat que nous l'auons, il
est acre & desseichant, & par consequent sec &
chaud, Ce n'est qu'Accidentairement à cause du
Sel Volatil, & dudit Soulphre Combustible ses
opposez, auec lesquels il est ioint, comme la mesme distillation le fait voir, puis qu'ils s'attachent
au col de la Cornuë fort aisément ; Outre que ses
qualitez sont secondez & autres, qui témoignent
pareillement vn grand meslange ou composition;
Et que le froid en sa maniere est aussi tel par son
action, suiuant le commun dire:

Pourquoy le Sel Marin est acre & desseichant.

Effect du froid.

Le froid en penetrant, ainsi que le feu brusle.

IX. Et c'est de la sorte que les vrays Hermetiques l'ont fort bien exprimé, quant à la composition de leur Elixir & veritable Teinture, L'apel-
lans Sel, non qu'il soit salé; mais parce qu'il est sta-
ble & solide, luy causant son lustre & sa beauté,
Verité qui n'est point recogneuë, ou aduoüée de
tous ceux qui proposent extraire des corps malléa-
bles ce Sel sapide, qui n'est qu'imaginaire dans
leur esprit, pour contenter leur vanité, où pour
nourrir leur Auarice, Et tout de mesme des autres

Pourquoy l'Elixir des Hermetiques est apellé Sel.

Erreur des Philosophes communs.

H h h iij

parties d'icelle Teinture ; puisque tous leurs trauaux contre nature sont infructueux, & que s'ils en retirent aucun, c'est celuy qu'ils y ont mis, ou introduit par leurs menstruës & dissoluants.

X. Pour ce qui est de l'Esprit & Huile, nous l'auons expliqué au precedent subiet ; Cette verité demeurant ferme, que tous les Sels fixes en particulier ne different, que selon le plus & le moins du meslange des autres corps mineraux auec eux, suiuant lesquels on les peut distinguer ; C'est pourquoy il faut dire touchant le Fossil, que la Mer ne

prend point sa sallure d'ailleurs que du Sel, par la terre mesme, qui en est la matrice, comme l'eau sa nourrice ; Puis qu'on trouue des plages marines plus sallées les vnes que les autres ; et qu'il se rencontre diuerses sources fort esloignées de la Mer semblablement sallées, tirant son amertume de la terre mesme & de l'Armoniac ; Bien est vray que le

Sel Gemme tant qu'il est en sa figure Fossile, il retient vne vapeur soulphreuse, suiuant ce que nous auons dit : mais elle se perd en l'eau, ou s'exhale au feu quand on le desseiche ; et quant à sa figure, il la tient de l'espace de la veine qui le contient : & sa clarté ou splendeur prouient de l'humidité abondante resserrée au mesme lieu, & coagulée en la façon que si souuent nous auons monstré ; Et ainsi des autres.

XI. Quant à la Description du Sel, ou Solide en general, elle est contenuë dans celle de l'Esprit, ou Subtil, principes vniuersels de la Nature, desquels cy-dessus, en la Theorie, ne differant d'auec luy, qu'en ce qu'il eſt compacte fixe & non fixe, ſelon les qualitez qui l'inueſtiſſent, ſauf ſon inclination perpetuelle audit Eſprit, comme la matiere à ſa for-me; De ſorte que s'il eſt interieurement ioint à l'hu-mide, d'autant qu'il panche de ſoy au froid, pour lors il eſt ineuaporable, ſuiuant la meſme qualité agiſſante, qui le reſſerre dans ledit humide ; mais s'il eſt vny tant ſeulement au ſec, & que la Cha-leur domine ; facilement il s'éleue eſtant rarefié par ledit Agent, aydé du meſme ſec, & porté par ſon Eſprit proprement chaud, & par accident froid, eu égard à ſa determination ; D'où eſt venuë l'apella-tion du fixe & du volatil, c'eſt à dire, de ce qui ſub-ſiſte au feu, & qui n'y demeure pas, ou bien du Sel proprement parlans & de l'Armoniac. Pour ce qui eſt des

FACVLTEZ

XII. L'Huile du Sel Marin par Reſolution, ſert beaucoup à la metallique pour la fixation des Eſprits & Sels volatils, Et de meſme pour la Me-decine, comme à toutes les tumeurs froides, parti-culierement aux enfleures des Genitoires, pour cauſe veneriene, frottans la partie chaudement d'iceluy auec la main, & y appliquans des linges chauds pardeſſus ; L'Eſprit & l'Huile acides ſer-uent grandement aux maladies articulaires ; hy-dropiſie vers des enfants, blanchiſſement des dents (particulierement quand il eſt fait auec l'Alum de glace) vlceres malins, inflammations, &c. pris dans vn boüillon, iuſques à vne agreable acidité, & appliquez, quant au dehors fort ſobrement.

CHAPITRE III.

DEPHLEGMATION, CALCI-
nation, Esprit, Huile, Sel Magistaire
& Soulphre de Vitriol.

DESCRIPTION.

Maniere de de-phlegmer le Vitriol.

I. P RENEZ de tres-bon Vitriol, fait de cuiure, & non du fer, qu'on appelle vulgairement couppe-rose, ce que vous voudrez, mettez-le dans vn pot deterre non verniffé, & qui resiste au feu, faites-le fondre & esboüillir peu à peu à feu ouuert ou demy Reuerbere, comme vous iugerez le plus commode, prenans garde de ne le cuire trop viste, ou d'y en mettre trop à la fois, d'autant qu'il s'enfle à cause de son Soulphre salineux & Volatil; Et à proportion qu'il se diminuera remettez-en d'autre, iusqu'à ce que ledit pot soit plein & la matiere durcie.

Calcination du Vitriol, dit Colcotar.

II. Que si vous ne voulez auoir que l'Esprit, lors qu'il sera desseiché en blancheur tirant sur le jaune, ce sera affez ; mais pour auoir l'huile en la façon qu'a esté dit, pouffez-le dans le mefme pot au feu de Reuerbere ou de suppreffion, iusqu'à l'entiere rougeur, qu'on appelle Colçhotar & derniere Calcination, estant friable par soy-mesme, ce qui n'est point, lors qu'il n'est calciné qu'à moitié, & par confequent dur à piler ; EN cette

forte

forte mettez la matiere blanche, ou jaunaftre, tres-
bien puluerifée, dans vne Cornuë de terre, ou de
verre lutée, ayant des trois parties vne de vuide,
ou le panchant franc, afin que les Efprits ne retrogradent, & qu'à proportion qu'ils fe rarefieront, &
s'éleueront, ils puiffent fortir & s'eftendre dans
leur Recipiant fans efpoir de retour.

III. Parquoy il eft neceffaire que le col des
vaiffeaux foit vn peu court, ainfi qu'aux autres
acides ; En apres adaptez-le tout au fourneau de
Reuerbere entier que deffus, du premier iufqu'au
quatriefme degré de chaleur inclufiuement, &
fur la fin celuy de chaffe, tant que les Efprits blancs
dureront : Car la matiere refferrée en elle-mefme, à
moins que d'eftre fortement efchauffée, ne rend
point fon humeur vniffante. Autrement il faut la
repiler comme auparauant, pour ne perdre temps
& trauail ; Vous pourrez auffi mefler auec ladite
poudre blanche, pareille quantité de bon Bol puluerifé, qui empefchera que le Vitriol dans le milieu de l'operation ne fe refferre point fi fort ; mais
on en tirera moins, la quantité de Vitriol fe trouuant plus petite.

IV. De mefme pour auoir l'Huile d'iceluy,
mettez le Colcotar en poudre, luy ayant fait prendre au preallable vn peu l'humide aërien, fçauoir
dans la Cornuë, au mefme fourneau & degrez de
Chaleur, continuant l'operation iufqu'à la fin des
Efprits & de la liqueur, qui découle le long du col
du Recipiant, lequel doit eftre fort grand, & bien
lutté, auec fa Cornuë, pour contenir & conferuer

Maniere d'ex-
traire l'Efprit
de Vitriol.

Trituration ne-
ceffaire.

Diftillation de
l'Huile de Vi-
triol.

les mesmes Esprits vaporeux & blanchastres, qui
espoissis, ou condensez pour n'auoir passage, se fondent en larmes, ou liqueurs, humectez en leurs
Sels par l'Air dudit Recipiant.

V. Que si en la premiere operation vous voulez auoir le tout, pour en apres le rectifier & separer en ses parties, continuez iusques au bout; Et

afin que l'Huile soit tres-claire, adaptez incontinent, au commencement de la distillation le Recipiant, sans aucune separation du phlegme; & le
tout acheué, & raffroidy, philtrez-le par la Carte
Emporetique, ou papier gris, & les separez, par la
Rectification dans vne Cornuë de verre, au fourneau de sable; et partant ce qui découlera le premier insipide sera le phlegme, qui a causé la philtration, affoiblissant l'Esprit, lequel auroit autre-

ment deschiré & comme cuit le papier gris, que
vous mettrez à part; dont ce qui sortira en vapeurs
blanches, sera l'Esprit comme plus attenué; & le
reste que vous trouuerez dans la Cornuë sera l'Huile, comme plus terrestre & coulouré.

V I. Quant au Marc, ou teste-morte, s'il n'est
entierement bruslé, ce que la noirceur & le goust

témoigneront; Redistillez-le, ou en faites la lessiue, à la mode des Sels, que vous philtrerez, ferez
euaporer, puis congeler en mesme Vitriol qu'auparauant; mais beaucoup plus blanc, comme ayant
esté desseiché du plus de sa propre humidité minerale, & despoüillé de son Esprit soulphreux, à cause dequoy on l'apelle Sel, mais improprement;
puisque par vne nouuelle Calcination il se remet

en Colcotar, c'est à dire Vitriol rouge, & ne se fond
aucunement à sec, qui est vne des conditions du
veritable Sel.

VII. Le Magistaire appellé Tartre Vitriolé se fait
de mesme que le Nitré, duquel oy desus ne differant, qu'en la Couleur, vn peu plus brune, à cause
de la teinture rouge dudit Huile de Vitriol ; Le
Soulphre, ou matiere Metallique & terrestre se separe de la mesme lessiue, euaporee iusqu'à la pellicule, & precipitée auec l'Huile de Tartre par resolution, laquelle desseichée, & mise en fonte peut
reprendre sa premiere forme de metal: ce qu'estant
ainsi déduit.

S E N S   P H Y S I Q V E.

VIII. Par cette Dephlegmation & Calcination,
nous est demonstré que toute la varieté des couleurs naturelles aux mixtes depend entierement du
sec premier, & de l'humide, vnis par le Sel, & regis
par l'esprit, moyennant leurs qualitez actiues, selon le plus & le moins d'iceux, & le dehors & le
dedans des corps, tant Opaques que transparantes,
tant vrayes qu'aparantes, tant solides que fragiles;
En cette maniere, quand au verd exterieurement,
le plus de terre, & moins d'eau auec vn peu de Sel,
poussez du chaud, fait paroistre le verd Opaque
comme aux plantes; Autant de terre que d'Eau, &
quelque peu de Soulphre Metallique, pressé d'vn
froid externe moderé constituë le verd transparant,
comme audit Vitriol ; Et le plus d'Eau, beaucoup
de Sel, & peu de terre, la Chaleur dominant, monstre le verd Marin, nullement solide pour l'abon-

Magistaire du Vitriol.
Matiere Me-
tallique.
Source des Couleurs natu-relles.
Verd Opaque.
Verd transpa-
rant.

Verd apparent.

dance de l'Eau ; mais apparente en sa profondeur seulement.

Blanc Opaque.

IX. Quant au blanc le plus de terre, moins de soulphre Metallique, & fort peu d'Eau, auec la Chaleur medioere produit le blanc Opaque, tendant au jaune, comme à la moyenne Calcination du Vitriol : Autant d'Eau, que de terre, & fort peu de Sel auec le froid externe temperé, composent le

Blanc transparant.

blanc transparant, comme l'Alum ; Le plus d'Eau, peu de Sel, & de terre, auec l'excez du froid, forment le blanc solide, mais peu constant, comme la

Blanc fragile.

glace ; Pareillement est-il du rouge, qui est la derniere couleur du feu, en suite du Soulphre son nourricier, Et de mesme des autres couleurs, tant vrayes qu'apparentes, qu'il seroit long à demesler.

X Toutes lesquelles sont alterées derechef à proportion, que les parties & qualitez des corps s'augmentent, & se diminuent, comme nous voyons par experience : Estant vray de dire, que

Que c'est que Vitriol.

le Vitriol n'est composé que de grande quantité de terre Minerale tendant à la Metallique, fort peu de Mercure, ou humidité interne, & beaucoup de Soulphre combustible, tant soit peu salineux, qui le colore à mesure, qu'il est décuit par la chaleur dans les mesmes principes, comme l'experience fait voir.

Pourquoy les liqueurs acides sont appellées & Esprit & Huile.

XI. Pour ce qui est des liqueurs acides du mesme Virriol, ainsi que des precedentes, & tout autre mixte : Nous ajoûterons pareillement qu'elles s'appellent Esprit, ou Huile à proportion de leur humide vehicule, plus, ou moins eschauffé, Esprit pour leur Aqueuse & transparante limpidité, &

Huile pour leur couleur, & confiſtance moins claire & humide. Quant à leur blancheur elle prouient
de la terre ſalineuſe, qui les fait perceptibles, eſle-
uées enſemblement auec eux par l'Extreme & tres-
longue Chaleur ; Et pour leur couleur rouge, elle
depend de la terre Soulphreuſe, de laquelle auſſi il
ſe reueſtent par la meſme Chaleur; mais non pas ſi
conſtante, comme nous voyons au Nitre, ou Salpetre duquel cy-deſſus a eſté parlé.

XII. Touchant leur force elle depend de l'Extreme Chaleur acquiſe par vn long feu ; Car comme il y a moins d'humidité pour les contenir, &
plus de chaud pour les eſleuer & porter, plus ils
ſont prompts à penetrer les corps ſolides, & à
les corroder, ou deſ-vnir en leurs parties tres-peti-
tes par la meſme ardeur chaleureuſe, laquelle vnie
dans l'humide ſoulphreux, & iointe au Combuſtible, produit la flamme ſenſible à nos yeux ; Demeurans foibles à meſure qu'ils agiſſent, ou qu'ils
s'éuaporent, leur humide vehicule perſeuerant
touſiours. Pour le Magiſtaire & le Soulphre, ou
matiere Metallique dudit Vitriol, la Phyſique eſt
aiſée à conceuoir, ſuiuant ce que déja nous auons
exprimé ſur ſemblables ſubiets.

FACVLTEZ.

XIII. Le Phlegme du Vitriol ſert à faire des
gargariſmes pour les Inflammations de la gorge,
comme pour deterger les vlceres & ſemblables.
L'Eſprit tempere l'ardeur & la pourriture des humeurs, guerit les fiévres contagieuſes & malignes,
prouoque l'vrine, tue les vers des Enfants, & au-

tres; De la dose de trois à six gouttes, ou iusques à
vne agreable acidité, ou aigreur dans l'ᴇau commune, dans du vin, boüillon, laiᴄt, &c. L'Huile
fait le mesme & en plus petite quantité; il vaut exterieurement pour tous vlceres malins, chairs mortes, & callositez; Douleurs des dents auec vn peu
de cotton, s'elles sont rongées de quelque vers,
comme en la Metallique pour vn dissoluant: Et les
deux pour extraire la Teinture rouge seulement.

XIV. Le Sel est fort bon pour les Collyres, ou
Remedes appliquez sur les yeux, dissoutl auec vne
Eau d'ᴇuphraise, ᴇsclairre, Fenoil, roses, &c. de
cinq à dix grains, & suiuant la quantité de l'Eau;
Il sert aussi pour vn vomitif, auec Eau, ou suᴄ de
raues, ou raifors, ᴇau Naphe, &c. d'vn scrupule
iusques à deux. Le Soulphre, ou terre Metallique
Soulphreuse desseiche en bref tous vlceres malins,
meslez auec onguents, ou pommades si on veut.
L'Huile du Sel par Resolution se peut administrer
pour mesme fin; Et le Magistaire profite à la guerison des fiévres Intermittentes, de cinq grains
iusques à vn scrupule auant l'Accez; Il tuë les vers
des Enfants dans du laiᴄt, boüillon, iaune d'œuf,
& autres.

Vlceree.

Mal de dents.

Collyres.

Vomitif.

Vlceres.

Fiévres.

Vers.

CHAPITRE IV.

PHLEGME ET ESPRIT
d'Alum, Eaux fortes & Regales.

DESCRIPTION.

I. P RENEZ d'Alum de Roche, ou de Glace, ce que vous voudrez, met- Maniere de di-
tez-le dans vne Courge de terre ſtiller l'Alum.
bien verniſſée, auec ſa chappe de
verre, & ſon Recipiant de meſme;
Adiuſtez le dans vn demy Reuerbere, faites le feu
du premier iuſques au ſecond degré de Chaleur;
mais fort lent au commencement, de peur qu'il ne
s'enfle, à cauſe dequoy il n'en faudra pas beaucoup mettre dans le vaiſſeau, c'eſt à dire, vne quatrieſme d'iceluy ſeulement; Et comme la matiere
ſera encore molle, ou à moitié deſſeichée; ſi vous
deſirez en auoir l'Eſprit, laiſſez-là raffroidir, Et au- Eſprit du meſ-
parauant qu'elle ſoit congelée, ou durcie, retirez- me.
là de ſa Courge, & la mettez en petits mourceaux,
tandis qu'elle ſera chaude; Car ſe raffroidiſſant, elle
s'empierrit de meſme, que le Vitriol calciné en Remarque.
blanc, quand il eſt bon, & ce pour conſeruer le vaſe, ſuiuant l'Oeconomie de cet Art; Ou bien
pouſſez le feu iuſqu'au dernier degré, & que le tout
ſoit entierement deſſeiché, eſtant preſque friable.
Partant,

II. Pour extraire l’Esprit d’Alum , quoy que petit en quantité , ne donnant quasi que du phlegme tout seul , quelque cohobation qu’on puisse faire, puisque nul donne ce qu’il n’a , puluerisez-le estant à demy calciné seulement, comme dit est, & pour vne partie d’iceluy adioustez-y deux parties de bon Bol , ou terre d’Ocre en poudre subtile; Et l’ayant ietté dans vne Cornuë de terre, ou de verre bien lutée , distillez-le au fourneau de Reuerbere entier , & procedez comme aux autres acides cy-dessus.

III. Tous lesquels on peut faire mesmement sans fourneau, sur terre, moyennant que le vaisseau soit vn peu esleué , premierement par le feu de roüe, puis d’approche, & enfin de suppression, estant ajusté de la sorte qu’on luy puisse appliquer son Recipiant ; Le tout dependant de l’industrie de l’Artiste, & de la necessité , qui donne des inuentions, particulierement à ceux qui sont imbus des reigles ordinaires; Estant à remarquer vniuersellement, quant aux mesmes liqueurs, qu’il ne les faut point entreprendre qu’en bonne quantité , & dans vn grand fourneau exprés; Autrement on n’y trouueroit pas son compte, tant pour la peine , que pour la despence du feu, ioint au long-temps qui y est requis; Quoy fait, il faut dire, que de ces quatre Mineraux , Salineux & simples , se composent deux autres EAUX, ou ESprits acides; l’vne pour tous les metaux imparfaits; Et l’autre pour le seul parfait, c’est à dire l’Or. La premiere s’appelle Eau forte, Eau de Separation , ou de Départ , parce qu’elle separe,

fepare, & deſ-vnit les diuers metaux ioints enſemble par fuſion; Et la ſeconde eſt nommée Regale, Eau regale.
ou Royale, parce qu'elle diſſout le Roy des metaux, qui eſt l'Or.

IV. En cette maniere vous ferez l'Eau forte,
ou de Départ, ſi pour deux parties de Salpetre,
vous adiouſtez vne partie de bon Vitriol calciné l'Eau de De-
en blancheur ſeulement; Que s'il n'eſt queſtion part, & ſa diffe-
que de diſſoudre la Lune, ou l'Argent, precipiter rence.
le Mercure, ou l'Argent vif, & le cryſtalliſer en Diſſoluantpour
meſme temps, pour plus d'efficace, ou conſerua- les corps blācs.
tion de leurs Teintures: A la place du Vitriol mélez-
y d'Alum calciné à moitié; Et quant aux autres adiouſtez ledit Vitriol, car il eſt meilleur; Puis le tout
ſubtilement pulueriſé & mis enſemble, vous le
ietterez dans la Cornuë, & le diſtillerez auec meſmes circonſtances que les autres Eaux ſimples &
acides, laquelle vous purifierez, y iettans tant ſoit
peu de la diſſolution d'Argent; Pour ce qui eſt des Meſlange inu-
autres meſlanges ils ſont preſque inutiles, n'au- tile.
gmentans pas plus la vertu des eſprits, & ne de-
pendans que de la phantaiſie. Quant au Sel Marin,
dautant que la diſtillation eſt au double du temps
des autres, comme nous auons aduerty, Par la meſme raiſon, il ne peut eſtre meſlé auec eux, qu'inuti-
lement.

V. L'Eau Regale eſt de deux ſortes: La premiere Premiere façon
ſe fait de ladite Eau forte commune bien rectifiée, de l'Eau royale
diſſoluans dans icelle du Sel Armoniac, tant qu'el- par Addition
le en pourra elboire, ſur les cendres chaudes, dās vn d'Armoniac.
matras, ou Cornuë, ayants deux troiſieſmes vuides

Kkk

à cauſe de l'Ebullition ; mais d'autant qu'elle jaunit par les Soulphres ſalineux de l'Armoniac, & qu'on ne pourroit diſcerner la couleur de l'or, qui eſt jaune pareillement, vous le rectifierez pour le mieux ſi vous voulez, dans le meſme vaſe, ou Cornuë, au feu de Cendres, & la diſtillerez à ſec pour cét vſage.

Autre façõ par diſtillation.

La ſeconde façon regarde le meſlange des meſmes matieres minerales, deſquelles l'Armoniac eſt la moindre en quantité, à cauſe de ſa trop prompte Eleuation, pour laquelle il eſt neceſſaire d'auoir vn grand Recipiant, luté auec ſa Cornuë, procedans comme nous auons dit, & la rectifians s'il eſt beſoin.

VI. Finalement, quant à ce qui eſt de la Philoſophale, elle appartient aux Hermetiques, eſtant Homogene, ou de meſme nature, que les Metaux,

Eau Philoſophale des Hermetiques fort incogneuë.

particulierement pour l'Or, & conſequemment incogneuë au vulgaire ; car elle le diſſout radicalement, & ſans le deſtruire, le rend habile à ſa reproduction ou Extention interne, pour ſe communiquer aux imparfaits. Grand ſecret qu'ils n'ont iamais declaré qu'Enigmatiquement, & pour les ſeuls Enfants de l'Art, c'eſt à dire, pour ceux qui mediteront auec raiſon les œuures de Nature; Dont

SENS PHYSIQVE.

Siege des Eſprits.

VII. Par ces operations en ſuitte des precedentes: Nous apprenons premierement, que les Eſprits ont leurs ſieges dans les Sels, iceux dans la terre, comme leur matrice, & que l'humidité facilite l'ingrés, ou l'Entrée à la Chaleur, pour les eſleuer &

agir , comme dit eſt ; Partant , s'il n'y a point de Sel, il n'y a point d'Eſprit , pour le moins apparent, comme en l'Alum , *qui n'eſt compoſé que de terre blanche, & d'Eau claire , auec fort peu de Sel , tant fixe que volatil.* Ce que l'Experience témoigne par ſa diſtillation aqueuſe ſimplement ; Et toutefois derſiue; tant à cauſe de ſa terreſtreïté , que pour la Chaleur extraordinaire , qu'il a acquis en ſa diſtillation & calcination ; Outre ſa faculté ſpecifique & determinée, comme en tout autre mixte , que nous ne cognoiſſons que par l'effect.

VIII. Ainſi quant à l'Eſleuation , la terre comme friable , n'eſtant point capable de ſe rarefier, & vnir en vn ſeul corps eſtroittement compris demeure touſiours fixe ; Et l'Eau tres-ſimple & attenuée, quant à l'action , n'a que l'aptitude pour eſtre eſleuée par la chaleur ; ou bien que les deux enſemble puiſſent compoſer les roches , les pierres dures , & les cailloux tranſparants en la maniere ſuſdite , parlans des couleurs ; Neantmoins ces meſmes pierres ne ſe peuuent point eſtendre par la fuſion , que moyennant le Sel Mineral , ou Metallique , qui les contient, ce qui eſt clair en la fabrique du verre , & ſemblables·

I X.   A cauſe dequoy les ſages Hermetiques ont appellé leur Magiſtaire Sel fuſible , & permanent à toute eſpreuue ; Et pour cela tant recommandé aux Enfants de la ſcience veritablement curieux, & capables de leur eſtude , ſçauoir de ne point operer , que ſuiuant la poſſibilité de la Nature , & la façon qu'elle ſe ſert en toutes ſortes de productions,

Que c'eſt qu'A-
lum.

Qualitez de la
terre & de l'Eau.

Fuſion des pier-
res.

Magiſtaire des
Hermetiques
apellé Sel.

L'art ſuit la Na-
ture.

Kkk ij

moins encore de rechercher en aucun subiet, ce qui n'y est pas, ou de conioindre plusieurs contraires, pour les ramener en vn seul & entier effet ; En second lieu,.

X.   Quant à l'Esprit, & à ces Eaux composées, appellées fortes, ou de Gehenne, la maxime est verifiée, qui dit, que la vertu vnie est plus robuste; Et partant les Esprits, qui ne different qu'en subiet & matrice, estans vne fois separez d'iceux, & reünis en soy-mesme, deuiennent tres-puissants, moyennant leurs Sels, & particulierement les Volatils, qui sont plus agissants, selon leurs qualitez: Et comme ils sont fort subtils & attenuez, ils penetrent aisément le solide ; aydez par leur Menstruë, qui le ramollit, le reduisant dans ses premieres parties, c'est à dire, en Athomes imperceptibles, & ne destruisant que leur lien externe ; ou l'aptitude de l'vnion sensible, qu'on ne peut reparer, que par la flamme, & vn Sel proportionné au premier defait, ou dissoult par ledit humide vehicule & semblables.

XI.   On les nomme encores pour ce subiet Stygiens, representez par les fleuues des Poëtes, sçauoir Phlegeton, Lethé, Cocite, Styx & Acheron, qui estoient destinez, pour lauer & purger les differentes Manes, ou Esprits des Anciens decedez, premier que d'entrer dans les Champs Elisiens, pour ioüir de l'agreable eternité; et le tout introduit par les mesmes Hermetiques, premiers Poëtes, & Philosophes tout ensemble, appellants les Corps Metalliques du vulgaire impurs & morts, qu'il faut

purifier & reanimer par les mefmes Eaux , auant
que d'eftre faits participants des clartez eternelles,
c'eft à dire fixes ; D'où eft venuë la difference des
mefmes Efprits en ʙau de Defpart, & ʙau regale ; Le
fixe parfait, n'eftant diffoult, ou deflié en foy , que
par le volatil, & au contraire comme porte l'Action ;
Parquoy ce n'eft pas merueille fi l'ʙau de Separation , qui a pouuoir fur l'Argent & fes Inferieurs,
n'agit point contre l'Oʀ ; ʙt reciproquément l'ʙau
Regale , qui corrode l'Or & fes defcendants, n'effe-
ctuë rien fur ledit argent ; la fimilitude , ou affinité
de fubftance n'operant rien en ce cas-cy.

Vertu des Ef-
prits Acides, &
leur difference.

Toute Action
eft des Con-
traires.

XII. Pour laquelle raifon les mefmes Philofophes ont recogneu deux fortes de Teinture ; l'vne
pour le blanc, ou la Lune, ʙt l'autre pour le rouge,
ou le Soleil, l'vn mafle & l'autre femelle, & tous
deux conioints en la poffeffion d'vn feul Royaume
fous vne Efpece ; auec cette difference , que comme
l'ʙfpoufe ordinairement , n'eft pas de la tige de fon
ʙfpoux ; mais feulement l'Organe de fon extention,
quant aux deux fexes ; Par ce moyen les ʙnfants
fuiuent la condition de leur pere ; ʙt leur mere retient toufiours fon extraction ; ne laiffant toutefois
de communiquer aux droicts d'honneurs pater-
nels ; Ainfi ce qui la touche , les touche en qualité
de Mere ; mais ce qui eft propre à leur pere ne la regarde pas ; d'autant qu'elle n'eft point de fa proche
extraction ou ligne, ʙt qu'autrement leur conionction feroit en vain.

Difference de la
Teinture Phi-
lofophique.

Sa preuue par
fimilitude Poli-
tique.

Droit de Mere.

XIII. Cette verité eft encore tres-bien confir-
mée par les Teintures communes des eftoffes de

K k k iij

ſoye, laine, & autres, ſuiuant le pied d'icelles, leur fondſement, & le bain ; Car pour le bleu & incarnat il faut qu'elles ſoient tres-blanches, qu'on nomme blanc de fleurs ; Pour le verd, leur pied, ou fonds doibt eſtre jaune paſle ; Et pour le rouge de feu ; jaune, aurangé ; ſuiuant leſquels plus ou moins forts ou pleins, la Couleur eſt dite fondſée.

Circonſtances des Teintures communes.

Ainſi quant au bain pour le bleu & verd, le Gatimal d'Inde eſt le principal ingredient, pour l'Incarnat & Rouge de feu, le Cartame & autres; Quant au pied, ou fonds, la gaude fait le jaune paſle, pour le verd; Et pour l'aurangé & rouge de feu, le Paſtel, ou le Raucourt, pareillement des autres, ſuiuant les diſpoſitions & aptitude Reciproque tant des Teintures, que des choſes à teindre, la cognoiſſance deſquelles on peut auoir d'ailleurs.

Gatimal.

Raucourt.

FACVLTEZ.

XIV. Les Eſprits acides, ou Eaux fortes compoſées, outre la Metallique ne laiſſent pas de ſeruir à la Medecine au deffaut des ſimples, puis qu'on ne les adminiſtre que par gouttes, & en forme de vehicule aux remedes, qui doiuent operer, la Nature ne demadant que le ſecours de l'Art, pour ſe releuer de l'oppreſſion des humeurs, qui la maiſtriſent & taſchent de la détruire ; A raiſon de quoy la prudence du Medecin eſt touſiours requiſe conformément à la ſcience & Experience.

L'Art aſſiſte la Nature.

✣✣✣✣✣✣✣✣✣✣

CHAPITRE V.

SVBLIMATION, FIXATION,
Esprit, & Huile du Sel Armoniac.

DESCRIPTION.

I. **P**RENEZ du Sel Armoniac, ce que vous voudrez, puluerisez-le, & le mettez dans vn matras les deux tiers vuides; Où entre-deux plats, terrines, & autres vernissés, qui resistent au feu; adjustez-les ensemble, l'vne renuersée sur l'autre, la superieure ayant vn petit trou, au fonds, & sur iceluy, (si vous voulez) le col de quelque matras rompu, pour donner plus droict passage aux vapeurs soulphreuses & arsenicales: En apres posez- le tout sur vn fourneau de sable, ou au demy Reuerbere, pour sublimer du premier, iusqu'au troisiesme degré de chaleur, le sable ne surpassant point la matiere, Afin que le vase s'il est de verre ne se casse; Et que la matiere ne jauniffe.

Maniere de sublimer le Sel Volatil, dit Armoniac.

Remarque.

II. On peut y adjouster du Sel decrepité, ou defseiché, qui soit blanc, reïterer c'est Operation, iusqu'à ce que ledit Sel soit tres-pur. Dauantage, vous l'aurez rouge, s'il est meslé auec le bon Colcotar, c'est à dire le Vitriol rougy au feu; Ou bien auec le Saffran de Mars tres-subtil, arrosans tant soit peu le tout de bon vinaigre, & le desseichans douce-

Sublimation par Intermede.

Fixation de l'Armoniac. ment? Et pour le rendre fixe pilés ledit Armoniac grossierement, cuisez-le dans vn creuset, ou pot de terre, qui resiste au feu, auec poudre de chaux viue, sçauoir, par stratification, c'est à dire, couche sur couche, le premiere de chaux, l'autre d'Armoniac, de l'espoisseur d'vn demy doigt, alternatiuement, iusqu'à ce que le vase soit plain, le dernier lict, ou couche estant de chaux.

Autre façon par separation d'Intermede. III. Autremèt sans qu'il touche l'intermede enueloppés; mesme Armoniac dans du linge blanc, & le mettez au milieu de la chaux, puis couurez-le d'vn autre creuset, ou pot semblable, luttez-les tres-bien ensemble, & le calcinés au feu de rouë, premierement; puis d'approche, & enfin de suppression, c'est à dire, approchant le charbon peu à peu du creuset, & apres le couurant entierement : Ou au Reuerbere entier, continuans la mesme operation iusqu'à ce qu'il ne s'esleue plus.

Troisiesme maniere par dissolution & congelation. IV. Semblablement vous pourrez esteindre la chaux viue en lessiue forte, dans laquelle filtrée, vous dissoudrez l'Armoniac, philtrerez le tout derechef, dans quelque vase de verre; Et ayant fait euaporer sur les Cendres chaudes, ou bien distillé par l'Alambic, l'humidité iusqu'à la pellicule, vous le laisserez congeler à froid, & le separerez de l'Aquosité superfluë, pour la faire euaporer tout autant qu'elle pourra se crystalliser, & seicherez le tout entierement. Pour ce qui est de son Esprit procedés, comme a esté dit, au premier Chapitre de cette Section, assauoir par la Cornuë ouuerte en sa partie superieure, de fonte ou non : le iettans
meslé

meſlé auec ſon Intermede (qui eſt la meſme chaux,
le Tartre , la Pierre Calaminaire paiſtris enſemble)
vn peu apres l'autre , & à grand feu , la bouchant
tres-bien de peur qu'il ne s'échappe ; ainſi des autres Volatils.

V. Quant à l'Huile du meſme Armoniac, iceluy eſtant pulueriſé , meſlez-le auec pareille quantité de Chaux tres-blanche des coques d'œufs ; Puis
diſſoluez le tout en eau chaude , prenans garde de
n'y en mettre que ce qu'il y en faut, pour l'imprei-
gner, & éuiter l'euaporation, de ce qui ſeroit de ſurplus & inutile, faites-le digerer au bain Marin, ou
ſon Vicaire , c'eſt à dire le fumier, ou les Cendres,
l'eſpace de trois ſepmaines, ou vn mois , paſſé lequel laiſſez-le congeler à froid , & l'ayant ſeiché
vous le diſſoudrez derechef dans l'Eau chaude pour
le remettre congeler & ſeicher , reïterans iuſqu'à
trois fois , apres leſquelles vous l'eſtendrez ſur vn
marbre ou Porphyre bien poly , & ſemblables , en
lieu froid & humide, pour ſe reſoudre en Huile, tirant ſur le verd.

VI. Ou bien quand vous ferez l'Huile de Soulphre par la Cornuë comme cy-apres ſera dit ; vous
diſſoudrez le marc d'iceluy en Eau chaude tout autant qu'elle s'en pourra charger ; Et l'ayant bien
philtré par le papier gris , & puis deſſeiché à feu
lent, ou diſtillé par Alambic, vous procederez à la
Reſolution comme cy-deuant, faiſant le meſme de
la ſublimation, qui aura eſté faite auec le Marc en
Huile tres-jaune. Ainſi

Comment il
faut tirer l'Eſ-
prit de l'Armo-
niac,

Huile du Sel
Volatil par diſ-
ſolution & cry-
ſtalliſation.

Autre façon &
Intermede.

LIl

SENS PHYSIQVE.

Augment du Corps naturel & ses limites.

VII. Cette sublimation nous fait voir le mouuement en l'Action des Corps naturels, en telle sorte que les choses ne peuuent agir, croistre, ou s'augmenter que par la rarefaction de soy-mesme dans leur propre matrice, par leur vertu interieure, qui attire son semblable, ou conforme; et laquelle estant determinée, pour n'aller à l'infiny, apres s'estre estenduë tant qu'elle peut, se resserre, & reentre dans soy-mesme pour recommencer ce **Fin de la Reuo-** qu'elle a fait, comme nous auons dit ailleurs, imi-**lution des Mix-** tans par ce retour & recommencement, vne es-**tes.** pece d'Eternité; Ce qui est marqué par la fixation de la mesme sublimation. et sur quoy

Demande inu- VIII. Celuy qui demande voir par Art la Re-**tile.** solution totale du mixte, il demande, ou son aneantissement auant le temps, ou de cognoistre sensiblement le Neant & l'Impossible; Quant au premier, celuy seul qui peut construire en vn mo-**Mouuemét im-** ment, peut destruire en pareil temps; or le mouue-**muable de soy.** ment de Nature est tellement ordonné, qu'il ne peut estre precipité en ses parties, commencement, milieu, & fin, sans le destruire.

Maxime.

IX. Quant au second, la puissance doit estre conforme à son obiect; car du composé au simple il y a grande difference, comme du corporel au Spirituel, & de l'Estre au non estre; Or la sensibilité regarde les Corps tant seulement; ses

organes font les fons corporels , vn General , &
quatre particuliers, le Crement defquels prouient
des derniers Elements ; Ainfi l'vnion graduelle,
ou graduation de mixtion du fec & de l'humide
principalement , fuiuant le plus , ou le moins d'i-
ceux, conftituë le Tact, ou l'Attouchement ; Celle du Sel produit le Gouft ; Le Soulphre forme
l'Odorat ; l'Armoniac caufe l'Ouye ; le Mercure
fait la veuë , Et le tout encore par moyen , fource
de l'Ordre ; Dont,

X. Celuy du Tact eft particulierement l'A-
quofité fimple , celuy du Gouft eft le terreftre ;
La Chaleur appartient à l'Odorat. La permeabilité aëriene concourt à l'ouye , & la lumiere fert
à la veuë ; Et partant quant à la reuolution naturelle du Compofé , fon Action ou progrez
eftants finis , il fe refoult premierement en fes
parties Elementaires fenfibles , au delà defquelles l'Art ne peut rien ; Icelles retombent en leurs
principes ; Et ceux-cy fe repofent en leur vnité
premiere tirée du Neant ou du non Eftre , qu'on
ne peut pas mefme conceuoir.

XI. En cette forte la femence iettée dans
la terre fa matrice & nourrice , s'humecte peu à
peu , fe pouffe au dehors , s'amplifie de toutes
parts, Et s'approchant du poinct , ou terme , qui
luy eft prefix & ordonné , fe renferme dans femblable corps , qu'elle auoit auparauant , & plufieurs fois multiplié, pour éuiter le mefme Neant,
ou le non Eftre , & reprendre fa courfe premiere

Marginalia :

Diuifion des fens naturels.

Productions des mefmes.

Moyens des fens corporels.

Refolution des mixtes.

Exemple pris des plantes.

en son externe mouuement ; Estant le mesme des Animaux & Mineraux. Pour laquelle chose

Comment il faut entendre les paroles Hermetiques.

XII. Les vrays Hermetiques traittans de la generation de leur Magistaire, prononcent d'vne voix Commune ; Faites-le fixe Volatil ; Et le Volatil fixe, & vous aurez ce que vous demandez, c'est à dire, ouurez le corps que la Nature

Dissolution.

vous donne, afin qu'il se puisse estendre en sa semence, moyennant pareille matrice, & Nourrice;

Rarefaction.

Et quand il sera paruenu en sa derniere rarefaction, ou extention, faites qu'elle se renferme,

Fixatió & multiplication.

& reprenne semblable corps que deuant, auec multiplication du mesme, tres-admirable, pour reïterer chacun à part cette belle propagation; Et ce suiuant les paroles de leur Maistre trois fois tresgrand, qui sont telles parlans du mesme Telesme; il monte de la terre au Ciel, & derechef descend en terre, receuant sa force des choses Superieures & Inferieures.

XIII. Mais comme la plante ne vit pas sans humide exterieur, duquel la terre est le reser-

Circonstances requises.

uoir; moins encore sans chaleur externe, qui excite son Innée, comme celle du Soleil; Et que le pesant ne peut estre esleué, que par le leger; & au contraire, Apres auoir indiqué son Agent & sa nourrice; Il adiouste, que le vent l'a porté dans

Que c'est que vent.

son ventre, c'est à dire le vaporable; Et enfin que sa vertu est parfaite, s'il est remis en terre, c'est à dire s'il est fait fixe ; Grand mystere de peu compris, & toutefois entierement naturel.

XIV. Pour ce qui eſt du reſte appartenant à
l'explication du Sel Armoniac, de ſon Eſprit , & Huile.
de ſon Huile par Reſolution , i'en ay aſſez parlé
cy-deſſus : eſtant clair , que ledit Sel Volatil &
Naturel , n'eſt compoſé que de terre tres-ſeiche,
moins chaude, & pure, & de beaucoup de Soul- Que c'eſt
phre Spiritueux, Salineux, rarefiez par la Chaleur, qu'Armoniac.
& portez par l'Eſprit, qui les fortifie, pour attirer,
& comme entrainer le fixe , ou le ſolide , quant
à l'Extention , particulierement des Corps viuants.

XV. Partant c'eſt auec raiſon euidente , que
nous auons monſtré au commencement de noſtre
Theorie , deux principes vniuerſels , emanez d'v- Neceſſité des
ne ſeule totalité creée, & diſtinguez en ſubſtance principes vni-
ſuperieure , moyenne & inferieure , plus , ou uerſels.
moins ſimple, ſenſible ou non : Sçauoir les Cieux,
les Elements, & les Mixtes ; leſquels pour deuenir ſenſibles, il a fallu qu'ils ſe ſoient groſſis peu à
peu , par vn meſlange reïteré des ſubſtances prochaines leurs ſuperieures, c'eſt à dire, les Elements Elements der-
premiers & derniers, recogneus par leurs qualitez niers.
diuerſement aſſociées, & par l'entiere Reſolution
des mixtes aux meſmes Elements incorruptibles,
tant actifs que paſſifs, plus ou moins ſolides pour
ce ſubiet.

XVI. Ainſi le feu en ſa ſimplicité agit par le Refraction des
chaud ſous l'Armoniac , moins rarefié ; L'Eau Elements.
ſimple agit par le froid , & s'eſpoiſſit ſous le Mercure ; L'Air impalpable patit par l'humide , & ſe

touche par le Soulphre ; La terre friable endure
par le fec, & s'vnit fous le Sel : Et iceux tous dans
les mefmes mixtes faits fociables & fenfibles par
cette conuerfion mutuelle de leurs qualitez, font
regis par l'Efprit vniuerfel, & fouftenus par le
folide Commun, beaucoup plus attenués, qu'i-
ceux & moins perceptibles dans leur vnité de laquelle ils ont procedé, et par eux tout ce qui eft
fenfible, en la maniere que nous auons expliqué.

Ordre naturel des principes & Elements pour l'Exiftance des mixtes.

Tant y a que le Sel Volatil attire le fixe ; l'humide Externe, l'Interieur, et tous enfemble par
leurs qualitez actiues groffiffent le mixte pour les
fens Corporels, moyennant lefdits principes.

Action des mefmes Elements.

XVII. Et pour refpondre à ceux, qui s'imaginent qu'il n'y a qu'vne forte de Sel ; Puifque l'vn fe
conuertit en l'autre, le fubtil d'iceluy eftant plus
habile à l'Eleuation, & au Contraire : Ou le rare &
leger, peut eftre condenfé derechef, & fait pefant,
ainfi qu'auparauant, comme tefmoigne fa fixation,
tant fimple qu'Hermetique ; Il faut dire que le Sel
Fixe & le Volatil, font tellement differents enfemble, que proprement parlans, l'vn ne peut deuenir
l'autre fans leur totale deftruction, comme il arriue
au Thelefme Phyfique ; et que fi communément
on fixe l'Armoniac, & reciproquement, par leur
Conionction, le plus fort emporte, comme nous
auons dit ailleurs, & que l'Experience nous confirme.

Obiection.

Solution.

FACVLTEZ.

XVIII. Le Sel Armoniac fublimé plufieurs

fois & fort ouuert , sert à la Metallique , pour l'Eau Regale ou Royalle de laquelle cy-dessus a esté dit : Comme pour tirer les Teintures des Mineraux ; Et en Medecine il vaut interieurement de trois à neuf grains , auec le suc de Parietaire pour chasser le sable des reins, auec l'Eau de Chardon benit , pour les fiévres quartes le iour mesme de l'accez ; Pour l'Esquinence en Gargarisme ; Et pour vn fort bon Sudorifique, ayant esté sublimé par sept fois. Exterieurement il consume la gangraine, les Chairs pourries & semblables.

Teinture.

Reins.
Fiévres quartes.

Sudorifique.
Gangraine.

XIX. Le mesme fixé , & son Huile peuuent seruir pour arrester les corps blancs sublimez ; Comme aussi pour toutes sortes de vieux vlceres ; Quant à l'Esprit Volatil du mesme, d'autant qu'il est extrémement penetrant ; Il n'y a point de difficulté , qu'il peut ouurir & resoudre , attenuer & vuider toutes sortes de mauuaises humeurs , estant administré auec vehicules appropriés , de trois à huict gouttes sans danger.

Vlceres.

4
2
5
1
6
3
Des Mineraux
Figure 2

DES MINERAVX.
FIGVRE II.

DV SOVLPHRE, ET DE L'ARSENIC. Matieres.

Digestion, Sublimation, Distillation, Preci- Operations.
pitation & Salification.

Baume, Huile, Fleurs, Aigret, Magistaire & Sel. Productions.

EXPLICATION.

L*E Nombre* 1. *qui doit estre le* 2. *sur le bout droict de la Table, represente d'vne part vn Rechaud auec son trepied,* Rechaud. *& petite Escuelle de fer, auec vn peu de cendres, sur laquelle est posée vne fiole, plaine à moitié pour faire voir le Baume du Soulphre; Et de l'autre part vn demy Re-* Demy Reuer-*uerbere, auec son collet, attendant son dome garny de* bere. *sa Cornuë & Recipiant, vn des seruiteurs admini-strant le feu auec des pincettes, qu'il tient d'vne main, & vne petite verge de fer de l'autre sur laquelle il s'appuye, pour monstrer la distillation de son Huile par la Cornuë.*

Le Nombre 2. *Au costé gauche de la mesme Ta-ble depeint vn Sublimatoire dans vn demy Reuerbere,* Sublimatoire.

M m m

composé d'vne Cucurbite, ou Courge, vn Aludel percé à ses flancs, ausquels sont appliquez deux Pots, &
au dessus vn autre Pot auec leurs Valets, ou Appuis,
faisans ioincts ensemble vne Croix, pour auoir les fleurs
du mesme Soulphre.

Esprit de Soul-
phre par la
Cloche.

Le Nombre 3. Au bout droict de la Cheminée,
fait voir vne petite Table, & sur icelle vn Pot, auec
d'Eau, dans lequel est appliqué immediatement vn
Creuset plein de Soulphre pour brusler : Et iceluy couuert d'vne Cloche de verre de distance conforme, &
penduë par vne ficelle attachée à vne petite potence,
& au costé d'icelle, sous le panchant vne Tace de verre, pour receuoir l'Aigret, & auoir vne partie du Sel
dudit Soulphre.

Cloches de ren-
contre pour le
mesme Aigret.

Le Nombre 4. au costé gauche de la mesme Cheminée figure vne Cloche de verre renuersée, & assise
dans vn Pot de terre conforme & couuerte d'vne autre Cloche, qui entre enuiron vn poulce dedans ; l'Inferieure renuersee contenant sur son fonds, vn verre plat,
ou à byere assez large, & sur iceluy vn Creuset, ou Escuelle de terre à mettre le Soulphre, qui doit brusler
pour vne seconde maniere de faire le mesme Aigret.

Le Nombre 5. sur le milieu de la Table, monstre
Hermes vuidant de la main droite vne bouteille, ou
matras dans vn haut pot de verre, qu'il tient esleué
par sa gauche, Et tout aupres vn petit fourneau à Cen-

Fourneau à
Cendres.

dres, pour faire voir la Digestion, l'Euaporation, &
la precipitation du Magistaire, ou laict de Soulphre.

Le Nombre 6. sur le milieu de la Cheminée, produit l'autre seruiteur, tirant d'vn Creuset, ou Pot ar-

dent, la matiere, qui y eſt calcinée, ſur vn fourneau à Fourneau à vẽt.
vent, pour la ietter auec vne ſpatule peu à peu, dans
vne profonde Terrine, ou Courge à demy plaine d'Eau
commune ; ſe trouuant ſur le bas quelques pieces d'Arſenic, pour donner à cognoiſtre ſa Calcination, Diſſolution & Sel.

SOMMAIRE.

Partant le premier Seruiteur ayant diſpoſé ſur vn
Rechaud la digeſtion du Soulphre, pour faire ſon Bau- Recapitulation.
me ; Il adminiſtre le feu à vn demy Reuerbere ouuert,
pour auoir ſon Huile par la Cornue ; Ainſi la maniere
de ſublimer ſes fleurs, & auoir ſon Aigret en deux façons eſtant exprimée ; Hermes trauaille au Magiſtaire,
ou laiƈt du meſme ; Et le dernier ſeruiteur opere, pour
diſſoudre dans l'Eau, l'Arſenic calciné, & auoir le
Sel.

CHAPITRE I.

FLEVRS, AIGRET, SEL, HVILE,
Baume, Teinture & Magiſtaire
du Soulphre.

DESCRIPTION.

I. **P**RENEZ du Soulphre en Canons, ce
que vous voudrez, mettez-le dans vn
Pot de terre, ou Courge verniſſée, & Maniere de fai-
qui tienne à feu, ayant luté le cul d'icelle ſi vous re les fleurs de
voulez ; Puis appliquez-luy vn Aludel, ou vaiſſeau Soulphre.

fait en forme de tuyau, ou en Cylindre, & par deffus vn autre Pot renuerſé non verniſſé, qui ait vn
petit trou au fonds de la grandeur d'vn pois, pour
la ſortie des Eſprits Vitrioliques & Arſenicaux,
comme auſſi pour voir ſi l'Operation ſe fait, lu-
tans legerement les emboucheures des vaiſſeaux,
auec lut ordinaire.

II. Ce qu'eſtant fait, Adiuſtez le tout dans
vn demy Reuerbere, & lutez bien le tour du Col
du Pot, ou Courge ioignant le fourneau, afin que
la flamme, ou la trop grande Chaleur, ne fonde
les meſmes fleurs, les regiſtres, ou ſouſpiraux du
fourneau demeurants Ouuerts : En apres vous luy
donnerez tout bellement le feu du premier, iuſqu'au ſecond degré de chaleur ; & quand les vapeurs ne ſortiront plus par ledit trou, la ſublimation ſera acheuée, ſi le feu continuë; En vn mot le
premier iour, faites le feu fort lent, & les autres
comme vous iugerez à propos.

III. Et dautant qu'il peut arriuer, que les meſmes fleurs pourront ſe durcir par le trop de Chaleur
(à quoy il faut prendre garde) il ſera loiſible d'ouurir le Sublimatoire, & ſeparer ce qui ſera déja fait;
Où bien pour éuiter cette peine, il faudra appliquer
des Pots de meſme façon aux coſtez dudit Aludel,
qui doit eſtre percé pour ce ſubiet ; Et par ce moyen
les fleurs qui y entreront, & ſi attacheront, demeu-
reront en leur entier, eſloignées de la Chaleur, qu'on
pourra deſtacher de temps en temps, pour les recueillir. Que ſi vous deſirez en auoir grande quantité, & accelerer la ſublimation, adjouſtez pour

chaque liure de Soulphre, quatre onces de Sel Marin preparé, ou desseiché, & mis en poudre, bouchant le dernier trou, apres quelques heures.

IV. Quant à l'Aigret, ou Esprit acide du Soulphre, pilez-le grossierement, & le mettez dans vn Creuset, vne Escuelle, ou Pot de terre qui resiste au feu ; et appliquez au milieu vn petit bout de mesche, cotton, linge blanc; Os à demy bruslé, & semblables allumez ; Et lors que le Soulphre commencera à bien flamber, placez-le sous vne Cloche, grande Chappe, ou Alambic de verre suspendus en façon qu'il y ait du vuide entre-deux, d'vn petit trauers de doigt, afin que le Soulphre allumé ne vienne à s'estouffer, donnant à ladite Cloche, ou Alambic vn peu de pante d'vn costé, pour y faire ramasser les vapeurs, & icelles distiller dans vn Recipiant, que vous y aurez appliqué, quelque Tace de verre, & semblables qui resistent audit Aigret.

V. Et à mieux faire sans se seruir d'aucune mesche, ou autre, faites fondre lentement le Soulphre, dans son Creuset, appliquez-y la flamme auec vne allumette, ou vne verge de fer ardante, et le mettés sous sa Cloche, ou Alambic ; Et pour ayder ladite liqueur (si vous voulez) faites-luy prendre la vapeur humide du mesme acide, ou de quelqu'autre, en façon qu'elle ne découle point, et ce particulierement quand le temps est pluuieux ; ou que le vent du Midy regne ; Au deffaut dequoy, on peut l'appliquer sur vn bain vaporeux, ou bien mettre ledit Creuset ou vase, qui contient le Soulphre

Façon de l'Aigret, ou Esprit de Soulphre par la Cloche.

Ce qu'il faut obseruer.

Circonstances à garder.

Bain vaporeux.

M m m iij

dans vn Pot, qui soit plein d'Eau, & le tout sous vne Cheminée, ou lieu escarté à cause de la mauuaise odeur.

VI. Surquoy faut se ressouuenir de remettre du Soulphre en gros morceaux dans ledit Creuset, à mesure qu'il se consumera, & de refondre de nouuelle Eau dans le Pot s'il n'y en a; Semblablement d'humecter la Chappe, ou Cloche auec des drappeaux moüillez, afin de faire condenser plus aisément lesdites vapeurs, prenans garde que la flamme n'approche trop la mesme Cloche, ou Alambic; Car venant à s'eschauffer extraordinairement, elle se pourroit casser; outre qu'en ce cas les mesmes vapeurs se desseicheroient; Il est donc requis vne distance proportionnée, Et que les mesmes Chapiteaux auparauant que d'estre appliquez sur la flamme soient bien nets des fuliginositez terrestres, qui s'y attachent, à la longueur de la Sublimation ou combustion du Soulphre.

VII. L'Operation sera encore plus aisée, si vous la faites entre deux Cloches, le vase contenant le Soulphre estant posé sur le cul d'vn verre; Et le tout auec proportion, & adresse; placé comme a esté dit; Enfin remettez ledit Aigret dans vn vase de verre seulement; parce qu'il ronge, & le vernix & le metal; Que s'il se trouue sale, ou meslé auec quelque noirceur, laissez-le rassoir, ou le philtrez par le papier gris; Quant à la Rectification, elle n'est point requise estant faite en cette mode, si vous ne l'auez receu & comme noyé dans l'Eau, à la façon de quelques Chymistes vulgaires, nom-

Maniere de Refrigeratoire.

Remarque.

Vraye maniere pour faire l'Aigret de Soulphre.

Rectification comment necessaire.

mez Charlatans, qui le rendent si fort, & si foible
qu'ils desirent.

VIII. Pour faire l'Huile du mesme Soulphre
par la Cornuë, meslez les fleurs bien rectifiées, auec
le double de Chaux viue, raffroidie, & puluerisée
par soy-mesme (c'est à dire, s'estant des-vnie, ou
dissoute, par le laps du temps & de l'air humide;)
Et vne moitié du Sel Armoniac, sous vne Cheminée pareillement, à cause de la tres-mauuaise odeur
qui en prouient, Et le mettez dans vne retorte, ou
Cornuë de verre, les deux tiers vuides, sur vn fourneau de sable, ayant luté le Col auec le Recipiant
assez grand ; En apres donnez-luy le feu du premier iusqu'au second degré de Chaleur; Et sur la
fin celuy de Suppression, pour faire sortir entierement le Soulphre, gardans ledit Huile, qui sera
rouge, dans vn vaisseau de verre bien bouché;
Car autrement il s'esuapore, & ne reste qu'vn
phlegme blanc.

Huile de Soulphre, par la Cornuë.

IX. Du mesme Soulphre encore, mis auec
jaunes d'œufs apres vn peu de digestion sur vn feu
lent, il en sort vn Huile, quoy que composé, qui
est tres-excellent. Et du marc de l'Aigret precedent, on peut tirer le Sel, par lessiue, & son Huile
par Resolution, quoy que peu, comme de tout autre : Quant au Creuset, qui aura trempé dans l'Eau
ne pouuant plus seruir, il le faut mettre à part en
quelque lieu sec & net, auquel il rendra exterieurement, par efflorescence, le Sel qu'il aura pris en
Operant.

Huile du mesme par les jaunes d'œufs.

Sel du Soulphre.

X. On fait pareillement le Baume d'iceluy Soul-

Baume du Soulphre.

phre verſans dans vne haute Courge ou phiole de verre par deſſus de tres-bon Eſprit de Terebenthine , à la hauteur de deux doigts , & le laiſſans en digeſtion au feu de ſable quelques heures , & puis à nud iuſqu'à ce que l'Eſprit ſoit fort rouge, pour eſtant froid le vuider par inclination , & y en remettre de nouueau tant qu'il ſe pourra coulorer; Circonſtances. Mais il eſt requis , qu'il ſoit ſublimé en fleurs par trois , ou quatre fois , afin qu'eſtant bien ouuert en ſoy-meſme , il ſe liquefie ſans plus reprendre ſon premier corps , prenans garde qu'il ne s'enfle trop par la Chaleur, & faſſe rompre le vaiſſeau.

Teinture du Soulphre. XI. Touchant la Teinture du meſme , faites fondre le Soulphre dans vn Creuſet , & le Sel de Tartre dans vn autre, mélez les deux eſgalement; Et le tout refroidy & bien broyé , verſez de bon eſprit de vin , qui ſurnage de deux doigts auſſi; laiſſez-le digerer par quelques heures , & le faites boüillir ſur la fin; En apres l'ayans retiré par inclination , & remis d'autre , tant qu'il ſe coulorera, Euaporation. philtrez les menſtruës , diſtillez l'Eſprit, ou l'Euaporez pour en auoir ladite Teinture.

Magiſtaire laict, beurre & Cremeur de Soulphre. XII. Enfin le Magiſtaire, autrement Laict, Beurre, & Cremeur de Soulphre ſe fait de la ſorte; Prenez pour vne partie des ſuſdites fleurs de Soulphre, trois parties du Sel ou Huile de Tartre tres-blanc paiſtris enſemble, & d'eau commune, qui les couure de ſix doigts de hauteur dans vn Pot de verre capable à les contenir. Digerez le tout ſur vn fourneau de Cendres par l'eſpace d'vn iour , faites-le boüillir vn peu ſur la fin & le philtrez chaudement

par

par la Carte emporetique, ou papier gris, pour le
precipiter auec vinaigre Alcalizé, c'est à dire, em-
preigné de son propre Sel: desseichez-le, ou par distillation, ou par Euaporation, pour en auoir dauantage. Ce qu'estant proposé

SENS PHYSIQVE.

XIII. Par ces diuerses Operations, est verifié
l'Axiome, ou maxime, que nous auons donné en
nostre Theorie, sçauoir, que le Soulphre Mineral
tout seul, ne donne que des fleurs, estant sublimé,
par vne mediocre Chaleur, Et de l'acide, ou liqueur
aigre, estant bruslé, sous vne cloche, ou Chappe de
verre: Dauantage que les autres formes qu'on luy
donne, ne procedent que du meslange des corps
huileux, dans lesquels il peut deposer sa Teinture,
& quelques vertus seulement, par la chaleur qui le
rarefie, puis qu'en sa substance propre, il se destache facilement d'iceux, & quelque temps apres la
mesme Chaleur, à cause de sa seicheresse terrestre,
iointe à quelque viscosité interne, qui fuit l'a-
queuse, & quasi tout humide exterieur.

Pourquoy le Soulphre de soy ne donne que des fleurs & de l'Aigret.

XIV. Partant comme c'est *vn Corps salineux
dans vne terre seiche auec vn peu d'humeur reluisate a-
duste, & faste resineuse qui les vnit,* il se fond, & de
là s'esleue promptement en Athomes indiuisibles
par la mesme chaleur, capables derechef de se reincorporer, s'il est resserré en Air chaud & sec, ou de
se humecter en Air froid & Aqueux estant bruslé.
Et ce non par sa terre, qui est indissoluble, mais
par son Sel Volatil, qui se resout auec son Esprit
audit humide, le rendant acide par le feu Extreme

Ce qu'est le Soulphre.

Cause de l'Ai-gret.

qui le calcine, & qu'il y depofe, redeuenant Sel
par Euaporation, comme l'experience fait voir
fans aucune puanteur : Puifque le feu l'a diffipé, en
confumans ladite humeur refineufe.

X V.   C'eft pourquoy par ce mefme Soulphre,
cette terre, ou ce Sel, auec fon humide, & leur ori-

Representation des Elements.

gine, ont efté tres-bien reprefentez & expliquez
par les Anciens Hermetiques, nos Principes, &
Elements ; comme fous les noms auffi des trois
freres, & d'vne fœur, qui font Iupiter, Iunon, Neptune, & Pluton, enfants de Saturne, c'eft à dire,
du temps, ou du mouuement, & les Dieux Majeurs
des Gents, c'eft à dire, premiers conferuateurs des
Generations aux Mixtes, comme il apert par les

Parties des mixtes.

parties mefmes : Car tout ce qui eft folide en eux
eft conftitué de terre auec fes Sels animez, de leur
Efprit, que l'Air alimente ; Ce qui eft Aqueux prouient de l'humide ; Et ce qui eft huileux procede
du Soulphre, ou refineux.

X V I. Et dautant que les mefmes Elements fe

Difference des mefmes Ele-ments.

trouuent externes, ou Internes combuftibles, &
Incombuftibles, vaporables, ou non (Et quel l'humide externe alteré par la Chaleur, fe void ou A-
queux, ou aërien, ou bien huileux, plus froid, ou
moins chaud : A cette caufe on a attribué (pour
l'humide externe, & inflammable le foudre à Iupiter; Pour l'humide moins chaud, qui caufe la moitteur, la foupplefe Interne, la beauté, & la varieté

Appropriation des Fables de Iupiter, Iunon, Neptune, & Pluton.

des corps viuants, le Paon à Iunon, outre fon fexe,
comme il eft requis, Pour les trois differences d'humide externe, & plus froid le Trident à Neptune;

Et pour l'Interieur, l'Incombuſtible, & l'Ineuaporable l'or à Pluton: Tous leſquels ne recognoiſſent pour leurs vrays Ayeuls, que Cælius & Cybele, c'eſt à dire, le Ciel, & la terre; le ſubtil & le ſolide, Et ceux-cy ont leur Cahos, ou vnité premiere de Totalité, de laquelle nous auons ſi ſouuent parlé.

XVII. Tant y a que ſous ces termes, & differences, tout l'Vniuers eſt compris; Et particulierement le Theleſme Philoſophique; Car par le Soulphre Incombuſtible nos deux Soſiés, s'vniſſent heureuſement en vn; Ce qui eſt prouué par la Tour de cette belle priſonniere fille du Roy; et fort obſcur à tout autre qu'au vray Curieux d'iceluy; liqueur veritablement admirable, qui de ſa Sphere Generale deſcend aux Eſpeces, puis aux Indiuidus; Et retrogradans reprend la meſme courſe en les multiplians, preſque ſans fin.

Deux Soſies en vn, c'eſt à dire Mercure Philoſophique.

XVIII. De maniere que, tant que le moüuement Interne, ou Eſſentiel des choſes ſuperieures durera, autant celuy des Inferieures ſe reproduira, pouſſé par l'Externe, ou l'Accidentaire d'iceux; Et ce, ou pour ceſſer d'eſtre à iamais; ou pour recommencer, ce qu'ils ont fait; Puiſque ne pouuants eſtre ſenſibles, que par leurs accidents: il eſt neceſſaire, ou qu'ils periſſent entierement, ou qu'ils renaiſſent comme auparauant; Ce qui eſt vray.

Rapport des choſes Superieures & Inferieures.

XIX. Et laquelle merueille eſt fort manifeſte aux deux precedentes familles des mixtes, Et tres-conſiderable en la troiſieſme, pour laquelle l'homme intelligent eſt ſemblable à ſon Autheur, faiſant ſur terre, ce qu'il a fait dans ſes entrailles, ouurant

L'homme intelligent.

le corps, qui ne se peut estendre par soy-mesme, à
cause du lieu, & la priuation de son humide, sans
autre alteration, qu'vne sortie, ou destachement
de ce grain fixe, auquel consiste l'Extention de
son Indiuidu specifique, par la mesme liqueur
Sofiene & seul breuuage de nostre Roy, qu'vne
chaleur externe, conformément à son besoin ré-
joüit, & nourrit iusques à son entiere perfection,
& nouuelle reuolution de soy-mesme, & en ses
mesmes accidents.

XX. Verité qui n'est pas bien cachée, à ceux
qui raisonnent fortement sur les ouurages de la
Nature, ausquels nous recognoissons vne matrice, & nourrice commune, & particuliere, sous la
difference du mobile par soy, & de celuy qui ne
l'est pas; Le premier constitue le sexe, quant à sa
reproduction; Et le dernier est placé, dans sa miniere superficiairement, ou au dedans; L'vn ache-
ue son cours sans beaucoup de trauail, & au mesme lieu; et l'autre se regenere seulement, hors d'i-
celuy, & par autruy; et comme l'humide aqueux
sert à cettuy-là, l'humide sec est destiné pour celuy-cy; Et les deux pour ouurir les mesmes Corps,
donner passage à ce qui doit se grossir, le contenir
& le nourrir, comme i'ay dit : Entre lesquels le
seul dernier par sa cuitte exuberante, peut parfaire
ce qui est moins cuit, & le conuertir en sa propre
Nature, par son vnion & assimilation.

XXI. De sorte que, bien vainement se tourmente le vulgaire qui neglige la recherche de sa
veritable cognoissance, par les reigles du raison-

nement, dans l'Eſtabliſſement, & conformité des choſes naturelles ; Puiſque cette fabrique ne depend de nous, que ſuiuant ſon miniſtere : Et qui ne voit pas l'intention des Philoſophes, qui eſt, de ne diuulguer cette merueille qu'à ceux qui auront la patience de les comprendre auant que tenter rien ; Et qui ſeront imbus au preallable de la Phyſique Reſolutiue, faute dequoy le temps ſe perd, les biens ſe conſument, et pour tout ſuccez ne demeure qu'vn deſplaiſir.

Intention des Hermetiques.

FACVLTEZ.

XXII. Les fleurs de Soulphre ſublimées par trois fois ſeruent aux maladies des poulmons ; de demy dragme iuſques à vne ; le matin à jeun dans vn jaune d'œuf, conſerue, & autre vehicule conuenable ; Elles prouoquent les menſtruës & arreſtent le flux de ventre, deſquelles on peut former des tablettes auec les fleurs de Benjoin, extraict de regliſſe, ſyrop de Iuiubes, figues ſeiches de Marſeille, bayes de genevre, tuſſilage, ou pas d'Aſne, & autres, ſçauoir pour vne once de fleurs de Soulphre, ſix, ou ſept grains de bonnes fleurs de Benjoin ; Et vne dragme dudit Extrait de regliſſe, le tout à la Conſiſtance requiſe auec les Syrops.

Poulmons.

Menſtruës.

XXIII. L'Aigret, ou Eſprit acide, fait le meſme, que l'Eſprit de Vitriol, n'ayant aucun mauuais gouſt, ou ſaueur, voire beaucoup meilleur comme plus ſimple & auec moins d'ardeur ; puiſque ce n'eſt qu'vne Reſolution faite de ſon Sel Volatil, calciné par la bruſlure, de ſa reſine, & dans vn Air humide. L'Huile vaut pour routes

Vſage de l'Aigret de Soulphre.

Vlceres.

fortes d'vlceres pourris, dartres, gratelles, ruptures
Auallement de inteſtinales, fractures, auallement de boyaux, cheu-
boyau. te de matrice & autres, meſlez auec onguents &
huiles conuenables.

XXIV. Le Baume profite aux maladies de la
poitrine, catarrhes, douleurs coliques, peſte, &
Aſthme. ſemblables, et ce de cinq à dix gouttes dans quelque vehicule. Finalement le Magiſtaire guerit les
maladies des poulmons; de la doſe, de huict à douze grains, dans vne Conſerue appropriée, ſyrop,
&c. Ou bien d'vne dragme miſe en tablettes auec
Poulmons. demy liure de bon ſucre fin; Ou en Opiate que
deſſus, de laquelle on prendra du gros d'vne Aue-
laine, cinq, ou ſix fois le iour & la nuict; Le meſme blanchit les liqueurs, auec leſquelles on le
meſle, dont il prend le nom de Laict, Beurre, &
Cremeur de Soulphre.

❊ B ❊ A ❊ R ❊ L ❊ E ❊ T ❊

CHAPITRE II.

SVBLIMATION, CALCINA-
tion, Huile & Aymant d'Arſenic.

DESCRIPTION.

Maniere de ſu- I. **P**RENEZ d'Arſenic tres-blanc & cry-
blimer l'Arſe- ſtallin la quantité que vous voudrez,
nic ſãs, ou auec pulueriſez-le, & le ſublimez tout ſeul,
Intermede. dans vn matras de verre, à feu de Cendres du premier iuſqu'au troiſieſme degré de Chaleur, de peur

qu'il ne se fonde; Ou bien pour le plus seur, meslez-
le auec poudre de Chaux viue, Sel decrepité, Colcotar, Tartre, & autres; d'vn chacun parties esga-
lées, & le sublimez comme dessus; Quoy fait, separez ce qui sera esleué sur son marc, que vous
trouuerez fort blanc, à la mode du sublimé doux,
duquel cy-apres; Et ce quant à la premiere façon;
Comme en dards quarrez, & tres-pointus, les vns
s'esleuants sur les autres, degré par degré, ce qui est
fort beau à voir, quant à la derniere; Cela estant,
puluerisez-le derechef, & le remeslez auec les mesmes Intermedes, ressublimant le tout, pour la seconde & troisiesme fois, apres lesquelles

I I. Pour la calcination dudit Arsenic, reprenez ce qui aura esté sublimé, & pour vne partie
d'iceluy adjoustez deux parties de Sel Nitre purifié, meslez le tout, & le iettez dans vn grand Creuset, ou Pot de terre, non vernissé; mais bien cuit
le fonds estant enflammé, dans vn demy Reuerbere, ou fourneau à vent, à la façon du Regule d'Antimoine, duquel nous parlerons en son lieu, sçauoir
vne Cueillerée apres l'autre, sous vne Cheminée
seulement, éuitans les fumées, tant qu'il sera possible, qui sont dangereuses; Auquel subiet, il faut
se boucher le nez, comme aussi quand on le puluerise, continuans de ietter ladite poudre, tant
qu'elle durera, & le couurans à chaque fois.

III. En apres baillez le feu de fonte, par l'espace de deux ou trois heures, suiuant la quantité; Et
pendant qu'elle sera liquefiée, tirez-là du pot, auec
la Spatule, ou petite Cueillere de fer, & la iettez

peu à peu dans l'Eau froide , que vous aûrez preparé , en quelque Terrine grande , & profonde auec son Couuercle ; qu'il faut poser à proportion que vous la ietterez , pour éuiter le rejailliſſement , qui ſe fait en cette contrarieté.

IV. La Calcination diſſoute , philtrez la liqueur par le papier gris , & la faites euaporer , ou iuſques à la pellicule , pour auoir les Cryſtaux ; qui ſe formeront table ſur table en diamants contigus , ce qui eſt beau à voir pareillement ; Ou bien faites exhaler toute l'humidité ; Et pendant que le Sel ſera encore mollet , remuez-le auec vne ſpatule de bois pour le deſtacher du vaſe , le repiler & faire reſoudre en Huile tres-blanc que vous deſſeicherez derechef , & mettrez en Reſolution pour la ſeconde fois ; Que ſi vous le deſſeichez pour la troiſieſme , il ſe trouuera fondant à vne tres petite chaleur.

V. Mais ſi vous voulez faire ce qu'on appelle ordinairement Aymant Arſenical ; meſlez ledit Arſenic , auec le Soulphre en Canon , & l'Antimoine crud , parties eſgales , ou peu moins d'Antimoine , afin qu'il ſoit plus vermeil ; Et le tout bien puluerifé , vuidez-le dans vn Creuſet , ou Pot de terre , qui reſiſte au feu comme cy-deuant , auec ſon couuercle , & ſous vne cheminée à feu ouuert , iuſqu'à ce qu'il ſoit fondu & enflammé : En apres remuez-le auec vne longue verge de fer par interualles , éuitans la fumée auſſi.

VI. Et comme le Soulphre commencera à ceſſer , iettez-en quelques gouttes dans vn poilon , pour épreuuer ſi le Soulphre ſera éuaporé , que vous cognoiſtrez

gnoistrez par la vapeur jaune, qui s'attachera audit poislon, qui doit cesser pour estre parfait ; dont
pour lors ostez le du feu & le laissez raffroidir , si
mieux vous n'aymez le ietter dans le mesme poislon de cuiure, estant encore liquide & sous la mesme Cheminée, à la façon du Crystal Mineral. Partant quant au

Signe de sa Cal-cination par-faite.

SENS PHYSIQVE.

VII. Cy-dessus nous aurons veu comment la
Chaleur esleuoit le sec, & l'humide, auec leurs differences touchant la production, & conseruation
des Mixtes ; Maintenant il se presente à dire, sur
cette operation de l'Arsenic, poison tres-mortel;
Que tout ce qui est destruit, ne l'est que par son
Contraire, suiuant son principe, & les parties qui
le composent: Et que toute cette vicissitude, & regrés, n'est qu'vne mort, ou priuation d'Existence
particuliere; En cette maniere les Elements se font
la guerre, & s'aneantissent, sinon en tout, du moins
en partie, le feu consume l'Eau, l'Eau esteint le
feu; l'Air mollifie la terre, & la terre desseiche l'Air;
Les Mixtes auec leur propre Reuolution acheuent
leur carriere; Le Chaud chasse le froid, le sec l'humide, & au contraire; Et à mesme instant que la
chose paroist; elle s'écoule insensiblement, pour aller au Neant, ou le non-Estre, qui la precede, ou
tout au moins à la non Existence.

Vicissitude des choses.

Induction de cette verité.

VIII. Et si bien l'Indiuidu semble s'eternifer
par son Espece, en recommençans tousiours par vn
autre soy-mesme, c'est neantmoins pour finir quel-

Imitation d'E-ternité sans E-ternité.

que iour, apres innombrables reuolutions; Ou à
mesure qu'il aura degeneré peu à peu (comme il
fait)de sa bonté premiere, qu'vn aliment externe
ne peut en tout, & partout reparer. En cette sorte
on dit que le monde vieillit; Et que la vie presente
n'est qu'vne voye, qui de l'Estre sensible nous met
hors, pour entrer dans l'Insensible, qui est la vraye
vie, parquoy la mort prend son Nom pour ce sub-
jet du mot Latin, qui vaut autant à dire, que, qui
naistra bien-tost, puis qu'à proportion, que la vie
s'écoule, se passe & s'éuite suiuant le mot aussi ; En
mesme temps elle s'approche, commence, & reçoit
son dernier estre, & veritable naissance.

I X. Nous trouuons donc qu'en toutes les quatre
familles de ce bas Monde,il y a des grands morts,
parce qu'il y a des grands contraires, et particulieremét en l'Animale raisonnable : et fort peu raison-
nante, qui non seulement est accablée par les autres familles, comme la plus delicate; mais encore
par soy-mesme,comme la plus sauuage, & qui ne
s'appriuoise iamais,estant fille de l'Iniquité mesme;
Pareillement la terre contient en soy plusieurs Mineraux & Metaux , & sur soy dans les Eaux, & dans
l'Air plusieurs Vegetaux , & Irraisonnables ; et
toutefois aucun de mesme espece ne se destruit ou
poursuit ; L'Or ayme l'Or , l'Arsenic ne reiette
point l'Orpigment . Le Napel croist auec l'Aconit ; le Loup vit auec le Loup; Mais l'homme seul,
meschant libertin ; vilain auare, & ambitieux demon, poursuit temerairement ; tuë cruellement;
Et foule audacieusement l'Image de son Dieu, qui

eſt l'homme, voire ſon propre pere, & frere, ayant
merité d'eſtre appellé le Repentir de Dieu, & le pe-
ché du monde; A cauſe dequoy pour punition de
ſa felonie abominable, il eſt defait temporellement,
par qui que ce ſoit, & par les Elements meſmes.

X.   Ainſi le meſme Or, qu'il cherit auec Idolatrie, pris ſeul interieurement, ne luy cauſe que
des Obſtructions, n'eſtant que pure terre, & craye,
s'il eſt pulueriſé, ou corrodé, ou bien matiere toûjours Metallique, laquelle ſa chaleur naturelle ne
peut diſſoudre, pour la cuire, & conuertir en ſa
ſubſtance, comme tout à fait differente d'icelle, &
par trop foible; contre les faux Chymiſtes & Charlatans, qui le rendent potable par tromperie, pour
l'auoir portable par effet : Et en apres putable par
infamie; Puis qu'il reuient touſiours à ſoy, & que
rien ne nourrit l'Animal, qui n'ait eu vie auparauant; n'eſtant que fable ce qu'autrefois on a dit de
l'Auſtruche qui digere le fer & ſemblables, quoy
qu'il y auroit plus d'apparence, comme eſtant tres-
imparfait & corruptible.

XI. *Donques l'Arſenic eſt composé d'vne terre tres-*
ſeiche , d'vn Armoniac tres-chaud, d'vn Soulphre ex-
tremement graiſſeux, & d'vne vapeur Mercurielle en-
nemie de la Chaleur naturelle , qui fait l'aſſimilation
en l'Animal : c'eſt pourquoy il s'attache à l'Interieur, bruſle la partie qu'il occupe, corrompt l'humide qui la nourrit, Et empeſchant la reparation
d'icelle & ſa fonction , porte ſon venin, & celuy
qu'il a fait, auec ſon Eſprit malin, eſleué par la Chaleur du meſme , premierement dans le foye; de là

au Cœur , & puis au Cerueau : defquels les Efprits
infectez & enflammez par cette corruption accidentaire , s'enfuit leur entiere diffolution , &
puis la mort.

XII. Le Napel, l'Aconit, & autres Vegetaux
en font de mefme , par l'humeur impure & maligne, Et par les Efprits enuenimez, qu'ils ont attiré
de la terre felon leur portée; pour efpurer fa meilleure liqueur & faueur, comme font les Crapaux,
Serpents , & autres Animaux reptiles, quant aux
Eaux pourries, & mauuais Air , qui la digerent &
fe l'approprient, agiffants beaucoup plus vifte, que
les chofes infenfibles , par leur Ame propre , leurs
Efprits & leur Chaleur Innée, qui fe meflent facilement auec ceux du Corps humain , lefquels ne
pouuants fupporter, comme contraires à fa Nature, fe diffipent , & s'éuanoüiffent , l'abandonnants
au froid, & à la mort auffi.

XIII. Cette Conclufion demeurant veritable,
que tout mouuement tend au repos naturellement,
& toute Exiftencé au neant, fi leur vertu premiere
n'eft continuée , comme l'Immutabilité de l'Autheur nous apprend : Et que fes merueilles nous
affeurent principalement en cét eftabliffement admirable, touchant la conferuation du feul homme,
ayant ramaffé dans des Corps particuliers, tout l'impur des Elements, qui euffent peu deftruire fa fanté,
& luy ofter la ioüiffance temporelle des biens, dont
il l'a fait poffeffeur, & des plaifirs qu'il peut receuoir
viuans dans l'honneur & le refpect qu'il luy doibt;
Mais malheur il oublie fon Dieu, & fe deftruit foy-
mefme.

*Pourquoy il fe
trouue des plá-
tes & des Ani-
maux veneneux
& dommagea-
bles à l'homme.*

*Venin refferre
pire que l'autre.*

*Fin du mixte eft
naturelle.*

*Amour de Dieu
pour l'homme.*

XIV. L'Arſenic ayant eſté ſublimé pluſieurs
fois, purge indifferemment toutes les humeurs pec-
cantes, à la doſe d'vn, ou trois grains, auec ſon ve- Purgatif vni-
hicule approprié, comme le Mercure dulcifié On uerſel.
ſe ſert de l'Huile pour les vieux vlceres, meſlée auec
quelque peu d'Huile de Myrrhe, comme pour vlceres.
ceux de la bouche, auec eau de Plantain de Roſes, &c. Et quant à la Metallique eſtant cohobé
par pluſieurs fois, ſur la Chaux de Lune, ou de Soleil, pour blanchir, ou donner la couleur vermeille
à Venus.

XV. L'Aymant Arſenical ſert pour attirer
puiſſamment la peſte, & toute ſorte de venin ; pour
meurir, & rompre viſtement, les Carboncles, Apo-
ſtumes, &c. meſlé auec emplaſtre conuenable : Et
pour vn cautere potentiel, qui n'excite aucune inflammation, ny douleur ; Il peut eſtre pris inte- Carboncles.
rieurement dans quelque Electuaire purgatif de
quatre à huict grains.

Des Mineraux. Figure 3

DES MINERAVX.

FIGVRE III.

DV CARABE', CAMPHRE, BOL, &c. Matieres.

Distillation, Philtration, Extraction, Disso- Operations.
lution, Viuification, & Calcination.

Huile, Sel, Extrait, Phlegme, & Chaux. Produ&ions.

EXPLICATION.

L E Nombre 1. sur le costé droit de la Cheminée, represente vn petit fourneau Fourneau à sa- *à sable garny de sa Cornuë , & Reci-* ble. *piant , & au dessous quelque fragment de Carabé , ou ambre jaune, pour signi-fier la distillation de son Huile.*

Le Nombre 2. à costé droit de la Table sur le bout, depeint vn Seruiteur, qui vuide de la droitte vn Re-cipiant, contenant la dissolution du Sel Volatil du Ca- Table à phil-*rabé, sur vn philtre garny de son Entonnoir, petite Ta-* trer. *ble, & Recipiant au dessoubs , & vn Pot d'Eau à co-sté , qu'il tient de la gauche ,Pour faire voir la Purifi-cation du Sel Volatil , ou Armoniac , apres l'Extra-ction de son Huile.*

Fourneau à Cendres.

Le Nombre 3. sur la gauche de la mesme Table, fait voir vn petit fourneau à Cendres, dans lequel est adiusté vn plat à demy plein de liqueur, & tout proche vne bouteille contenant d'Esprit de vin, & au bas du Carabé, pour represeter l'Extraict du mesme.

Verre, Phioles & Entonnoir.

Le Nombre 4. Sur le milieu de la Table, demonstre Hermes, qui tient de sa main droite dans vn verre, l'Huile de la dissolution du Camphre, dans lequel il vuide de la gauche auec vne petite Cruche d'Eau Commune, se trouuant au bas vn petit vase contenant la Dissolution sur vn valet, ou appuy, vn Entonnoir, & quelques mourceaux de Camphre, pour faire cognoistre sa reuiuification.

Reuerbere.

Le Nombre 5. Au costé gauche de la Cheminée, exposé vn petit Reuerbere entier, garny de sa Cornuë & Recipiant, & sur le bas quelques pieces de Bol, pour representer sa Distillation, &c.

Le Nombre 6. Sur le milieu de la mesme Cheminée, donne à cognoistre l'autre Seruiteur, qui administre le feu à vn fourneau Calcinatoire, à bois, & Charbon, couuert d'vn seul colet, & sur le bas quelques fragments de terre, pour demonstrer la Calcination des mesmes terres. Ainsi

Fourneau Calcinatoire.

SOMMAIRE.

Recapitulatió

L'Huile de Carabé, ou Ambre iaune, estant distillée, & separée, le premier Seruiteur dissoult & philtre le Sel du mesme, pour le seicher; Et son Extraict fait par l'Esprit de vin. Hermes passe à la dissolution & Reuiuification du Camphre; Et la distillation du Bol estant disposée, dans l'entier Reuerbere, le dernier Seruiteur procede à la Calcination des autres terres.

CHAP. I.

CHAPITRE I.

HVILE, BAVME, ET SEL
Volatil du Carabé, ou Ambre jaune, Charbon de Pierre, ou de Terre, & autres Bitumes solides, ou non.

DESCRIPTION.

I. PRENEZ pour vne partie du Carabé, ou Ambre jaune, deux par-
ties du Sel Marin decrepité, & semblables Intermedes; puis &
nets : Puis le tout mis en poudre & meslé ensemble, mettez-le dans vne Cornuë de verre ou de terre, appliquez-là sur vn fourneau de Cendres, les faisant monter vn peu plus haut que la matiere; ou sur vn demy Reuerbere, si elle est de terre, ou bien lutée, & y ayant adapté vn Reci-piant assez ample, baillez-luy le feu, du premier iusqu'au second degré de Chaleur, l'augmentans sur la fin; pour faire sublimer les fleurs qui s'atta-chent au Col des vaisseaux; Et en dernier lieu, fai-tes le feu de Suppression pour acheuer le tout, sepa-rants l'Huile d'auec son phlegme, & ses fleurs.

II. On le peut faire sans addition : mais il faut prendre garde qu'il ne s'éleue trop, à l'ordinaire des liqueurs Soulphreuses accompagnées d'Armoniac. Auquel subiet il en faut mettre moins dans la Cor-

Distillation de l'Huile de Ca-rabé ou Ambre jaune auec In-termede.

Distillation du mesme sans ad-dition.

nuë, & bailler le feu plus doux , iufqu'à ce que le
plus fubtil foit efcoulé, qu'il faudra feparer, afin de
rectifier le refte, s'il eft trop obfcur ; ou par foy, c'eft
à dire tout feul, ou auec le mefme moyen que deffus.

Charbon de pierre.   I I I. Le Charbon de Pierre ou de Terre , fe diftille de mefme maniere , & ne differe qu'en Confi-
ftance plus efpoiffe , qu'on peut rarefier , & fubtilifer par la mefme Rectification, comme toutes les

Baume par Ex-traict.   autres Huiles ; Il eft loifible femblablement de faire le Baume des mefmes par Extraict , auec bon ef-
prit de vin rectifié pour fes vfages ; Quant au Bitume liquide , on le rectifie feulement, s'il eft trop obfcur, impur , & vifqueux , furquoy ie ne m'arrefte
pas dauantage.

SENS PHYSIQVE.

Soubs diuifion du Soulphre, ou matiere Soul-phreufe.   IV. En cette forte par les deux precedentes defcriptions , il appert de la premiere difference du
Combuftible fous le nom de Soulphre, & d'Arfenic
Opaque, tranfparant, ou graiffeux, peu , ou moins
humides , & à chaud feulement ; Et par celle-cy &
la fuiuante eft monftrée l'autre difference fous le
nom de Bitume, l'vn folide , & comme pierreux,
fait liquide par le feu , & demeurant tel mefme à
froid : Et l'autre humide , ou fec & Volatil , quoy
que toufiours prompt à brufler.

Diftinction des Bitumes.   V. Le Solide tranfparant & Huileux, eft appellé
vulgairement Carabé, ou Ambre jaune ; Et l'Opa-
que eft nommé Charbon de Pierre , ou de Terre , à
caufe de fa couleur ; Celuy qui eft toufiours liquide
garde le nom de Naphte , & de Petrole , c'eft à dire

découlant de la pierre ; Et le Volatil s'appelle Camphre, bien que douteux, pour n'estre point encore entierement cogneu par les Autheurs.

VI. En cette sorte nous cognoissons en premier lieu, que non seulement le sec, ou le solide peut estre ioint ; auec l'humide aqueux, Mercuriel, ou incombustible, en la Congelation, ou Coagulation des Mixtes, comme est le Crystal de roche, pierres, verres, & semblables corps, lucides, ou non, & nullement inflammables ; Mais encore il s'vnit parfaitement auec l'humide huileux, le Soulphreux, ou le combustible ; Et de mesme sorte auec cette difference toutefois, que le Sel Volatil rend l'humide plus chaud & leger ; Et le fixe au contraire, comme nous dirons cy-apres parlants des pierres.

Le sec, ou le solide peut estre vny auec l'vn & l'autre humide, tant Volatil que fixe.

VII. En second lieu, nous voyons que la terre est la matrice commune de tous les autres Eleméts, mesme d'vne partie des mixtes ; puisque les Sels, le Soulphre & le Mercure s'y retrouuent effectiuement, auec l'Air & le feu, comme les tremblements & Eruptions embrazées bien souuent nous témoignent ; Dauantage nous apprenons que, l'Incombustible aqueux espoissi en soy-mesme, & comme décuit, par la chaleur naturelle deuient bruslant, produisant la flamme claire ou non, comme a esté dit, & que plus il est desseiché, ou absorbé par le meslange de la terre, ou des Sels, que moins il s'enflamme, ou se liquefie, bien qu'il ne laisse pas de se consumer.

La terre est le commun receptacle tant des mixtes, que des Elements.

Comment l'humide Incombustible deuient inflammable.

VIII. Ainsi le Soulphre donne la flamme lucide, & bluastre ; le Carabé la fait voir jaune, tirant

Plus ou moins transparant.

au noir : comme toutes sortes de resines, & le Charbon de pierre la produit fort obscure, & espoisse; mais l'Huile & semblables liqueurs, moins terrestres la donnent blanche & belle, ioint leurs diuerses odeurs; *estant le mesme Carabé composé de grande quantité d'humeur combustible, & de beaucoup d'Armoniac, qui le rend solide par sa propre terre hors du feu seulement.*

IX. Et c'est de là, que les Hermetiques preuuent l'vnité, specifique de leur matiere, & la varieté de ses accidents, qui comme tels s'éuanoüissent à mesure qu'elle se parfait, administrants par leur Art & industrie ce qui manque à la Nature, quant au seul exterieur; Et partant ce n'est pas merueille, si d'vne commune voix, ils prononcent tous, qu'il ne faut qu'vn seul subiet, qu'vne matrice, & qu'vne nourrice, auec son doux Agent pour exhalter leur Teinture, bien qu'elle se trouue par tout, & dans le tout, c'est à dire, par & dans tous les elements sensibles, fondements vniuersels de toutes choses corporelles.

FACVLTEZ

X. L'Huile de Carabé sert à la guerison de l'Epilepsie, ou mal caduc, Apoplexie, Vertige, &c. la donnant auec vn peu d'eau de Pœoine, ou de fleurs de tillet, sçauoir cinq, ou six gouttes le matin à jeun: Elle profite contre la peste, dans l'eau de Chardon benit, de huiet à douze gouttes; retentions des menstruës, dans l'Extraict de saffran: difficulté d'vrine dans l'eau de Parietaire de dix à quinze gouttes, comme aussi aux Colliques venteuses, dans du vin blanc, boüillon & autres; particulierement aux

ſuffocations de matiere par l'odorat, onction des
narines, immiſſion dans la bouche, &c. flux de ſang
& de ſemence, fleurs blanches , &c. Le Sel Volatil ſeparé, comme nous auons dit en la premiere Section, profite aux meſmes incommoditez , que
l'Huile excepté les ſuffocations, n'ayans point d'O-
deur : Et l'Extraict ſert d'aſtringent aux playes recentes.

Menſtruës.

CHAPITRE II.

SVBLIMATION , DISSOLVTION,
Huile & reuiuification du Camphre.

DESCRIPTION.

I. RENEZ du Camphre ce que vous
voudrez , mettez-le dans vn matras,
qui ait des trois parties deux vuides , &
le ſublimez, particulierement s'il eſt terreſtre, ſçauoir du premier iuſqu'au ſecond degré de Chaleur,
& au fourneau de Cendres ſeulement ; Et pour le
diſſoudre en huile promptemét, pour vne once d'i-
celuy, verſez-y par deſſus vn demy doigt de bon Eſprit de Nitre, ou tout autant qu'il en faudra pour le
liquefier, qui ſurnagera & perſeuerera en cette forme, iuſqu'à ce que vous aurez affoibly le meſme Eſprit auec ſon phlegme, ou l'Eau commune, qui eſt
vn moyen pour luy oſter ſon odeur tres-forte , & le
rendre plus capable, pour la diſtillation & pour le
meſlange.

Sublimatiõ du Camphre.

Huile de Cam-
phre par l'Eſ-
prit de Nitre.

Sa Reuiuifica-
tion.

Ce qu'il faut obferuer pour le feparer d'a-uec l'Efprit de Nitre.

II. Or la feparation d'iceluy d'auec ledit Efprit de Nitre, fe doit faire par l'entonnoir de verre fur le bout du petit doigt, comme nous auons reprefenté en la precedente Section, figure 2. nombre 4. Et dautant que le mefme Efprit eft brûlant, n'eftant qu'vn peu affoibly par fon action en fa chaleur; puis qu'il ne fe fait aucune corrofion, mais feulement vne liquefaction par la rarefaction de fon folide; Il eft neceffaire d'oindre le bout du mefme doigt d'huile, graiffe, & femblables, contre lefquels il n'agit pas librement, quoy fait on le pourra garder en cette forme, dans vn vafe de verre exactement bouché, depeur qu'il ne s'éuapore, ou bien le reuiuifier, comme a efté dit, & ce beaucoup plus commodément, l'Efprit eftant de mefme vertu qu'auparauant.

Maniere de l'Huile permanéte du Camphre.

III. Quant à l'Huile qui foit toufiours permanent; mettez ledit Camphre plufieurs fois fublimé auparauant dans vne Cornuë de verre les deux tiers vuides, auecfon double de tres-bon Efprit de vin, fçauoir en digeftion par vingt-quatre heures, ou plus fur vn fourneau de Cendres en chaleur tiede, ou fi petite, qu'il ne diftille point, éleuant le col en haut bien bouché d'vne petite phiole, qui feruira de rencontre; En apres vous l'adiufterez dans icelles Cendres à moitié, & luy baillerez le feu du premier, iufqu'au fecond degré de chaleur, cohobans, ou refondans cette diftillation par deux ou trois fois, Et à la derniere retirez ledit Efprit, non du tout, mais iufqu'à ce que le Camphre commence à s'époiffir, qu'il faut garder.

IV. Autrement pour l'auoir beaucoup plus liquide, & naturelle eſtât diſſoult, ou auec l'Eſprit acide & nitreux, ou comme cy-deſſus, on peut l'incorporer auec Bol, Ocre, Argille, pierre Calamine-
re, & autres Intermedes, pour le diſtiller par le Reuerbere entier à la façon des Acides, ou Stygiens; ſi
mieux on n'ayme l'incorporer mis en poudre auec
les meſmes Intermedes, apres les ſuſdites ſublima-
tions, ou meſmement auec l'Huile, qui aura eſté
fait & ſeparé d'auec le ſuſdit diſſoluant.

Autre façon par Intermede & ſemblables.

SENS PHYSIQVE.

V. Quant à la Phyſique de cette matiere en ſuitte de ce qui a eſté expliqué; Nous dirons, qu'outre
le mélange du ſec, & de l'humide; L'vnion, & la
proportion naturelle eſt telle par ſa cauſe efficiente,
qu'elle ne peut eſtre deſtruite, que par vne plus agiſſante, ou bien rarefiée, & comme deſtrempée par
vn ſemblable; Parquoy le *Camphre eſtant vn Corps
ſec & volatil ioint à fort peu d'humide Soulphreux; mais
blanc & tres-pur* facilemĕt, il s'éuapore par le Chaud,
& le conſerue par le froid, ce que l'odeur & la couleur font voir, ne deuenant liquide qu'auec grande
difficulté, ou bien par vn moyen, à la façon du Soulphre commun, & de pluſieurs gommes, deſquelles
cy-deſſus a eſté traitté, à cauſe de ſa ſeichereſſe, &
volatilité, qui le rameine preſque touſiours malgré
l'Artiſté en ſon premier eſtat.

Des agiſſants le plus fort l'emporte.

Deſcription du Camphre.

VI. En cette maniere l'ᴇau phlegetontique, ou
Nitreuſe par ſa grande chaleur accidentaire, liquefie
ſon humide huileux, coagulé par le ſec, & fait Interne, le rarefiant auec ſon Sel, le rend ſenſible, &

Liquefaction du Camphre par l'Eſprit de Nitre.

le fait permanent, tout autant de temps qu’il le poſſede, le portant ſur ſoy ſeparément, & ſans flamme
comme contraires; Mais ſi toſt qu’il deſiſte de l’é-
chaufer, ou qu’il en eſt ſeparé par ſa foibleſſe, ou autre ſimple aquoſité, à meſme inſtant il reprend ſa
forme, ſe reſſerre en ſon humide particulier , & deuient aiſlé comme il eſtoit, Et à moins que d’eſtre
meſlé à vn corps Aërien, ou Soulphreux , qui attache ſes aiſles, comme le glu celles des oiſeaux, ou
qui les fonde dans ſoy-meſme, par ſimilitude & affinité d’humeur, il ne peut eſtre arreſté, & fait coulant.

Vn ſemblable retient l’autre.

VII. En quoy il imite le Mercure vulgaire, ou
Argent vif ſon oppoſé en compoſition , qu’on ne
peut ſeicher , & rendre ſolide, que par le mélange
des corps ſecs , ou par le meſme Eſprit acide, qui le
corrodant en Athomes imperceptibles, l’vnit à ſoy,
ou pluſtoſt à ſes Sels , & de meſme forme; Et ne le
quitte que par ſon abſence, ou vaincu par vn plus
puiſſant, c’eſt à dire, ou par ſon Euaporation, ou par
la precipitation, comme nous dirons.

Conformité du Camphre & du Mercure.

VIII. Bref par cét exemple , & celuy de la Cremeur, ou Cryſtal de Tartre, duquel en ſon lieu cy-
deſſus, eſt encore demonſtré, la poſſibilité des belles
paroles de nos deuanciers, qui nous ont commandé
de manifeſter ce qui eſt caché, & de cacher ce qui eſt
manifeſté, auec cette difference toutefois, que l’Interne Hermetique, ayant vne fois paſſé au dehors,
ne retrograde plus, ſi ce n’eſt pour recommencer
vne Extenſion, ou propagation nouuelle, & de meſme eſpece ſeulement; ce qui n’eſt point des corps
ſuſdits,

Paroles des Philoſophes comment de-monſtrées.

suſdits, qui demeurent les meſmes indiuidus, leurs
menſtruës eſtans contraires, & par conſequent ſe-
parables aiſément.

FACVLTEZ.

IX. L'Huile de Camphre, par liquefaction ni- Mal de dents.
treuſe ſert pour toutes ſortes d'vlceres, & particulierement aux douleurs des dents, cariées, ou per-
cées, en y mettans vne goutte au dedans auec, ou
ſans cotton. Le meſme fait par diſtillation guerit
les Chaude-piſſes à la doſe de deux gouttes, dans Chaude-piſſe.
vne demie cueillerée d'eſprit, de Terebenthine, &
vn demy verre de vin blanc apres; L'vſage toutefois doit eſtre ſobre, parce que eſteignant les ardeurs
veneriennes il rend en fin ſterile, Et ce par ſa forme
propre & particuliere, comme en tous autres mixtes (deſſeichant la ſemence, & ſes Eſprits comme
contraires) Et que l'Accident n'eſt que l'organe de
la ſubſtance, qui influë dans l'Action, ſelon qu'il
eſt guidé, & que l'Experience nous apprend.

CHAPITRE III.

EAV ET ESPRIT DV BOL,
Ocre, & ſemblables terres.

DESCRIPTION.

I. PRENEZ du Bol fin, Ocre, Marne &
autres terres la quãtité qu'il vous plairra, pilez-le, & l'ayant ſacé ſubtilement,
mettez-le dans vne courge de terre verniſſée auec ſa

Façon de distil-
ler les terres.

chappé & vase receuant, ainsi que nous auons dit en
l'operation de l'Alum ; Ou bien & mieux iettés-le
dans vne Cornuë de verre, qui ait des trois parties
deux vuides, & le distillez au fourneau de sable, ou
dans vn Reuerbere entier, si elle est lutée ; Et luy a-
yant appliqué son Recipiant assez grand, poussez-le
au feu du premier iusqu'au dernier degré de Chaleur, pour auoir sur la fin, ce qu'il y aura d'Esprit,

Cohobation &
la vertu.

Estant loisible de cohober l'humeur distillée sur du
nouueau Bol, pour rédre la liqueur plus agissante &
vertueuse, laquelle n'el'est pas beaucoup la premiere
fois, la matiere estant fort peu accompagnée d'Esprit, & par consequent de Sel.

Calcination
des terres.

II. Quant aux terres qui sont tenaces visqueuses, &
comme graisseuses, telle qu'est l'argille, la Craye, la
Marne, &c. pour en tirer la partie spiritueuse, ou salineuse, il les faut premierement desseicher à feu nud
dans vn Calcinatoire; puis en faire la lessiue, la philtrer & euaporer, ainsi qu'aux autres, prenans garde
à vn certain Tartre, ou Sel Volatil, qui se congele sur

Tartre ou Sel
Volatil des ter-
res.

le milieu de l'Euaporation, particulierement en la
Marne, sujet pour lequel elle fertilise les Champs, &
ainsi des autres, Sur lesquelles ie ne m'arreste pas dauantage, leur resolution estant plus aisée, que des
vray mixtes comme moins composées, à cause
dequoy il vaudra mieux quant à leurs vertus de les
vsurper sans alteration. Donc

SENS PHYSIQVE.

III. Par cette distillation est prouué l'Axiome,

Qu' c'est que
Bol, Ocre, &c.

qui dit, que nul donne, ce qu'il n'a, parquoy le Bol,
Ocre & semblables n'estants que *simples parties de*

terre, vnies par l'Imbibition d'humeur ou vapeur glaireuse, jointe à quelque peu de Soulphre combustible ; ce n'est pas merueilles'elles ne nous donnent que du phlegme, Et sur la fin quelques petites vapeurs mercurielles accompagnées de bien peu de Sel procedant dudit Soulphre si on les fait euaporer; Car la terre en general, ou Elemēt, de soy-mesme ne contient autre Sel, ny Esprit, que celuy, qui la fait telle, qu'elle est, c'est à dire subsistante, quoy qu'elle en soit la matrice, ou Reseruoir, comme nous auons monstré parlans des Elements. *Quel Sel contient la terre.*

IV. Ainsi de cette vnion resulte premierement l'adstriction des mesmes, causée par la seicheresse naturelle de la terre, & de la froideur de l'Eau en elles ; En second lieu, la viscosité dudit humide en la subtilité de la mesme terre : Et finalement la couleur jaune ou rouge, qui est produite par le Soulphre mineral, selon le plus, ou le moins d'iceluy, qui les destruit. En cette sorte nous voyons les fruicts dans leur naissance auoir vne aspreté extreme, estans fort terrestres, & peu humides, lesquels dans le temps s'humectent, & se radoucissent, Et le tout par l'vne & l'autre chaleur interne & externe. *Cause de l'adstriction & couleur des terres.* *Aspreté des fruicts en leur naissance.*

V. Partant cette verité est tres-mal entenduë des Philosophes vulgaires, ou non Hermetiques, qui pretendent extraire des Elements communs, & particulierement de l'humide, qui moüille le grand Magistaire, ou plustost ce miracle de l'Art en la Physique Resolutiue ; Puisque les Elements, ne sont que les Aliments, ou les Esleuemēts des mixtes, comme nous auons pareillement demonstré, & que chaque espece d'iceux porte sa semence, auec, & dans soy tant seulement, Outre que c'est estre ridicule de chercher dans le simple, le Composé, & dans le seul liquide, ce qui doit auoir parfaite solidité. *Erreur des pretendus Hermetiques quant à leur Magistaire.*

FACVLTEZ.

VI. L'Eau & l'Esprit du Bol seruent interieurement pour les flux de ventre, dysenteries, fiévres pestilentes, intemperies du foye, incontinence d'vrine & autres ; Exterieurement ils profitent, pour deterger, & dessecher toutes sortes de playes & vlceres putrides, chancreux, & venimeux ; Estant de mesme des autres terres selon leur nature, pour leur resolution.

Des Mineraux.
Figure. 4.

DES MINERAVX.

FIGVRE IV.

DV CORAL, ESMERIL, Matieres.
ET BISMVTH.

Desiccation , Extinction , Vegetation , Calci- Operations.
nation, & Sublimation.

Sel, Chaux, Magistaires, Precipité & Sublimé. Productions.

EXPLICATION.

E Nombre 1. Sur le bout droit de la Table represente vn Seruiteur, qui tri-ture dans vn plat vne matiere Grum- Fourneau ou-
melée, appliqué sur vn petit fourneau uert.
à feu ouuert, & au bas d'iceluy vne poi-gnée de Coraux, pour monstrer la Coa-gulation, ou desiccation de son Sel, qui suppose la dissolutiõ.

Le Nombre 2. Sur le milieu de la Cheminée , fait voir l'autre Seruiteur prest à vuider la matiere d'vn Creuset ardent sur vn Plat , ou terrine à demy pleine de vin-aigre distillé le tenant auec pincettes de la main droite , & de la main gauche vne verge de fer pour
faire choir ce qui est dedans , Et ce deuant vn fourneau Fourneau de fonte.

Qqq iij

*de fonte, au bas duquel encore il y a deux terrines, pour
seruir à l'extinction & desiccation alternatiuement;
Et quelques mourceaux d'Esmeril & semblables, pour
donner à cognoistre la Calcination des pierres dures, par
le sec chaud dans l'humide froid.*

  *Le Nombre 3. Au milieu de la Table demonstre
Hermes, qui fait voir en sa main gauche vne Escuelle
contenant la vegetation par ramification, & à froid des*
Escuelles &bo-
teilles. *mesmes Coraux, se trouuans sur la Table vne autre Escuelle, & vne bouteille à moitié pleine, l'vne de l'Essen-
ce, & l'autre de l'Huile de Tartre par resolution auec
vn verre à biere pour faire leur Magistaire.*

  *Le Nombre 4. Sur le bout gauche de la mesme Ta-
ble exprime la desiccation du precipité de l'Estain de*
Tablette à des-
seicher les pre-
cipitée. *glace, apres sa dissolution & philtration estant estendu
sur vn papier gris, & appliqué au dessus de la Cendre
sacée portée par vne petite Tablette, qui est reposee sur
vn fourneau sans feu, au bas duquel se trouue vn Entonnoir, vn matras sur son valet, ou vn appuy, & vne
boteille, qui signifient le tout.*

Reuerbere en-
tier.   *Le Nombre 5. A costé droit de la Cheminée, met en
auant vn Reuerbere entier, & trauaillant à feu de bois,
le Vase contenant la matiere estant au dedans, pour
exprimer la veritable Calcination des Coraux.*

  *Le Nombre 6. Sur le costé gauche de la mesme Che-
minée nous figure vn demy Reuerbere, sur lequel est*
Demy Reuer-
bere. *appliqué vn Pot contenant la matiere, couuert d'vn
autre Pot, ayant vn petit trou à son fonds, pour l'Euaporation des Esprits veneneux nommez Arsenicaux; Et
au bas quelques morceaux d'icelle matiere, quant à la
sublimation dudit Estain de glace.*

SOMMAIRE.

En vn mot pour reünir le tout , le premier Seruiteur triture le Sel des Coraux coagulé à chaud , ayant diſposé Recapitulatiõ. *leur veritable Calcination , par vn long Rꝟuerbere; Hermes fait voir leur Vegetation à froid , pour proceder au Magiſtaire. Et le ſecond Seruiteur trauaille à la Calci-nation de la Pierre d'Eſmeril par le chaud ſec , & le froid humide ; La deſiccation du precipité de l'Eſtain de glace , ſe faiſant d'vne-part , & de l'autre ſon ſubli-mé ; Ainſi à la place du 5. il faut mettre le 2. qui doit eſtre le 4. & iceluy le 5.*

CHAPITRE I.

ESSENCE , VEGETATION Magiſtaire , Teinture , Sel, & Huile des Coraux.

DESCRIPTION.

I. **P**RENEZ des Coraux rouges , non falſi-fiez, la quãtité qu'il vous plairra, pulue-riſez-les ſubtilemét, afin qu'ils ſe diſſol-uent pluſtoſt ; En apres mettez-les dans vne courge de vetre de ſuffiſante capacité ; Et vuidez par deſſus Maniere de diſ-ſoudre les Co-raux & autres. de tres-bóvinaigre diſtillé, qui ſurnage de la hauteur de trois doigts, Puis faites-les digerer ſur les Cendres chaudes, iuſqu'à ce que le diſſoluant n'agiſſe plus;

ou qu'il ait changé de goust, lequel faudra vuider à part, afin d'y en remettre de nouueau, continuans iusqu'à leur entiere dissolution ; tous lesquels menstruës euaporez de trois parties deux s'appellent leur essence.

I I. Dont pour proceder à leur vegetation, il faut faire exhaler doucement la mesme dissolution dans vn vase bas de verre, ou Escuelle de gray, ou de fayence sur les Cendres chaudes, iusques à vne quatriesme restante, la philtrer, s'il est besoin, tandis qu'elle est chaude, & la laisser estant couuerte en quelque lieu à part vegeter toute seule sans autre artifice : ce qui est beau à voir ; Quant au Magistaire il faut precipiter icelle Essence, auec l'Huile de Tartre par resolution goutte à goutte à cause de son ebullition ; Ce qu'estant fait & reposé vous le refiltrerez, & separerez de son humidité superfluë, comme si souuent a esté parlé.

III. Pour le Sel des Coraux vous ferez exhaler aussi, & à sec le Menstruë sans le remüer aucunemét pour voir sa naturelle figure, lequel se peut resoudre en liqueur comme le Tartre, quoy que plus difficilement, si le Porphyre, ou le marbre, ne sont bien polis, ou si le Menstruë n'a point esté fortifié par l'Esprit de Nitre, ce qui est en ce cas necessaire, auec le lieu frais ; Finalement afin d'en auoir vne espece de Teinture, apres estre reduits en poudre tres-subtile, vous pouuez le faire digerer auec Esprit de vin dans le ventre de Cheual, ou le fumier durant vn mois, les distiller & cohober par plusieurs fois, & euaporer comme toute autre sorte de Teinture.

I V. Mais

Vegetation des Coraux.

Magistaire des Coraux.

Sel des Coraux & Huile.

Teinture des Coraux.

·IV. Mais le meilleur est de les calciner au feu de Reuerbere, ou de potier, iusqu'à ce que de la couleur blanche, ils ayent acquis derechef la rouge, qui s'est euaporée au commencement, comme superficiaire; Puisque nulle Teinture se peut extraire de quelque mixte que ce soit, tant qu'il contient son humeur Nourriciere & Accidentaire; C'est pourquoy il est necessaire d'vn grand & long feu, à cause de la densité du corps des Coraux, duquel il n'est pas bien aisé d'en sortir cét humide; Les perles Porcellaines, & toutes autres Conques, ou Coquilles, qui appartiennent à la famille des Animaux se preparant de mesme façon. Partant

Calcinatiõ des Coraux à feu violent.

SENS PHYSIQVE.

V. Cette Operation nous conuie de dire, que le *Corail est vne plante marine (comme témoigne fort apparemment sa forme, quant à ses ramifications, & racines) Estant composé de beaucoup de terre, d'où vient son adstriction Assez d'*Eau*, & quelque peu de Soulphre, duquel le plus & le moins, auec sa terre pure, ou non, font sa difference blanche, rouge & noire;* Laquelle plante tant qu'elle est sous l'onde, dans sa terre natale, Et selon sa saison vegete tousiours, comme les autres; Mais si tost qu'elle a pris l'air inaccoustumé, ou qu'elle ne croit plus, de moins solide, & colorée, qu'elle estoit, elle se desseiche peu à peu, se durcit, en forme de pierre & rehausse sa couleur, ce qui se voit par les diuerses pesches, qu'on fait à diuerses saisons, à cause dequoy nous l'auons porté en ce lieu.

Que c'est que Corail.

VI. Ce qui se voit clairement en la mousse marine, qu'on appelle Coralline, qui est de mesme na-

Coralline.

ture, & fort commune dans le bord de la Mer Me-
diterranée de Montpellier, & ailleurs, quoy que
plus deliée, & petite, approchante dauantage de
l'air ; Outre que c'est vne chose constante, que le
bois s'empierrit dans certaines Eaux & minieres
Acres de nature, destruisants leur Soulphre combustible, qui les rarefie; d'où s'ensuit ladite congelation, ou petrification, comme l'Ebene, plusieurs
sortes de feuilles & semblables, mesmes des Animaux, que l'Experience en diuers rencontres fait
voir.

Bois, feuilles & Animaux petrifiés.

V I I.　Quant à la Teinture externe rouge, dudit
Corail, d'autant qu'elle ne paroist entieremét, qu'en
sa desiccation, par le moyen du reste de son Soulphre, Et ne disparoist, que par sa dissolution, humide, comme l'épreuue témoigne ; En vain on espere
de la tirer, ou Extraire par, & dans l'humidité, qui
luy est contraire, si ce n'est trompeusement, suiuant ce que nous auons dit en nos veritez, & maximes de cet Art, En la place de laquelle rougeur,
succede le plus souuent la couleur verde, premiere
liurée naturelle des plantes, suiuant le degré de sa
maturité, & la saison qu'elle a esté arrachée de sa
terre, qu'vn mesme rencontre m'a fait voir, & que
i'ay demonstré par plusieurs fois publiquement
dans mon Laboratoire, pour vn exemple de la vegetation à froid, & par soy-mesme.

Teinture du Corail comme est trompeuse.

Couleur verde est la premiere des plantes.

V I I I.　Marque euidente de sa nature vegetale,
qui se peut voir encore sur la Rose, de laquelle apres
auoir extrait la couleur rouge, qui est vne Exuberance de sa cuitte, & maturité d'humeur (suiuant

ſon inclination & forme determinée) reincrudée, par vn noueau Menſtruë, ſa naturelle verdeur eſt deſcouuerte, comme la baze de ſon Exiſtence, & le ſigne de ſa vie, ou nourriture , à la façon des autres plantes, ſuiuant la raiſon que nous en auons apporté , parlans des couleurs en la deſcription du Vitriol. *Teinture verde des Roſes.*

IX. Finalement pour ce qui eſt du Sel du meſme Corail, la Reigle eſt aſſeurée , qu'aucun mixte ne le peut bailler, que premierement il n'ait eſté calciné à feu ouuert, c'eſt à dire, que ſon humidité nourriciere, qui le décuit auec ſa terre, liant ſes parties , ne ſoit tout à fait deſpoüillée & ſeparée d'auec luy ; Moins encore ſon huile; Puiſque pour meſme cauſe, il n'eſt pas capable de Reſolution en iceluy ; Parquoy ce qui reſulte de cette diſſolution, ou Corroſion humide n'eſt point le Sel dudit Corail , mais bien celuy de ſon diſſoluant, vny & arreſté auec ſa Chaux, ou terre, à proportion qu'il s'affoiblit , lequel eſt plus Volatil que Fixe, D'où vient ſa difficile reſolution en l'Air, quoy qu'humide & froid. *Le Sel , & ſa Reſolution ſuppoſe la Calcination.* *Le Sel vulgaire des Coraux & ſemblables eſt impropre.*

X. Verité qui eſt encore manifeſtée en ce que, ſi on vient à rompre les meſmes Coraux à moitié corrodez, on voit que le dedans eſt rouge ſolide, & le dehors blanc & farineux contenant les deux, Parce que le Sel ſe tient en terre, & ſe nourrit en l'Eau, comme nous auons dit ſi ſouuent, Et la terre ſe plaiſt auec la terre , comme ſon ſemblable ; En laquelle façon il faut auſſi entendre toutes ſortes de precipitations, leur diſſoluant, ayant eſté affoibly par ſon contraire, & conſequemment deſchargé de ce qu'il *Remarque.* *Raiſon ſur les precipitations.*

contenoit, les terres attirants les Sels, & reciproquement tout autant qu'ils dominent fur l'humide, comme les diuerfes Infufions & lotions font foy.

Erreur commune.

XI. En quoy auffi fe font trompez ceux qui ont introduit cette maxime en la Chymie, que, Ce qui eft diffoult, ou corrodé par les Efprits, fe precipite par les Sels: & au contraire, Dautant que les mefmes

Action des Efprits.

Efprits n'agiffent, que par les Sels. qui les corporifient, & les deux par l'humide qui leur facilite l'entrée, lequel manquant, ou eftant trop abondant, leur action eft finie, C'eft pourquoy l'Huile de Tartre par defaillance ou refolution; iettée fur l'Eau commune bien claire & nette, de riuiere, ou autre

L'Huile de Tartre iettée dans l'Eau tres-pure ne precipite rien.

ne precipite rien, ains fe diffoult en elle-mefme, eftant trop fimple, & ne contenant aucun terreftre, ou falineux; Outre que les mefmes Sels pareillement ne font iamais fans leurs Efprits, fe rarefiants & refferrants à proportion du plus & du moins de leur humide, pour agir & patir mutuellement.

FACVLTEZ.

Flux de ventre.

Gonorrhées.

XII. Le Sel des Coraux, & le Corail mefme feruent interieurement pour arrefter le flux de ventre & les Gonorrhées, moderer les paffions de matrice, fortifier le cœur & l'eftomach; d'vn fcrupule

Playes.

à vne dragme; Exterieurement il incarne les playes, recrée la veuë en Collyre, blanchit les dents, &c.

Vers.

La Coralline tuë les vers des Enfants à la dofe d'vne dragme dans quelque vehicule, &c.

CHAPITRE II.

PVLVERISATION, CALCINA-
tion, Teinture, Magistaire & Sel d'Esmeril,
Crystal de Roche, & semblables pierres
fortes & dures.

DESCRIPTION.

I. **P**RENEZ de bon Esmeril rouge
ce que vous voudrez, faites-le
bien enflammer entre les charbons
ardents; Puis esteignez-le dans du
bon vin-aigre distillé, rectifié, ou
alcalizé; Quoy fait, & reposé quelque peu, vuidez-
le à part, Et reprenez l'Esmeril que vous aurez fait
seicher auparauant, pour estant encore rougi au feu,
mis dans vn Creuset, en cas qu'il ait commencé de
se rompre en morceaux, l'esteindre derechef dans le
mesme vin-aigre, comme la premiere fois, & reite-
rans cette operation iusqu'à ce qu'il se mette en poudre facilement.

II. En apres reuerberez-le dans vn Creuset, ou
Pot de terre qui tienne au feu, durant trois, ou quatre heures; Et l'ayant remis dans vn vase de verre,
matras, ou ventouse, versez par dessus d'Eau Royale, laissez le tout digerer sur les Cendres chaudes,
iusqu'à ce que le Menstruë soit entierement em-

Pulverisation
de l'Esmeril.

Dissolution &
Teinture.

R r r iij

praint d'iceluy, que vous feparerez, & renouuelle-
rez comme à tout autre Extraict iufqu'à la fin de la
Teinture, qu'il faut philtrer, & faire euaporer d'v-
ne tierce partie, pour eftre bonne.

III. Quant au vin-aigre diftillé, qui a feruy à la
diffolution de ladite pierre, apres l'auoir bien philtré par le papier gris, il le faut faire euaporer à feu
Sel vulgaire de doux fur les Cendres chaudes, & à fec fans le re-
l'Efmeril. muer pareillement, afin de voir le Sel, qui en refulte
auec fa propre forme, couleur, & faueur, comme
Magiftaire du nous auons dit du Corail; Le Magiftaire fe peut fai-
mefme. re tant de ladite Teinture, que du vin-aigre à la façon des autres, Et fon Sel n'eft point different de
celuy du Corail, Preuue, que ce n'eft que le Sel du
vin-aigre, qui s'eft arrefté & corporifié auec la
Chaux ou Craye de la mefme pierre, comme nous
auons declaré en nos Maximes.

IV. Pour le Cryftal de Roche, apres la pulueri-
Calcination & fation faite comme deffus, on le calcine dans vn
Refolution du Creufet, ou Pot femblable, auec fon double de Sal-
Cryftal de ver- petre, Et comme il a acquis la couleur bleuë, ou ce-
re. lefte par la violence du feu, eftant bien fondu, on le
iette dans l'Eau froide peu à peu deuenant comme
de la boüillie, Et eftant bien diffoult, philtré, & deffeiché, on le met refoudre felon l'Art, fur le Porphyre ou marbre bien poly, en lieu fort frais, comme il
arriue aux Caues les mois de Iuin, Iuillet, & Aoufti
à caufe de l'Antiperiftafe, c'eft à dire la Chaleur externe, qui refferre le froid au dedans des lieux foubs
terre, par le droit des contraires, comme l'experiéce
nous apprend, en ces mois-là; Pareillement des au-

tres pierres ; Il eſt vray que cette Huile eſt fort impropre, & plus eſtrangere qu’il ne faut: Doncques
SENS PHYSIQVE.

V. En cette Deſcription nous apprenons, que
l’Excez aux Cauſes agiſſantes fait le meſme que les
contraires ; Car les pierres eſtants *compoſees de terres*　Que c’eſt que
d’Eau, & de Sel, ſuiuant le plus & le moins d’iceux,　pierre.
vnis par vne douce Chaleur ſpiritueuſe & coagulée par
vn froid moderé. Si la meſme Chaleur eſt trop forte,
elle conſume l’humidité, qui lie la terre, de Nature
friable, comme l’on voit en la Chaux viue ; Et ſi le　Excez des cau-
froid eſt vehement, il deſtache l’humeur de ſa meſ-　ſes agiſſantes.
me terre, & la congele ſeparément, comme il arriue
aux pierres tirées fraiſchement de leur carriere ; ou
miniere en temps d’Hyuer : Ce qui n’eſt point ſi el-　Solidité des
les ſe peuuent ſeicher peu à peu, de leur humidité　pierres.
ſuperfluë, ou bien, ſi elles ſont deſia vnies fortemét.

VI. Donc quant à leur difference, pour la ſolidité
d’icelles, elle depéd de la meſme terre, plus ou moins
deliée, & ſubtile ; auquel cas la deſ-vnion ſe fait
tres-bien par les contraires ; En cette ſorte la pierre
dure, ayant conçeu vne extreme ardeur au feu, eſtăt
iettée ſubitement dans l’humide aqueux, ou ſpiri-　Effet des Con-
tueux ſe briſe, & reuient en ſes premiers Athomes,　traires.
auec bruit, & boüillonnement, par la meſme contrarieté, leur Eſprit, & Sel ſe diſſoluans dans le Menſtruë ; le propre du ſec eſtant d’eſboire l’humide,
l’attirer, & le retenir.

VII. Touchant la couleur & ſplendeur des meſmes pierres, l’vne depend de la terre, & l’autre de
l’Eau, Et les deux du plus & du moins, du pur, & de

Cauſe de la couleur, & ſplédeur des pierres.

l'impur des meſmes; Car ſi la Terre tres-pure, blanche & ſubtile abonde, auec peu de Sel & aſſez d'Eau, c'eſt du marbre blanc, albaſtre, & ſemblables, quelque peu claires particulierement, quand elles ſont polies & adoucies. Mais ſi auec la meſme pureté,

Marbre blanc.

blancheur, & ſubtilité de la terre, & du Sel, l'Eau

Cryſtal de Roche.

domine tant ſoit peu également à ſes parties: la pierre eſt tres-blanche, & tranſparante, comme le Cryſtal, le Diamant, & autres ; Au contraire ſi la terre eſt aduſte, Soulphreuſe, ou Metallique, plus ou moins humide, pure, & ſubtile; la meſme pierre ſe-

Eſmeraude.

ra, ou noire comme le marbre , ou rouge comme le ruby , ou verde comme l'Eſmeraude, & ainſi des autres.

VIII. Et le tout par leur chaleur naturelle, qui les vnit & décuit interieurement, & ne ſe manifeſte que par la violence, comme il appert aux Marcaſ-

Comment les pierres à fuſil produiſent le feu.

ſites deſquels cy-apres ; Et en la pierre à fuſil, laquelle frappée viuement en ſes parties plus delicates & pures, par l'Acier tres-dur, ne s'émouſſant point, rend ladite chaleur externe, en eſtincelles de feu capables de s'augmenter à l'infiny , ſi elles ſont arreſtées dans vne matiere ſeiche, & facilement combuſtible, Et le tout par le mouuement, ce que l'Experience iournaliere fait voir.

Sel des pierres.

IX. Et pour ce qui eſt du Sel deſdites pierres, dautant que la pluſpart d'icelles n'en a que pour l'vnion de ſes parties: Et que d'ailleurs ſa Calcination y eſt requiſe, laquelle eſt tres-difficile en aucunes, & en d'autres impoſſible, n'eſtants compoſées que de terre , & d'vne ſeule vapeur onctueuſe ſans

aucun

aucun Sel, ou tres-peu comme le Talc, laquelle Talc que c'eſt.
eſtant deſſeichée n'en demeure que l'vnion ; Que
s'il en reſulte quelqu'vn ſelon la iactance vulgaire,
c'eſt le plus ſouuent, ou ordinairement, celuy du
diſſoluant, ou de ſon compagnon en ſa Calcina-
tion, comme il appert au Coral, & Eſmeril, leſquels Le Talc eſt irré
corrodez par le vin-aigre diſtillé donnent vn Sel de ſoluble en li-
meſme figure, couleur & gouſt, ce que nous auons queur.
auſſi declaré & demonſtré.

FACVLTEZ.

X. La Teinture de l'Eſmeril ſert particulierement Precipitation,
pour diſſoudre, & precipiter en vn moment le
Mercure crud en y verſans pardeſſus le double;
L'Huile du Criſtal de Roche profite à la dyſente-
rie, flueurs de matrice, au calcul, & ſemblables,
auec vn vehicule conuenable; Le Sel, & le Magiſtaire ne ſont pas beaucoup differents de ceux du
Corail, & autres pierres deſquels cy-deſſus.

CHAPITRE III.

PVRIFICATION, DISSOLVTION,
Sublimation, & Fixation du Biſmuth,
Zinch, & autres Marcaſſites.

DESCRIPTION.

I. **P**RENEZ le Marcaſſite qu'il vous plai- Purification du
ra: Et pour exemple le Biſmuth ou E- Biſmuth ou
ſtain de glace, pulueriſez-le dans vn Eſtain de glace,
mortier de bronze, ou de fer, Et le lauez bien auec

vin-aigre diſtillé, empraint du Sel Marin & philtré,
le changeans, autant qu'il paroiſtra de la noirceur;
Apres faites-le ſeicher, ſur les Cendres chaudes à feu
lent, ou bien, remettez-le ſur le papier gris, comme
ſi ſouuent nous auons dit.

II.   Quoy fait diſſoluez-le dans l'Eau forte; faite
d'Alum & de Nitre ſeulement, & rectifiée s'il eſt
beſoin, la verſans par deſſus peu à peu, & iuſqu'à
ce qu'il ſoit entierement diſſoult; Mais pour faciliter & aduancer l'operation, tenez le vaiſſeau ſur
les Cendres chaudes, ou autre chaleur lente; Puis
precipitez la diſſolution, auec l'Eau marine, ou Eau
commune emprainte du Sel marin, comme toute
autre corroſió Metallique, excepté l'Or, Radoucif-
ſez-le, par l'Eau ſimple, & le ſeichez ſuiuant l'Art,
& noſtre methode particuliere ſi ſouuent repetée.

III.   Que ſi vous deſirez le ſublimer pour augmé-
ter ſa vertu, ou pour quelque autre deſſein, eſtant
ainſi preparé, meſlés-le auec pareille quantité de Sel
Armoniac tres-blãc, & procedez ſelon l'ordre de la
ſublimation; Eſtant loiſible de le ſeparer du Sel par
l'Eau chaude commune, & le ſeicher à l'ordinaire.
Dauantage on le peut rendre fixe, c'eſt à dire, perſeuerant aux flammes, la diſſolution d'iceluy eſtant
faite, par le vin-aigre diſtillé radical, ou philoſophal,
ſçauoir en l'imbibans par pluſieurs fois d'Huile de
Tartre par defaillance, & le deſſeichans de meſme
façon.   C'eſt pourquoy

SENS PHYSIQVE.

IV. Quant au raiſonnement de cette derniere matiere, Nous dirons pour conclurre noſtre Section

troisiesme, Que les *Marcaßites sont composez, de terre fort
subtile, coagulée par vne humeur, ou vapeur Soulphreuse combustible*, qui ne s'estend point, Et quelque peu Metalli- *Marcaßite que
que, d'où procede leur solidité & densité, manquants* c'est.
de Mercure interne pour se fondre aisément, à cause
dequoy ils sont plustost nombrez auec les pierres à feu *Comment ils
qu'entre les Metaux, quoy que leur poids, ou couleur* se fondent.
témoignent du contraire; Toutes lesquelles choses ne
dependent, que du plus & du moins, en l'vnion de leurs *Limites de
principes, & Elements, les degrez desquels determinez* l'Art.
constituent cette varieté des Mixtes, que l'Art ne peut
aucunement effectuer, ou fort imparfaitement.

V. En suite dequoy, pour finir auec les Philosophes, *Doctrine des
on ne trouuera iamais dans les Escrits des vrais succes-* Hermetiques.
seurs d'Hermes, qu'aucun d'iceux se soit vanté d'auoir
fait ny Sel, ny Soulphre, ny Mercure, ny Sol, ny Lune;
Mais bien qu'ils ont asseuré clairement le secret n'ap-
partenir qu'à la Nature; Et que pour eux ils professent
tant seulement vn moyen pour découurir, & démesler *Excellence de
le vray Soulphre incombustible, d'auec celuy qui est* la Nature.
subiet à la brusture, le parfaire & le grossir à l'infiny,
l'appellants à cette cause remede, ou medecine pour l'v- *Profeßion des
ne & l'autre Teinture Metallique; Et partant il est tres-* Philosophes.
raisonnable pour iuger absolument des œuures de la
Nature d'en cognoistre les causes; Ce qu'on ne peut
obtenir, que par lesdits principes en leur vnion dans le *Neceßité de la
composé, moyennant sa Resolution, comme nous auons* resolution.
monstré iusques icy, & que nous continuerons en la
Section suiuante.

FACVLTEZ.

VI. L'vsage particulier du Bismuth, ou Estain de *Establissement
glace est pour la Metallique, les miroirs, &c. Et pour* de la face.
l'embellissement du visage appliqué auec pommade, ou
autre medicament, auec les circonstances requises, suiuant le diuers naturel, c'est à dire gras, ou maigre, surquoy ie ne m'estendray pas.

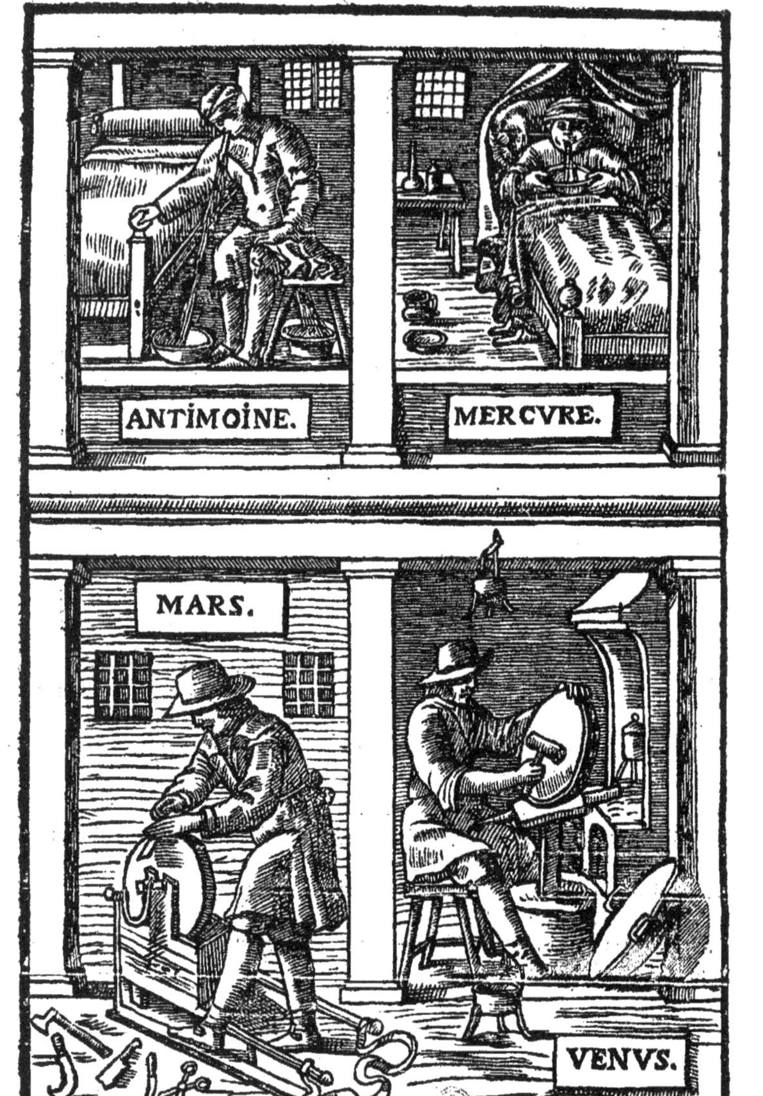

ANTIMOINE.
MERCVRE.
MARS.
VENVS.

SATVRNE.
IVPITER.
LVNE.
SOLEIL.

SECTION QVATRIESME
DES METAVX.
ARGVMENT.

POVR LA SVITTE DES Matieres, Figures, Explications, & Chapitres de cette Section.

I. EN cette quatriefme Section, qui contient le fixiefme & dernier chef general des Mineraux; ainfi qu'appert par le mefme Type vniuerfel, fçauoir des Metaux; dautant que de la terre, & de l'Eau tout eft fait comme premiers fondements contenus fous toutes fortes de Mixtes, ainfi qu'a efté dit par plufieurs fois : Nous traitterons premierement de la Terre Metallique, qui eft l'Antimoine, felon les Philofophes ; Et d'iceluy nous propoferons la Calcination, fans, ou auec addition; la vitrification, la detonation appellée foye & faffran, & pourquoy, fon Infufion ou Ebullition aqueufe, ou non, & le moyen d'en tirer l'Huile.

Premiers fondemens des Corps.

II. En fecond lieu, nous baillerons la defcription de l'Antimoine, & l'Explication demonftratiue de toutes fes parties, comme de fa folidité, volatilité, Soulphre, Mercure, & Sels, par l'vne & l'autre Calcination & vi-

Parties de l'Antimoine.

trification ; ou se voit l'erreur des Hermetiques pretendus, touchant leur Mercure, & leur Sel, suiuant la
preuue qui en est faite, semblablement de l'vnion des
mesmes parties de l'Antimoine, par l'Esprit commun,
tirée de son Action libre, ou non ; estant marqué l'effort de la Nature, irritée à l'exemple du bon pere de

Effort de Na-
ture.
famille, quant à l'administration des remedes, qui sont
tousiours, ou le plus souuent nuisibles, s'ils sont mal
preparez, ou ordonnez. *Figure I. Chap. I.*

III. En suitte de ces operations, Nous monstrerons
encore la Fixation, ou Calcination diuerse, & entiere
du mesme Antimoine son Regule, ou purification, auec
les circonstances, qu'il faut garder, son Soulphre auré,
formé des feces, ou marc du mesme Regule ; ses fleurs
blanches ou rouges : Ensemble leur difference d'auec
celles du Soulphre ordinaire : Plus nous expliquerons

Malleabilité.
la cause de la malleabilité des Metaux, Pourquoy l'Antimoine n'est point malleable, son Effect diuers en nos
corps, & pourquoy, Comment il deuient Aperitif, &
sudorifique ; par qui son Estre est conserué, & pourquoy
il est appellé Regule, & la cause de son imperfection.
Chap. II.

IV. Ayant parlé de la Terre Metallique, Nous viendrons à son Eau, & d'icelle nous déduirons, comment il
faut purifier le Mercure, le dissoudre en precipitez blác,
& rouge & Turbith Mineral ; le calciner par Amalgame,
& le reuiuifier ; En apres nous rapporterons la Description du Mercure, Et l'Explication demonstratiue de
ses parties, & de leur vnion ; Pourquoy il est appellé Eau

Mercure.
Metallique ; Et monstrans, que la Terre & l'Eau, ne
sont que les matrices & nourrices des Mixtes, Nous
declarerons aussi, que rien de viuant n'est produit sans
semence.

V. Et cóme la mesme Terre est fertile, tant au dehors
qu'au dedans ; Des seméces les vnes sont separées de leur
corps, comme celles des plantes, les autres non comme
celles des Animaux terrestres & greßils, Et entre les
Mineraux celles des Metaux : Toutes lesquelles ne demandent,

mádent, que d'estre iettées dans leur propre matrice, & Introduction du sexe.
nourrice, côme les semences des plantes dans leur terre,
les semences des Animaux dans leur sexe femelle, pour
lesquels, il a esté introduit, & dans lesquels il séble que
ce n'est qu'vne Extension de production, à la façon des
mesmes plantes qu'on prouigne ; et quant aux Metaux
ils veulent estre dissoults dans leur Eau Homogene, ou
de semblable nature, moyennant l'Art, En quoy consiste la prouidence de son Autheur, & la dignité de
l'Artifice.

VI. Ou continuans ce mesme subiet, Nous ferons Sublimé corro-sif.
voir la maniere du sublimé corrosif ; le Mercure calciné, ou non, tant par la Cornuë que par le Matras ; Plus,
le sublimé doux, ou dulcifié, & son Huile par Intermede, Sublimé doux.
ou par Menstruë, par distillation, ou par Resolution, ou
melioration ; Et parlans de sa nature, & difference d'a-
uec les autres corps : Nous dirons pourquoy Mercure
est appellé l'Interprete des volontez diuines, le Dieu
des larrons, & semblables : Comment de Volatil il est Mercure, Dieu des larrons.
rendu Fixe parfait auec ses especes ; l'Art empruntant
de la Nature la matiere qu'elle perfectionne, moyennant l'Esprit, & la probité de celuy qui la cognoist, &
qui est rare parmy les Hermetiques, à cause de son auare passion, qui l'en exclud comme criminel, *Chap. II.*

VII. Dauantage comme du mesme sec, & de l'hu- Varieté des Corps.
mide, procede la varieté des corps ; pareillement du
meslange de l'Antimoine & du Mercure resultent plu-
sieurs substances : Et entr'autres, ce qu'on appelle vul- Poudre Emeti-que.
gairement Gomme d'Antimoine, Mercure de vie &
semblables, De laquelle nous exprimerons la façon &
circonstances requises ; sa Rectification, son Huile par
Resolution, sa poudre par precipitation ; l'Aigret par la
dissolution de ses Sels, particulierement Volatils, &
iceux par Euaporation.

VIII. En apres nous monstrerons, pourquoy du Regule ne se forme aucun Cinabre, Et que du sublimé
doux, sort moins de gomme ; Puis auec la Reutification,
tant du Mercure que de l'Antimoine, Nous explique-

T tt

rons la maniere du Bezord Mineral, & Metallique ; Et

Meʃlange.

reuenant au meʃme meʃlange fait à propos, Nous donnerons à cognoiftre, le pouuoir de l'Art, Contre l'opinion commune, Que l'Antimoine de foy ne baille que
des fleurs ; Et que le fublimé tout feul eft prefque toûjours vaporable ; D'où prouïent le plus de la gomme du
meʃme Antimoine, & de fa poudre, fa fufion nouuelle,
fon Aigret & autres. *Chap. III.*

IX. Ainfi les parties conftitutiues des Metaux en
general eftants expediées, Nous entrerons dans l'Explication d'vn chacun d'eux ; Et premierement de Mars
& de Venus, c'eft à dire, du Fer, & du Cuiure, fous lef-

Inclination a-
moureuʃe.

quels eft entenduë l'Aptitude, ou inclination amoureu-
fe des quatres premieres qualitez des mefmes parties,
qui doit eftre conforme pour fon effect ; Car Mars eft
chaud, & fec, & Venus eft moins froide & plus humi-

Rapport.

de ; De là fuit le Produict, & Engendré, qui dit rapport
à fon Autheur, foubs le nom de Saturne, ou le plomb,
& de Iupiter, ou l'Eftain, pere, & fils ; Plus, fa reproduction, ou generation (tout crée, eftant de foy limité) &

Sexe.

la difference du fexe duquel cy-deffus, fous le nom de
Lune, ou Argent, & du Soleil, ou Or, frere & fœur,
poffedans les mefmes qualitez.

X. Et partant, quant à Mars, ou le fer, Nous enfei-
gnerous comment il le faut calciner par Menftruë fimple, ou non, naturel, ou non, & à fec, par fumigation de

Operations de
Mars.

vapeurs acres, roüille, & femblables, Le diftiller, deffçi-
cher, cryftallifer, refoudre, & le reuerberer en faffran,
ou poudre rouge, tât pour l'Adftringent, qui eft naturel,
que pour l'Aperitif, qui ne l'eft qu'accidentairement,
fuiuant la regle generale ; Et ayant auffi fuppofé la maxime commune des operations Metalliques, & fait voir
l'intention mauuaife des communs Chymiftes ; Nous
donnerons la defcription du fer, & fon Explication demonftratiue ; la caufe de fa roüille, & de fa dureté en A-

Defcription du
meʃme.

cier, Et pourquoy les Philofophes ne recherchent point
fon entiere perfection, n'eftant fait Aperitif que par
Accident. *Figure III. Chap. I.*

XI. Pour la Venus, ou le Cuiure, nous monstrerons à
faire la Chaux par Stratification, Vstion, Extinction,
Dissolution par Menstruë, acre, ou non ; le Vitriol, les
fleurs, l'Huile par Resolution, fait, ou par Calcination;
ou par Dissolution & le Magistaire ; Puis nous viendrõs
à la Description du Cuiure, & son Explication ; Surquoy déduisans les Fables, Nous dirons pourquoy Venus a esté mariée à Vulcan, Quelle difference il y a entre Mars, & Adonis ses Amoureux ; Plus à quel dessein
vnie auec Mars, le Soleil les découure, & Vulcan les arreste ; Et enfin pourquoy Venus, a le Corps & l'Esprit
tres-beaux, suiuie de Mercure, & de toutes les graces.
Chap. II.

Operations de Venus.

Sa Description & Fable.

Beauté de Ve-
nus.

XII. Du Saturne ou plomb, Nous ferons voir premierement comment on le doit calciner, auec facilité,
le recuire en Chaux, & d'icelle tirer l'Essence, les Crystaux, le laict virginal, le Sel, le Magistaire, sa reuiuification, & autres ; En apres nous apporterons la Description du plomb, & son Explication demonstratiue ; Et
donnans le sens naturel des Fables du mesme Saturne,
Nous ferons cognoistre les parties constitutiues de
toutes choses : Plus les caracteres des Metaux, Comme
s'entend le chastrement de Cœlus par Saturne, Par qui
est representé le mouuemét interne de toutes les choses
naturelles, & sa durée, Que signifie le pache de Titan
auec Saturne son frere, ses Enfants nourris en secret,
son Emprisonnement, sa deliurance, auec sa cheute ; Et
sur ce nous prendrons occasion de parler du commencement du Magistaire des Sages, de l'erreur de ceux qui
cherchent l'Argent vif de Saturne, s'il y en a aux Metaux, & quel il est ; Que c'est que Germe, & comment
les formes substantielles sont comprises sous iceluy, en
imitans l'infiny. *Figure IV. Chap. I.*

Operations du
plomb, & sa
Description.

Fables du mes-
me.

Pierre Physi-
que.

XIII. De Iupiter ou Estain, Nous manifesterons
premierement la façon de l'Amalgame, & ses circonstances ; Celle de Iupiter auré, & purpurine, sa Chaux
par Euaporation & Sublimation, ses fleurs, son Bezoard
& Magistaire ; En second lieu, Nous exprimerons la dif-

Operations de
Iupiter.

Description du mesme. ference du plomb & de l'Eſtain, La cauſe de ſon cryc &
petillement: La deſcription du meſme, & ſon interpre-
tation demonſtratiue; Et auec la diſtinction des qualitez agiſſantes, Nous dirons auſſi, pourquoy le foudre eſt

Son foudre. attribué à Iupiter frere, & mary de Iunon; La cauſe du
meſme foudre, Ses Amours feminines; Et pourquoy
il a eſté ſurnommé le pere des Dieux, & le ſecours des
hommes; En apres nous declarerons le moyen de paci-
fier le frere & la ſœur, le mary & la femme; Ce que repreſente Minerue, & ce qu'il faut obſeruer pour l'entiere fabrique du Magiſtaire des Philoſophes *Chap. II.*

XIV. De la Lune ou Argent fin, Nous mettrons en

Operations & auant, comment c'eſt qu'il faut le calciner, par Men-
Description de ſtruë, ou non, le precipiter, faire les Cryſtaux, par moyés
la Lune, ou Ar- diuers, ſon Huile par Reſolution, ou Diſtillation. & ſa
gent fin. Vegetation ſeiche, ou humide; Plus nous aſſignerons ſa
Deſcription & ſon Explication demonſtratiue, Ainſi
que dés autres, Enſemble comment elle eſt plus, ou

Ses Fables. moins parfaite; Et enfin nous déduirons ſa Fable, l'appropriation de ſes parties: ce qui l'empeſche d'eſtre entierement Fixe, & comment il la faut parfaire; Enſemble les Chefs à eſclaircir, pour l'intelligence du Magiſtaire Phyſique. *Figure V. Chap. I.*

XV. Finalement du Sol, ou Or, Nous expoſerons la
maniere de faire la poudre par fumigation de plomb,

Operations du ou Amalgame, La diſſolution en Chaux, par Menſtruë
Soleil ou Or. propre; Plus le ſaffran par ſtratification; les Cryſtaux,
l'Huile par diſtillation, ou Reſolution reïterée, auec la
maxime generale des Metaux, & leur reduction; En

Description & apres nous manifeſterons briefuement, que c'eſt qu'Or,
Fables. & continuans les Fables, Nous expoſerons pourquoy
Diane & Apollon ſont gemeaux; Et que Diane naſquit
la premiere: Dauantage parlans de l'vnion de l'Eſprit,
Sel, Terre, & humide; de leur fonction & vigueur di-

Recapitulatiō. uerſe du meſme Eſprit, Nous repeterons par Recapitulation de tout ce que deſſus, qu'elle eſt la diſtinction
generale des Elements; Comment ſe fait leur conuerſion, ou reſolution Philoſophique, quel eſt le commen-

 ecment, le milieu & fin, couleurs & fonctions pour ce
grand Oeuure.

XVI. Et ayant posé aussi quelques autres Maximes,
Nous discourirons encore de la semence des Choses en
general; De la difference du sexe, du mouuement naturel; Et en espece des Causes Instrumentaires des generations des Mixtes, auec leurs differences; Puis à quel
dessein la Nature, ou son Autheur a mis au pouuoir de
l'homme la Reproduction des Metaux, sur terre, & le
moyen: Pourquoy il y a si peu des Hermetiques; Et
d'où procede la difficulté de cét Art; Qu'elle est la matrice & nourrice des Metaux sur terre; Ensemble la
quantité, ou degré de la Chaleur accidentaire de cette merueilleuse Reproduction. Concluans le tout par
les obiections principales, & leurs solutions sur ce sujet.
Chap. II. & dernier.

Reproduction
des Metaux.

Des Metaux.   FIGURE. I.

DES METAVX.
FIGVRE I.
DE L'ANTIMOINE.

Matieres.

CALCINATION, SVBLIMA- Operations.
tion, Distillation, Combustion, Fusion,
Maceration, Extraction, Dissolution,
& Filtration.

Eau, Fleurs, Chaux, Foye, Verre, Extraict   Productions.
Regule & Soulphre auré.

EXPLICATION.

L E Nombre 1. *Au costé droict de la*   Demy Reuer-
Cheminée, represente vn demy Reuer- bere.
bere sur lequel est assise vne terrine con-
forme; Et sur icelle vn Aludel en façon
de dome bas, & ouuert en son fonds
comme aux fleurs de Soulphre, Et
pardessus encore vn Alambic auec son Recipiant, se
trouuant au bas du mesme Aludel, ioignant le bord
de ladite Terrine, vne petite ouuerture de la longueur
d'vn doigt, & de la hauteur d'vn poulce, pour porter,
& remuer l'Antimoine auec sa spatule, & le cout mo-
bile, pour en temps & lieu separer l'Eau, les fleurs,

*& la Chaux du mesme, sans addition, & par vn seul
fourneau.*

Mortier.

Le Nombre 2. Du costé gauche de la Cheminée dépeint vn grand mortier plein de flamme, auec vne haute & grosse fumée, couuert toutefois d'vne façon de dome ouuert, pour empescher que la matiere ne se dissipe
trop au-dehors; & pour faire voir la Calcination du
mesme Antimoine par addition appellé foye, Et de là
sa fixation; pour estre sudorifique.

Le Nombre 3. Sur le milieu d'icelle Cheminée, fait
voir vn Seruiteur prest à ietter de la main gauche des
petits pacquets, dans vn Pot, ou Creuset de terre, ap-

**Fourneau à feu
ouuert.**

pliqué sur vn fourneau à feu ouuert; & tenant de la
droitte auec les pincettes, le couuercle, pour marquer la
purification ardente de l'Antimoine qu'on nomme Regule.

Le Nombre 4. Au milieu du Laboratoire demonstre
l'autre Seruiteur, qui iette l'Antimoine fondu dans vn

Poislon

poislon plat en son fonds, tenant le Creuset ardent, auec
des pincettes de la main droite, & remuant le mesme
poislon de la gauche; ioignant le fourneau allumé pour
le verre du mesme.

Le Nombre 5. Sur le bout droit de la Table, contient le foye d'Antimoine en gros morceaux d'vne part,
Et vn mortier auec son pilon de l'autre, Ensemble vne

Bouteille.

grande bouteille à demy plaine, pour faire voir le vin
Hemetique ou vomitif du mesme foye d'Antimoine,
Et d'iceluy l'Extraict.

Le Nombre 6. Au milieu de la Table, monstre Hermes, qui ayant cassé le bas du Creuset, qui contenoit
le Regule, tenant iceluy sur sa main gauche, tasche
de

de le caſſer auec vn marteau qu'il tient de la droite, ſe Terrine.
trouuant d'vn coſté le Creuſet, couché, & caſſé en ſon
fonds, Et de l'autre vne terrine à demy plaine d'Eau
commune, auec vn linge, ſeruant à eſſuyer le meſme
Regule, ayant eſté laué de ſes feces.

Le Nombre 7. Sur le bout gauche de la meſme Ta- Rechaud.
ble exprime vn chauderon plein d'Eau ſur vn Rechaud,
& au bas les feces ou marc du Regule en piece. d'vn
coſté, Et vn Entonnoir Hermetique auec ſon petit banc,
& Recipiant au deſſous, de l'autre, pour faire voir la
Diſſolution, Filtration, Precipitation, & Deſiccation
des meſmes feces, qu'on appelle Soulphre auré d'Antimoine.

<h2 style="text-align:center">SOMMAIRE.</h2>

En cette maniere, la Calcination, Sublimation, &
Diſtillation de l'Antimoine, ſans addition, & par vn
ſeul fourneau eſtants diſpoſées : Enſemble la premiere
deflagration par addition. Le premier Seruiteur opere
pour faire la purification du meſme à feu de fonte nom- Recapitulatiõ.
mé Regule, Et le ſecond trauaille à ſa Vitrification : De
là Hermes ayant monſtré comme il faut preparer le
Vin, ou l'Eau Hermetique, c'eſt à dire Vomitiue, de la
poudre du meſme foye, ou verre ; Et de là ſon extraiz,
il caſſe dans ſa main ledit Regule, pour donner à cognoiſtre ſon Interieur, & proceder à la Diſſolution,
Precipitation, Filtration, & Deſiccation de ſon Marc,
appellé Soulphre Auré.

Vuu

APARIS,

CHAPITRE I.

CALCINATION, VERRE, FOYE,
Saffran, Eau, Teinture & Huile
d'Antimoine.

DESCRIPTION.

I. **P**RENEZ de tres-bon Antimoine crud, la quantité que vous voudrez ; puluerisez-le subtilement, & le mettez dans vne Terrine, ou autre vase de terre à fonds plat, non vernissés, qui resistent au feu, Et mieux dans vne poisle de fonte bien vnie au dedans, sçauoir sur les Charbons ardants, le remuans tousiours auec vne verge ou spatule de fer, pour empescher qu'il ne s'y attache, ou se grumelle ; Auquel cas estant raffroidy, faudra le bien repiler, pour continuer la Calcination iusqu'à ce qu'il vienne en couleur de Cendres, empeschans tousiours qu'il ne se reünisse, le broyans iusqu'à la fin.

II. Quoy fait, remettez cette poudre grisastre dans vn Creuset; Et sur quatre onces d'icelle, adjoustez si vous voulez vne demy once de Borax fin, ou du Sel Armoniac, faites le tout fondre peu à peu, & de temps à autre plongez-y vn fil d'Archal presentans à l'air, ce qui s'y tiendra de la matiere, pour es-

Maniere de Calciner l'Antimoine, par soy, ou sans addition.

La façon de faire le verre d'Antimoine.

prouuer fi elle fera affez cuitte & tranfparante; Que
fi elle eftoit auffi trop jaunaftre vous y pourrez ad-
joufter la groffeur d'vn demy pois d'Antimoine
crud; Et eftant tres-bien fondu & viuemént, vous
vuiderez le deffus du Creufet, qui eft le plus impur,
dans quelque vaiffeau à part; Et le refte fur vn porphyre, marbre, ou fur vne platine d'acier bien polie, & femblables fecs, & vn peu chauds, l'eftendans
égalemét de l'efpoiffeur, du dos d'vn petit couttcau,
pour voir plus aifément à trauers: Et en cas qu'il ne
fuccede, ce fera figne, qu'il n'eftoit point encore
affez cuit, ou qu'il eft deuenu terreftre, par le frot-
tement de la Terrine, n'en eftant pas moins vigou-
reux, pour compofer l'Eau, ou le vin emetique.

III. C'eft pourquoy il faut le refondre tant, &
fi fouuent qu'il aggrée, l'efcumer, s'il eft befoin,
auec vne fpatule, feparans toufiours ce qui fera
vitrifié, pour auoir pluftoft fait, & le refondre enfemblement, dans vn nouueau Creufet, Obferuans
de donner fur la fin la fufion tres-chaude pour le
bien efpurer & feparer de fa terreftreïté vifqueufe,
qui furnage, Et ce promptement à caufe de la fublimation, qui l'efpaiffit, & le diminuë; En quoy
faut accorder, que les petites operations ne fucce-
dent iamais comme les grandes, particulierement
s'il eft requis vn grand feu, & vne longue cuitte.

IV. Quant au foye d'Antimoine, mettez pour
trois parties d'iceluy deux de Salpetre raffiné, ou
pareille quantité, s'il ne l'eft, comme moins agiffant, & meflé d'autres Sels, Pilez-le dans vn mortier
de fer, ou de bronze, & enflammez-le tout enfem-

ble dans le mefme mortier , auec vn charbon allumé, fous vne cheminée feulement, à caufe de la fumée, qu'il faut éuiter , fi on ne l'a accouftumé , fans
le remuer aucunement, pour feparer plus facilemēt
la matiere Minerale d'auec les Sels fixes , qu'à ce
fubiet n'eft point neceffaire de radoucir ; Puifque le
Sel fixe en eft de foy-mefme feparé, Et s'appelle foy
d'Antimoine tant qu'il eft en maffe , à caufe de fa
couleur, & puis faffran, quand il eft mis en poudre,
deuenant jaunaftre par la trituration, plus ou moins
calciné.

V. La Teinture fe peut tirer, tant d'iceluy que
du verre, mis en poudre tres-fubtile , par le vin blāc,
vin mufcat, vin d'Efpagne, & autre tres-bon, qu'on
fait euaporer en Extraict, Cette mefme poudre in-
fufée dans le vin blanc auec quelque Aromate pour
Correctif, ou Corroboratif, eft appellée communément l'Eau benite de Rulland, l'vn de fes premiers
Autheurs, qu'il faut toufiours philtrer, par le papier
gris , auparauant que de l'adminiftrer. N'eftant
point neceffaire de fe peiner du poids de la poudre,
quant à l'Infufion , puifque la liqueur n'en prend
que ce qu'elle en peut porter ; Et partant afin de ne
la fubmerger, il eft bon de mettre moins de liqueur ;
On doit toutefois prendre garde que le vin ne s'ai-
griffe , & que de la forte , il ne nuife à l'eftomach,
Eftant meilleur pour ce fubiet de le faire infufer
dans l'Eau commune.

VI. Semblablement au deffaut de l'Infufion, &
pour expedier pluftoft , on pourra faire boüillir le
mefme Saffran dans lefdits vehicules , l'efpace d'v-

Remarque.

Exttaict d'An-
timoine.

Vin Emetique.

Circonftances
de l'Infufion.

Ebullition au
defaut de l'In-
fufion.

ne demy heure, & estant raffroidy proceder comme dessus; Bref pour auoir l'Huile du mesme, il ne
faut qu'adiouster ausdites preparations, ou poudres
seiches, & subtiles, quelque Menstruë onctueux,   *Maniere de faire l'Huile d'Antimoine.*
les bien incorporer ensemble ; puis les distiller, par
la Cornuë, au demy Reuerbere, ou à feu de suppression, cohobans par quelquefois, ou refondans
la mesme distillation, iusqu'à ce que le Marc, ou
lesdites poudres ne se corporifient plus. En cette
sorte

SENS PHYSIQVE.

VII. Par cette Description, Nous apprenons
premierement que l'Antimoine, ou Entremine,
c'est à dire Mineral moyen, *est vn Corps solide, ou*   *Description de l'Antimoine, & son Interpretation.*
compacte, & Volatil ou vaporable, Composé de gran-
de quantité de Soulphre combustible, de beaucoup de
Mercure Metallique fuligineux, ou indigest ; Assez
d'Armoniac, & vn Sel pierreux fort terrestre, vnis en-
semblement dans les principes Communs : mais impar-
faitement encore pour sa foible coction, ou maturité.
La solidité est assez cogneuë par sa dureté, & la vola-
tilité par sa fusion; Le Soulphre se manifeste à nos   *Soulphre d'Antimoine.*
yeux, & au flairer, par sa propre couleur, & odeur,
en la simple Calcination d'iceluy, particulierement
si elle est faite en lieu tenebreux, ou de nuict, ce qui
est fort admirable ; toutefois faut que le fonds du
vase, soit rouge du feu, afin qu'il se fonde, & s'enflamme.

VIII. Le Mercure se monstre ; mais en suye   *Mercure d'Antimoine.*
visqueuse, & adherante, son esleuation tres-subtile
estant receuë comme en toute autre sublimation,

Armoniac d'Antimoine.

Sel fixe d'Anti-moine.

Calcination d'Antimoine par addition.

Quel est le Mercure d'An-timoine.

Erreur des Her-metiques pre-tendus.

Quel est le Sel d'Antimoine.

auec industrie toutefois particuliere; L'Armoniac s'esleue auec le mesme Mercure en fleurs blanches, que le Soulphre rougit par la force du feu; et le Sel pierreux est recogneu, par la vitrification, qui en est faite, moyennant ladite Calcination, aydée par vn autre Sel fusible, à la façon du verre commun, suiuant le plus, & le moins duquel, il est opaque, ou transparant, solide, & coloré

IX. En second lieu, Nous recognoissons le mesme Soulphre trop euident, en la plus grande clarté du iour, & du Soleil, par la puissante, & prôpte inflammation d'iceluy, qu'on appelle Detonation, estant ioint auec le Salpetre, qui de soy ne brûle point, ou fort difficilement s'il n'est bien espuré, c'est à dire separé des autres, tant fixes, que volatils; Comme aussi par le Cinabre, qu'il produit accompagné du Mercure vulgaire ou Argent vif: Le mesme Mercure est euident, c'est à dire l'Interne seulement; Puisque sans luy nulle fusion est faite d'aucun metal: En quoy se trompent grandement nos Hermetiques pretendus, qui le confondét auec le Mineral tout à fait contraire à luy, Bien que tous les vrays Philosophes crient d'vne voix commune, Nostre Mercure n'est point celuy qui se vend aux boutiques; Et le Sel se découure par les liqueurs dás lesquelles, suiuant sa Nature, il se dissout, & se glisse tres-aisément, comme l'experience témoigne; mais ce n'est point encore le Sel qu'on trouue dans les Cuisines, & ailleurs: il est beaucoup plus vniuersel, plus excellent, & necessaire; Puisque sans luy, il n'y auroit rien de solide, de continu, & de sensible.

X. Dauantage il est tres-clair, que toutes ses parties, ne sont vnies, & comme viuifiées, que par l'Esprit commun, qui determine son mouuement en luy, selon leur particuliere habitude & proportion, pures, ou impures, resserrées ou non; dequoy les diuers effects nous asseurent tous les iours: Car ledit Antimoine estant ouuert, & separé de soy-mesme, s'il est administré au dedans, facilement il s'insinuë en son Esprit, le long des pores fibreux guidé par la Chaleur Innée de l'Animal; Et partant comme cette substance est extraordinaire & inaccoustumée à sa Nature; Elle s'excite soy-mesme, la rappelle, ou son Esprit dans son Centre, qui est l'estomach; Et d'iceluy la chasse hors de soi par toutes ses plus libres sorties du corps, & auec le mesme Antimoine tout ce qui la surchargeoit auparauāt; Ce qu'elle ne fait, que par le bas, si ledit Antimoine est en masse, comme par petites pilules, son Esprit estant entrainé par son poids propre, ou terrestreïté.

XI. Et le tout à l'imitation du bon pere de famille, qui ayant surpris son ennemy estranger, & découuert estre entré à son insçeu chez luy, pour l'en deposseder, & le meurtrir, D'vn cœur hardy, chaud & genereux, le pourfuit viuement de toutes parts, par portes & par fenestres, & auec luy ses Ennemis occultes, & domestiques; Vray est, que si par mal-heur il se trouue plus foible qu'eux, comme contraires, & de nation diuerse, pour lors il faut perir, ne plus ne moins, que si ledit Antimoine est trop abondant, ou trop impur; il estaint nostre

chaleur, & nous fait mourir comme tout autre remede donné mal à propos.

FACVLTEZ.

XII. Toutes les operatiós de l'Antimoine ont presque mesmes vertus, excepté la reinture, & l'Huile,
qui ne sont pas ordinairemét tát vomitiues à cause
de leurs additiós; Et generalement c'est vn remede,
qui ne manque iamais, ou fort rarement, pour quelque maladie que ce soit, estant administré auec prudence, & cognoissance du fait, Pour ne rendre blas-
mable le remede, qui de soy est tres-innocent &
salutaire, particulierement pour les maladies du
cerueau, fiévres, hydropisies, & autres.

XIII. La dose du verre, qui peut aussi estre mis
en Infusion est de quatre à six grains en substance;
Celle du Saffrá de mesme: Celle de la reinture, & de
l'Huile, d'vne demie cueillerée; Et de l'eau, ou du
vin de deux à trois onces, Ayant au preallable fait
prendre quelque nourriture aux malades; comme
vn boüillon, œuf mollet, &c. afin que d'abord l'e-
stomach ne soit tant agité; Estant chose certaine,
qu'apres six heures, rien ne reste dans le corps dudit Antimoine, s'il n'y suruient du manquement.

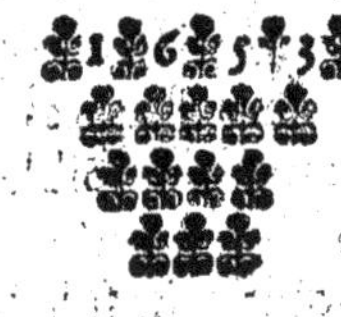

De l'Imprimerie

CHAPITRE II.

FIXATION, REGVLE, SOVLPHRE
Auré, & fleurs d'Antimoine.

DESCRIPTION.

I. **P**RENEZ du foye d'Antimoine, ou
Saffran, la quantité qu'il vous plairra;
& du Salpetre tres-fin, de peur que la
poudre n'en deuienne terreuse, d'vn chacun parties
égales ; Meslez le tout puluerisé, & l'enflammez
pour la seconde fois dans vn mortier de fer, ou de
bronze ; En aprés reprenez cette matiere froidle, &
la repilez auec autant de Salpetre, faisans comme
dessus : Mais parce qu'elle ne s'enflammera plus, le
Soulphre de l'Antimoine estant já consumé; Et que
neantmoins la matiere n'est point entierement calcinée, ou blanchie; Remettez-le tout dans vn bon
Creuset, à feu de fonte, afin qu'il s'enflamme, & que
le reste du Combustible s'éuapore le remuant toûjours de peur qu'il ne s'attache audit Creuset.

II. Et comme il ne vaporela plus, tirez-le hors
d'iceluy tout enflambé, laissez-le raffroidir, puluerisez-le, & l'estendez sur du papier gris en quelque
lieu froid & humide, afin que le Sel fixe du Salpetre venant à se resoudre, le papier l'estuue, le changeans à proportion, qu'il sera moüillé, & iusqu'à ce

Xxx

Calcination &
fixation de l'An-
timoine.

Circonstances
à obseruer.

Resolution du
Salpetre.

que la poudre demeure seiche, n'estant point necessaire de le dulcifier, ou radoucir autrement, si le Salpetre est raffiné comme il est requis.

Autre Calcination.

III. Toutefois vous procederez, auec plus de contentement & vtilité, si vous prenez le mesme foye en masse Minerale de la premiere Detonation, ou Inflammation, luy adjoustans le double, & quelque peu dauantage, du mesme Salpetre tresfin; Et le tout mis en poudre & meslé, vous le ietterez peu à peu dans le mesme Creuset auparauant enflammé. Et apres l'auoir cuit assez long-temps, & remué tousiours auec vne spatule, ou baston lóg de fer, vous le ietterez tout ardent dans l'Eau froide, pour le radoucir, philtrer, & seicher, fort blanc.

Troisiesme & derniere Calcination,

IV. Au deffaut du foye d'Antimoine, vous prendrez le crud, & luy adiousterez le triple, ou quadruple du mesme Salpetre procedans comme dit est, & apres auoir continué la Calcination, l'espace de deux heures ou enuiron, la remuans tousiours, il faudra cesser le feu peu à peu, continuans l'agitation de la matiere, iusqu'à ce que le Creuset demeure froid, sans autre radoucissement, que celuy du papier gris, duquel cy-dessus.

Purification d'Antimoine appellé Regule.

V. Quant au Regule, ou purification d'Antimoine, ayans pris d'iceluy, du Salpetre & du Tartre crud, parties égales, ou non, ce que vous voudrez; Et pour exemple suiuant nostre methode, huict onces d'Antimoine, six onces de Salpetre, & quatre onces de bon Tartre, mettez-le tout en poudre subtile, & ayant appliqué au feu de fonte, vn bon Creuset proportionné à la quantité de la ma-

tiere, ou vn bon pot de terre non verniſſé, qui ayt
le fonds eſtroit & long, afin que le Regule ſe puiſſe
mieux ramaſſer en corps ; iettez dans iceluy ladite
poudre, vne cueillerée apres l'autre, ou bien par petits pacquets, ou enueloppes de papier, le couurans
dés auſſi-toſt, ou d'vne peſle à feu, ou de quelque
couuercle, qui ſoit peſant à cauſe de la Detonation.

   VI. L'Inflammation acheuée, remettez vne autre cueillerée, ou petit pacquet, comme la premiere
fois, tant que durera la matiere, & que la capacité
du Creuſet, ou Pot le permettra, prenans garde que
le feu ne ſoit trop fort, ou trop foible, & que la fumée ne nuiſe ; Partant il eſt neceſſaire d'opérer ſous
la meſme cheminée, comme a eſté dit du foye, & du
verre : Ce qu'eſtant expedié baillez le feu de fonte,
ou fuſion forte, iuſqu'à ce que la matiere ſoit entierement liquefiée, ſecoüez par interualle ſur le meſme charbon, le Creuſet ou Pot, & iuſqu'à ce que
vous iugerez, que le Regule ſera deſtaché de ſes
feces, ou marc, & ramaſſé au fonds ; En apres ceſſez
le feu, tirez le Creuſet à part, Et l'ayant laiſſé raffroidir à ſon aiſe, rompez-le à ſon Bas droitement,
où il peut eſtre, que vous garderez pour ſon vſage.

   VII. Touchant le Soulphre Auré, faites diſſoudre en Eau boüillante le marc d'iceluy Regule, dans
vn pot de terre verniſſé, que vous philtrerez chaudement par vn linge double, & à la liqueur verſez-y
goutte à goutte de bon vin-aigre diſtillé, pour le
precipiter, & deſſeicher, ſur la Cendre ſeiche ; Eſtant
à remarquer, qu'il eſt requis grand quantité d'Eau
pour la viſcoſité de la matiere, & ſa longue Teintu-

Ce qu'il faut obſeruer.

Lieu de l'Ope-ration.

Derniere Cir-conſtance.

Du Soulphre Auré, & ſa ma-niere.

Philtration reï-terée.

Xxx ij

re, à cause dequoy les dernieres precipitations sont
toufiours les plus belles: Autrement & mieux pilé-
le groffierement, pendant qu'il eft fec, & le mettez
refoudre en fort belle Huile jaune, pour le precipiter
comme deffus; Auquel cas fi les matieres de ladite
Purification, ou Calcination, ont efté égales, il en
fera plus beau & plus copieux.

**Fleurs d'Anti-
moine.**

VIII. Enfin les fleurs du mefme Antimoine fe
font comme celles du Soulphre, & en mefme fubli-
matoire, excepté qu'elles ne s'eftendent pas bien au
large, mais en haut, & qu'il faut que la matiere foit
toufiours fonduë; ou bien la ietter peu à peu par le
trou qu'on aura fait au col du Pot, qui la contient,

Remarque.

comme nous auons dit cy-deffus; & le fermans toft
apres, faut attendre d'y en refondre, qu'il ne forte
plus aucune vapeur par le dernier trou du Calcinatoire, continuans autant qu'il fera befoin, pour les
radoucir : Bref des premieres fleurs qui font blanches fe forment les rouges par vne reïterée fublimation, & vn plus grand feu.

SENS PHYSIQVE.

IX. Quant à la Phyfique de cette feconde Defcription en fuite de la premiere, Nous dirons que
l'Extenfion, ou Malleabilité des Metaux à froid, ne

Malleabilité.

dépend que du Soulphre incombuftible ioint à fon
Mercure fixe, dans la folidité du Sel permanent, qui
les lie en vn feul corps viuifié par l'Efprit commun
qui meut toutes chofes; & nourry par les Elements
externes, defquels chaque partie conftitutiue d'ice-

**Nourriture des
mixtes.**

luy en prend ce qu'il luy en faut pour fe groffir, &
entretenir à la façon des autres Mixtes.

X. Eſtant manifeſte quant à la Metallique, que le Mercure plus froid au dedans, & moins au dehors fait la Congelation; le Soulphre au contraire, moins chaud au dedans & plus au dehors cauſe l'Exten-ſion: Le premier tempere le ſecond, & le dernier aide la fuſion du premier, Et les deux ſont vnis inſeparablement par la continuité du Sel Fixe, qui continuë le ſolide auec eux, moyennant les meſmes qualitez.

XI. C'eſt pourquoy, comme l'Antimoine n'eſt qu'vn commencement de Nature Metallique, & amas deſdits Elements, pour ſon entiere Coagula-tion, auec quelques Circonſtances requiſes, toutes ſes parties ne ſont encores que cruditez, leſquelles ſõ Germe tres-petit, & debile, comme il eſt en tous les commencemens des Mixtes, n'a peu encore digerer & ſe les approprier, comme il appert par toutes ſes fibres argentines ſeparées en ſoy, & meſlées auec leur nourriture, qui ſe doiuent vnir tres-parfaite-ment dans le temps de Nature, & du Climat, pour eſtre vray Metail.

XII. N'eſtant pas merueille ſi ledit Antimoine, fait des effects en nos Corps ſi variables; Puis qu'il eſt encore trop dés-vny en ſoy-meſme, Et que ſon germe Metallique ne demande pour s'eſtendre en ſon ſujet, que d'eſtre aidé par la Chaleur, comme il fait en nos Corps; mais en ſon Eſprit tant ſeulemét, eſtant ſeparé de ſa propre matrice & nourrice, que l'Art ne peut imiter que tres-difficilement, Et ne pouuant ceſſer d'eſtre ce qu'il eſt, il ſe ioint à ſon ſemblable, ſçauoir le noſtre qu'il fortifie s'il eſt me-

X x x iij

diocre, pour se dépoüiller des Excrements qui le
furchargent, & l'accablent, ou qu'il deftruit par le
trop d'abondance & difference particuliere, qu'il a
ja contracté auec la Metallique.

XIII. Verité tres-bien recogneuë par les Hermetiques, difants que par identité de fubftance le
fixe s'vnit facilement au fixe, Et tout de mefme du
Volatil, & de l'Efprit. Donc le Soulphre combuftible dudit Antimoine eftant euaporé par le feu, il ne
refte qu'vne terre feiche, & efchauffée, à raifon dequoy elle peut eftre aperitiue; mais beaucoup moins
que tout autre de cette Nature, eftant deftituée de
la plus grande partie de fes Efprits.

XIV. Ce qui eft vray, principalement quant la
Calcination en eft faite par la focieté de quelque
matiere pareillement Combuftible, comme le Nitre, ou Salpetre, qui non feulement confume ledit
Soulphre, mais encore fon Mercure fuligineux, &
fort crud, à moins qu'il foit conferué & feparé d'i-
celuy par quelque fixe de Nature côtraire, tel qu'eft
le Tartre, qui en fe meflant auec les autres, & les af-
foibliffant par fa prefence, luy fait paffage pour fe
purger du plus de fes impuretez, & paroiftre blanc,
clair & brillant, fans Extenfion toutefois, ou Malleabilité, faute de Soulphre incombuftible par la
mefme crudité, comme nous auons dit, auec habitude, neantmoins de le pouuoir acquerir par Nature, & Circonftances requifes.

XV. A caufe dequoy il eft appellé des mefmes
Hermetiques Regule, ou petit Roy, comme l'Enfant premier né du Sang Royal Metallique, qui eft

veritablement fils , mais non pas homme parfait,
c'eſt à dire vray metal , ne poüuant l'eſtre qu'auec le
temps & la nourriture conuenable , leſquels manquans il demeure touſiours dans ſon enfance vola-
ge, froid & ſuffoqué de l'abondance de ſes ordures, Cauſe de l'Im-
qui ne peuuent engédrer que puanteur, par la diuer- perfection de
ſité de leur Nature, cóme il appert, ſçauoir par quel- l'Antimoine.
que Menſtruë contraire , qui la réueille , & l'excite,
tel qu'eſt le vin-aigre diſtillé, verſé ſur l'infuſion du
Marc dudit Regule , & ce qu'on appelle Soulphre
Auré.

FACVLTEZ.

XVI. L'Antimoine fixe nommé Diaphoretique, Hydropiſie.
ou Sudorifique , chaſſe par ſueurs pluſieurs griefues Melancholie.
maladies: comme peſte, fiévres d'Accez, melancho-
lie, hydropiſie, &c. d'vn ſcrupule iuſques à deux; Le
Regule a les meſmes vertus , que le Saffran mis en
Infuſion, ou boüilly, comme a eſté dit, & à la meſme Doſe; Le Soulphre Auré eſt vn bon diaphoretique auſſi , auec Eau de chardon benit , ſcabieuſe &
ſemblables; Il ſert aux fiévres, & à la peſte , de ſix Peſte.
grains à vn ſcrupule; Les fleurs effectüent le meſme,
mais auec plus de vigueur & moindre Doſe , parce
qu'elles ſont les parties de l'Antimoine plus deſta-
chées & rarefiées.

1
2
3
4
5
6
Des Metaux.
Figure. 2.

DES METAVX.
FIGVRE II.
DV MERCVRE OV ARGENT VIF.

ELEVATION, EBVLLITION, Operations.
Diffolution, Precipitation, Euaporation,
& Sublimation.

Mercure rarefié, épuré, fes precipitez diüers: Productions.
Precipité d'Algerot, fon Aigret, Sublimé,
corrofif, & Dulcifié.

EXPLICATION.

L E Nombre 1. Sur le bout droit de la
Table reprefente vn feruiteur, tenant de
la main gauche vne petite cloche de
verre, du dedans de laquelle, il abbat
de la droite, auec l'aifle d'vne longue Fourneau à feu
plume, fur vne Terrine, ou Efcuelle de ouuert.
fayance, le Mercure efleué en nuée blanche & tres-de-
liée; fe trouuant tout au deuant vn petit fourneau à feu
ouuert, fur lequel eft adiufté vn plat de terre, ou terri-
ne, vernifté, contenant la matiere, couuerte d'vne autre

Y y y

cloche de verre, & ce alternatiuement, pour faire voir
la simple sublimation du Mercure, pour le dépoüiller de
ses immondices plus externes.

Le Nombre 2. Au milieu de la mesme Table demonstre Hermes, secoüant de la main droite vn matras
plain la tierce partie, sur vne large Terrine, auec va
valet, ou appuy au dedans qu'il faut s'imaginer, ayant
Rechaud. deuant soy vn Rechaud garny de son trepied, & petite
platine de fer, le charbon allumé & esleué iusques à
icelle, tenant de la gauche vne bouteille par son col assez
grande, & au dessus dudit Rechaud, pour faire voir la
purification interne du mesme Mercure par Ebullition
contenu dans la bouteille.

Le Nombre 3. Au bout gauche de la Table depeint
Matras. la Dissolution du Mercure dans vn matras à demy
plain, posé sur son valet, ou appuy ; le precipité blanc
desseiché sur les Cendres en gros morceaux, comme de
l'Amydon, estendu sur du papier, Et le precipité rouge
dans vn Plat en vne piece desseiché pareillement, & à
feu.

Le Nombre 4. Au milieu de la Cheminée figure vn
Demy Reuer-
bere. demy Reuerbere à feu ouuert, garny de ses deux barreaux, & Escuelle, ou platine de fer, sur laquelle est
adiustée vne Cornuë, ayant le col assez court auec son
Recipiant ; Ensemble l'autre Seruiteur tirant du foyer
du mesme fourneau auec des pincettes vn charbon allumé, pour le presenter au col des mesmes vases, afin de
faire fondre la Gomme, & monstrer que c'est celle
de l'Antimoine, quant à la poudre d'Algerot.

Cendrier en
Oualle. Le Nombre 5. Sur l'autre costé de la Cheminée,
monstre vn grand Cendrier en Ouale, Et sur iceluy

deux *Escuelles pleines*, *pour l'Euaporation de l'Aigret*
d'Antimoine, la precipitation de la Gomme estant fai-
te & semblables Euaporations.

Le Nombre 6. Sur l'autre costé de la Cheminée, Fourdeau à sa-
faict voir vn autre fourneau à sable contenant quelques ble.
Cornuës, ayans le col releué & bouché, pour faire co-
gnoistre la premiere sublimation solide du Mercure par
addition, qu'on nomme Corrosif, suiuant nostre me-
thode & ses raisons, le Radoucissement estant fait par
le matras, phioles de verre, & autres.

SOMMAIRE.

Ainsi le premier Seruiteur trauaille à la simple Recapitulatió.
Sublimation, ou Eleuation du Mercure : Hermes
fait sa purification par Ebullition ; Et pendant que
ses diuers precipitez se desseichent ; l'autre Seruiteur
soigne à la Gomme d'Antimoine, de laquelle la pre-
cipitation estant faite, son Aigret mis à Euaporer, la
vraye maniere de faire le sublimé Corrosif est découuer-
te, Et d'icelle le dulcifié.

NOUVELLE CHARLES

CHAPITRE I.

PVRIFICATION, DISSOLVTION,
Precipitation, Turbith. Reuiuification &
autres du Mercure, ou Argent vif.

DESCRIPTION.

I.

PRENEZ du Mercure, ou Argent
vif, la quantité que vous voudrez,
purifiez-le, s'il n'eſt aſſez clair &
net, auec le vin-aigre diſtillé im-
preigné du Sel commun, & puis
philtré, Paſſez-le à trauers d'vn linge blanc, fort ſer-
ré par pluſieurs fois, & en dernier lieu par vne peau
de Chameau ; Autrement, & quant à l'interieur,
lors qu'il a eſté meſlé auec le plomb, comme il arriue bien ſouuent, vuidez-le dans vn Matras, ayant
des trois parties deux vuides, & par deſſus du precipité rouge tres-ſubtil : De là appliquez-le dans vn
Rechaud garny de ſon trepied, & petite Eſcuelle, ou
platine de fer, auec vn peu de Cendres ſacées dans
icelle, A feu de charbons, iuſqu'à la rougeur de la
meſme platine, & Ebullition de la matiere, qu'il
faut par interualle ſecoüer ſur vne Terrine en cas de
fraction : Quoy fait & raffroidy, ſeparez la poudre
d'auec le Mercure, par l'Entonnoir, comme a eſté
dit ailleurs ; Et pour remettre ledit precipité en ſon

Comment il faut purifier le Mercure, ou Argent vif, tant interieurement qu'exterieurement.

premier eftat, fublimez-le, fousvne cloche, ou alembic; iufqu'à ce que tout le Mercure foit vaporé, ainfi
que cy-apres au Chap. de Iupiter.

II. Quant à la diffolution ou corrofion du mef- Diffolution du
me, mettez le dans vn Matras, ou ventoufe de ver- Mercure, ou
re, & fur iceluy, verfez de bon Efprit de Nitre re- Argent vif par
&tifié, ou bien d'Eau forte tres-bonne à proportion Menftruë.
qu'il fera befoin; ou iufqu'à ce que le Mercure foit
tout diffout, & à froid feulement, pour faire le precipité blanc, afin qu'il ne jauniffe; Cette diffolution
eftant auffi pour le rouge, Et partant diuifez le tout
en deux parties; precipitez l'vne d'icelles auec l'Eau
Commune emprainte du Sel Marin, d'où elle eft
dite Marine, ou bien d'Alum de glace, bien pure &
philtrée.

III. La precipitation eftant faite, iettez par def- Precipité blãc,
fus d'autre Eau fimple, pour la mieux delayer; Et à & fa maniere.
mefme temps vuidez-là fur le double Entonnoir de
papier gris, de peur qu'il ne creue, appliqué dans
celuy de verre & adjufté, comme nous auons fi fouuent demonftré; gardez à part la premiere Eau philtrée, qu'on appelle feconde, parce qu'elle peut feruir
à des fecondes operations; Radouciffez le precipité
fur le mefme Entonnoir, verfans par deffus de l'eau
fimple iufqu'à ce qu'elle en forte infipide, Et le portez feicher comme tous les autres precipitez, fça- Deffeichement
uoir fur la Cendre facée, auec vn papier gris au def- du mefme.
fus qu'il faudra changer, tant qu'elles s'humecte-
ront, & attendre que le precipité fe deftache luy-
mefme de fon papier pour le garder à fes vfages.

IV. Pour l'autre partie de la Diffolution faites-là

Maniere de faire le precipité rouge.

éuaporer premierement à fec, & apres rougir dans le mefme vafe qui doit eftre de verre, & large d'entrée, pour vaporer plus aifément, ou bien remettés-là dans vn Creufet, & femblables, prenans garde que le tout ne s'enuole, fi le feu eft trop grand ou trop long; Eftant à remarquer qu'il ne le faut point remüer, fi on le veut auoir tres-beau & rouge, Et lors qu'il paroiftra dans l'extreme chaleur de couleur rouge-noire; ce fera affez, fans oublier de couurir le Creufet, tant pour conferuer la chaleur, que pour retenir vne partie des vapeurs.

V. Cette Diffolution, ou Corrofion d'Argent vif deffeichée par euaporation ne s'appelle Precipité qu'improprement, au deffaut de l'humide; C'eft pourquoy Rediffoluez-le par le vin-aigre diftillé, & l'ayant bien philtré, par le mefme papier gris, Precipitez-le par l'Huile de Tartre, peu à peu; Refiltrés-le, & le feichez fur les mefmes Cédres en vray Precipité, qu'on peut appeller Turbit, beaucoup plus excellent que le premier; Ou bien fi vous defirez en auoir le laict, ou liqueur blanche; meflés-le auec l'Eau Commune; Et pour auoir le Vitriol, faites-le euaporer iufques à la pellicule, & congeler en lieu froid.

Vray precipité rouge, dit Turbit.

Laict, & Vitriol du Mercure.

VI. Cette Calcination fe fait auffi par l'Aigret de Soulphre, ou l'Huile de Vitriol diftillans la liqueur, & la Cohobans par plufieurs fois, iufqu'à ce qu'il foit rougy, qu'il faudra tres-bien adoucir pour y enflammer par deffus de fort bon Efprit de vin, qu'on appelle auffi communément Turbith Mineral; par lequel mot eft foubs-entendu toute parti-

Turbith Mineral.

culiere preparation d'Argent vif, & hors du vulgaire ; Pareillement on Calcine le mesme Mercure,
estant ioint en Amalgame auec l'Or, ou l'Argent,
par lesquels il se corporifie; mais nous l'auons pla-
cé ailleurs. Or de toutes ces poudres, Calcinations, *Reuiuification du Mercure.*
Sublimations & autres, que cy-apres; ledit Mercure,
moyennant le triple de Chaux viue puluerisée par
soy-mesme, reprend sa premiere forme plus belle &
plus pure, qu'auparauant, dans le Reuerbere entier,
à la façon des Esprits Acides, mettans de l'Eau
Commune dans son Recipiant, & partant

SENS PHYSIQVE.

VII. Pour l'intelligence de ce subiet, Nous dirons premierement, que *l'Argent vif est vn corps
Mineral, liquide, & volatil : composé de quantité d'Eau,* *Que c'est que vif Argent.*
de fort peu de terre, moins de Sel, & beaucoup de Soul-
phre crud & imparfait, vnis tres-fortement par le froid
Interne mediocre, & pressez exactement, qui le rend
pesant, ayant faculté de disioindre, & reincruder les
Corps particulierement des Metaux ses confreres, s'insi-
nuant dans iceux, & les reduisant en forme de paste,
lesquelles desseichez ou separez d'iceluy reprennent leur
solidité comme auparauant, ou se regenerent Hermeti-
quement.

VIII. Sa liquidité, ou Element d'Eau est eui-
dente ; puis qu'il n'est Terminé que par autruy, Et *Explication de-*
de là se nomme Courant, ou Coulant se reünissant *monstratiue de*
tres-aisémét; Sa volatilité se découure pour peu qu'il *cette descri-*
sente trop de chaleur, s'éuaporant en vne tres-belle *ption.*
fumée blâche, qui donne témoignage de sa viuacité

& liberté de laquelle il a le nom de vif; Sa terre se co-
Sa Terrestreité comment reco-gneuë. gnoist à la façon de celle des Metaux, corrodez, ou
calcinez, le peu de laquelle est recogneu par le plus
de son humeur, qui témoigne encore le peu de son
Sel, n'ayant de solidité, que pour ne moüiller point,
estant à cette cause appellé, Eau seiche Exterieurement, comme les Metaux liquefiez par le grand
feu, Et de là ell' est aussi surnommée Metallique,
& consequemment capable de leur Nature.

Son Soulphre. IX: Son abondant Soulphre paroist par sa couleur noire, qui ne peut estre purgée que par l'Art
Hermetique, & nouuelle cuitte; La crudité & imperfection de tous lesquels Elements est manifeste,
si la perfection du mesme corps Mineral tend à la
Coagulation Metallique, ce qui est vray; Son
Et Vnion. Vnion, ou determination en ses parties tres-forte
est trop experimentée de ceux, qui le tourmentent
en mil manieres, pour l'arrester sous leur captiuité;
car il est tousiours seruiteur, fuitif, librement il se
dégage de leurs chaines, aydé du bon Vulcan, &
paroist tel qu'il estoit au commencement, imitans
la simplicité, d'où aussi on l'appelle vif.

X. Or à mieux faire, il le faut tuer, pour le bien
Tuer le Mer-cure, que c'est. posseder; mais il ne peut mourir, que son frere prouenant des corps parfaits, ne meure auec luy, ce
qu'ils ne sçauent pas; Et de plus, que la froideur
Interne fasse cette liaison; La chose est claire, puisque la Congelation, ou corporisation n'appartient
qu'au froid, comme nous auons monstré ailleurs:
la mediocrité duquel est prouuée par sa grande hu-
Effect du Mer-cure. midité; Son effect enfin est asseuré, ne plus ne moins
que

que celuy de l'Eau Commune, qui deftrempe la
terre, la def-vnit en elle-mefme, & tous deux enfemble ne font qu'vne bouë, laquelle deffeichée, la
terre reuient en fon premier eftat.

XI. En fecond lieu, pour exprimer entierement
fa Nature, & fon vfage; Il faut encore dire, que du
fec, & de l'humide tout eft fait, nourry, & amplifié
en fes parties, quant à fon Eftre particulier, fuiuant
fes principes, & fa determination : C'eft pourquoy,
puifque la terre feule iointe à l'Eau ne produit que
du limon, ou ne fait qu'ouurir fon corps, pour receuoir ceux, qui s'en doiuent preualoir, ou pour
bailler libre eftenduë à ceux, qu'elle contient, comme matrice & nourrice; Et que d'ailleurs tout ce
qui doit vegeter ou s'augmenter interieurement,
ne produit cette action, que par fa propre femence,
qui eft foy-mefme, attirant ce qu'il luy faut des
mefmes fubftances pour fe groffir; Il eft befoin d'en-
femencer ladite terre, fi elle ne l'eft, afin de voir croi-
ftre, & eftendre en toutes fes parties le grain, ou le
Germe, qui contient cét Eftre, qui vegete. Semblablement.

XII. Puifque la mefme, n'eft feulement fertile
en fa fuperficie, pour les plantes ; mais encore en
toute fa fubftance, nourriffant dans fes entrailles
plufieurs Mixtes parfaits, en leur genre, ou efpece,
comme font les Mineraux, & Metaux aides de leur
humide vaporeux & onctueux, que naturellement
elle efboit, & contient pour ces fins; Il eft encore à
noter pour troifiefme lieu, que de toutes les femences, les vnes font contenuës dans leur tout, & les

Maxime gene-
rale.

Matrice &
nourrice com-
mune des Mix-
tes.

Effect de la fe-
mence.

Fertilité de la
terre.

Diftinction des
femences des
Mixtes.

Zzz

autres feparées ; Les femences contenuës pour
leur propagation Externe, ne demandent que fortir
de leurs corps, & paffer dans vne autre conforme,
pour eftre leur matrice & nourrice, attirer ce germe, & le contenir par fon vnion, & fimilitude de
Meflâge d'Eau & de terre. fubftance ; ce que ne peut effectuer, ce meflange
premier de terre, & d'eau feulement, où cette hu-
meur vaporeufe, ainfi qu'aux feparées, qu'elle nourrit en fa fuperficie, ou furface, comme font celles
des plantes.

XIII. Dont la part qui attire reçoit, contribuë,
& alimente cette fubftance fous vn femblable corps
par vne prouidence admirable s'appelle femelle; Et
Pourquoy la diftinction du fexe aux Animaux eft introduit. celle qui la donne feulemét, s'appelle mafle, demeurant toufiours cette différence de fexe corporelle, &
accidentaire, felon les difpofitions de la femence,
pour entretenir la mefme generation, ou propagation de foy-mefme ; laquelle eft tres-euidente aux
Animaux, comme les plus parfaits des Mixtes;
Degrez des femences. moins aux plantes ; Puifque toutes feparément
donnent leur femence; Et quafi vniforme aux Me-
taux, Puifque leur entiere perfection ne tend qu'en
vn feul; Ce qui a donné fubiet à la recherche Hermetique.

Vniformité du fexe Metalli-que. XIV. Enfin les mefmes plantes, moyennát leurs
femences s'attachent à la terre, comme leur propre,
matrice, & nourrice, & fe pouffent au dehors, fçauoir par leur appetit propre de Conferuation, & Extenfion; Attirent l'humeur, qu'elle difpofe premierement, puis la digerent & conuertiffent en leur
mefme fubftance, & multiplication de Germe ou

repofe leur A* Aftion, pour recommencer, ou continuer comme auparauant. Les Animaux vne fois
nez ne font point attachez à leur nourriture, pour
leur extenfion & conferuation ordinaire, la prenant
du dehors, à caufe de leur mouuement externe, ou
de lieu; mais quant à leur generation, ils s'vniffent
dans leur fexe receuant, pour vn temps, Et par cette
conionctiõ naturelle du fexe, qui donne, & fe com- Vnion des fe-
munique à vn autre foy-mefme, pour eftre derechef xes.
maffe, ou femelle, felon leurs difpofitions; il femble
que ce n'eft qu'vne Extenfion de production à la
façon defdites plantes, comme a efté defia marqué.

X V. Quant aux Mineraux & Metaux, eftants
vne fois parfaits nature fe repofe auec eux, pour ne
pouuoir les feparer de fon fein, & leur donner lieu
de recommencer leur mouuement, par vne nou- Prouidence de
uelle generation, ou Extenfion comme aux fufdits la Nature, ou
vegetaux & Animaux; Toutefois parce qu'elle at- fon Autheur.
tend les mains fauorables du plus excellent de fes
Enfants, qui eft l'homme pour leur donner, ou pro-
curer le iour, comme aux fufdits, & que leur appetit feroit en vain de fe pouuoir eftendre, priuez de
matrice, & de nourrice, ne le pouuant plus faire, elle
leur fournit à fon deffaut, vne fubftance telle que
le vray Philofophe cognoift engendrée de mefme Troifiefme ma-
femence, qu'eux, & à demy cuitte pour def-enga- trice & nour-
ger, & attirer leur fperme, par affinité auffi de fub- rice des Me-
ftance, comme à toute autre regeneration, le tenir taux.
& alimenter fans fin, moyennãt les mefmes mains,
qui les rallieront enfemble doucement & auec in-

duſtrie, comme dit le grand Hermes.

Pouuoir de l'Art.

XVI. Auquel cas le Prouerbe eſt verifié, que l'Art parfait la Nature, c'eſt à dire l'aſſiſte, pour acheuer, ou continuer ce qu'elle a commencé, appliquans l'Actif au paſſif. Et ce d'autant plus facilement & promptement que cette meſme ſubſtance ſurpaſſe l'humeur premiere, qui les a eſleuez en quantité externe, augmentans preſque à l'infiny, par ſoy, de ſoy, & en ſoy, la qualité Interne de ce germe ſans fin, pour digerer, cuire & meurir leur matiere Minerale, qu'ils n'ont peu conuertir, ou approprier en leur ſubſtance particuliere, faute de chaleur conuenable, du temps requis, & ſemblables.

Vertu du diſſoluant Hermetique.

FACVLTEZ.

XVII. Le precipité blanc eſtant bien adoucy, & aromatizé pris interieurement, purgé la maladie venerienne, de quinze à vingt grains, auec conſerue de Roſes, Electuaire opiate, &c. de peur qu'il n'adhere, ou à la bouche, ou au goſier; Et exterieurement il s'applique pour toutes ſortes de Gratelles auec de la pommade, frottans les coudes, les aiſſelles, & les haines d'icelle: Surquoy i'aduertis de ne le point appliquer tout ſec ſur les vlceres, ou autres playes decouuertes, d'autant qu'il adhere extremement à cauſe du Sel Marin qui l'a precipité & deſſeiché, faiſant grande douleur, & bien de peine à l'arracher de la partie. Quant au rouge, ou ſimplement rubefié, on le peut donner au dedans, au deffaut du blanc, & en meſme quantité; Pareillement du Turbith Corallin, & autres preparations auec

Groſſe verolle.

Gales.

Remarque.

Vlceres.

pilules, ou opiates, appropriées à la maladie; Pour le
dehors leur vfage ordinaire regarde toutes fortes
d'vlceres, chancres, & autres.

CHAPITRE II.

SVBLIMATION , DVLCIFICA-
tion & Huile du Mercure , ou
Argent vif.

DESCRIPTION.

I. **P**R E N E Z du Colcotar, ou Vitriol
calciné en rouge, & du Sel decrepité, parties égales, autant qu'il
vous plairra , vne quatriefme de
bon Salpetre , & tant foit peu du
Sel Armoniac, puluerifez-les comme Alcool, c'eft à
dire impalpables, Et le tout meflé enfemble broyez
peu à peu auec cette poudre; vne quatriefme de bon
Mercure , ou Argent vif , purifié comme dit eft , la
faifant pleuuoir fur icelle en forme de mennë rofée;
fçauoir à trauers, ou d'vn double linge fort refferré;
ou d'vne bource de peau fans couture, dans vne terrine blanche de fayáce, & femblable bien vernifíée,
auec vn pilon de verre, ou de bois, iufqu'à ce qu'il
difparoifſe, eftant meflé imperceptiblement, ou que
la matiere foit deuenuë d'vn gris fort noir.

*Maniere de fai-
re le Sublimé
Corrofif.*

*Poids du Mer-
cure , & fon
meflange.*

Z z z iij

II. Ou bien adiouftez-le, en quelque forme qu'il ait efté reduit, ou Calciné pour l'auoir pluftoft & auec moins de peine; Quoy fait, & bien meflé, Remettez-le dans vne Cornuë de verre, qui ait des trois parties deux vuides, le col fort large, & long, fçauoir en vn demy Reuerbere, fur vne platine, ou efcuelle de fer auec vn peu de fable pour l'affeoir, & luy ayant appliqué fon Recipiant affez grand, afin de recueillir la liqueur, qui diftillera, baillez luy le feu au commencement fort doux pour vnir les matieres; exciter leurs Efprits à corroder le Mercure, & le rendre chaux; En apres augmentez-le d'heure en heure, Et comme il ne découlera plus aucune humeur, feparez le Recipiant, & bouchez le col de la Cornuë legerement, puis l'ayant vn peu efleué, continuez le feu, fuiuant que vous iugerez eftre requis pour fon entiere Calcination & Sublimation, faifant fur la fin celuy de fuppreffion, pour le faire tout loger dans ledit col de la Cornuë tresblanc & compacte.

III. La mefme fublimation fe peut faire auec vn Matras, mais elle dure beaucoup plus, à caufe de l'humidité, qui ne fait que circuler, c'eft à dire môter, defcendre, & empefcher l'efleuation de la matiere; Or la pratique commune pour en faire quantité eft qu'il le faut mettre entre deux plats, ou terrines, adiuftées, & lutées enfemble, auec vn petit trou au fonds de la fuperieure qui eft renuerfée, & verniffée fi on veut.

IV. La mefme Methode eft obferuée pour fa dulcification, par laquelle eft entendu vn abaiffe-

ment & amoindriſſement des Sels acres & corro-
ſifs, auec leſquels il eſt vny ; Et par conſequent vne
Exaltation du meſme ſur iceux, τémoignage, qu'il
eſt en quelque façon innocent de ſoy-meſme , &
méchant par aſſociation ſeulement & par accidét;
Il eſt meilleur toutefois de le ſublimer dans vn Ma- Vaſe & quanti-
tras ; puiſque la matiere eſtant aſſez ſeiche d'elle- té du meſme.
meſme il n'y a plus crainte , que ſon humidité re-
tarde l'operation ; mais il eſt requis , que l'imbibition, où meſlange du meſme Mercure, ou Argent
vif ſoit exactement faite, & ſa doſe bien obſeruée,
qui eſt de trois parties d'iceluy ſur quatre du Corroſif.

V. Que ſi pour cette premiere fois , il y auoit encore de l'acreté, qu'on recognoiſtra par le gouſt, ou
l'application ſur vn vlcere, auquel , s'il fait eſcarre,
Reïterez la ſublimation, l'ayant encore vn peu im- Reſublima-
bibé , ou arrouſé d'autre Mercure , Augmentans tion.
touſiours le feu pour le rendre plus compacte, &
cryſtallin, bien qu'il ne ſoit pas neceſſaire ; Puiſque
ſe reſſerrant par vne plus forte chaleur ; Il y a apparence, que les Sels acquierent plus d'acreté, qui peut
eſtre nuiſible comme auparauát; Et partant, il ſuf- Remarque.
fit , qu'il ſoit mediocrement eſleué ſur le fonds du
Matras, & ſeparé entierement de la terreſtreïté, eſtât
bien blanc, auquel ſubiet il eſt appellé Aigle blanche, Aigle celeſte, &c.

V I. Son Huile, ou ſemblable liqueur ſe fait du Huile de ſubli-
Corroſif, auec ſucre Candy, Sel Gemme, & ſembla- mé Corroſif
bles, contenant en ſoy quelqu'humidité viſqueuſe, par Intermede.
parties égales, le tout pulueriſé, & meſlé enſemble,

dans vn mortier de marbre, & puis iettée dans vne
Cornuë de verre, ayant les deux tiers vuides fur vn
demy Reuerbere, y adiouftant vn Recipiant affez
grand, Du premier iufqu'au troifiefme degré de
chaleur, & comme il ceffera de diftiller, celuy de
Suppreffion, pour auoir le Mercure derechef.

Huile du mef-   VII. Autrement on peut arroufer d'Eau forte, ou
me par Men- de fon Efprit de Nitre le mefme Sublimé Corrofif
ftruë, refolutió
& rectification. mis en poudre fans le diftiller & cohober plufieurs
fois; Et ce qui demeurera au fonds eftant derechef
mis en poudre, le faut laiffer refoudre en lieu froid,
fuiuant l'ordre commun; Et enfin circuler cette
liqueur, c'eft à dire, la meliorer auec bon Efprit de
vin, durant quelques iours, au ventre de cheual:
Bain Marin, ou au feu de cendres tres-doux, & le
diftiller, ou euaporer en deuë confiftance.

SENS PHYSIQVE.

VIII. Ainfi par ces operations eft marqué derechef la difference qu'il y a entre ledit Mercure, ou
Argent vif, & toutes autres fortes de corps fecs, &
Difference du humides non Metalliques, en telle façon qu'il peut
Mercure d'a- bien eftre meflé auec eux, mais non point changé,
uec les autres
corps. ou deftruit pour eftre de leur Nature, ou de quelque autre refultante du meflange, comme fi fouuent a efté dit; Puifque tout eftre creé n'eft confiftant, ou indiuidualifé, que pour fa propre difference, qu'on ne peut alterer interieurement fans le deftruire, ce qui eft impoffible, excepté à celuy qui l'a
fait & ordonné.

IX. Il eft vray qu'à caufe de fa fubftance encore
impure, il fe couure facilément des corps terreftres,

&

& mineraux, qu'il emporte quant & foy, lors qu'il
eſtend ſes aiſles par la chaleur extraordinaire, & qu'il
reſſerre en ſa retraitte & diminution de ſon action; Corroſion du
Mercure.
comme auſſi quand il eſt corrodé par quelque acide
violent , & arreſté auec leurs Sels terreſtres ; dont
l'Antiquité l'a recogneu pour le Meſſager ; Entre-
metteur & Interprete des puiſſances Diuines, Ce Mercure meſ-
ſager des Dieux.
que la Parole ſignifie; Et pour le Dieu des larrons,
c'eſt à dire de ceux qui dérobent le cœur, & la volonté par leur douce perſuaſion, Outre cette éleuation en la ſublimation que deſſus.

X. Mais c'eſt vn Prothée, il eſt touſiours le meſ- Mercure Pro-
thée.
me, quoy qu'il change de face, la Parole ne change
point ſa Nature eſſentielle, bien que l'application
en ſoit diuerſe ; vray portrait de la liberté, ſous vne
conſtante & incogneuë legereté : Ce que les Hermetiques bien long-temps auparauant auoient attribué aux Metaux portants le nom des meſmes
Dieux. Parquoy vainement on ſe tourmente pour
le rendre terreſtre extraordinairement, s'il tient ſa
Nature du Ciel-Metallique , eſtant placé entre les
Planetes celeſtes, & terreſtres ; car lors que ſon am- Comment de
Metallique Vo-
latil il eſt fait
fixe.
baſſade eſt legitimement faite; Et qu'il a dépoüillé
tout à fait ſon manteau noir, auec ſes freres; Il prend
en premier lieu ſa chemiſe blanche, tres-pure , &
claire , Et puis enfin ſa robe rouge majeſtueuſe plaine de conſtance & de credit.

XI. De là tous les Philoſophes ont dit, qu'il y
auoit quatre Mercures, vn Crud, vn Onctueux, vn Eſpece de Mer-
cure.
appellé Magneſie, & le dernier Sublimé, ou Exalté;
Le Crud n'eſtant point encore paruenu dans ſa ma-

A a a a

MercureCrud. turité, comme porte son nom, sert d'instrument, de matrice, & de nourrice, pour les trois autres qui le

Onctueux. digerent pour eux-mesmes; L'Onctueux ouure les Corps des Metaux, & se réjouyssant de leur Nature s'vnit auec eux interieurement, estant seul capable d'engendrer & parfaire ce grand Elixir des Herme-

Magnesie. tiques; La Magnesie est le Corps parfait en la com-

Sublimé. position du sec & de l'humide; Et le Sublimé est la perfection totale du Magistaire complet, ou se repose l'Art, & l'Artiste.

XII. Mystere si peu cogneu maintenant, que non seulement le vulgaire s'en mocque; mais encore les plus experts en la Physique Commune, reuoquent en doute, si l'Art peut faire dauantage, ou

Pouuoir de autre chose que la Nature, A quoy la responce est

l'Art. prompte, & definitiue, sçauoir que veritablement comme la Nature ne fit iamais aucun pain par exéple, ny aucun vin & semblables particulieres nourritures, ou autre chose factisse; mais qu'elle a don-

Nature est le né & donne tous les iours, la matiere dequoy les

fondement de faire, reseruant la methode à celuy qui s'en doit ser-

l'Art. uir, pour qui toutes choses sont faites; Semblablement elle a laissé cette disposition ou recherche auec la matiere, qu'elle en donne, au raisonnement de

Deuoir du Phi- ceux qui pourront mieux recognoistre les parties

losophe. de cette belle composition, ou propagation nouuelle, sa conduite & entiere perfection.

XIII. Ce qui n'est pas bien difficile à conceuoir par tous les autres ouurages de la Nature & de l'Art

Similitudes mesmement. Ainsi le Laboureur seme le grain, & le

pour donner à Boulanger fait le pain; le premier ouure la terre,

entédre la pos-

l'enfemence, & la cultiue iufqu'à moiffon; Et le der-
nier ouure le grain, l'humecte, & luy mefle fon leuain, tant qu'il foit plain ou empraint: Le germe
prend fon humide, fe deftache en foy-mefme & fe
groffit par fa chaleur Interne, aydée du Soleil; Le
leuain enfle la pafte par fes Efprits rarefiez à la chaleur du feu, & à la faueur du liquide; Le Laboureur
continuë fes foins, & fi la terre eft trop dure, il la
beche derechef, pour faire paffage à la plante, iufqu'à ce qu'elle retrograde dans fon eftat premier, &
mille fois plus ample, qu'il peut, ou refemer, ou s'en
feruir au befoin; Le Boulanger redouble fon leuain,
& tout autant qu'il fe peut eftendre, afin de le feicher entierement, pour le reduire, ou tout en leuain,
ou tout en pain.

XIV. Le Philofophe fait le mefme, ouurant le
Corps Metallique par fon Eau propre, dont le germe fe dilate iufqu'au dernier Athome preft à s'éua-
noüir; Mais il le rappelle, le refferre, & le fait defcendre dans le folide, par autant de degrez, qu'il s'eft
efleué; Et enfin il le décuit pour eftre, ou tout Corps,
ou tout Efprit; Et pour autant que la chofe eft affez
obfcure de foy-mefme: Et que d'ailleurs elle feroit
plus nuifible, que profitable à fon facteur, comme
iadis fuft le Taureau de Perille, Ioint fon auarice
& idolatrie, le Createur de la mefme Nature ialoux
de fon honneur, ne le fouffre que tres-rarement, &
feulement, pour manifefter fes merueilles à fes vrais
feruiteurs, en fuitte de toutes les autres connoiffan-
ces refolutiues de fes Oeuures, qui doiuent prece-
der.

XV. Estant des choses generales & communes,
qui sont mille millions de fois plus excellentes, &
necessaires pour le seruice, & soulagem...nt des hommes , comme l'on voit ; Puisque le prix de tout ce
que nous possedons , ne dépend que de leur estime,
qui est manque , & le plus souuent abusiue ; Et que
d'autre part la fin veritable de l'homme n'est que le
mesme Autheur absolument parlans : Ce qui ne
peut mieux estre prouué , que par la priuation de
cette vie , auec laquelle veuille , ou non , il quitte
tout.	Raison tres-grande, qui ne doit pas faire ces-
ser seulement cette passion , mais qui doit apporter
de la terreur extreme à ceux qui s'y feront abandon-
nez, plus qu'il ne faut, outre leur necessité, & la recherche de la Nature, delaissants le Createur , pour
adherer vilainement à la plus chetiue des Creatures,
& ne se ressouuenans plus du rigoureux chastiment
que le veau d'or apportast aux Israëlites.

Le prix des cho-
ses vient de l'e-
stime des hom-
mes.

L'Idolatrie
choque Dieu
particulieremét

F A C V L T E Z.

XVI. Le Sublimé Corrosif, rarement est vsité
tout seul, si ce n'est en tres-petite quantité , & au
deffaut de tout autre , Auquel cas on le peut radoucir, le faisant dissoudre en Eau chaude commune,
& le precipitans si besoin est auec Huile de Tartre
par deffaillance en couleur jaune , comme le Turbith, ou Turpeth Mineral dont cy-dessus. Le Sublimé doux, ou dulcifié se baille de dix grains , iusques à vingt-cinq, dans quelque conserue liquide,
& autre vehicule non purgatif, & de six à douze
grains, estant ioint auec Electuaire, pilules, & autres deiectifs ; Et de quatre à huict grains dans quel-

Dissolution &
precipitatió du
Sublimé Cor-
rosif.

Doze diuerse du
Sublimé doux.

que confiture molle, conferue de rofes, &c. pour les
vers des enfans; Et pour donner le flux de bouche
fuiuant l'habitude du corps, & le progrez du venin.

XVII. Quant à l'Exterieur on s'en fert communément, pour toutes fortes d'vlceres, galles, dar- *Galles.*
tres & autres puluerifé, & incorporé auec bonne *Dartres.*
pommade, beurre frais, & femblables. L'Huile fert
pour les gouttes appliqué auec quelque baume, ou *Gouttes.*
du lard fondu par deffus: Comme auffi pour tous
vlceres fordides & chancreux, y trempans des plu- *Vlceres.*
maceaux de charpie, ou cotton, les appliquans dans
l'vlcere, par deux ou trois iours, & procurans la
cheute de l'efcarre, auec le mefme baume, ou le
bafilicon laué; Puis mondifians, incarnans, & ci- *Methode Cura-*
catrifans felon l'Art; Ledit Huile ne manquant ia- *tiue.*
mais auec celuy de Saturne, duquel cy-apres.

CHAPITRE III.

DES PRODVCTIONS DIVERSES
du meflange de l'Antimoine, & du
Mercure Sublimé.

DESCRIPTION.

I.   **P**RENEZ de tres-bon Antimoine, & *Maniere de fai-*
     du Sublimé commun, ou Corrofif par- *re la Gomme*
     ties égales, fi vous voulez, ou vn peu *d'Antimoine.*
moins d'Antimoine, afin que la liqueur en foit plus
blanche, mettez-les en poudre fubtile, & les ayans

A a a a iij

meslez, iettez le tout dans vne Cornuë de vérre, ayant deux tiers vuides, le bec vn peu court, à cau-se que la liqueur se fige aisément, Puis appliquez-le sur vn fourneau de sable, ou bien dans vn Rechaud, auec son trepied & petite platine, ou escuelle de fer, Et luy ayant adiusté son Recipiant assez grand, le col pareillement court, pour la mesme raison, & bien bouché exterieurement, baillez-luy le feu, du

Degrez du feu. premier iusqu'au second degré de chaleur ; Et lors que la goutte commencera à iaunir, ou que le des-sus de la matiere sera presque tout noir ; changez de Recipiant, qui pourra estre vne Cornuë (si vous voulez) renuersée, ou ayant le ventre en haut ; Au-gmentez le feu peu à peu, pour auoir le reste de la liqueur plus Soulphreuse, pour faire sublimer le

Reuiuification. Cinnabre, & à mesme temps reuiure le Mercure, & refondre l'Antimoine, qui restera seul au bas de la Cornuë.

Rectification. II. Quoy fait, & le tout raffroidy, si cette liqueur gommeuse n'estoit assez blanche, comme il arriue bien souuent quand on n'y prend pas garde ; Re-fondez-là, & la revuidez toute chaude dans vne autre Cornuë, proportionnée à la quantité pour la rectifier aux cendres, si vous en auez assez, Et par-tant il est permis, ou de la garder en gomme, ou de la laisser resoudre en lieu froid & humide, pour les precipiter, quand bon vous semblera, dans l'Eau ;

Huile d'Anti-moine par re-solution. Estant à remarquer qu'il n'en faut pas beaucoup mettre la premiere fois, afin de n'estre obligez à vne trop longue euaporation ; Dont

III. La precipitation faite, il faut porter le tout

sur l'Entonnoir Hermetique, & le commun, pour
separer l'humide du solide , mettant à part la liqueur plus acide , Et radoucissans tres-bien par
l'Eau commune ; icelle precipitation qui demeurera en poudre tres-blanche estant seichée , qu'on
nomme, ou de son Autheur, dit Algerot, ou de son   Poudre Emeti-
effect Emetique, c'est à dire vomitiue, Quant à la   que, ou d'Alge-
philtration, la dulcification , & la desiccation sur   rot.
les cendres sacées, nous les auons plusieurs fois exprimé cy-deuant; Et pour la premiere liqueur aci-   Aigret d'Anti-
de qu'on a mis à part, il la faut faire euaporer iusques   moine , & son
au tiers , qui sera tres-aigre , & jaune comme l'Or;   Sel.
ou bien iusques au Sel , qu'il faudra desseicher le
plus doucement qu'il sera possible, car il est extremement volatil , comme hors de son propre humide.

    IV. Cette mesme Gomme se peut faire auec le
Regule d'Antimoine, Auquel cas elle sera beaucoup
plus blanche, & vigoureuse, mais il ne se formera   Du Regule ne
aucun Cinnabre ; parce que la plus grande partie   se forme aucun
du Soulphre du mesme Antimoine a esté bruslée en   Cinnabre.
la Calcination premiere, ou sa purification. Il est de
mesme du Sublimé dulcifié, duquel encore sortira
moins de liqueur, & plus d'Argent vif, Puisque
dans les Corrosifs les Sels dominent estans en triple poids, contre vn du Mercure; Au contraire du
dulcifié, qui obtient leur dessus, & à ce subiet est
nommé tel. En vn mot le seul Regule dissout, par
l'Esprit de Nitre rectifié , & precipité , donne la
mesme poudre procedans comme dessus.

    V. Quant à l'Argent vif, ou Mercure reuiuifié,

il le faut bien dégraisser, en le passant à trauers
d'vn bon linge blanc double, & ce par plusieurs
fois, ou le boucher auec le mesme linge vn peu vsé,
l'ayant mis dans vne terrine blanche de fayance, ou
autre vernissée, iusqu'à ce qu'il ne donne plus de
noirceur; Et pour l'Antimoine refondu, faut casser
la Cornuë pour l'auoir, qui peut seruir à ses vsages;
Enfin de la mesme Gomme aussi & de la Chaux de
tous les Metaux, auec le bon Esprit de Nitre rectifié, & semblables acides se forment diuers Magistai-

res appellez Bezoards, ou remedes sudorifiques, &
fixes par cohobation reïterée, puluerifation & dulcification, vn chacun prenant le nom du Metal de
ladite Chaux, comme aussi du Mercure, Ce qu'e-
stant ainsi déduit,.

SENS PHYSIQVE.

VI. Par les precedentes Descriptions, nous auons
veu ce que les choses simples naturellement peuuét
donner: maintenant par celle-cy nous cognoissons
combien le meslange des mesmes a de pouuoir estát
fait à propos; pour moderer ce que nous auons dit
ailleurs, des trop grandes mixtions; Et prouuons,
que l'Art fait plusieurs choses, que la Nature n'opere pas, pour confirmer dauantage, ce que nous venons d'alleguer touchant ledit œuure des Sages, &

de sa possibilité contre le vulgaire, qui ne peut se
l'imaginer, pour la difficulté qu'il y a de trouuer le
veritable poids de la matiere, le degré de la chaleur,
& le point de l'vnion de ses parties, en laquelle consiste sa perfection, & pour laquelle il est dit, que, qui
peche en l'vn peche en tout.

VII. En

VII. En cette forte l'Antimoine tout feul ne dô- *Fleurs d'Anti-*
ne que des fleurs, la couleur defquelles ne dépend, *moine.*
que du plus & du moins de l'a) deur du feu ; Et quoy
qu'il foit accompagné de grande quantité de Soulphre combuftible, neantmoins il fe manifefte fort
peu tout feul, fi ce n'eft dans vn lieu tenebreux, côme nous auons dit. De mefme le Sublimé Corrofif, *Le Sublimé*
quoy qu'il foit compofé ne laiffe pas de garder fa *tout feul eft toû-*
forme au feu fec, c'eft à dire en fon éleuation par la *jours vapora-*
fimple chaleur ; mais eftant meflé auec d'autres il *ble.*
donne vne tres-belle liqueur blanche, qui fe fige, &
fe fond comme la cire, tenant le milieu entre les
deux, & fe peut refoudre de nouueau en fes principes, & parties comme les autres.

VIII. Par ce moyen la terre Minerale, & Metalli- *Parties de l'An-*
que, qui font le corps en cette feparation garde le *timoine.*
bas ; Les Sels, qui caufent la fufion fe rarefient dans
l'humide, Et l'Efprit, qui les viuifie demeure auec
les deux, puifque rien ne fubfifte fans luy : Et dautât
que le poids, le nombre, & la mefure font tout en
toutes chofes, l'Art miniftrant à la Nature, chaque *Circonftances*
partie s'vnit à celle qui luy eft conforme, ou qu'elle *de la Mixtion.*
peut fouffrir ; Et de toutes chofes enfemble refulte,
l'harmonie, le refte demeurant fuperflux, Ce qui eft
parfaitement bien demonftré en ce fubiet, quant à
la demande qu'on fait, d'où procede le plus de cette
Gomme : car ayant ramaffé toutes les ordures, qui
font de l'Antimoine, ce qui demeure attaché aux *D'où prouiét la*
vaiffeaux, & qui fe peut perdre, on trouuera qu'il ne *Gomme d'An-*
timoine.
s'eft pas beaucoup décheu ou diminué, excepté que
fes fibres argentines ne paroiffent plus tât eftenduës,

Bbbb

que la premiere fois , comme plus refferrées , ou
amoindries.

X. Dauantage le Mercure fe trouuant tout, à peu
prés, & les Sels ne paroiffants aucunement, Il eft aifé
d'inferer, que ladite Gomme ne peut proceder pour
le plus, que des mefmes Sels, animez, & comme vi-
uifiez de l'Efprit du Regule , qui les a fait eftre de
cette moyenne confiftáce, ioints à fa terre inéuaporable, celle du Vitriol & autres parties compofitiues
du Sublimé Corrofif ; Puifque la mefme Gomme
precipitée, caufe, & les vomiffeméts, & les deiectiós
le infufee, ou non; Et prife cóme le Saffran, ou le verre
du mefme, le refte eftát fuperflux ; Et n'importe que
la mefme Gomme precipitée demeure en poudre, &
que d'ailleurs elle n'eft plus refolutiue à l'Air humide, cóme font les Sels, Puis qu'elle ne laiffe pas d'en
auoir en foy vne partie, & iceux Fixes, qui ne dé-
poüillent iamais entierement leur mefme terre, Minerale, ou Metallique, tant propre qu'accidentaire,
qui fe peut gliffer auec eux, & demeurer feule , s'ils
font diffouts dans quelque humeur ou Eau Commune, ainfi qu'on void en ce fubiet.

XI. Ce qui eft encore recogneu par la conuerfion
de la mefme poudre en nouueau Regule, mais blan-
chaftre, fans lefquels Sels Fixes , il n'y a point de fufion, ou vnion des parties conftitutiues du Tout, les
Volatils en eftants feparez ou éuaporez, comme il
appert pareillement par le Menftruë qui l'a precipité, lequel n'eft acide que par iceux, & lefquels, eftant
deffeiché reprennent leur corps, qui s'exhale facilement, & s'éuanoüit à la moindre chaleur, vaporants

perpetuellement mefmes à froid, Pour n'eftre dans leur
propre humide, Dequoy l'experience nous affeure, contre ceux qui veulent fouftenir le contraire.

FACVLTEZ

XII. La Gomme d'Antimoine, & fon Huile par re- Vlceres.
folution eft merueilleufe pour les vlceres, qui ne cedent
à aucun autre remede, chairs baueufes, callofitez, fur-
croiffances, pourreaux veneriens, &c. Eftant appliquée Methode cura-
doucement par deffus, & de vingt en vingt-quatre heu- tiue,
res, Ils fuppurent, incarnent, & cicatrifent eux feuls,
auec douleur toutefois fur le commencement de l'application ; Eftant befoin pour cette caufe d'adioufter
quelque rafraichiffement par deffus, & l'vlcere ainfi
purifié, paffer aux deficcatifs accouftumez pour eftre
plus court.

XIII. La poudre d'iceux par precipitation nommée Poudre d'Al-
Algerot, de fon Autheur fe peut donner en infufion de gerot, & fa me-
trois à douze grains, dans du vin blanc, ou de l'Eau me- thode.
theorifée, c'eft à dire diftillée, effectuans le mefme, que
le Saffran d'Antimoine, auec moindre quantité de liqueur ; Et en fubftance de trois à fix grains, ou fuiuant
les corps differents, dans vn iaune d'œuf molet, conferue liquide, & autre pour chaffer vne infinité de maladies, tant par le haut, que par le bas, Eftant loifible d'en
faire des trochifques, tablettes, & femblables auec fuccre, ou Gomme tragachant, & à mefme dofe.

XIV. L'Aigret peut feruir à la place de celuy du Teintures.
Soulphre, Vitriol, &c. Comme pour diffoudre les perles, Coraux, & autres dans le creux de la main mefme
fans l'offencer ; Extraire les Teintures, nettoyer les vieux
Tableaux à l'huile, appliqué fubtilement, & également
par tout, le temperans, s'il eft trop fort, auec Eau Commune, ainfi que fait le Menftruë du Tartre Nitré, ou
Vitrioél.

Des Metaux.
Figure 3.

DES META X.
FIGVRE III.
MARS, OV FER, VENVS, Matieres.
OV CVIVRE.

DISSOLVTION, DISTILLATION, Operations.
Stratification, Calcination, Sublimation,
& Lotion.

Efprits Acides, Chaux, Fleurs, & Poudres.　　Productions.

EXPLICATION.

E Nombre 1. Au bout droit de la
Table, fait voir vne Courge, posée fur Courge de ver-
fon valet, auec fa Chappe & Recipiant re auec fon A-
de verre, dans laquelle il y a enuiron lambic.
deux doigts de liqueur, & au bas fur la
Table quelques lamines de fer, & du
Cuiure, auec vne bouteille contenant le diffoluant; Et ce
pour donner à entendre la Diffolution corrofiue de Mars
& de Venus, c'eft à dire du Fer & du Cuiure.

Le Nombre 2. Sur le bout gauche de la mefme Ta- Reuerbere en-
ble, reprefente vn petit Reuerbere entier, garny de fa tier.
Gornuë & Recipiant de verre, auec vn plat au bas à
demy plain de la matiere pulucrisée des mefmes, pour

Bb bb iij

demonstrer leurs distillations.

Le Nombre 3. *Au milieu de la mesme, demonstre Hermes qui range dans vn Creuset, ou Pot, lict sur lict, des lamines de Fer ou de Cuiure; Et le tout mis dans vn petit fourneau ouuert, dont au bas il y a du Soulphre en Canons, & des platines des mesmes, pour faire voir leur Calcination par stratification, & à feu de Suppression.*

Fourneau ou-
uert.

Le Nombre 4. *Sur le costé droit de la Cheminée, depeint vn fourneau de Reuerbere entier trauaillant; Et sur le bas des lamines de Cuiure pour l'Aes Vstum, ou l'airain brusle.*

Reuerbere en-
tier.

Le Nombre 5. *Sur le milieu d'icelle Cheminée, figure vn fourneau de sable, sur lequel sont appliquez deux Matras enfoncez à demy dedans; Et à costé sur le bas quelques morceaux de Sel Armoniac, auec quelques chaux, ou poudres de Mars & de Venus, pour signifier leurs sublimations, ou fleurs.*

Fourneau de
sable.

Le Nombre 6. *A costé gauche de la mesme Cheminée marque vne Forge, de laquelle vn Seruiteur tire vn quarreau d'acier tout flambant, & le tenant auec les pincettes de la main droite, applique de la gauche vn Canon de Soulphre, de l'approche desquels, l'vn, & l'autre distillent dans vne Terrine à demy pleine d'Eau commune, pour representer la Calcination & Dissolution ardante de Mars, se trouuant sur le bas quelques Canons de Soulphre.*

Forge,

Le Nombre 7. *Au milieu du Laboratoire sur terre exprime vn Seruiteur tout recourbé, qui vuide des deux mains vne grande Terrine pleine de liqueur dans vne autre, qui est reposee sur terre aussi, pour fai-*

Terrines.

re voir par Lotions, & à froid, la subtilisation des poudres, Minerales, ou Metalliques.

SOMMAIRE.

En cette maniere la Dissolution corrosiue de Mars Recapitulatiõ.
& de Venus estant disposee, & la forme pour les distil-
ler, Hermes prepare leur Calcination par Stratification;
Desquels encore, celle qui se fait par le Reuerbe, n'estant
demonstrée, auec leur Sublimation, l'vn des Seruiteurs
dissout le Mars à feu de forge, & par le Soulphre; Et
l'autre separe par Lotion leurs poudres plus subtiles.

A N N I B A L: B A R L E T.

CHAPITRE I.

DES OPERATIONS DE Mars, Acier, ou Fer, tant Adstringent, qu'Aperitif, & autres.

DESCRIPTION.

L RENEZ pour le Mars adstringent la quantité qu'il vous plairra des pointes de cloux neufs à fers de cheual, comme le plus doux, ou petites lamines deliées: (car la limaille rend la Dissolution grasse, & spongieuse, pour estre trop tost absorbée) mettez-les dans vne Courge de verre proportionnée auec sa rencontre, Comment il faut calciner le pour conseruer les Esprits, si vous voulez, ou bien Mars adstrin- en vn Matras, duquel le col soit assez large: Et l'vn geut. & l'autre vase estant placé sous vne Cheminée,

verſez par deſſus du bon Eſprit de Nitre, ou de départ, peu à peu, à cauſe de l'æbullition, continuans
iuſqu'à ce que tout ſoit diſſout, ſeparez touſiours
ce qui ſera empraint, philtrez le Menſtruë, par le
papier gris, & l'ayant remis dans vne Cornuë, ayât
deux tiers vuides, diſtillez-le à ſec, cohobez-le vne
fois au moins, pour vne plus entiere corroſion.

Sa reſolution &
reuerberation. II. La matiere liquide eſtant euaporée, remettés-
là dans vne Eſcuelle de gray, ou de fayance, laiſſez-
là reſoudre en lieu froid, receuez la liqueur huileuſe comme nous auons dépeint ailleurs; & reuerberez le Marc, ou Saffran dans vn Creuſet à feu
ouuert, iuſqu'à ce qu'il ait acquis la couleur bien
rouge, Et c'eſt de cette maniere qu'il eſt adſtringét;
eſtant ſeparé de tout Sel par Reſolution & alteré, ou
fait terreſtre, par l'ardeur du feu. Cette Diſſolution
ſe fait gentillement & auec admiration dans vn
Alembic de verre, & à froid, par lequel on recou-
Diſtillation
chaude ſans
feu. ure vne partie du Diſſoluant, outre que l'odeur
reſſerrée n'incommode point.

III. Autrement abreuez la limaille bien nette,
& recente d'Eau Commune, ou d'vrine d'Enfants,
eſtant ſeparée premierement de ſa lye, ou limon
Calcinatió de
Mars par l'vri-
ne, ou par l'Eau
Commune en
Roüille. par reſidence, & l'eſtendez, pour la faire roüiller,
& ſeicher à ſon aiſe, quoy eſtant, pilez-là dans vn
mortier de fer, pour en ſeparer le plus ſubtil auec
vne Toile, ou tamys de ſoye fort eſtroitte; Rehu-
mectez ce qui ne ſe peut pas ſacer, de la meſme vrine, faiſant comme la premiere fois, & iuſqu'à ce
qu'elle ſoit tout à fait reduite en poudre deliée, &
ſubtile, En apres broyez-là tres-bien dans vn Plat,

ou

ou Terrine blanche de fayance, radouciſſez-là auec
eau chaude, faites-là ſeicher, Et l'ayant remis dans　Reuerberation.
vn Creuſet, calcinez-là tres-bien, & iuſqu'à ce qu'elle ſoit d'vn beau rouge. La meſme Roüille ſe peut
ſubtiliſer à la façon de la Litarge, par le moyen de　Subtiliſation.
deux Terrines & de l'Eau Commune, comme re-
preſente *la Figure, Nombre 7.*

IV. Dauantage vous pourrez adiuſter des bar-　Calcination du
reaux, ou lamines de fer mediocrement eſpoiſſes,　meſme par le
autant qu'il ſera neceſſaire, dans vn Reuerbere en-　Reuerbere.
tier l'eſpace de trois iours naturels, ou bien en quelque coin du fourneau des Verriers, qui vaudra
mieux, Et comme elles ſeront parfaitement chargées de Saffran par effloreſcēce, vous les tirerez hors
du fourneau ou de la fournaiſe, pour les laiſſer raffroidir, Et puis ratiſſer, ou abbatre doucemēt, auec
l'aiſle d'vne plume ledit Saffran, le plus nettement
qu'il ſera poſſible, & le reuerberer, pour la derniere
fois dans vn Creuſet ; On peut encore le calciner　Autre par fu-
par fumigation auec Eſprit de Nitre, vin-aigre tres-　migation de
fort, & autres acides, à la façon de la Ceruſe, ou du　vapeurs acres.
verd de gris.

V. Quant à l'Aperitif faites rougir dās vn Creu-　Saffran de Mars
ſet, entre les charbons ardants la quantité de bonne　Aperitif.
limaille de fer, ou d'acier, que vous voudrez, & la
iettez toute flambante dans de tres-bon vin-aigre
diſtillé, laiſſez-le raſſeoir, & ayant vuidé la liqueur,
rougiſſez-là derechef, eſteignez-là dans le meſme
Menſtruë, tant, & ſi ſouuent, qu'elle ait depoſé toute ſa Teinture ; Auſquelles fins il eſt neceſſaire d'a-
uoir deux bonnes terrines, ou plats vermiſſez, bien

Cccc

Plats, ou Terrines neceffaires.

Teinture de Mars Aperitif.

Alcool, c'eft à dire impalpable.

Calcination de Mars par le Soulphre.

Reuerberation.

Calcination reiterée.

cuits, & qui ne boiuent point, s'il fe peut, pour vuider alternatiuement ledit vinaigre, & feicher la limaille.

VI. En apres philtrez la Teinture, ou Effence douce, qui vous demeure, faites-là euaporer iufqu'à vn tiers, ou en forme d'Extrait fi vous voulez pour la reduire en Tablettes, auec le fuccre, & quelques aromates conuenables; Reuerberez la poudre, qui refte, iufqu'à ce que la couleur vous aggrée, & fur icelle remettez encore de tres-bon vin-aigre diftillé, deffeichez-là: Reiterez le mefme plufieurs fois, & vous fouuenez de reduire toufiours le tout en Alcool, ou poudre tres-fubtile & impalpable; Cette mefme Diffolution fe fait fort vtilement, auec le bon vin blanc, mufcat, ou d'Efpagne.

VII. Autrement faites rougir vn quatreau, ou lamine d'acier, dans vne forge, ou autre feu fort, & la preffez contre vn Rouleau, ou Canon de Soulphre fur vne Terrine, où il y aura de l'Eau Commune, pour le mettre en menuë grenaille; Puis ayant vuidé l'Eau par inclination, faites feicher le tout, & acheuer de brufler le Soulphre, fi vous voulez qui y eft meflé; En apres remettez la Grenaille en poudre tres-fubtile, facez-là bien, & l'ayant reuerberé iufqu'à parfaite rougeur: Arroufez-là par plufieurs fois de bon vin blanc, & la feichez du tout. Que fi la mefme poudre ne fe pouuoit bien fubtilifer; Remettez-là dans vn Pot, ou Creufet, enflammez-là, & la recuifez auec fon poids du mefme Soulphre peu à peu, agitans le tout auec vne fpatule, ou verge de fer, iufqu'à ce qu'il ne paroiffe plus aucune vapeur.

VIII. On peut auſſi faire roüillir la meſme li- Saffran de Mars par la Roüille.
maille auec vin blanc, la piler, & l'ayant ſacé reïte-
rer cette Operation cóme cy-deſſus a eſté dit, pour-
ueu qu'on ne la laue point; Elle ſe fait encore, auec
le ſuc de limons, citrons, Eſprit de Vitriol, & autres
acides, & à froid. Bref pour rendre le Mars Aperitif, D'où prouient l'aſtriction & ſon contraire.
il le faut faire par vn Menſtruë de meſme nature, &
ſalineux, Au contraire de l'Aſtringent, qu'il faut
priuer de toute ſorte de Sels, par l'vn, & l'autre Element, c'eſt à dire le feu, & l'Eau: De toutes leſquelles
Chaux on peut faire l'Extraict auec l'Eſprit de vin,
& en la maniere ordinaire.

IX. Pour les Cryſtaux, ou Vitriols, ils ſe font par Cryſtaux ou Vitriol de Mars
la Diſſolution corroſiue, philtrée, euaporée preſque
à ſec, deſtrempée par l'eau Commune, & derechef
exhalée à petit feu, iuſqu'à la pellicule, c'eſt à dire,
iuſqu'à ce que la liqueur vienne à produire comme
vne toile, ſigne que les Sels commencent à dominer
pour les mettre cryſtalliſer, ou ſe reincorporer à
froid; De la meſme Diſſolutió ſeichée ſe fait encore
l'Huile par Reſolution, qu'il faut philtrer auſſi par
le papier gris; Ou bien des meſmes Chaux reuerbe- Son Huile par Reſolution, ou Diſtillation.
rées, & humectées par pluſieurs fois d'vrine, ou de
ſon Eſprit, ſçauoir par la Cornuë, Et au Reuerbere
entier comme les eſprits acides; Donques

SENS PHYSIQVE.

X. Par cette Deſcription, & les ſuiuantes, eſt Maxime gene-rale des Me-taux.
découuerte la verité de l'Axiome, que nous auons
compris dans nos Maximes de cét Art en noſtre
Theorie, ſçauoir, que toutes les préparations des
Metaux, ne ſont que Magiſtaires, ou attenuations;

Cccc ij

d'iceux , Et qu'en vain on pourchaſſe d'auoir ce
qu'ils n'ont pas, ſi cen'eſt pour paroiſtre plus intelligents,ou pour nourrir l'inſatiable auarice ; Car *le
Fer , ou Acier appellé Mars , eſtant compoſé de grande
quantité de terre ſalineuſe , moins de Soulphre , & fort
peu de Mercure trop fixes & impurs.* Sa Nature ne peut
eſtre qu'adſtringente, ſauf les vertus particulieres,
que le meſlange deſdites parties en l'exiſtence de
ſon Eſtre produit , par ſes eſprits viuifiques, que les
effects nous monſtrent ſeulement , comme de tout
autre Mixte.

XI. L'abondance de ſa terre ne paroiſt que trop
par l'humidité aqueuſe, ou ſpiritueuſe, qui la diſſout peu à peu en Roüille, ou Chaux, deſtachant
d'icelle auec facilité le Sel qui la lie fort imparfaitement, & la penetrant tres-promptement , comme
ſeparée de ſoy-meſme, ou par le feu qui conſume
ſon humide Mercuriel,moins cuit & fixe, le redui-
ſant,ou en eſcaille ſous le marteau,ou en fleurs rouges tres ſubtiles dans quelque Reuerbere ; Son Sel
eſt recogneu par le Vitriol qui en eſt formé, à la façon des autres. Sa malleabilité principalement à
chaud, témoigne ſon moins de Soulphre, & le peu
de ſon Mercure trop fixe , eſt prouué par le máque,
ou refus d'vne fuſion ſeconde, n'en ayant eu que
pour la premiere , qui l'a preſque conſumé; Acque-
rant ſeulement par vne longue recuitte auec l'Art,
vne dureté & ſolidité au deſſus de tous les autres
Metaux, par laquelle ils ſont domptez & rangez
au ſeruice de l'homme, d'où ſont procedez les tro-
phées de Mars.

XII. Toutes lesquelles choses sont les marques
d'vn metail imparfait, que la Nature n'a pû acheuer de cuire, faute de plus grand aliment, du temps,
& autres circonstances, comme il peut arriuer en
tout autre Mixte, & sans toutefois que sa vertu, ou
aptitude interne puisse estre en rien affoiblie, donnant lieu pour lors à l'Art & à l'Artiste de ce faire;
Mais comme il est plus esloigné de sa fin, & qu'il
faut dauantage des preparatifs, & de temps pour
l'accomplir, le Philosophe Hermetique ne s'y amu-
se point, le laissant à l'vsage vulgaire. Que s'il a le
pouuoir de rarefier, & d'ouurir nos corps, ou d'humecter ses conduits & faire couler la matiere, qui
les remplit, ce n'est que par accident, c'est à dire,
suiuant ses diuerses preparations humides, ou seiches, spiritueuses, ou salineuses; Puisque ce que le
feu consume, l'Eau le laue, & qu'vne mesme chose
ne peut contenir son opposé, ou contraire effectiuement.

XIII. Ainsi la vertu adstringente de Mars est
augmentée par la violence du feu, ou par le simple
Menstruë, l'Esprit en estant exhalé, ou dissout auec
partie de son Sel; Et la faculté laxatiue y est ap-
portée, par Menstruës spiritueux pleins de Sels
semblablement aperitifs; ledit Saffran, Chaux, &
Roüille ne seruants, que pour la contenir; Et de là
estre portée aux lieux destinez pour le soulagement
de la Nature, tellement que, outre l'adstriction,
ledit Saffran de Mars n'a rien de soy, pour les in-
firmitez humaines; ou fort peu; puisque luy-mes-
me est malade ou imbecille, attendant sa guerison,

Cccc iij

& sa force de l'homme mesme.

FACVLTEZ.

XIV. Le Saffran adstringent de Mars, ou le fer se donne pour arrester le flux de ventre, dysenteries, hemorragies, menstruës, & autres (le Corps estant auparauant purgé s'il est besoin) sçauoir d'vn scrupule, à demy dragme, auec Eau de plantain, œuf mollet, boüillon, & semblables vehicules; Extérieurement il desseiche les vlceres, ou tout seul, ou meslé auec emplastres, suiuant les intentions diuerses, & la necessité des malades.

XV. L'Extraict opere le mesme portant son menstruë auec soy, à la dose d'vne petite cueillerée, & ce loin du repas; Le Saffran Aperitiffe donne pour les obstructions du foye, & de la rarte, pasles couleurs des filles, jaunisses, retention des mois, & autres, d'vne dragme iusques à deux, & dans vn vehicule conuenable: Comme Tablettes, Oppiates, Electuaires, &c. Le Vitriol de Mars opere le mesme, que le vulgaire; Et l'Huile vaut beaucoup pour deterger, & consolider les vlceres, qui semblent incurables.

CHAPITRE II.

CALCINATION, VITRIOL,
Fleurs, Huile, & Magistaire de
Venus, ou Cuiure.

DESCRIPTION.

I. **P**RENEZ du Cuiure ce que vous voudrez par menuës parcelles, ou petites
lamines, calcinez-le, ou par stratifica-
tion, c'est à dire lict sur lict, auec autât de Soulphre,
à feu de Rouë premierement, & peu à peu, d'approche, pour aller à la Suppression; Ou bien par iniection du mesme Soulphre sur sa limaille, la remüäs
toûsiours comme le Mars, afin qu'il ne s'attache au
Pot, Creuset, & autres; Ou autrement bruslez-le
à feu découuert, ou le calcinez, auec le vin-aigre distillé, Eau forte, & semblables.

(en marge : Calcination di-
uerse de Venus,
ou Cuiure.)

II. Ainsi de cette Chaux, boüillie auec l'Eau
Commune, philtrée, & éuaporée iusqu'à la pellicule, est produit le Vitriol, ou bien l'Extraict, Le mesme encore se fait de sa roüille, appellée ver de gris,
sçauoir par le vin-aigre distillé, lequel estant aussi
doucement exhalé iusqu'à la pellicule, & mis en
lieu froid, se congele en Crystaux; De plus il est
loisible de sublimer ladite Chaux, auec le Sel Armoniac en de tres-belles fleurs.

(en marge : Vitriol de Ve-
nus.)

(en marge : Crystaux &
fleurs du mes-
me.)

III. Quant à son Huile, on le peut faire auec le

Huile de Venus
par Calcinatió
& refolution.

mefme verd de gris, vn peu de Soulphre, & le Sel Nitré au double dans vn Creufet, à la façon du foye d'Antimoine, lequel raffroidy & mis en poudre fubtile fe refoudra facilement fur vn marbre, ou porphyre, en lieu froid, & humide; Pareillement eftant diffout par l'Eau forte, philtré & éuaporé prefque à fec, fe refout en tres-belle Huile bluaftre, & le precipité par l'Huile de Tartre par Refolution

Magiftaire.

en fort beau Magiftaire; Toutes les autres Operations eftants communes, auec celles de Mars; Ie ne m'y arrefteray pas dauantage, pour dire fur ce mefme fubiet, que

SENS PHYSIQVE.

Defcription &
Explication de
Venus, ou Cuiure.

IV. *Venus, ou le Cuiure eft compofé de quantité de terre Vitriolique, beaucoup de Soulphre, & affez de Mercure falineux, moins purs & fixes*; Sa terre Vitriolique eft recogneuë par la Roüille, qui s'en fait facilemét au froid humide, & par la Calcination, tant feiche, qu'humide; Son abondant Soulphre eft prouué par fa malleabilité mefme à froid; Sa fufion témoigne fon Mercure, mais la difficulté procede de fon Sel trop fec, & terreftre, qui l'efboit, ou le refferre, comme fait la trampe Commune.

Explication des
Fables fur la
Venus.

V. Lefquelles parties, ou qualitez fpecifiques nous ont efté induftrieufement bien reprefentées, par la naiffance, & les Actions de la Venus Hermetique vfurpée des Poëtes, & par apres des Aftrologues, comme les autres reprefentations Metalliques; Car les veritables fucceffeurs d'Hermes ayáts dit qu'elle eftoit fille de la Mer, Ils ont monftré pareillement, qu'elle eftoit froide, & humide, Ce que

témoigne

témoigne le verd & sa terreftreïté falineufe, quali- **Venus froide & humide.**
tez propres aux femelles, qui en fuite du plus de
cette humidité deuiennent frilleufes, & fe chauf-
fent volontiers.

VI. Pour cette caufe elle fut mariée à Vulcã, qui **Venus mariée à Vulcan, &** **pourquoy.**
reprefente le feu externe; mais dautant que fa cha-
leur eft paffagere, & quelquefois importune, par
fon trop, ou manque d'Actiuité, dependant de la
matiere; Il eft dit auffi qu'elle ne le cheriffoit pas à
l'égal du ieune Adonis, ç'eft à dire, d'vne chaleur, **Adonis, que c'eft.**
& feicheresse interne toute nouuelle, mais impar-
faite, fignifiée par la terre Vitriolique.

VII. Au contraire, qu'elle fut aymée de Mars **Mars, chaud & fec.**
Chaud, & fec Parfait, que le Soulphre fixe nous fait
voir auec cette difference, qu'Adonis ne luy contri-
bua rien, outre fon obiect, pour l'émouuoir feulement; Car la terre Vitriolique ne fert point, ou fort
peu au metal, que pour l'alterer, & rẽdre acre; D'où **Differéce d'A-** **donis & de** **Mars.**
vient que le plus fouuent les Femmes font facheu-
fes & importunes; Et d'ailleurs que Mars engendra
l'Antheros, c'eft à dire, le côtre, ou mutuel Amour; **Antheros de Mars.**
Parce que le fixe & l'inéuaporable dans tout metal
s'accordent & s'embraffent fort reciproquement.

VIII. Enfin le Soleil les découure, & Vulcan les **Pourquoy le Soleil découure** **ces Amans, &** **Vulcan les ar-** **refte.**
arrefte pour feruir de rifée à tous les Dieux, c'eft à di-
re, les mefmes qualitez vnies enfemble, font regies
par la Chaleur celefte, Et conferuées par celle du feu
Elementaire & materiel, fans lefquelles, la vie mefme des plus puiffants, que les Dieux reprefentent, ne
feroit point ioyeufe; Et partant fous cette Fable de **Sens de la Fa-** **ble.**
Mars & de Venus, nous découurons l'inclination &

D ddd

aptitude amoureuse du meslage des quatre premieres qualitez dans tous les Mixtes, qui doit estre conforme pour les produire tels, qu'ils sont; Car l'vn est chaud & sec, et l'autre froid, & humide, Tous deux contribuans proportionnément leurs vertus à mesme fin.

Venus Hermetique.

IX. A cette cause les mesmes Hermetiques ont fort bien dit, qu'il falloit que Venus interuintà leur Ouurage, comme nous auons dit ailleurs, suiuie de son Cupidon, c'est à dire, de son appetit de generation, lequel est inutil, s'il n'est côioint auec l'Antheros Martial, ou appetit masculin, comme portent leurs Figures; Et comme le mesme appetit n'a pour objet, que le parfait, & l'agreable, son corps est tresbeau, sa voix charmante, & son Esprit tres-subtil, pour laquelle raison Mercure y interuient aussi, & toutes les graces, Estant requis en cét Oeuure comme en tout autre l'Aptitude des matieres, la pureté d'icelles, & l'industrie pour les vnir.

Adonis inutil sans Mars.

Pourquoy Venus a le corps & l'Esprit tresbeau.

X. Surquoy nous voyons encore l'erreur de ceux qui sans aucune cognoissance de la Physique Resolutiue s'imaginent pouuoir atteindre, à ce haut but, pour auoir leu quelque anciéne Recepte, ou vieux Roman Hermetique, qu'ils expliquét à leur mode, & tout à fait contre la pensée de leurs Autheurs, qui les ont escrit à double face; Ou pour en dégouster les incapables, ou pour confirmer les Intelligents, surnommez Enfants de l'Art, côme se void par ces paroles: *Si tu le sçais tu m'entends; & si tu ne le sçais pas, tu ne m'entends pas,* c'est à dire, si tu comprends en general la composition des Mixtes, comme les

Receptes anciennes.

Fin des Autheurs Hermetiques.

Philofophes commandent, tu peux en particulier cognoiftre cette admirable fabrique, qui eft tout à fait naturelle, Et de laquelle nous ne fommes que les Miniftres.

Du general fuit le particulier.

IX. Mais comme le degré du meflange varie les chofes, qui confifte en la iufte proportion des parties d'icelles; tres-difficilement ioüit-on de ce bon-heur fansvne prudence fort grande, iointe à vne patience incroyable, & longue Experiéce des autres Oeuures de la Nature; Arriere donques les ignorants; Arriere tous les temeraires, & tous les Impatients, comme font les ieunes gens, & les Auates Idolatres de l'Argent; Il faut eftre vray homme, c'eftà dire, parfait en vertu, & humilité, pour poffeder ce threfor, qui ne procede que de la feule liberalité de fon premier Autheur, par laquelle il eft rendu capable de faire ce que luy feul a fait, & que nous auons touché ailleurs: Partant

Circonftances requifes pour entédre l'Oeuure des Sages.

Quel eft l'homme parfait.

FACVLTEZ.

XII. La Chaux & le Vitriol, ou Cryftaux de Cuiure, feruent pour l'Epilepfie, auec quelques gouttes de fon Huile, dans l'Eau diftillée, ou le fuc de la fleur de pœoine, Lys des valées, Tillet, &c. Les fleurs, le Magiftaire, & l'Huile profitent aux veffies, & puftules de la petite verolle, les humectans apres leur Deficcation, auec des petits plumaceaux, moyennant l'Eau Rofe, & le fuccre de Saturne, pour en faire difparoiftre les marques & rougeur. Et generalement parlans, toutes les Operations du Cuiure conuiennent grandemét aux maladies veneriennes, vfurpées rant au dedans, qu'au dehors, & à toutes fortes de vieux vlceres.

Epilepfie.

Marques de la petite verolle.

Maladies veneriennes.

Dddd ij

Des Metaux.   Figure. 4.

DES METAVX.
FIGVRE IV.
SATVRNE, OV PLOMB, Matieres.
ET IVPITER, OV ESTAIN.

CORROSION, EXTINCTION, Operations. *Amalgamation, Distillation, Fixation, Calcination, Sublimation, & Desiccation.*

Essence, Bezoard Iouial, Chaux, Fleurs, Iupiter Productions. Auré, dit Purpurine, & Sels.

EXPLICATION.

L E Nombre 1. Sur le bout droit de la Table, monstre vn petit Cendrier, en Cendrier. *Oualle, sur lequel est vn matras à demy plein de liqueur d'vn bout, auec vne Escuelle, presque plaine de l'autre, & sur le bas vne, ou deux lamines de plomb, vn Plat contenant la Chaux du mesme, de Lytarge, ou du Minium ; Ensemble vne bouteille de vin-aigre distillé, & vn autre d'Eau forte, pour faire voir la Corrosion de Saturne, & l'Extraction de son Essence.*

Dddd iij

Le Nombre 2. Sur le milieu de la Table, represente Hermes, prest à vuider vn Creuset, qu'il tient des pincettes, d'vne main; Et de l'autre vne Terrine pleine

d'Eau, ayant à sa gauche vn petit fourneau ouuert, & à sa droite vn autre Creuset, vne bouteille contenant du Mercure, ou Argent vif, & quelques pieces d'Estain doux, c'est à dire, sans aucun meslange, disposé en Chassis croisé comme on le vend, pour signifier son Amalgame & tout autre.

Le Nombre 3. A costé gauche de la mesme fait voir vn autre fourneau commun, garny de sa platine, sur ses barreaux, & de sa Cornuë auec son Recipiant, & sur le bas semblables morceaux d'Estain, du Regule d'An-

timoine; Et du Sublimé Corrosif, auec vn Creuset, & vne bouteille pleine d'Esprit de Nitre, qu'il faut conceuoir estre au derriere dudit fourneau, pour faire voir le meslange, la distillation, & la fixation, pour le Bezoard Iouial, & ainsi des autres.

Le Nombre 4. Au milieu du Laboratoire depeint vn Seruiteur assis, tenant vne cueillere de fer d'vne main,

& vne spatule de l'autre, & au dedans sur vn fourneau de fonte tirant à bord d'icelle, les pellicules, ou superficies, qui se forment sur la matiere fonduë, à mesure qu'elles s'espoississent; pour signifier la Calcination des mesmes Corps.

Le Nombre 5. Sur le bout droit de la Cheminée, exprime vn demy Reuerbere, sur lequel sont appliquez di-

uers Pots de terre, le premier desquels à vn trou vn poulce au dessous de son Orifice, qui suppose son bouchon; Et les deux autres sont percez à leur fonds renuersez, & bien lutez ensemble; Dont sur le bas il se trouue encore

quelques morceaux de Soulphre , & de Salpetre , auec
vne spatule , pour signifier les fleurs d'iceux.

Le Nombre 6. Au costé gauche de la mesme , demonstre vn fourneau à sable , sur lequel est appliqué vn
Matras enfoncé à moitié , & legerement bouché, Au
bas duquel se trouue vn mortier auec son pilon au dedans, d'vne part, Et de l'autre vn morceau comme de
pasté, quelques canons de Soulphre , & vne piece de Sel
Armoniac, pour faire entendre la fabrique du Iupiter
Auré , qu'on appelle purpurine.

Fourneau à sable.

Le Nombre 7. Sur le milieu de la Cheminée , nous
propose l'autre seruiteur assis aussi , tenant vne spatule en
la main droite, & remuant dans vn plat du Sel , qui se
desseiche en grumeaux , & hors le feu , Au bas d'vn
petit fourneau ouuert, pour signifier le Sel des deux corps,
Saturne & Iupiter.

*Simple four-
neau ouuert.*

SOMMAIRE.

De maniere que les Operations pour Extraire l'Essence de Saturne , ou du Plomb ; Et pour faire le Bezoard Iouial , ou de l'Estain , estants preparées , Hermes trauaille à l'Amalgame de l'Estain ; l'vn des Seruiteurs les Calcine à feu ouuert ou de fonte ; Et le Sublimatoire pour les fleurs estant aussi disposé , auec la
Sublimation de Iupiter Auré , dit Purpurine ; l'autre
Seruiteur desseiche les Sels des mesmes corps.

Recapitulation

CHAPITRE I.

CHAVX, ESSENCE, CRYSTAVX,
Laict virginal, Magiftaire, Sel, Huile, &
Reuiuification de Saturne, ou Plomb.

DESCRIPTION.

Comment il faut calciner le Plomb.

I. RENEZ du Plomb en premiere fonte, ou en lingot, la quantité que vous voudrez, mettez-le dás vne cueillere de fer, vn peu large, & profonde; vn Pot de terre non verniffé, qui refifte au feu vn Creufet, & femblables, fur vn feu ouuert, & de fufion, Et lors qu'il fera fondu, s'il y a de la craffe encore par deffus, oftez-là (fi vous voulez) auec vne fpatule, Puis ayant demeuré quelque temps en fonte, à mefure qu'il formera vne pellicule, ou petite peau, fuperficiairement, accompagnée de diuerfes couleurs, tres-belles à voir, tirez-là à part doucement auec la mefme fpatule, Et comme l'autre fera encore formée, tirez-là de mefme continuäs iufques au bout.

Couleurs diuerfes fur le Plomb.

Remarque.

II. Et parce qu'il arriue fouuent que ces pellicules ne reüffiffent pas bien; Si de fortune vous auiez quelque refte, d'autre Chaux, ou Marc d'Infufion, iettez-le par deffus, & remuez-le tout vn peu de temps, par ce moyen cette poudre eftant rechauffée, & comme bruflée de nouueau, elle facilitera

assez

aſſez promptement l'entiere Calcination , faiſant
comme auparauant ; Que s'il y auoit encore de la
reſiſtance , iettez-y deux ou trois petits charbons Charbons.
enflammez par deſſus : Surquoy il faut remarquer
de ne faire pas le feu trop ardent , car il pourroit refondre les meſmes pellicules , & ce feroit à recommencer.

III. Mais parce que le Plomb ſe calcinant de la
ſorte deuient en quelque façon ſpongieux, & plus Coction entie-
rare, ne pouuant demeurer dans la Cueilliere, Pot, re des meſmes
ou Creuſet , ſeparez ce qui eſt de trop dans vn au- pellicules.
tre vaiſſeau , & comme tout ſera paſſé en pellicules,
pour lors cuiſez-le entierement , auquel ſubiet
il faudra augmenter le feu ; & tenir la Cueilliere,
ou autre vaiſſeau en continuelle rougeur, le remuás
de temps à autre, auec vne ſpatule de fer ; Ou ſi en- Moyen de voir
core vous auiez enuie d'en voir vn Eſpece de Mer- le Mercure de
cure, ou ſemblables vapeurs, qui s'éleuent en ce brû- Saturne, & de
lement, faites que le fourneau ſoit en lieu obſcur; l'Antimoine.
mais de le pouuoir arreſter ou retenir, à cauſe de cette grande chaleur, vous y penſerez : Il en eſt de meſme de celuy de l'Antimoine, lors qu'on le Calcine
ſans addition, & preſque des autres corps Metalliques.

IV. Tout ce qui nous abuſe en ce cas, eſt le poids
des matieres : Et le commun dire, qu'apres l'Or rié
de terreſtre, ou aqueux, ne poiſe plus, que le Mercure, ou Argent vif, eſtant neceſſaire par cette raiſon qu'il y en ayt ; mais ce fondement eſt mal poſé,
& de là peu entendu , parce que le poids appartient
premierement & principalement au ſolide, ou ter-

D'où prouient le poids des corps. reftre, De là aux Sels, & puis aux Soulphres, que le Mercure par fon humide, & l'vne, & l'autre chaleur, conioint d'vne mixtion imperceptible, refferrant tous les pores d'iceux tant feulement, comme on voit à la fabrique du verre, à la fufion du Sel, & femblables corps rarefiez, & refferrez par la fonte à chaud.

V. Donques ayant continué raifonnablement *Chaux de Saturne.* cette Operation, & la poudre deuenuë rougeaftre, c'eft affez, bien qu'il y ayt quelque peu de Plomb meflé, non encore calciné, feparez le plus fubtil par le fas, ou ramys de foye; Et gardez le groffier, pour vne nouuelle Calcination; Enfemble tous les Marcs des autres poudres, qui auront defia feruy, Quoy fait, Cela s'appelle Chaux de Saturne, de laquelle il *Effence de Saturne.* faut tirer l'Effence, ou le doux par le vin-aigre diftillé, & alcalifé, s'il fe peut, le iettans fur icelle, qu'il furnage, de deux bons doigts, & à proportion que la douceur s'amoindrira, amoindrir auffi le Menftruë, procedans comme aux Extraicts, fçauoir par Digeftion, & fur les Cendres chaudes.

VI. Cette liqueur philtrée, & éuaporée à moitié, fe nomme Effence de Saturne, Et d'icelle on Ex*Cryftaux de Saturne.* traict les Cryftaux qu'on appelle vulgairement, & improprement Sel, la faifant vn peu plus éuaporer que la pellicule, & de la Congeler en lieu froid, Lefquels s'ils ne font affez blancs, vous pourrez les lauer fobrement & promptement d'Eau Commune, Puis les efcouler, & laiffer feicher, pour éuiter vne plus longue reïteration & diffolution; De la *Laict virginal.* mefme Efséce, ou douceur Saturniene fe fait le laict

virginal, c'eſt à dire, vne liqueur blanche, qui ſert
pour embellir les teinct des ieunes filles & femmes;
iettans par deſſus vn peu d'Eau Commune, emprainte d'Alum de Roche, ou de glace, ou de Sel
Marin ſi on veut, Ou pour abbatre l'appetit du Coït
priſe interieurement, & dans l'Eau ſimple ſeulement.

VII. Et pour auoir le Sel de la meſme Eſſence, *Sel de Saturne,*
ou Diſſolution, il faut faire éuaporer toute l'humi- *& la maniere,*
dité; mais parce que venant ſur la fin elle eſt com-
me huileuſe & difficile à ſe ſeicher, pour lors vous
tirerez le vaiſſeau du feu, le laiſſerez vn peu raffroidir; Et comme il commencera à ſe figer, vous
le remuerez, ou deſtacherez du vaiſſeau le mieux
que vous pourrez auec la ſpatule; Puis vous ache-
uerez la deſiccation à feu lent, n'eſtant diſſemblable d'auec les Cryſtaux, ou Vitriol, que parce qu'il
eſt ſec, & compacte; Touchant le Magiſtaire, il *Magiſtaire du*
ſe fait de la meſme Eſſence, ou douceur de Saturne, *meſme.*
verſans par deſſus de bonne Huile de Tartre par
deſfaillance, à la façon de tous les autres.

VIII. Enfin ſi vous deſirez le reuoir ſur pied, re- *Reuiuification*
ueſtu de ſa couleur plombine froid & peſant; Met- *de Saturne.*
tez le meſme Sel dans vne Cornuë, ayant deux
tiers vuides, ſur vn demy Reuerbere, ou vn Rechaud
garny de ſes vſtenſiles, & ſemblables, Et luy ayant
appliqué ſon Recipiant, baillez-luy le feu du premier iuſqu'au ſecond degré de chaleur, pour auoir
ce qu'on appelle Huile; Continuez le meſme iuſ- *Huile du meſ-*
qu'au troiſieſme degré, & ſur la fin celuy de Sup- *me.*
preſſion, apres lequel faudra ceſſer peu à peu, & la

Cornuë raffroidie la rompre, pour voir cette verité.
Quant au verre ou Vitrification elle est faite, mais
à grand feu, & longueur de temps, comme dans vn
Reuerbere, & semblables : Or

SENS PHYSIQVE.

IX. Pour ce qui regarde la Nature de Saturne,
ou le Plomb ; *Il est composé de grande quantité de ter-*
re pierreuse, beaucoup de Soulphre salineux ; & d'vn
abondant Mercure, grandement impurs, & peu fixes.
Sa terre est demonstrée assez clairement par sa facile, & prompte Calcination seiche ; Et icelle pierreuse par sa Vitrification ; Puisque nul verre est sans
pierre, & nulle pierre sans terre ; Ses diuerses couleurs, particulierement la rouge ; & sa malleabilité,
témoignent son Soulphre.

X. Sa Consistance Opaque, & son grand poids,
font voir son Sel, vnique baze de tout mixte ; Sa fusion soudaine, manifeste son Abondant Mercure,
ou humidité interne ; Le peu de resistance qu'il fait,
sous le marteau, sans aucun son, luy obeïssant, comme si c'estoit de la paste, ou de la Cire, se pressant en
soy-mesme découure sa crudité ; Et sa noirceur venant du dedans au dehors, qui le salit perpetuellement donne à cognoistre son impureté ; Et de là sa
fixation legere, faute de cuitte seulement, ayant ses
Elements assez proportionnez, comme represente
son caractere, & que la medecine confirme.

XI. C'est pourquoy les mesmes Hermetiques
ont dépeint sous le nom de Saturne, froid & sec,
frere puisné de Titan, chaud & humide, qualitez
premieres, Enfants de Cælus & de Vesta, ou Cy-

bele, yſſus de Protogone, c'eſt à dire, de l'Eſprit &
ſolide vniuerſels, par cette premiere ſubſtance crée,
Feconde indiſtinctement de toutes choſes, appellée
Cahos, ou total vniuerſel, que le poinct, ou l'vnité,
la ligne, & le Cercle, diuiſez ou non, demonſtrent,
comme nous auons expliqué en noſtre Theorie, Et
deſquels ont eſté formez fort induſtrieuſement, par
les meſmes Philoſophes les caracteres, qui repreſentent les metaux, ſuiuant le plus, ou le moins de leur
conſtitution particuliere, que i'ay auſſi exprimé en
ſon lieu, & qui ont eſté particulierement bien de-
ſignez par celuy qui a compoſé l'Abregé de l'Aſtro-
nomie Inferieure.

*Parties conſti-
tutiues de tou-
tes choſes com-
ment demon-
ſtrées.*

XII. De plus il eſt dit, que Saturne, couppaſt
les parties genitales de Cœlus ſon pere, deſquelles
iettées en la Mer, naſquiſt Venus, c'eſt à dire, qu'il
determina l'Acte, ou l'Oeuure de ſa generation; &
fit renaiſtre l'appetit, pour réagir comme auparauant, la puiſſance y demeurant, les ſemences eſtans
iettées dans leur matrice froide & humide, tãtpour
borner l'Extenſion de ce qui croiſt par la chaleur,
que pour détremper, & eſtendre le ſec corporel; en
cette ſorte apres le meſlange proportionné des quatre premieres qualitez, que Mars & Venus ſigni-
fient, ſuit le produit, ou engendre, auec rapport
à ſon Autheur, ſous le nom de Saturne, & Iupiter
pere & fils.

*Chaſtiment de
Cœlus.*

*Naiſſance de
Venus.*

*Produit ou en-
gendré.*

XIII. Dont par Titan ſon frere aiſné eſt repreſenté le mouuement & tranſport du non-eſtre, à
ce qui eſt par Eſſence de ſubſtance interieure ſeulement; Et par Saturne eſt declaré la ſenſibilité d'i-

*Mouuement tãt
Interne qu'Ex-
terne par qui
repreſentez.*

celle mefme, mife au dehors, qu'on nomme Exifté-
ce; l'Efpace, ou la mefure de la durée, & perfeueráce
defquelles, fuiuie en cét inftant, eft dite le Téps, qui
eft limité par fon propre eftre : Ce que denotte le
Pache, que ledit Titan fit auec luy, portant qu'il
n'auroit point d'enfant mafle, qui le peuft priuer de
fon droict d'Aifné, c'eft à dire, que toute Creature
prendroit fin, pour recommencer fon mouuement.

XIV. Mais apparoiffant du contraire, par le nombre de trois fils, & d'vne fille, nourris à fon infçeu,
& en fecret, qui denotent les quatre Elements, qui
font hors de fa puiffance, Il le detint prifonnier,
iufqu'à la venuë de fon fils Iupiter, qui le mit en
liberté, c'eft à dire, le feu, qui ofte les obftacles du
mouuement externe, pour l'exiftence temporelle
des chofes creées; Neantmoins le pere craignant
d'eftre depoffedé par fon fils Iupiter, & s'eftant ef-
forcé de le perdre, il fe perdit luy-mefme: Car il le
rangea fous foy, ce qui s'entend du chaud au regard
du froid, Puifque eftant effectiuement tel, fon contraire, ou oppofé, ne peut fubfifter qu'en puiffance,
qui eft inferieure à l'Acte, quoy que premiere; Et
de là comme cachée pour fon refpect.

XV. A caufe dequoy les Hermetiques ont appellé le commencement de leur Oeuure, ou Magiftaire, comme de toute autre mixte, Saturne, Antimoine, terre noire, & femblables, parce qu'il eft
froid, & humide; Et que pour le parfaire, la chaleur
Elementaire y eft requife, fignifiée par Iupiter; Ce
que la plus gráde partie des Chercheurs de Teinture n'entendent pas, prenans ce qui contient, pour

ce qui eſt contenu; cette froideur puremēt humide
& minerale, eſtant trop creuë, & liquide, pour deuenir metal ſans cette chaleur accidentaire, qui a
donné lieu au mariage de Iunon auec Iupiter.

XVI. Ce qui eſt encore moïns compris de ceux
qui ſouhaittent aueuglemēt le Mercure de Saturne, *Erreur de ceux qui cherchent l'Argent vif de Saturne,*
c'eſt à dire, l'Argent vif coulant du Plomb, pour en
apres le rendre fixe ; Puiſque du commun accord
des meſmes Hermetiques les imparfaits ſont morts,
& les parfaits encore ; Et que leur veritable ſemence
n'eſt aucunement liquide à froid , n'y au grand
chaud ; Outre que ledit Argent vif a ſa mine parti-
culiere, ET ſa conſiſtance pluſtoſt minerale, que me- *Raiſons au contraire.*
tallique, Ioint que ce qui nourrit ayant paſſé en la
nature de la choſe nourrie, ne peut aucunement reprendre ſon eſtre premier ; ET poſé qu'il en ſortiſt
vne liqueur telle , particulierement en ſa premiere
fonte; Apres laquelle il n'eſt pas bien croyable, qu'il
y ſoit reſté ; Elle ſeroit beaucoup meilleure , & de
plus grand profit des Corps parfaits.

XVII. Or il ne ſe trouuera point dans les Liures
des Hermetiques, qu'il faille tirer le Mercure cou- *Trauail en vain du vulgaire.*
lant, ou l'Argēt vif d'aucun metail, pour le fixer en
Or, ou en Argent, propremēt parlans , & comme
ils l'entendent, Ce qui ſeroit vne double peine, l'v-
ne pour extraire ledit Mercure ; ET l'autre pour có-
poſer ce qui le fixe, qui ne peut eſtre que Metallique *Doctrine des Hermetiques.*
tres-parfait, c'eſt à dire ſur-abondamment fixe; Biē
au contraire, ils nous inculquent , qu'il eſt abſolu-
ment neceſſaire , de reduire ou ramener leſdits metaux en leur premiere, & plus proche matiere, ſans
les deſtruire.

XVIII. Et pour nous asseurer du moyen, ils ont

Putrefaction &
son effect.

tous dit, que c'estoit par vne simple putrefaction, qui la destache de soy-mesme, ou de sõ indiuiduité, la fait retrograder dans l'estat mineral, & indifferent pour l'vne & l'autre Teinture, afin qu'elle se puisse estendre, & se perfectionner mesmes à l'infiny, pour communiquer ce qu'elle aura de plus, aux imparfaits, pour lesquels seulement comme leur medecine, elle est introduite, selon nature, à l'exemple des autres familles; Le germe desquelles est leur

Que c'est que
germe.

Abregé parfait, sous vne forme particuliere toute diuerse d'elles-mesmes; Séblablement aussi, quant à leurs Accidents externes pour l'vn & l'autre sexe.

XIX. Ainsi la semence de l'Animal, ou de la plante ne les represente point exterieuremét; moins encore leur fait changer de face; mais estant iettée

Comment les
formes des cho-
ses sont sous les
semences.

dans leur propre matrice & nourrice, ces Accidents passagers & impropres, viennent à se dissiper, comme nuages, ou vestements, faisants place aux propres & particuliers desdits mixtes, & tousiours sous l'indiuiduité, ou specification determinée d'iceux; Puisque tout est borné en la Nature creée, & que rien ne peut imiter l'infiny, que par l'extention to-

Comment le fi-
ny imite l'infi-
ny.

tale au tout, diuisé sans diuision, estant tousiours la mesme en espece, sous vn semblable indiuidu, qu'on appelle generation, causée par l'appetit dudit infiny, ou perseuerance de son estre; Grande merueille du Createur, qui fait cognoistre son infinité dans vne tres-simple essence, par sa Creature mesme.

XX. Tou.

FACVLTEZ.

XX. Toutes les Operations fur le Plomb ont prefque mefme vfage , & ne different qu'en confiftance feiche, ou liquide, & en Menftruë, qui peut ayder , & alterer en quelque façon fa faculté. Ainfi les Cryftaux, & Sel de Saturne, feruent in-terieurement pour toutes fortes de fiévres inter- Fiévres. mittentes , ou d'accez, dans vn jaune d'œuf , con-ferue de rofes, vin blanc, &c. Comme auffi pour la gonorrhée, ou chaude-piffe , fureur vterine, & Fureur vterine. autres de cette nature, faifans diffoudre vne drag-me d'iceluy Sel pour pinte de liqueur, ou autant qu'il en faudra pour le rendre fapide.

XXI. Le Magiftaire auec le laict peut feruir de Cofmetique, ou fard auec pommade, apres la de- Fard. terfion faite auec l'Huile de Tartre par refolution, &c. Enfin l'Huile , qui fort de la Reuiuification du mefme Plomb vaut pour feicher les playes, gratelles, carnofitez de la verge, vlceres cauerneux Carnofitez. & autres.

FFFF

CHAPITRE II.

AMALGAME, IVPITER Auré, Purpurine, Chaux, Bezoard & Magiſtaire de Iupiter, ou Eſtain.

DESCRIPTION.

I. Prenez de bon Eſtain fin de la premiere fonte, appellé doux, la quantité que vous voudrez, de Mercure, ou Argent vif tres-pur, le triple, faites-le fondre à part dás vn Creuſet, ou autre, mettez chauffer le Mercure, & comme l'Eſtain ſera fondu, tenez-le vn peu hors du feu pour diminuer ſon ardeur, & luy adjouſtez ledit Mercure, leſquels vnis enſemble, Iettez le tout dás l'Eau froide, que vous aurez preparé, en quelque vaſé de terre; En cette ſorte la matiere congelée, & raffroidie, apres auoir ſeparé l'Eau, reprenez l'Amalgame, & eſſayez ſur la main, ſi elle s'eſtendra en forme d'onguent; Autrement vous y pourrez adiouſter du Mercure pour le ramollir entierement, ou le diſſoudre en ſoy-meſme.

Amalgame.

II. Que ſi au contraire il y auoit trop d'Argent vif, vous le preſſerez exactement par vn linge double; Ce qu'eſtant ainſi, pour faire le Iupiter Auré, & la Purpurine, meſlez-y vne quatrieſme de Soulphre, & vne ſixieſme du Sel Armoniac; Et le tout

Iupiter Auré.

mis en poudre, iettez-le dans vn matras, qui ayt
deux tiers vuides, pour le sublimer à l'ordinaire, au Purpurine.
sable, Du premier iusqu'au secód degré de chaleur,
& de suppression pour la Purpurine, qui se trouuera
au plus haut du vaisseau tres-rouge, & en vray Cinnabre ; le Iupiter Auré estant demeuré au bas de la
sublimation, tres subtil, spongieux, & onctueux.

III. Mais pour auoir la Chaux de l'Estain, ou plu- Chaux de Iupi-
stoft sa poudre, faites éuaporer le Mercure à feu lét ter par euapo-
sur vn réchaud, & semblables ; Ou bien taschez de ration & subli-
la recouurer par sublimation entre vn plat & vne mation.
cloche de verre, comme nous auons fait dans nos
Cours, à Paris, & ailleurs ; de laquelle encore estant
iointe auec son poids de Soulphre & de salpetre, & Ses fleurs &
iettez dans vn Calcinatoire ouuert, à la façon de Magistaire.
l'Antimoine se font les fleurs Iouiales tres-blanches
& impalpables : Quant au Magistaire il faut prendre la dissolution de sa Chaux auec le vin-aigre distillé qu'on precipite peu à peu, pour le seicher comme les autres.

IV. Pour ce qui est du Bezoard, on a accoustu- Bezoard de Iu-
mé de fondre deux ou trois parties de Regule, & piter.
deux parties de bon Estain fin ensemblement dans
vn Creuset, quoy fait & raffroidy, on le puluerise,
& pour vne partie de cette poudre, on adiouste le
double du Sublimé Corrosif, puis on distille le Sa maniere &
tout dans vne Cornuë de verre, ayant des trois par- circonstances.
ties les deux vuides, pour en auoir le beurre, ou la
Gomme, à la façon de celuy de l'Antimoine, qu'on
remet dans vne autre Cornuë, versans sur icelle de
bon Esprit de Nitre rectifié, & ce peu à peu, à cause

Ffff ij

Remarque.

de l'Ebullition pour le fixer, cohobans la liqueur
iufqu'à trois fois, & de là reuerberans la matiere re-
mife en poudre, fi elle ne l'eft; Pareillement des autres, qui prennent le nom de la Chaux du metail,
auec laquelle la Gomme Antimoniale eft fixée, par
l'Efprit de Nitre; Et partant

SENS PHYSIQVE.

V. En fuitte de cette Defcription, touchant le
Iupiter, ou l'Eftain; Nous dirons que, comme les
operations d'iceluy font prefque de mefme, que du
Saturne, ou Plomb; Il femble pareillement que
leur compofition foit quafi conforme, ce que leur
alliance témoigne; Toutesfois ils fe trouuent beaucoup oppofez, comme demonftre la difpofition de
leurs characteres; Car l'Eftain eft plus fec, & moins
froid que le plomb', qualitez recogneuës par fa
blancheur; & plus de cuitte accidentaire feulemét,
ou non-naturelle, c'eft à dire, auant le temps, des
parties Elementaires, n'eftás point bien vnies, quoy
que proportionnées enfemble; Ce qui eft manifefté
par fon propre criq, quand on le preffe auec les
dents.

Difference du
Plomb & de
l'Eftain.

VI. Dauantage fon Soulphre eft plus chaud, ne
fe pouuant accorder auec l'Argent vif, plus froid,
de quoy qu'il foit Amalgamé petillant toufiours, &
fe liquefiant à la moindre chaleur par mefme raifon; Enfin fon Mercure tient de la Nature du mefme Argent vif, puis qu'il rend fragiles tous les Metaux, auec lefquels il eft meflé, excepté le Plomb
par fimilitude de fubftance; eftant pour cette caufe
furnómé le Maiftre des Dieux, & le fils de Saturne,

Petillement de
Iupiter.

ſuiuant leſquelles differences & interpretations, on
peut le décrire, *Eſtre compoſé de quantité de terre pier-* Deſcription de
reuſe, beaucoup de Soulphre ſalineux, & aſſez de Mer- l'Eſtain.
cure fuligineux fort impurs & non fixes, eſtants plus ſec
& moins froid, que le Plomb, & plus cuit accidentai-
rement comme dit eſt.

    V I I. C'eſt pourquoy nos deuanciers l'ont ex- Fables de Iupi-
primé ſous le nom de Iupiter fils de Saturne, & ne- ter, & leur in-
pueu de Titan, pour les differences qu'il y a entre le telligence.
froid, & le chaud; Et d'iceluy entre le Solaire, &
l'Elementaire, l'ayants armé du foudre eſclatant,
pour marquer encore le deſordre Externe, qui ſe
trouue dans ſes Elements, & particulierement du
Soulphre, quant à ſa pureté radicale, pour raiſon duquel ils l'ont marié à Iunon ſa ſœur, c'eſt à dire, Que ſignifie Iu-
l'Air, ou partie d'iceluy dite Ether, moins humide non.
& plus chaud, parce qu'elle eſt placée ſous la region
du feu, dont ne pouuant temperer ſon ardeur plainement, que par vn grand humide pour ſe rendre
prolifique.

    VIII. Ils ont encore dit, qu'il deſcendoit le plus
ſouuent du Ciel en terre, afin de s'y raffraichir, en- Que repreſente
tre les bras de Venus & ſes Compagnes, plus hu- Venus.
mides, & moins froides; de la douce & amoureuſe
conionction duquel, auec icelles furent produites
toutes les autres Diuinitez, appellé pour ce ſubiet
auſſi le Pere des Dieux, & le ſecours des hommes;
Puiſque toute Generation du mixte, ne reſulte
que du Chaud, & du ſec, du froid, & de l'humide té-
perés, & bien vnis, la qualité patiente ayant eſté at- Vnion des qua-
tribuée au ſexe feminin, c'eſt à dire, l'humide plus litez pour les
mixtes.

denoté par Iunon; ou moins froid, que Venus reprefente.

IX. Oftez donc la feichereffe accidentaire de l'E-
ftain, ou de fa terre, temperez fon Soulphre, cuifez
entierement fon Eau, ou fon Mercure, & les vnif-
fez fi proportionnément dans leurs premiers principes, qu'il n'y ait qu'amitié, & concorde; Pour lors
il n'aura plus de criq ny d'impureté. Et Iupiter ne
bougeât plus d'auec Iunon, humectée en fon courroux, fuiuant la couftume des femmes & des enfants, qui recourent aux larmes ne pouuants fe ven-
ger; Elle appaifera la ialoufie, c'eft à dire, vous l'aurez fixe pour contenter voftre affection.

X. Mais ne vous amufez pas aux chofes impoffibles, ou contraires à la Nature, comme autrefois
nous auons dit; Il eft befoin que Vulcan ouure la
tefte à Iupiter, pour l'Enfantement de fa chafte Minerue, c'eft à dire, qu'vne chaleur artificielle excite
la naturelle, fans changement, ou alteration de fa
fubftance; ains pluftoft vn aggrandiffement d'icelle, comme il fe void en la Calcination dudit Eftain,
en augmentant fon poids.

XI. C'eft pourquoy faites éclorre le grain fixe;
rendez-le volatil, nourriffez-le en aydans fa chaleur
naturelle, par l'Externe accidentaire, & d'vn Aigle
qu'il eft, changez-le en Salamandre folaire, c'eft à
dire, de volatil faites-le fixe, & puis Sol, affiftez de
l'induftrie Mercurielle, qui conduit tout, vray miniftre de la mefme Nature, ne prenant fimplement
que ce qu'elle luy donne & ordonne; conformémét
à fes deffeins, ou intentions premieres, qu'il faut

*Parfaire Iupi-
ter, c'eft paci-
fier Iunon.*

*Que reprefente
Minerue.*

*Ce qu'il faut
garder pour la
fabrique du
Thelefme Her-
metique.*

ſuiure de poinct en poinct.

FACVLTEZ.

XII. L'Amalgame de l'Eſtain eſt commune preſ- Fin de l'Amal-
que à tous les Metaux, n'eſtant à autre deſſein, que game.
pour les amollir, & reduire en poudre, afin de s'en
ſeruir plus commodément ſuiuant le beſoin ; Le Iupiter Auré ſert à la poincture particulierement, Et
à la Medecine pour dorer les pilules Electuaires, Tablettes, &c. La Purpurine n'eſt point differente du
Cinnabre, ayant les meſmes vertus & vſages, tant
pour la Medecine, que pour la peinture auſſi ; Les Pilules.
fleurs incorporées auec pomade fine ſeruent à toutes les ſaletez du Cuir, & principalement de la face. Viſage.

XIII. Le Bezoard eſt ſudorifique pour les fiévres
malignes, maladies epidemiques, venins, Men- Fiévres.
ſtruës, &c. à la doſe de trois à ſix grains, auec Eau
Theriacale, cornes de Cerf & autres ; Le Magiſtaire Matrice.
ſert aux meſmes paſſions, & ſuffocation de matrice,
& en ladite doſe, rabatans les vapeurs malignes d'i-
celle, qui montent aux parties ſuperieures, & les dé-
truiſent.

5
6
3
4
2
1
Des Metaux.
Figure. 5.

DES METAVX.
FIGVRE V.
DE LA LVNE, OV ARGENT Matieres.
ET DV SOLEIL, OV OR.

VEGETATION, DISSOLVTION, Operations.
Euaporation, Cryſtalliſation, Diſtillation,
Depuration, & Granulation.

Electre Celeſte, Chaux, Cryſtaux, Couppelle, Eſ- Productions.
prits ou liqueurs, & Grenaille.

EXPLICATION.

*L*E Nombre 1. *Au bout droit de la Ta-*
ble repreſente vn Seruiteur, qui adiuſte
auec vne petite verge de fer les charbons
dans vn Réchaud, garny de deux ma-
tras appuyez ſur vn double Trepied, au
bas duquel il y a d'vne-part quelques
morceaux en façon de paſté, Et de l'autre deux valets,
ou appuis, & vne plume pour abbatre le Mercure, &
faire voir comment ſe fait à chaud la Vegetation ; par Vegetatiö Me-
l'exemple de l'Amalgame, de l'Or, & de l'Argent; tallique.
Et enfin leur poudre nommée Electre Celeſte.

Gggg

Le Nombre 2. Au milieu de la mesme Table, dépeint Hermes, prenant de la main droite des feuilles d'Or, ou

Liurets d'Or & d'Argent.

d'Argent, dans vn liuret, auec des pincettes de bois appropriées qu'il tient de la gauche pour les ietter en vn verre, qui contient deux doigts, ou enuiron de liqueur, se trouuant au bas d'vne part vne grande bouteille plei-

Verres à boire.

ne d'Eau forte : Ensemble quelques pieces du Sel Armoniac pour composer l'Eau Regale ; & de l'autre part, quatre verres, pour cognoistre la Dissolution des mesmes corps, & la difference de leurs Dissoluants.

Le Nombre 3. A l'autre bout de la Table, fait voir

Cendrier.

vn Cendrier, & sur iceluy vne terrine à demy pleine de liqueur pour Euaporer, y ayant au bas, à costé gauche du mesme vne autre terrine, appuyée sur vn valet, contenant la Crystallisation des mesmes.

Le Nombre 4. Au costé droit de la Cheminée dé-

Fourneau à Couppelles.

monstre vn fourneau de fonte quarré auec sa baze, garny au dedans d'vne Couppelle, auec son couuercle, & remply de charbons, l'ouuerture d'icelle estant vis à vis de la porte du fourneau, pour y administrer le Plomb, Et tout proche sur le bas se trouue vne petite Couppelle, sa platine, ou sousbassement, & son couuercle, pour faire voir leur purification.

Le Nombre 5. A costé gauche de la mesme Chemi-

Reuerbere entier.

née, marque vn petit Reuerbere entier garny de sa Cornuë, & Recipiant, Et sur le bas vne petite bouteille, quelques pieces du Sel Armoniac, & vne poignée de poudre, pour faire voir leurs Esprits, par la Distillation.

Le Nombre 6. Sur le milieu d'icelle, fait voir vn

autre seruiteur, qui verse d'vn Creuset, tiré fraische- Fourneau pour
ment de son fourneau de fonte, le tenant de la droite, la Granulation.
auec des pincettes, & tout panchant sur vn petit ballay,
appliqué dans vne terrine demy plaine d'Eau, pour representer la Granulation des mesmes corps.

SOMMAIRE.

Enfin le premier Seruiteur trauaille pour faire voir Recapitulatiõ.
comment les corps vegetent du dedans au dehors, Her-
mes monstre la difference qu'il y a entre le dissoluant
de l'Or, & celuy de l'Argent ; Et pendant que l'E-
uaporation se fait de leurs dissolutions, pour auoir leurs
Crystaux, & puis leurs Esprits par distillation, leur
depuration estant proposée par la Couppelle, le dernier
Seruiteur les iette en grenaille pour leur vsage ; Tant y
a que pour deuenir sçauant, il faut quatre choses, sça-
uoir la santé, ou force du Corps, & de l'Esprit, vn
bon desir, ou Genie, vn Maistre fidelle, & vn trauail
auec prudence, & vigilance, Ce que le reste de cette
Figure represente.

Gggg ij

CHAPITRE I.

CHAVX, CRYSTAVX, HVILE par Resolution, Esprit, Vegetation, Depuration, & Granulation, de la Lune, ou Argent.

DESCRIPTION.

Calcination de Lune par Menstruë.

I. PRENEZ de la limaille, feuilles, recouppeures, Grenaille, & autres d'argent fin passé par la Couppelle la quátité qu'il vous plairra ; faites-les dissoudre dans l'Esprit de Nitre rectifié, ou bien l'eau forte qu'on appelle de Départ, composée du mesme Nitre, & de l'Alum, comme a esté dit en son lieu ; sçauoir en vn matras, ayant les deux tiers vuides sur les

Precipitatiõ & Reuerberation de la mesme.

Cendres chaudes durant quelques heures, & qu'il soit tout dissoult, precipitez-le, ou par l'Eau marine, ou par lessiue de Tartre, ou par le Mercure, le Cuiure, l'Or, &c. dulcifiez cette Chaux, seichezlà sur les Cendres, dont cy-dessus, & la Reuerberez quelque peu, suiuant sa quantité.

Cryftaux de Lune par moyens diuers.

II. Cette mesme Dissolution de Lune en l'eau forte, éuaporée, insqu'à la quatriesme partie, ou pellicule, forme des beaux Cryftaux, estant mise en lieu froid ; Autrement & auec plus de facilité estant exhalée en consistance de miel fondu, iettez-y le

triple d'Eau Commune, faites-là digerer fur les cédres chaudes, & l'ayant philtré promptement par le
papier gris, vous ferez diminuer à feu doux les deux
tiers, de la liqueur pofant le refte en lieu froid; Ou Son Sel.
bien diffoluez la mefme Chaux par le vin-aigre diftillé, philtrez-le, & le faites éuaporer; Et fi vous
voulez auoir le Sel feichez toute l'humidité.

III. De cette Chaux encore par corrofion, & co- Huile par Re-
hobation Reuerberée tant foit peu, ou fort deffei- folution.
chée, & broyée fur le marbre, ou porphyre, prouiét
l'Huile par refolution; Comme auffi fi vous la diffoluez en vin-aigre diftillé, & Camphré, digerée par
quelque temps; & la diftillez par la Cornuë, au fourneau de fable, ou de cendres, du premier iufqu'au fecond degré de chaleur: Il fortira premierement vn
phlegme, puis vn Efprit & Huile blanc; Sa calci- Calcination
nation feiche fe fait par Amalgame, de laquelle cy- feiche.
deffus, Et par éuaporation de fon Mercure.

IV. Que fi vous voulez auoir, ce qu'on appelle
Vegetation de Lune, mettez la mefme Amalgame Vegetation de
bien exprimée dans vn Matras les deux tiers vuides Lune.
fur les cendres chaudes premieremét, & puis quelques iours apres fur le feu immediat, ou à découuert, moyennant vn trepied de fer conforme, Et ce
tout doucement, qu'il ne fe caffe; Ou bien à la dif- Diane dans fon
folution faite par l'Eau forte éuaporée prefque à fec, bain.
Et derechef diffoulte par le quadruple d'Eau Commune, adiouftez-y autant de Mercure crud, qu'il y
a de Lune, Et mettez le vaiffeau comme deffus, bouché legerement, l'Operation en eft tres-belle & cu-
rieufe; Et pour ce qui eft de la Couppelle, & de la

Granulation elle est vulgaire, & nous l'auons assez
exprimé en nostre Figure. Donc

SENS PHYSIQVE.

V. Sur cette matiere comme aux precedentes, il
faut dire que la Lune, ou Argent fin, est composée
des mesmes parties, que tous les metaux, Sel, Soulphre, & Mercure ; mais beaucoup plus pures, &
proportionnées qu'en iceux, Ce qui appert par la
fixation, couleurs, & poids que l'Argent a de plus,
& moins que l'Or; Puisque la chaleur acre & seiche du Ciment le domine; l'inconstáce ou la varieté des couleurs passageres le nourrit, Et la legereté
de son corps l'accompagne, signe manifeste qu'il
n'est encore parfait.

VI. C'est pourquoy il a esté representé sous le
nom de Lune, ou Diane, fille de Iupiter, & de Latone née en l'Isle de Delos, auparauant errante &
enueloppée des Eaux; Et sœur du Soleil, ou Apollon vainqueur du serpent Python, persecuteur de
sa mere, à l'instigation de Iunon; Par Iupiter, Iunó,
Pyton & Latone, sont signifiez les quatre Eleméts,
auec leurs qualitez, non encore parfaitement bien
vnies ensemble; Par l'Isle de Delos est demonstré sa
terre metallique, non encore fixe aussi, ou trop humide, qui se manifeste par Apollon, c'est à dire, par
la cuitte, ou desiccation externe.

VII. Par Latone sa mere, est entendu la matrice, ou partie interieure, & cachée de la terre, dans
laquelle les Metaux s'engendrent, & se nourrissent;
Par Iupiter encore est recogneu le feu, ou la chaleur
Innée à toutes choses mixtes; Aidée par celle du So-

leil; Dauantage, par Iunon nous apprenons son hu- Iunon, humeur radicale.
meur radicale & aërienne, contraire au froid & sec terrestre, qu'elle couure de pluuieux torrens, tor-
tueux & rampants, sur luy, come serpent, dit Py- Python, c'est à dire, l'humide, aqueux.
thon.

VIII. Donques puisque l'Argent n'est point en-
tierement fixe, c'est à cause du plus de son Mercure, Pourquoi l'Argent n'est point entierement fixe.
serpent humide & mobile, qu'il faut tuer, & sei-
cher, appellé Dragon & Python des Hermetiques,
Eau Philosophale, & semblables, S'il marque en
noir, c'est qu'il y reste du Soulphre Combustible,
qu'il faut separer, & consumerauissi; Et s'il manque
de poids pour deuenir Or; c'est qu'il n'est point totalement resserré en ses parties, & en sa terre, contenant encore quelque crudité en icelles.

IX. Partant il le faut rendre compacte, & du
Croissant de Diane, faire le Cercle d'Apollon, du- Perfection du mesme.
quel le Centre soit sensible, comme la Circonferen-
ce, c'est à dire, mesme nature de substance, & d'accidents, dont le seul moyen consiste en l'vnique
Magistaire Physique, qui par son ingrez, ou entrée
propre, ou infusion, chasse toutes ces superfluitez
accidentaires; Et par son exuberante perfection,
rend le tout semblable à soy.

X. Mais afin de l'exprimer vn peu plus au long, Chefs à éclaircir pour l'intelligence du Magistaire Physique.
& reduire en vn tout ce qui est épars dans nos diuer-
ses Explications, & sens Physiques; Il faut commé-
cer par son Nom, & raison, par l'Estre premier des
choses, leur reuolution, & durée, leurs parties, &
fin; la connexion de l'Essence auec l'Existance: et
dire pareillement encore, que c'est, que Nature,

Comment s'engendre l'Animal, la plante, & les deux autres familles de ce bas monde, auec leur difference ; Quel doit estre le Menstruë de ce grand Oeuure, sa difficulté & distinction d'auec celuy qui se fait dans le sein de la terre, son Appellation, & similitude de production.

Pourquoy les Hermetiques ont appellé leur Oeuure de tous les Noms des autres choses.

XI. C'est donc bien à propos que nos deuanciers l'ont appellé de tous les Noms des autres choses corporelles, par Nature, ou par Art ; veu que le poinct est son principe, & le cercle sa fin, ainsi que des autres choses entre lesquelles consiste leur progrez, & circonstances Communes, ce qu'ils asseurent, disants qu'il est Animal en sa generation, vegetal en son Crement ; Mineral, pour sa matrice & nourrice ; Et Metallique quant à sa forme particuliere & sa derniere perfection, que la plus grande partie des Rechercheurs ne peut s'imaginer, bien que la chose soit sensible.

Difference des premiers & derniers Indiuidus.

XII. Et partant s'ils comprenoient, que les premiers indiuidus, ont commencé par creation, ou écoulement externe, Et les derniers, par Generatió, ou production ; Ils trouueroient pareillement qu'il n'y a point de mouuement sans repos, Et de reiteration sans subiet, pour lequel Nature, ou l'Estre interne fait vn Abregé de soy, & en soy & du composé, c'est à dire, du mixte, qui finissant pour son respect recommence ; ou continuë par son Germe seulement.

Differences de l'Exterieur & de l'Interieur.

XIII. De sorte que l'interieur perseuere tousiours, Et le dehors, où l'indiuidu, comme sensible & accidentaire, suiuant son droict mouuemét, s'éuanoüit.

peu

peu à peu, & deuient Interne à ſoy-meſme, ou dans
ſa Sphere ; Tellement que nous pouuons dire auec
le Pſalmiſte, Seigneur, Au commencement vous
auez fondé la Terre & les Cieux, qui ſont les ouurages de vos mains: Or les meſmes periront, mais
vous demeurez ; Tous vieilliront comme veſte-
ment ; vous les changerez comme couuerture, & ils
feront changez, mais vous eſtes le meſme, & vos
années ne ceſſeront.

XIV. En ſuite dequoy auſſi, nous deuons aduoüer par la durée des meſmes Creatures, ces paroles dorées du Prince de la Poëſic ; *L'Eſprit les nourrit
au dedans ; Et l'Eſſence eſpanduë par tout le dehors,
esbranle leur maſſe ;* Dont appert des deux principes
du ſenſible. Le Subtil, & le Solide, l'Vnion deſquels, ſelon le plus & le moins, comme nous auons
dit ſi ſouuent, conſtituë toute la difference de ſes
parties, moyennant ce meſme mouuement duquel
nous auons auſſi traitté, qui nous fait cognoiſtre
l'Immobile comme ſon oppoſé.

XV. Semblablement on void encore que ce
Total Corporel, n'eſt qu'vne émanation externe,
paſſagere, & Circulaire du meſme Moteur, pour ſe
faire cognoiſtre ſenſiblemēt, comme le poinct, qui
deuient ligne, ſi toſt qu'il eſt eſtendu, Et ne laiſſe
pourtant d'eſtre Interne comme moyen, ainſi qu'eſt
demonſtré par noſtre ſeconde Figure Coſmique en
noſtre Theorie, Cette Reuolution coulant de l'vn
pour l'autre, & iuſques aux meſmes principes, repreſentez par icelle ligne, Et par leſquels auſſi, ou
leurs accidents ; ce qui eſt caché nous eſt découuert,

H h h h

Durée des
Creatures.

Le Subtil & le
Solide reco-
gneus par le
Poëte Virgile.

Que c'eſt que
le monde vni-
uerſel.

c'est à dire, cette perfection de puissance infinie par
ce bel ordre, qui ne manque iamais sous la varieté
de toutes les formes possibles, selon le subiet desquelles si l'Action est deprauée, c'est l'organe, qui
le fait.

XVI. N'estant pas bien vray-semblable, que
cette Essence vniuerselle soit esté quelquefois dé-
poüillée de son Existence, ou sensibilité corporelle,
comme l'Arbre de son escorce, estant immuable, &
ne pouuant rien acquerir de nouueau, agissant encore sensiblement hors l'Indiuidu, & par luy-mes-
me, quoy qu'il perisse, comme la feuille dudit Arbre; Ainsi l'Esprit demonstre le mouuement; Le
Solide l'Essence tousiours constante, & les deux
le Corporel.

XVII. Et parce que le raisonnement d'vne cognoissance nous meine facilement à l'autre, la Nature n'estant qu'vne suitte & entrelasseure de tout
ce que nous voyons, sous vn mesme ordre & methode; Les Hermetiques pour nous instruire sans in-
terrogat, ou demande, nous exposants comme elle
agit en l'vn de ses ouurages, nous découurent assez
clairement les autres, & principalement celuy-cy.

XVIII. En cette maniere quant à la generatiõ de
l'Animal, l'Esprit viuifique des deux sexes, ne s'occupe pas seulement à grossir l'Indiuidu; mais à conseruer l'Espece en vn autre soy-mesme, suiuant ce
que nous auons proposé ailleurs; Et pour ces fins,
du surplus de son embonpoint, il exprime ce qui
est necessaire, le dispose, & le conserue dans iceluy;
Et lors qu'il est entierement elaboré, pour ne deue-

nir inutile, & pernicieux à ſoy-meſme, comme il
arriue trop ſouuent, venant à frapper l'imagination
en l'homme par le regard mutuel du ſexe ; Et en
la beſte par l'odorat, il fait naiſtre l'appetit de conionction, la chaleur ſe réueille, qui ouure les conduits ; Et le mouuement (qui eſt l'Action du meſme
Eſprit) le fait eſtendre, ou écouler dans le lieu deſtiné, ou il s'attache, comme le fruict à l'Arbre, iuſques
à maturité.

XIX. Ainſi la plante iointe à la terre ſa matrice,
& nourrice, par ſon Eſprit de vie, pouſſe au dehors
ſa feuille, ſa fleur, ſon fruict, & ſa ſemence, ou A-
bregé, pour renaiſtre vn autre ſoy-meſme, & dans
le meſme lieu ; Pareillement les Mineraux & Metaux ſe forment, & groſſiſſent dans le ſein de la terre, par leur propre germe, & mouuement Interne,
qui le viuifie, moyennant ſon propre humide.

Comment ſe groſſiſſent les plantes & les mineraux.

XX. Or comme la meſme ſemence des plantes,
ne peut refaire ce qui a ja eſté fait, s'elle n'eſt iettée
derechef en ſa matrice, pour s'y rehumecter, & vegeter comme auparauant. Ces deux familles dernieres (principalement le Metail parfait) n'ayant
plus d'eſpace pour s'eſtendre, ny moyen pour donner leur ſemence, veulent eſtre miſes en liberté, &
aſſiſtées en leur propagation ; Et tout autant que les
Corps ſuperieurs perſeuereront.

Toute ſemence demäde ſa ma-trice & nourri-ce pour vege-ter.

XXI. Que ſi du ſec, & de l'humide tout eſt fait,
côme il eſt vray, & que l'aquoſité ſimple ne moüille point le metail, le ramolliſſe, ou humecte ſans le
détruire ; Il faut encore accorder, qu'il y a vn Menſtruë particulier, duquel cy-deſſus a eſté parlé, qui

Les Metaux ont leur Men-ſtruë particu-lier.

à l'imitation de l'Animal, & de la plante, ouure le
corps feulement, & réueillant fon appetit de reproduction, ou Extenfion, attire, reçoit, & nourrit
cette femence prolifique; Autrement il faudroit inferer, que ce defir feroit en vain, ce qu'on ne peut
confirmer.

En quoy gift la difficulté du Magiftaire des Sages.

XXII. Mais la conduitte eft tres-delicate, ou
difficile, à caufe de ces Circonftances, pour lefquelles on peut librement alleguer; Que qui peche en
l'vne, peche en toutes: Dautant que cette generation, ou digeftion fur terre, eft toute differente de
celle qui fe fait en fes entrailles; Car celle-cy, à bien
parler, *N'eft qu'vne exaltation tres-fublime par deco-*
ction de cét Abregé Metallique, pour meurir, & per-
fectionner, quafi tout à coup, ce qui eft a commencé par
la Nature, & deftaché de fa propre matrice auant le
temps; ou bien empefché par quelque autre accident.

Defcription de l'Ouurage phyfique.

XXIII. Et celle-là eft la feule ampliation corporelle par digeftion de fa nourriture, & affimilation du fubiet, comme à toute autre forte de mixtes : C'eft pourquoy les Philofophes appellent la
premiere leur Medecine, ou Teinture; Et la derniere le veritable Corps, que l'Art ne peut effectuer;
Merueille! qu'on ne fçauroit trop eftimer & releuer, fçauoir que la femence hors de l'Indiuidu,
puiffe eftre eftenduë & augmentée, quafi à l'Infiny, tant en quantité, qu'en qualité, & que reünis
à fon corps propre, ou fpecifique, elle tienne place
de nourriture, & de perfection pour iceluy.

Effect de la Nature.

En quoy cófifte la merueille de l'Ouurage Her-metique.

XXIV. Ce que peu de curieux ont remarqué,
moins encore la maniere, ou la poffibilité, qu'on

peur neantmoins expliquer & faire cognoiſtre, Similitude qui fait voir l'Ex-tention du meſ-me Ouurage.
par l'exemple du leuain , qui fait enfler la paſte,
& par vne longue digeſtion la conuertit en ſoy,
& d'vne quantité ſans fin , ſi on ne le cuit en pain,
comme nous auons dit en vn autre diſcours; Quant
à la chaleur externe , & de ce qui eſt requis pour
l'entiere cognoiſſance de ce myſtere, nous en auons
pareillement traitté cy-deſſus , & cy-apres encore
pour le rendre touſiours plus cogneu.

F A C V L T E Z.

XXV. Toutes les Operations, qui ſe font ſur Cerueau.
la Lune ou Argent fin , ſeruent aux maladies du
cerueau, ſur lequel elle a domination, comme l'A-
poplexie, Epilepſie, &c. en confortans les eſprits
Animaux, & deſſeichans les humeurs, qui le rem-
pliſſent extraordinairement , & deſquelles vertus
tous les Autheurs ſont plains.

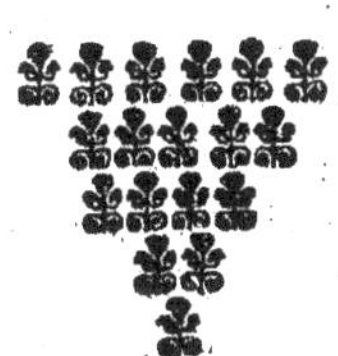

CHAPITRE II.

POVDRE, CHAVX, SAFFRAN,
Vitriol , & liqueur du Sol, ou Or fin.

DESCRIPTION.

I. **P**RENEZ en premier lieu , du
Plomb en lingot, ce qu'il faudra,
mettez-le dans vne Courge de terre, non verniſſée, ou bon Creuſet,
ayant l'orifice fort eſtroit , ou du
moins appetiſſé, pour ce ſubiet, faites-le fondre entre les charbons ardents, tenez-le en fuſion , & po-
Poudre d'Or ſez la piece, ou lamine de l'Or fin , que vous deſire-
par fumigation rez rendre friable ſur le meſme orifice , ou penduë
de Plomb. au dedans , en ſorte que la fumée , ou vapeur du
Plomb fondu la touche bien ; En apres pilez-le ſubtilement auec Sel blanchy, broyez-le ſur vn marbre, ou porphyre, adouciſſez-le auec Eau chaude,
purgez-le auec leſſiue de Tartre calciné ; Radou-
ciſſez-le derechef auec Eau ſimple , & le ſeichez
auec le papier gris , & cendres ſacées , deſquelles
nous auons parlé ſi ſouuent ; Or

Mercure de Sa- II. Cette vapeur de Plomb ſemble eſtre en quel-
turne different que façon Mercurielle, comme il eſt vray ; Car c'eſt
du commun. la partie qui abonde le plus dans le metail ; puiſque
par la grande chaleur , il eſt entierement liquide ;
Mais il eſt tout à fait different du vulgaire, comme

nous auons monftré en fon lieu , & qu'il eft aifé
d'inferer, faifant le mefme , que la chaleur,qui ref- — Effet des deux,
ferre la bouë , & fond la graiffe , fuiuant l'aptitude
d'vn chacun , c'eft à dire, rendât friable le corps de
l'Or, & arreftant celuy du vif Argent ; l'vn en reincrudans fon lien, comme corps ja parfait, & l'autre
en le deffeichans, par fon plus de cuitte Metallique;
Et n'importe que ledit Argent vif face le mefme , fi Obiection.
vn feul effect peut eftre produit par diuerfes caufes
les difpofitions s'y retrouuants. Mais l'Amalgame
ou pafte qu'on fait auec iceluy eft plus prompte, &
plus facile.

I I I. Autrement on le diffout par l'Eau Royа-
le , On le precipite peu à peu , par l'Huile de Tartre; Diffolution de
Ou bien on l'efleue fur fon diffoluant en forme l'Or par Men-
d'efponge par l'iniection dudit Mercure ; Et ce ftruë propre.
promptement, de peur qu'ils ne s'vniffent, Apres
on l'adoucit, & on le feiche comme deffus ; mais
auec vne fort petite chaleur , de peur que les Sels
Fixes, & Volatils, auec le Soulphre du mefme , qui
peuuent eftre meflés enfemble , venants à fe conioindre par le trop d'icelle chaleur,ils ne s'éuanoüiffent en forme de foudre , & de tonnerre , comme
contraires ; A caufe dequoy il eft appellé fulminât,
ou petant ; mais comme il n'y a rien de combuftible dans l'Or , Nous ferons voir en fon lieu les veritables matieres de ce bruit.

I V. Quant au Saffran il faut ftratifier , c'eft à di- Saffran d'Or
re, mettre lict fur lict les lamines, ou pieces d'or, à par ftratifica-
la façon du verd gris, dans vn pot de verre bien tion , & com-
fort, ou de terre non verniffés , & qui ne boiuent ment.

point, comme de beauuays, ou de gray, auec grappes de raiſins, apres l'Expreſſion du vin au temps
des vendanges, bien ſeichées, & ramollies auec les
mains, ayant au fonds, & plus bas que la premiere
ſtratification deux ou trois doigts d'vrine d'enfants,
épurée par ſoy - meſme auparauant; Et ce dans le
ventre de Cheual, ou fumier chaud, & ſemblable
continuelle chaleur, iuſqu'à ce qu'elles ſoient bien
chargées de Saffran, ou Roüille, qu'il faudra doucement ratiſſer, pour apres ſtratifier, comme auparauant, les meſmes lamines, ou pieces d'or iuſqu'à
la fin.

Cryſtaux de Sol, ou Or fin. V. De ce Saffran, ou chaux d'or, cuit en Eau de
pluye diſtillée, l'agitans touſiours auec vne ſpatule
de bois, & ſeparans vne ſorte de Soulphre, qui ſurnage en forme d'eſcume, ſont produits les Cryſtaux,
ou Vitriol du Soleil, par euaporation, iuſqu'à la pellicule ſuiuant l'ordinaire; Cette Chaux eſtant pareillement diſſoute auec de tres-bon Eſprit de vin; &
Huile d'Or par reſolution reï-terée. digerée au ventre de Cheual, bain Marin, ou Cendrier, iuſqu'à ce qu'elle ſoit deſtachée de l'Eſprit, &
raſſiſe au fonds du vaiſſeau, nous donne vne tres-
belle liqueur, faiſans diſtiller ledit Eſprit, & reſoudre la Poudre, ſur vn porphyre, laquelle liqueur par
reſolution, eſtant de nouueau ſeichée, & reſoluë,
iuſqu'à ce qu'elle ne ſe congele plus, ſe peut appeller
Or potable, y adiouſtans les Aromates, qu'on iugera à propos.

Maxime gene-rale des Metaux VI. Et parce que nous auons aduerty en nos Maximes, que les Metaux proprement parlans, ne don-
nent rien d'eux-meſmes, démeurans touſiours ce
qu'ils

qu'ils eſtoient, comme Homogenes en toutes leurs
parties, particulierement les parfaits : Nous finirons
cette Section quatrieſme par leur reduction, qui ſe
fait de toutes leurs Operations ou changements de
formes externes ; ſçauoir par le Borax fin, le Tartre,
le Nitre, Poix-reſine, Graiſſe de mouton, Sauon, &
autres, dans vn Creuſet à feu de fonte, tres-aſpre, &
prompt ; C'eſt pourquoy

Reduction des meſmes.

SENS PHYSIQVE.

VII. Quant à ce dernier ſubiet tant ſouhaité, &
recherché de tout le monde, qui l'idolatre aueugle-
ment, ſource de tous les maux, qui nous accablent,
la Charité chaſſée par l'Ambition de commander,
Nous dirons ſemblablement, pour concluſion de
nos Explications Phyſiques, & generales. Que l'Or
eſt la derniere, & plus parfaite Action de la Nature
touchant les Metaux, & ſuiuant ſes meſmes parties, que ie ne repete plus, contenant en ſoy, l'harmonie tres-agreable de toutes les forces ſuperieures,
& inferieures, ſelon le dire de noſtre grand Hermes,
ſçauoir Celeſtes, & Elementaires, comme leur A-
bregé Incorruptible, repreſenté par le Soleil, ou A-
pollon, fils du meſme Iupiter, & de Latone, ainſi
qu'a eſté dit de Diane ſa ſœur.

Source de nos maux.

Que c'eſt qu'Or.

VIII. Mais comme toute Exiſtence creée à ſon
commencement, progrez, & fin ; & par conſequent que Saturne, ou le temps, eſtoit leur Pere-
grand ; Les meſmes Philoſophes ont dit, qu'ils
eſtoient venus d'vne ſeule portée, que Diane naſ

Fable d'Apol-lon & de Diane, pourquoy in-troduite.

quift la premiere , & qu'elle feruit de fage-femme
à fa mere, pour Apollon fon frere; c'eft à dire, que
les Metaux font engendrez veritablement d'vne

Tout eft fait
auec le temps.

mefme matiere , comme parle ledit Hermes ; Et
toutefois, qu'ils ne font perfectionnez, que dans le
temps, vne partie feruant à l'autre fucceffiuement;
les premieres defquelles , ou le commencement eft
toufiours plus foible , outre la difference du fexe,
pour la reproduction , ou regeneration du compofé
fous les mefmes noms.

IX. Et partant pour l'entiere cognoiffance de cette fabrique tant admirable , Nous adioufterons à

Vnion de l'Ef-
prit , Sel, terre,
& humide.

ce que deffus en forme de Recapitulation, & comme fondement de tout l'Ouurage. Premierement,
Que l'Efprit agit fenfiblement, par fes Sels, Le Sel
difficilement quitte fa terre ; Et les trois ordinairement font portez , par l'humide Aqueux , ou Onctueux ; En fecond lieu, que le fec vaporable éleue
le fixe , comme Intermede, l'humide Aqueux fait

Fonction & vi-
gueur des met-
mes.

l'Extenfion comme Menftruë; Et le Soulphre l'v-
nion, comme glu onctueux ; Dauantage, Que l'Efprit fous l'Incombuftible paroift acide, & penetrát;
Et fous l'Inflammable doux & acre; et que l'vn &
l'autre eft Actué par l'Extreme chaleur.

X. En quatriefme lieu , Que le fec Volatil , ou
Armoniac, reprefente le feu ; l'Onctueux , ou le
Soulphre, demonftre l'Air ; l'Acide, ou le Mercure

Diftinction des
Elements.

eft l'Eau ; et le fixe ou le Sel, la terre; D'où vient
la diftinction des Elements, en premiers & derniers,
quant à leurs qualitez feulemét, modifiées, ou non,
qu'on appelle Refraction, ou Conuerfion d'Action

premiere. Finalement, que la Resolution Philosophique des mesmes veut, que ce qui est au dedans,
passe au dehors, & reciproquement (ainsi qu'on voit
par les semences mesmes) comme ce qui est Volatil,
soit rendu fixe, & que l'Inflammable soit fait Incombustible.

XI. Ainsi leur Magistaire au commencement est
humide au dehors, comme la couleur noire témoigne, sans moüiller toutefois, Au progrez blanc couleur de terre; Et à sa fin tres-rouge, qui fait voir le
feu; Les couleurs moyennes, comme la jaune, demonstrent l'Air; Le Vaporable estât rendu permanent, & le Combustible, inuiolable par les flammes,
vnis inseparablement pour son entiere perfection;
Duquel le Sel fait la baze; le Soulphre, la malleabilité, & le Mercure la fusion, par naturelle appropriation, que l'Art peut administrer en cas d'empeschement, principalement quant aux Metaux mis hors
de terre; Et le tout fondé sur cette verité.

XII. Que le commencement tendant à sa fin, l'E-
stre creé au non Estre; Et le mouuement au repos,
comme a esté dit ailleurs; Le Souuerain pour la propagation & duree des Indiuidus corporels, a formé
d'iceux, & dans eux en Abregé la mesme substance
qui les compose, sous le nom de Semence, auec appetit, pour se reproduire exterieurement & se multiplier presque à l'infiny, moyennant vne matrice &
nourrice, qu'on appelle Generation, quant aux animaux, distinguez en sexe de soy mobile; Et production pour les Vegetaux & Mineraux, qui sont at-

Conuersion Philosophique.

*Commence-
ment, milieu, &
fin, couleurs, E-
lements, & fon-
ctiôs de l'Oeu-
ure des Sages.*

Maximes.

*Semence, & sa
fin.*

*Sexe pour les
Animaux.*

tachez à la Terre.

XIII. En cette forte le mouuement droit finy, de l'vn recommence à l'autre, par vne continuation de foy-mefme; mais en Efpece, les Indiuidus ceffants fucceffiuement par la loy de leur mouuement; Dont il eft conftant, que dans le corps fe forme la femence; Et qu'il eft neceffaire, que l'appetit d'extenfion l'en tire dehors; Ce que l'Amour du fexe fait aifément, quant aux Animaux; Et la comprehenfion de la terre, quant au refte des mixtes; Auec cette difference, que les Vegetaux produifent en vne fois le nombre de leurs Indiuidus à l'aduenir; Et les Mineraux ne s'eftendent que fuiuant leur confiftance, & le lieu qu'ils ont: Entre lefquels les Metaux font les plus folides, & par confequent plus difficiles à donner leur femence, pour fe multiplier, reproduire, ou eftendre en leur propre fubftance.

XIV. Ce que fçachant l'Autheur, pour attirer d'autant plus le cœur de l'homme à fon Adoration; Il a laiffé le pouuoir de cette nouuelle production à fon raifonnement, ayant creé vne feconde matrice, & nourrice de mefme Tyge, & Nature qu'eux, auec laquelle eftants vnis, leur appetit mutuel fe réueille, l'vn fe coule dans l'autre, & s'embraffants eftroittement donnent paffage à leur germe, pour s'y eftendre infiniment; Et du plus de fa perfection accomplir les imparfaits.

XV. Mais parce que le Raifonnement vient de l'intelligence, & icelle par les fens, guidez de l'Expe-

rience, peu fe trouuent capables de cét Exercice, qui
demande vn Efprit franc de toutes paffions temporelles, qui nous deftruifent prefque volontairemét;
Outre que leur intention eftant contraire à celle du
Createur, il ne le fouffre que tres-rarement; A caufe
dequoy Ceux qui s'y font adonnez appellez Hermetiques, l'ont obfcurcy tellement par leurs Enig-
mes, Paraboles, varietez de Noms, & Interpreta- Difficulté de
tions, qu'à moins d'eftre bien verfez en la Phyfi- l'Ocuure.
que Refolutiue des autres familles des Mixtes, Et
accompagnés des conditions que deffus, l'Acqui-
fition en eft prefque impoffible.

XVI. Quant à cette feconde matrice & nourrice, les mefmes Philofophes l'ont affez exprimé,
par l'exemple fenfible des autres Mixtes, attachez à
la terre, ou non, & felon les degrez de leur perfe- Doctrine des
ction; Puis qu'ils ont dit, qu'elle ne fe tiroit, que Philofophes.
de leur propre famille, la Nature fe refiouyffant de
la Nature, c'eft à dire, de fon femblable; C'eft pourquoy, comme celle des Animaux, (qui font les plus Le fexe femelle,
parfaits, pour fe mouuoir foy-mefme,) eft le fexe eft la matrice &
femelle en chaque Efpece, contenant la nourritu- nourrice des
re, & de foy, & de fon fruict; Pareillement les Ve- Animaux.
getaux & Mineraux, qui font attachés, ou refler-
rés dans la terre, trouuent en elle ce qu'il leur
faut.

XVII. Et comme l'Animal fe nourrit du fang Tout Mixte fe
dont il a efté premierement conftruit; les Mine- nourrit & s'em-
raux s'augmentent d'vne liqueur, ou vapeur vif- plifie de ce qu'il
queufe, ou non, appropriée pour eux, fuiuant leur eft fait.

Espece , & leur Exiftance particuliere; De mefme
les Metaux extraicts de leur terre,ne recognoiffent,
que l'humide, qui leur eft homogene , ou de femblable Nature, comme leur laict ,à la façon de l'A-
nimal , éclos de fa propre matrice , que le feul Art
luy adminiftre fuiuant les reigles de la mefme Nature ; Et enfin parce que la chaleur propre & accidentaire eft requife à tout ce qui croift , l'vne ay-
dant l'autre, fe groffiffant infenfiblement ; Ce dernier poinct eft vne partie principale du fecret; Ioint
à vne exacte adaptation & continuation iufqu'à la
fin : A caufe dequoy tout le mefme Ouurage , eft
qualifié des Sages, c'eft à dire,des fçauants , & tres-
experts en l'imitation des actions naturelles.

XVIII. Donques en vain fe tourmentent nos
aduerfaires, qui s'efforcent de prouuer le contraire, Et de là faire voir l'impoffibilité du Magiftaire,
ou de l'Art ,qui fait éclorre l'Hyperion mafle , &
femelle, leurs Obiections eftans telles. Si l'Or eftoit
la derniere perfection des Metaux , la Nature n'e-
ftant iamais oifiue, qu'auec la fin de fon Ouurage,
pour agir de nouueau ; Depuis la naiffance du monde, la plus grande quantité des Metaux feroit d'or;
mais il paroift du contraire : Bien dauantage , plufieurs , felon noftre dire , & tous les Liures l'ont
fait, mais perfonne ne l'a veu faire , ou preparer.

XIX. Et dautant que c'eft vn fecret, la verité
eft incogneuë, Et l'ignorance incontinent couuerte , par les terreurs des prifons , ou fupplices du
poffeffeur ; Neantmoins tant de grands Monar-

ques, Potentats, & Philosophes qui l'ont soigneu- *Pauureté des Rechercheurs.*
sement recherché, n'en ont rapporté, que perte de *Obscurité des Escritures.*
temps, & pauureté, sans la risée vulgaire qu'ils ont
tasché d'éuiter à la posterité, par l'abondance de
leurs Escrits à plusieurs faces , & tres-mal digerez à ce dessein , que la pluspart auiourd'huy des
Auares & mal-heureux se promettent d'expliquer
& tascher d'éprouuer sans preuue aucune, que pour *Varieté de l'V-niuers.*
estre reprouuez; Ne prenants point garde à cette bel-
le varieté des choses creées , qui constituë l'entiere
beauté de l'Vniuers, comme dit est.

XX. En vn mot, c'est faire d'vne mouche vn *Indignité du subiet.*
Eléphant, c'est à dire, releuer vne chose vile & ab-
iecte ,outre mesure, qui n'a son prix que dans l'e-
stime politique & necessiteuse des hommes: Com-
me aussi c'est perdre le culte Diuin, par vne basse *Crime d'Ido-latrie.*
& vilaine Idolatrie , crime que l'Eternité de tous
les supplices imaginables ne sçauroient expier:
Mais la Responce y est claire & prompte, Puisque *Empeschement de Nature.*
Nature peut estre destournée , ou empeschée de
son Action par diuers accidents , principalement
en ce grand Ouurage, qui demande , non seulement, les centaines des siecles, mais les mil, & au
delà; D'où est venu le Prouerbe , que toute sorte,
ou partie de Terre , climats , & endroits ne produisent pas tout; Et par ainsi que la mesme Nature se plaist d'estre assistée, comme nous voyons en
toutes ses productions, mesmes les plus petites sur
Terre, tant pour les Animaux, que pour les plantes.

XXI. N'estant point necessaire, pour la verité *Témoins non necessaires.*

de ce grand Art, que ceux qui peuuent faire cette
merueille, la fassent en presence des témoins. Et
partant que tel est le bon vouloir de son premier
Autheur, qui deffend tres-expressément, à qui que
ce soit, de le communiquer, si ce n'est aux capables, pour manifester dauantage son pouuoir, &
releuer la dignité spirituelle de l'homme, le faisant
par ce moyen tousiours plus semblable à soy, par
vn échantillon de ce mesme qu'il fait, dont il luy
en donne le pouuoir. Que si les méchants & auares pouuoient découurir le possesseur, il n'y a point
de doute, qu'en quelque façon ils le feroient perir; Quant à ceux qui s'y sont ruinez, c'est parce
qu'ils ne l'ont iamais veritablement possedé, la volonté Diuine l'empeschant.

XXII. Touchant les Escritures qui en ont esté
faites, celles des vrais Philosophes sont tres-verita-
bles, quoy que voilées, & ce dans l'vnion & con-
sentement vniuersel de leurs paroles, qui n'abou-
tissent qu'à vn subiet, & qui ne peuuent manquer
pour ce respect, tenants pour indignes de cette ac-
quisition tous les reprouuez, tous les vitieux, &
ignorants des autres Oeuures de la Nature; Ou
qui en pourroient abuser, comme il est tres-certain,
& que l'experience nous témoigne assez, quant au
peu de bien & authorité qu'ils possedent temporellement par dessus leurs semblables, qui n'en ont
pas tant.

XXIII. Pour ce qui est de la varieté, qui se trouue dans toutes les choses, elle ne regarde, que l'Espece

pece essentielle, qui est vnique en ce subiet, & diuerse par accident seulement. En suitte dequoy les
vrais Hermetiques méprisants le Temporel, n'ont
chery cét Ouurage, que pour loüer d'autant plus
leur Createur, mouuement vnique de cette faueur
nompareille, quoy manquant on n'y peut arriuer,
vray signe de ce que desia nous auons dit.

   XXIV. Ce qui est bien éloigné de ladite estime,
& Idolatrie, n'estant pas de merueille si tant d'hommes terrestres & mondains, n'y sont point parue-
nus, & n'y paruiendront encore, tant qu'ils auront
leur cœur attaché à cette terre seulement, qui ne
leur deuroit seruir que pour destacher d'autant plus
l'affection qu'ils ont à la Creature, pour s'vnir à
celle du Createur, Dieu estant si jaloux de son honneur, que mesme il n'ait pas foudroyé les Anges
ambitieux de ses droicts, & honneurs : mais aussi,
& de tout temps, il a chastié, & chastiera les hommes impies, terrestres, & Idolatres, leurs successeurs,
dequoy les Escritures, & les euenements nous font
foy.

Difference du Temporel, & du Spirituel.

Du faux & du vray culte.

L'ambition & l'auarice sont les premiers pe-chez que Dieu a chastiez le plus.

FACVLTEZ.

   XXV. Enfin toutes les preparations qu'on fait
sur le Soleil, ou l'Or fin, sont extremement cor-
diales, augmentans les forces du Cœur, sur lequel
il a pouuoir, Et chassant tout ce qui luy peut nui-
re, comme ceux qui en ont quantité peuuent expe-
rimenter, & consulter les Autheurs. Quoy fait &
expedié, Cette Methode Resolutiue des Mixtes,
quant à l'Art, demeure tres-parfaite, & facile: Ainsi

Or, remede cordial.

Kkkk

le fimple ioint au compofé ; c'eft à dire, la Theorie

à fa Practique ; Et d'icelle les deux Extremes à leurs moyens, on trouue d'vne part le contentement de l'Efprit , qui eft la cognoiffance des chofes naturelles ; Et de l'autre les Threfors de la vie faine & ioyeufe, compris fous le Sang , & le Laict , l'Argent , & l'Or. Et loüé foit eternellement celuy qui a tout fait.

F I N.

TABLE DES TITRES
CONTENVS EN CE VOLVME.

Premiere Partie.

KKKK ij

✿✿✿✿✿✿✿✿✿✿✿✿✿✿✿✿✿✿✿✿✿✿✿✿✿✿✿

SECONDE PARTIE.

Des Operations, ou Practique de la Physique Resolutiue.

LIII

F I N.

Fautes principales survenuës à cette impression.]

PAge 12. ligne 1. pour Centre, lisez *Cube.* Pag. 15. Nombre 14. ligne 2. lisez *Resolution.* P. 21. N. 4. l. 2. *Creée.* Pag. 67. l. 5. *faut* oster, *&.* P. 70. l. 27. *presché.* P. 80. N. 7. l. 9. *representé.* P. 81. N. 9. l. 9. *l'autre.* P. 90. au titre, *De l'Appropriation.* P. 97. N. 12. l. 17. *se presente.* P. 115. N. 10. l. 3. *Acide.* Pag. 116. N. 12. l. 3. adioustez, *tout subiet,* & l. 11. *la Distillation.* P. 117. N. 13. l. 9. *a fort feu.* P. 118. N. 16. l. 5. *marc.* P. 119. N. 17 l. 4. *Du Combustible.* Pag. 130. l. 5. pour sçauoir. lisez *Ou.* P. 139. lig. 14. pour figures, lisez *lignes.* Pag. 153. N. 2. l. 9. *si mieux.* Pag. 157. N. 9. l. 13 faut oster *sans.* Pag. 158. N. 11. l. 8. faut adiouster, *& au repos.* Pag. 169 N. 3. l. 7. *descouure.* Pag. 173. N. 6. sur la fin, lisez *Chaux.* Pag. 175. l. 17. *donnent.* Pag. 181. N. 3. l. 8. *par.* Pag. 191. N. 5. l. 2. *Mineral.* Pag. 205. l. 14. *faut.* Pag. 209. N. 24. l. 4. *Sel Gemme.* Pag. 214. N. 19. l. 13. *pour le.* Page 225. Nomb. 2. ligne 6. lisez *tandants.* P. 226. N. 5. l. 4. lisez *baxs,* comme en la marge, & lig. 6. lisez *demonstrez.* P. 228 colomne 1. sur la fin, lisez *Vitrification.* Pag. 230. Nomb. 4. l. 1. *Complement.* Pag. 242. l. 8. est adiusté. Pag. 246. N. 10. sur la fin, *multipliée.* Pag. 262. N. 4. l. 9. *teincture.* P. 261. N. 2. lig. 10. *& adiustez.* Pag. 264. l. 8. *& forclorre.* Pag. 275. l. 5. *& de noir.* & l. 6. *Saturnien.* & N. 8. l. 5. *pœoine.* Pag. 279. N. 1. l. 11. *adiustez.* Pag. 282. N. 5. l. 3. *à l'embellissement.* P. 285. l. 2. *serrée.* & N. 4. l. 15. *mesure,* & l. 26. *permanant.* P. 288. N. 4. l. 10. *matiere.* Pag. 297. N. 10. l. 13. *tous vieux.* Pag. 366. N. 3. l. 2. *un vaisseau.* Pag. 382. N. 10. l. 6. *communément.* Pag. 410. l. 3. *petillement.* Pag. 448. l. 5. *la premiere* & N. 3. l. 2 *enueloppez-le.* P. 459. Som. l. 2. *Digestion.* Pag 487. N. 5. l. 10. *& se.* P. 507. N. 6. à la marge *embellissement.* Pag. 546. l. 1. *separées.* P. 551. continuez iusquès à 562. Pag. 563. sur la fin, *Vitriolé.* Pag. 567. l. 7. *estant.* Pag. 576. l. 8. *se precipite.* Pag. 587. l. 2. *le teinct.* Pag. 588. N. 11. l. 2. *l'ons.* Pag. 589. N. 12. à la marge, *Chastrement,* & l. 12. *ou engendré.* Pag. 596. N. 5. l. 11. *les parties.* Pag. 598. n. 9. l. 10. *sa ialousie.* Pag. 599. N. 12. l. 5. *peincture.*